恒盛杰资讯 编著

Word/Excel/PPT 2016

高效办公实战应用与技巧大全

PPT

666 招

机械工业出版社
China Machine Press

图书在版编目（CIP）数据

Word/Excel/PPT 2016 高效办公实战应用与技巧大全 666 招 / 恒盛杰资讯编著. —北京：机械工业出版社，2018.1（2019.2 重印）

ISBN 978-7-111-58784-2

Ⅰ . ① W… Ⅱ . ①恒… Ⅲ . ①办公自动化 – 应用软件 Ⅳ . ① TP317.1

中国版本图书馆 CIP 数据核字（2018）第 002310 号

本书从大量日常办公常见问题中总结和提炼出 666 个实战案例，并简明扼要地进行解析，帮助读者高效而全面地掌握 Word、Excel、PowerPoint 三大 Office 组件的操作，快速变身办公达人。

全书共 19 章，根据内容结构可分为 3 个部分。第 1 部分为 Word 篇，主要内容包括软件基本操作、文档编辑、文本格式设置、图文混排、表格与图表制作、文档美化和规范、长文档处理、文档的审阅与打印等。第 2 部分为 Excel 篇，主要内容包括软件基本操作、数据输入与编辑、数据处理与分析、公式与函数的应用、图表的应用、数据的透视分析等。第 3 部分为 PowerPoint 篇，主要内容包括软件基本操作、演示文稿的多媒体互动设计、演示文稿外观的快速统一、演示文稿动态效果设计、放映与输出设置等。

本书内容丰富、图文并茂、实用性强，既适合新手进行 Office 软件的系统学习，也可供职场人士作为案头常备参考书，在实际工作中速查速用。

Word/Excel/PPT 2016 高效办公实战应用与技巧大全 666 招

出版发行：机械工业出版社（北京市西城区百万庄大街 22 号 邮政编码：100037）

责任编辑：杨 倩 责任校对：庄 瑜
印 刷：北京天颖印刷有限公司 版 次：2019 年 2 月第 1 版第 3 次印刷
开 本：185mm×260mm 1/16 印 张：25.5
书 号：ISBN 978-7-111-58784-2 定 价：69.80 元

凡购本书，如有缺页、倒页、脱页，由本社发行部调换

客服热线：（010）88379426 88361066 投稿热线：（010）88379604
购书热线：（010）68326294 88379649 68995259 读者信箱：hzit@hzbook.com

PREFACE　　　　　　　　　　前　言

　　本书以满足日常办公的实际需求为出发点，以 Office 2016 为软件平台，通过对 666 个实战案例的解析，帮助读者高效掌握 Word、Excel、PowerPoint 这三大 Office 组件的核心操作技巧，快速解决常见办公问题。

◎ 内容结构

　　全书共 19 章，根据内容结构可分为 3 个部分。

　　第 1 部分为 Word 篇，主要内容包括软件基本操作、文档编辑、文本格式设置、图文混排、表格与图表制作、文档美化和规范、长文档处理、文档的审阅与打印等。

　　第 2 部分为 Excel 篇，主要内容包括软件基本操作、数据输入与编辑、数据处理与分析、公式与函数的应用、图表的应用、数据的透视分析等。

　　第 3 部分为 PowerPoint 篇，主要内容包括软件基本操作、演示文稿的多媒体互动设计、演示文稿外观的快速统一、演示文稿动态效果设计、放映与输出设置等。

◎ 编写特色

　　★内容丰富，解答全面：本书对使用频率最高的 Word、Excel、PowerPoint 三大组件的功能进行了全面介绍，并对办公过程中遇到的各种问题做了详细解答，读者能在掌握软件功能的基础上进行实际应用，达到学以致用的目的。

　　★案例实用，代表性强：本书的 666 个实战案例是从成千上万读者的提问中提炼出来的，十分贴近日常办公的实际需求。书中的每一个知识点都具有很强的实用性和代表性，读者学习后很容易就能举一反三，独立解决更多同类问题。

　　★步骤精练，图文并茂：本书以简明扼要的操作步骤对各个问题进行了快速解答，并配合屏幕截图进行直观展示，能为读者带来轻松而高效的学习体验。

◎ 读者对象

　　本书既适合新手进行 Office 软件的系统学习，也可供职场人士作为案头常备参考书，在实际工作中速查速用。

　　由于编者水平有限，在编写本书的过程中难免有不足之处，恳请广大读者指正批评，除了扫描二维码关注订阅号获取资讯以外，也可加入 QQ 群 227463225 与我们交流。

编者

2018 年 1 月

如何获取云空间资料

步骤 1：扫描关注微信公众号

在手机微信的"发现"页面中点击"扫一扫"功能，如右一图所示，进入"二维码 / 条码"界面，将手机对准右二图中的二维码，扫描识别后进入"详细资料"页面，点击"关注"按钮，关注我们的微信公众号。

步骤 2：获取资料下载地址和密码

点击公众号主页面左下角的小键盘图标，进入输入状态，在输入框中输入本书书号的后 6 位数字"587842"，点击"发送"按钮，即可获取本书云空间资料的下载地址和访问密码。

步骤 3：打开资料下载页面

方法 1：在计算机的网页浏览器地址栏中输入获取的下载地址（输入时注意区分大小写），如右图所示，按 Enter 键即可打开资料下载页面。

方法 2：在计算机的网页浏览器地址栏中输入"wx.qq.com"，按 Enter 键后打开微信网页版的登录界面。按照登录界面的操作提示，使用手机微信的"扫一扫"功能扫描登录界面中的二维码，然后在手机微信中点击"登录"按钮，浏览器中将自动登录微信网页版。在微信网页版中单击左上角的"阅读"按钮，如右图所示，然后在下方的消息列表中找到并单击刚才公众号发送的消息，在右侧便可看到下载地址和相应密码。将下载地址复制、粘贴到网页浏览器的地址栏中，按 Enter 键即可打开资料下载页面。

步骤 4：输入密码并下载资料

在资料下载页面的"请输入提取密码"下方的文本框中输入步骤 2 中获取的访问密码（输入时注意区分大小写），再单击"提取文件"按钮。在新页面中单击打开资料文件夹，在要下载的文件名后单击"下载"按钮，即可将其下载到计算机中。如果页面中提示选择"高速下载"还是"普通下载"，请选择"普通下载"。下载的资料如为压缩包，可使用 7-Zip、WinRAR 等软件解压。

> ⏰ **提示**
>
> 读者在下载和使用云空间资料的过程中如果遇到自己解决不了的问题，请加入 QQ 群 227463225，下载群文件中的详细说明，或找群管理员提供帮助。

CONTENTS 目 录

第2章　Word文档的编辑

第3章　Word文档文本格式设置

第4章　Word文档的图文混排

第5章　Word文档表格/图表制作

第6章　Word文档的美化和规范

第7章　Word长文档处理

第**8**章　Word文档的审阅与打印

第**9**章　Excel的基本操作

第10章　Excel数据输入与编辑

第11章　Excel数据处理与分析

第12章　Excel公式与函数应用

第13章 Excel图表的应用

第14章 Excel数据的透视分析

第15章 PPT的基本操作

第16章 PPT多媒体互动设计

第**17**章　PPT外观的快速统一

第18章 PPT切换与动画效果

第19章 PPT放映与输出设置

第1章　Word的基本操作

Word是日常办公中最常用的文字处理工具，为了更加得心应手地使用Word编辑和处理文字内容，用户需了解和熟悉该组件的界面个性化定制功能及视图功能。

本章将主要介绍三部分内容：Word程序的启动和退出、Word文档的保存和打开等基本操作；Word程序界面的个性化设置，如添加选项卡和命令、更改最近打开文档的显示数量等，让操作环境更符合自己的使用习惯；Word的视图功能，如放大和缩小文档内容、并排查看文档、以不同视图方式查看文档等。

第1招　快速启动Word

安装好Word组件后，就可以启动该组件进行文档的创建和编辑了。启动组件的方法不止一种，最常见的方法如下。

步骤01 启动Word组件

❶单击"开始"按钮，❷在弹出的菜单中单击"Word 2016"组件，如下图所示。

步骤02 显示Word组件的窗口

随后可看到 Word 2016 的窗口，如下图所示。

第2招　一键关闭单个文档

使用Word完成文档的编辑后，就可以将文档关闭了。关闭文档的方法有多种，最常用的方法是直接单击窗口控制按钮中的"关闭"按钮，如右图所示。

> ⏰ **提示**
>
> 还可以按下【Ctrl+W】或【Ctrl+F4】组合键快速关闭文档。

第3招 快速关闭多个文档

如果打开的文档较少，可以逐个单击"关闭"按钮来关闭文档。但是当打开的文档较多时，此方法会显得烦琐，这时可通过以下方法来快速关闭打开的多个文档。

❶在任务栏上右击 Word 组件的窗口图标，❷在弹出的快捷菜单中单击"关闭所有窗口"命令，如右图所示。

第4招 强制结束不能正常关闭的文档

当用户长时间使用计算机后，有可能由于计算机内存不够或 Word 程序故障，导致 Word 文档不能正常关闭，此时可以使用任务管理器关闭 Word 文档。

步骤01 启动任务管理器

❶右击任务栏，❷在弹出的快捷菜单中单击"任务管理器"命令，如下图所示。

步骤02 结束任务

在弹出的"任务管理器"对话框中，❶单击"应用"选项组下的 Word 程序，❷单击"结束任务"按钮，如下图所示。

第5招 快速打开最近编辑过的文档

在实际工作中，如果用户想要快速打开经常编辑的文档，可通过 Word 组件的显示最近使用的文档功能来快速打开使用过的文档，而不必按文档的路径一步一步找到文档再打开。

启动 Word 组件后，在窗口左侧的"最近使用的文档"列表中单击最近编辑过的文档，如右图所示，即可打开该文档。

第6招　快速保存创建好的文档

在Word组件中编辑好文档后，为方便后期的查看和使用，可将其保存至指定的位置，具体方法如下。

步骤01　保存文档

编辑好文档后，单击快速访问工具栏上的"保存"按钮，如下图所示。

步骤02　单击"浏览"按钮

系统自动切换至视图菜单中的"另存为"面板，单击"浏览"按钮，如下图所示。

步骤03　设置保存位置和文件名

❶在弹出的"另存为"对话框中设置好文档的保存位置，❷在"文件名"文本框中输入文档名，如右图所示。最后单击"保存"按钮，即可完成文档的保存。

第7招　固定经常使用的文档

在实际工作中，虽然可以通过最近使用的文档来快速打开常用的文档，但是当打开过的文档较多后，常用的文档也会被移出最近列表。若想每次都快速打开常用的文档，可将其固定到"打开"命令下的"最近"栏中。

步骤01　单击"打开"命令

在打开的文档中单击"文件"按钮，在弹出的视图菜单中单击"打开"命令，如右图所示。

步骤02 固定经常使用的文档

切换至"打开"面板后，单击要固定文档右侧的"将此项目固定到列表"按钮，如下图所示。随后该文档会出现在顶部的"已固定"列表中。

步骤03 取消文档的固定

如果一段时间后不再经常使用该文档了，可将其移出"已固定"列表。单击"已固定"列表下固定文档右侧的"在列表中取消对此项目的固定"按钮，如下图所示，即可将该文档移出"已固定"列表。

第8招 双击图标快速打开已保存的文档

对于已经保存并关闭的文档，要想再次查看或编辑该文档，可通过双击图标的方式来打开。

找到要打开的文档的保存位置，双击文档的图标，如右图所示，即可打开该文档。

第9招 同时打开多个文档

如果用户要同时查看和编辑多个文档，除了可以一个一个地双击图标打开，还可以通过以下方法同时打开多个文档。

按住【Ctrl】键不放，在要打开的文档图标上依次单击，可看到要打开的文档都被选中了，如右图所示。按下【Enter】键，即可同时打开选中的多个文档。

第10招　更换Word的界面颜色

Word组件默认的主题颜色是彩色，用户可以根据需要将其修改成其他的颜色，如白色或深灰色，具体的操作方法如下。

步骤01　单击"选项"命令

在打开的文档中单击"文件"按钮，在视图菜单中单击"选项"命令，如下图所示。

步骤02　设置界面颜色

打开"Word 选项"对话框，❶在"常规"标签下的"对 Microsoft Office 进行个性化设置"选项组下单击"Office 主题"右侧的下拉按钮，❷在展开的列表中单击选项，如"深灰色"，如下图所示。

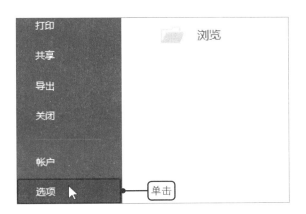

> **⏰ 提示**
> 用户还可以在视图菜单中的"账户"面板中设置"Office 主题"颜色。

第11招　选择文本时隐藏浮动工具栏

在文档中选中文本后，会弹出一个浮动工具栏，用户可在该工具栏中对选中文本进行字体格式和段落样式的设置，如果不想要显示该工具栏，可将其隐藏。

在打开的文档中单击"文件"按钮，在视图菜单中单击"选项"命令，打开"Word 选项"对话框，在"常规"标签下的"用户界面选项"选项组下取消勾选"选择时显示浮动工具栏"复选框，如右图所示。

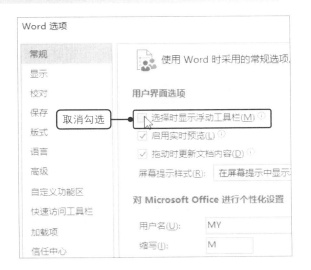

第12招 关闭屏幕提示说明文字功能

将鼠标指针停留在功能区中的按钮上时，会弹出该按钮的功能描述信息，移开鼠标指针后会自动消失。当用户能够熟练使用Word组件后，可以将其隐藏。

在打开的文档中单击"文件"按钮，在视图菜单中单击"选项"命令，打开"Word选项"对话框，在"常规"标签中的"用户界面选项"选项组下，❶单击"屏幕提示样式"右侧的下拉按钮，❷在展开的列表中单击"不在屏幕提示中显示功能说明"选项，如右图所示。

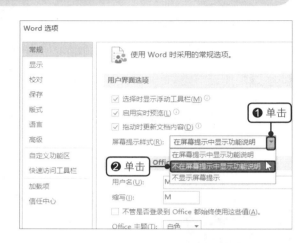

第13招 增大编辑操作空间

默认情况下，Word组件的窗口上方会显示功能区，如果用户想要使功能区下方的编辑区尽可能大，可将功能区隐藏，具体的操作方法如下。

❶单击窗口控制按钮中的"功能区显示选项"按钮，❷在展开的列表中单击"自动隐藏功能区"选项，如右图所示。

第14招 在快速访问工具栏中快速添加和删除命令

在使用Word组件办公的过程中，有些工具会经常被使用到，如果每次都通过选项卡来寻找和使用工具很耗费时间。此时可以将常用的工具添加到快速访问工具栏，从而能够方便快捷地调用。当这些工具不经常被使用时，还可以将其从快速访问工具栏中删除。

步骤01 添加工具到快速访问工具栏

❶右击要添加的工具按钮，如"图片"按钮，❷在弹出的快捷菜单中单击"添加到快速访问工具栏"命令，如下图所示。

步骤02 从快速访问工具栏中删除工具

❶右击要删除的工具，如"打开"按钮，❷在弹出的快捷菜单中单击"从快速访问工具栏删除"命令，如下图所示。

第15招　改变快速访问工具栏的显示位置

默认情况下，快速访问工具栏位于窗口的顶部，用户可以根据需要将其移到功能区下方。

❶单击快速访问工具栏中的"自定义快速访问工具栏"按钮，❷在展开的列表中单击"在功能区下方显示"选项，如右图所示。

第16招　自行添加新的选项卡和命令

每个人都有自己的办公习惯，在使用Word办公的过程中，可以自己创建一个选项卡，然后定义不同的功能组，再将一些经常使用的工具放进功能组中，这样就不必在不同的选项卡中寻找工具了，从而省去不少的时间，提高了办公效率。

步骤01　自定义功能区

在打开的文档中单击"文件"按钮，在视图菜单中单击"选项"命令，打开"Word 选项"对话框，单击"自定义功能区"标签，如下图所示。

步骤02　新建选项卡

❶在"自定义功能区"右侧的面板中单击"主选项卡"下的"开始"选项，❷单击"新建选项卡"按钮，如下图所示。

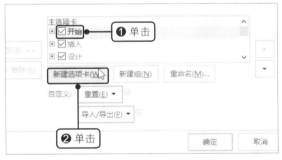

步骤03　重命名选项卡

可看到"开始"选项下添加了一个新的选项卡及一个新建组，❶单击"新建选项卡（自定义）"，❷单击"重命名"按钮，如下图所示。

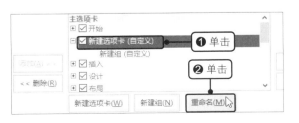

步骤04　设置选项卡名称

❶在弹出的"重命名"对话框中的"显示名称"文本框中输入"常用工具"，❷单击"确定"按钮，如下图所示。

步骤05 新建组

返回"Word 选项"对话框中，可看到重命名选项卡后的效果，单击"新建组"按钮，如下图所示。

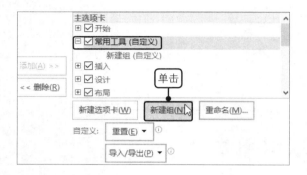

步骤06 重命名组

可看到新建选项卡下新建了一个组，❶单击"新建组（自定义）"，❷单击"重命名"按钮，如下图所示。

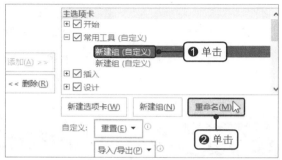

步骤07 设置新建组的名称

❶在弹出的"重命名"对话框中的"显示名称"文本框中输入"插入"，❷单击"确定"按钮，如下图所示。

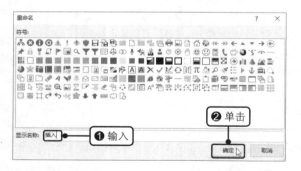

步骤08 添加命令

应用相同的方法为其他组重命名，❶选中"插入（自定义）"组，❷在左侧"从下列位置选择命令"选项组中单击要添加的命令，❸单击"添加"按钮，如下图所示。

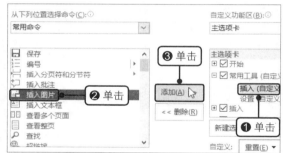

步骤09 显示添加的命令

随后可看到选中的命令被添加到了新建的"插入"组中。应用相同的方法为"设置"组添加命令，如下图所示。单击"确定"按钮，返回文档窗口中。

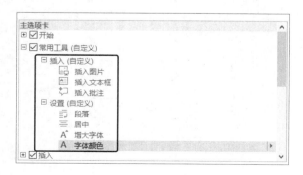

步骤10 显示添加的选项卡和命令

可看到"开始"选项卡后新增了"常用工具"选项卡，在该选项卡下可看到两个新建的组和各个组中添加的命令，如下图所示。

第17招　删除添加的选项卡

如果用户不再经常用到添加的自定义选项卡中的命令，就可以将自定义的选项卡从功能区中删除。

在打开的文档中单击"文件"按钮，在视图菜单中单击"选项"命令，打开"Word 选项"对话框，❶在"自定义功能区"标签下的"自定义功能区"选项组下右击添加的"常用工具（自定义）"选项，❷在弹出的快捷菜单中单击"删除"命令，如右图所示。

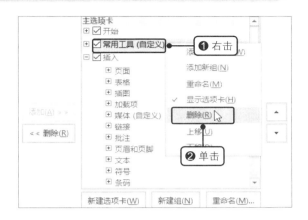

第18招　将组或命令移出功能区

Word组件中默认显示的组或命令大都有可能会用到，对于一些在自身实际工作中不常用的组或命令，可以将其移出功能区。

在打开的文档中单击"文件"按钮，在视图菜单中单击"选项"命令，打开"Word 选项"对话框，❶在"自定义功能区"标签下的"自定义功能区"选项组下单击"主选项卡"列表框中暂时不需要的组或命令，如"媒体（自定义）"组，❷单击"删除"按钮，如右图所示。

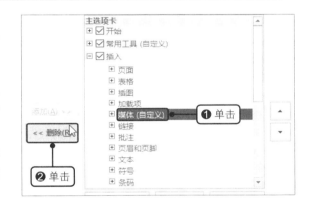

> ⏰ **提示**
> 右击要删除的组或命令，在弹出的快捷菜单中单击"删除"命令，也可将其移出功能区。

第19招　隐藏主选项卡

用户可以通过直接删除的方式将新添加的选项卡移出功能区，但是无法删除Word组件默认提供的主选项卡，只能通过以下的操作方法将其隐藏。

在打开的文档中单击"文件"按钮，在视图菜单中单击"选项"命令，在"Word 选项"对话框的"自定义功能区"标签下的"自定义功能区"选项组下取消勾选"主选项卡"列表框中某个选项卡的复选框，如右图所示。

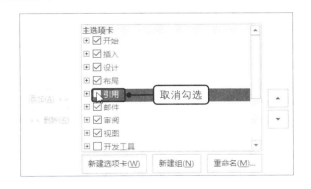

第20招 调整主选项卡的位置

除了可以添加和删除选项卡，用户还可以调整选项卡的位置，从而将经常使用的命令对应的选项卡移动到顺手的位置。

在打开的文档中单击"文件"按钮，在视图菜单中单击"选项"命令，在"Word 选项"对话框的"自定义功能区"标签下的"自定义功能区"选项组下，❶单击"主选项卡"列表框中要移动的选项卡，❷单击"上移"按钮，如右图所示，即可将选中的"视图"选项卡移动到"审阅"选项卡前。

> **🕐 提示**
>
> 除了可调整选项卡的位置，也可选中命令，单击"上移"或"下移"按钮来调整命令的位置。

第21招 删除文档的使用记录

在日常工作中，每次打开一个Word文档，系统都会自动保存它的名称和位置。如果不想让其他人看到曾打开过哪些文件，可清除文档的最近使用记录。

打开一个空白的 Word 文档，单击"文件"按钮，在视图菜单下的"打开"面板中，❶右击要清除使用记录的文档，❷在弹出的快捷菜单中单击"从列表中删除"命令，如右图所示。

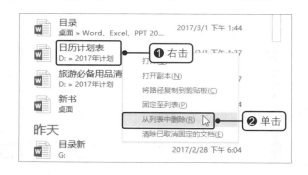

第22招 更改最近使用的文档的显示数量

为了方便快速查看某些文档，可以设置合适的最近使用的文档的显示数量。

在打开的文档中单击"文件"按钮，在视图菜单中单击"选项"命令，打开"Word 选项"对话框，❶单击"高级"标签，❷在"显示"选项组下的"显示此数目的'最近使用的文档'"数值框中输入"5"，如右图所示。表示"最近使用的文档"列表中只会显示最近打开的 5 个文档。

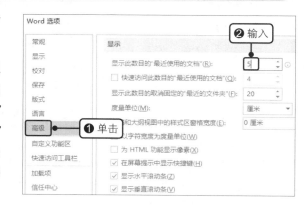

第23招　缩短文档的自动保存时间

在工作时难免会遇到一些突发情况，如停电、系统崩溃等，从而丢失辛苦编辑的文档内容，此时通过以下方法可以最大程度避免文档内容的丢失。

在打开的文档中单击"文件"按钮，在视图菜单中单击"选项"命令，打开"Word 选项"对话框，❶单击"保存"标签，❷在"保存文档"选项组下的"保存自动恢复信息时间间隔"数值框中输入"1"，如右图所示。

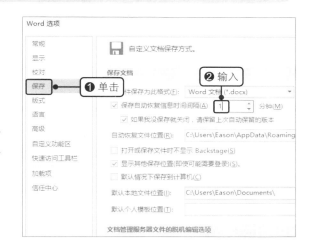

第24招　设置Word文档的默认保存格式

低版本Word无法直接打开高版本Word创建的文档，为方便文档共享，可更改文档的默认保存格式。

在打开的文档中单击"文件"按钮，在视图菜单中单击"选项"命令，打开"Word 选项"对话框，❶单击"保存"标签，❷单击"保存文档"选项组下"将文件保存为此格式"右侧的下拉按钮，❸在展开的列表中单击"Word 97-2003文档（*.doc）"选项，如右图所示。

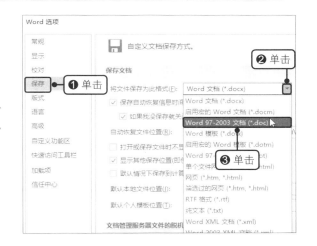

第25招　设置Word文档的默认保存位置

在保存文档时，其默认的保存位置为C盘，如果任由大量的文档在C盘保存，其空间会越来越小，最终将影响计算机的运行速度，此时就需要更改文档的默认保存路径。

步骤01 设置默认的保存位置

在打开的文档中单击"文件"按钮，在视图菜单中单击"选项"命令，打开"Word 选项"对话框，❶单击"保存"标签，❷单击"默认本地文件位置"后的"浏览"按钮，如右图所示。

步骤02 完成保存位置的设置

❶在弹出的"修改位置"对话框中设置新的文档默认保存位置，❷单击"确定"按钮，如右图所示。

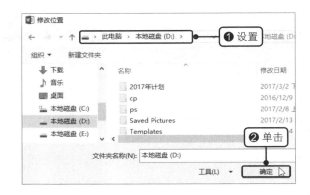

第26招 轻松获取帮助

在利用Word组件编辑文档的过程中，难免会遇到各种各样的问题，如果求助他人或翻阅工具书，会显得很麻烦，此时可以使用Word组件中的帮助功能来获取相关信息。

步骤01 输入要查找的关键字

打开文档后，按下键盘上的【F1】键，❶在弹出的"Word 2016 帮助"对话框的搜索文本框中输入"插入批注"，❷单击"搜索"按钮，如下图所示。

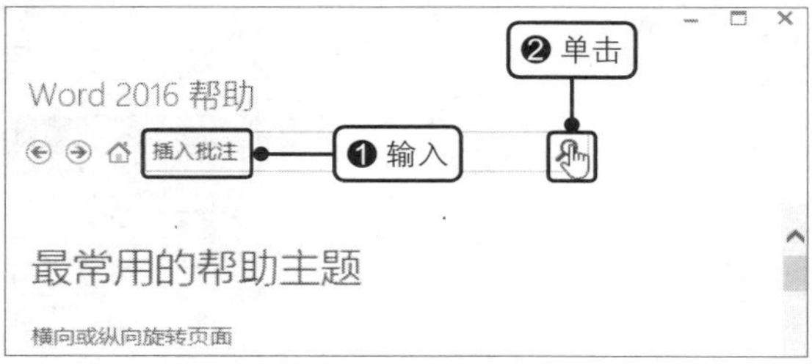

步骤02 选择要查看的问题信息

在对话框中将展示与输入的关键词有关的功能信息，单击要查看的信息，如下图所示，即可查看详细介绍。

第27招 放大或缩小查看文档

在Word文档窗口中可以设置页面的显示比例，以便查看过大或过小的文本内容。显示比例仅仅调整文档页面的显示大小，并不会影响实际的打印效果。

步骤01 放大显示比例

打开原始文件，在窗口右下角的显示比例处单击"放大"按钮，如下图所示。

步骤02 缩小显示比例

如果觉得文本内容的显示比例太大，可单击显示比例处的"缩小"按钮，如下图所示。

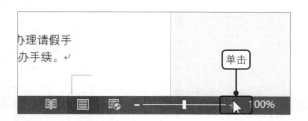

第28招　显示文档的"导航"窗格

为了帮助用户快速定位文档的位置，可在文档中显示"导航"窗格。需注意的是，"导航"窗格主要用于显示Word文档中设置了样式的标题文本。

打开原始文件，在"视图"选项卡的"显示"组中勾选"导航窗格"复选框，如右图所示，即可显示"导航"窗格。

第29招　查找文档中的图形和图片

在"导航"窗格中，不但可以定位要查找内容的文档位置，还可以查找文档中的所有图形和图片。具体的操作方法如下。

步骤01　查找图形

打开原始文件，❶单击"导航"窗格文本输入框右侧的下三角按钮，❷在展开的列表中单击"图形"选项，如下图所示。

步骤02　查看查找结果

此时在"导航"窗格中可看到当前查找到的为第几个结果及查找到的结果总数，单击右侧的 按钮，如下图所示，即可跳转至下一个查找结果。

第30招　在文档中显示网格线

在默认情况下，Word文档的编辑区中是不显示网格线的，但是当需要在Word文档中对齐图形、文本框、表格等对象时，就需要借助网格线了。

打开文档，在"视图"选项卡下的"显示"组中勾选"网格线"复选框，如右图所示，即可在文档中显示网格线。

第31招 同时浏览多页文档内容

完成Word长文档的编辑后，可能需要查看多页文档的排版情况或整体的布局效果，如果逐页查看会很不方便，此时就可以使用多页浏览的方式同时查看多页文档。

打开原始文件，在"视图"选项卡下的"显示比例"组中单击"多页"按钮，如右图所示。

> **提示**
>
> 除了单击"多页"按钮，还可以通过减小显示比例来同时查看多页文档。

第32招 在新的文档窗口中打开当前文档

当用户想要对一个文档中相距较远的文本进行对比操作时，可以在不关闭当前文档的情况下新建一个文档窗口，再进行编辑，此时两个窗口里编辑的是同一个文档。

打开原始文件，在"视图"选项卡下的"窗口"组中单击"新建窗口"按钮，如右图所示。

第33招 并排查看两个文档

当需要同时查看两个Word文档时，如果来回切换会很麻烦，此时可以使用并排查看功能来对两个文档的内容进行比较查看。

步骤01 单击"并排查看"按钮

打开三个原始文件，在"视图"选项卡下的"窗口"组中单击"并排查看"按钮，如右图所示。

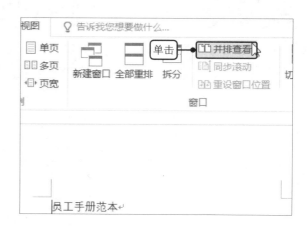

步骤02 选择要并排查看的文档

在弹出的"并排比较"对话框中的"并排比较"列表框中选择要与当前文档并排查看的文档，如"原始文件 1"，如下图所示。

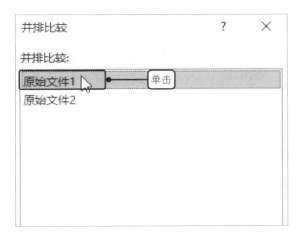

步骤04 取消同步滚动

在并排查看文档后，滑动鼠标滚轮，可发现两个文档会同步滚动。如果想要单独滚动某个文档，可在"视图"选项卡下的"窗口"组中单击"同步滚动"按钮，如右图所示。

步骤03 并排查看文档

单击"确定"按钮，返回文档，即可看到当前打开的文档和所选择的文档并排显示的效果，如下图所示。

> ⏰ **提示**
>
> 需注意的是，如果只打开了两个 Word 文档，单击"并排查看"按钮后不会弹出"并排比较"对话框，而会直接对打开的两个文档进行并排查看。

第34招 对比查看所有文档

并排查看功能仅能对比查看两个文档，如果要对比查看两个以上的文档，则可使用全部重排功能。

打开多个原始文件，在任意一个文档的"视图"选项卡下的"窗口"组中单击"全部重排"按钮，如右图所示。随后所有文档窗口会自动在屏幕上均匀排布。

第35招 拆分文档比较前后内容

在实际工作中，在比较长文档中前后不连续部分的内容时，一般都是通过反复地滑动鼠标滚轮来上下移动查看的，但是这样既不方便又浪费时间，此时可通过以下方法将文档窗口分为上下两个部分进行对比查看。

步骤01 拆分窗口

打开原始文件，在"视图"选项卡下的"窗口"组中单击"拆分"按钮，如右图所示。

步骤02 调整拆分线位置

此时窗口中出现了一条横向的拆分线，将鼠标指针放置在拆分线上，按住鼠标左键不放并拖动可调整拆分线的位置，如下图所示。

步骤03 取消拆分

完成了文档的拆分比较操作后，可单击"窗口"组中的"取消拆分"按钮，如下图所示。

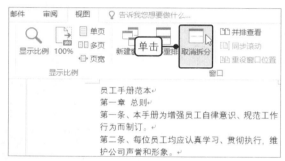

第36招 快速从一个文档切换到另外一个文档

当打开了多个文档时，要想快速切换到另外一个文档中，可通过以下方法来实现。

打开多个原始文件，❶在"视图"选项卡下单击"窗口"组中的"切换窗口"按钮，❷在展开的列表中可看到当前打开的多个文档名，被勾选的即为当前文档。选择要切换查看的文档，如"原始文件1"，如右图所示。

第37招 以阅读的方式查看文档内容

如果用户只是阅读文档，而不需要编辑文档，可将文档的视图方式转换为阅读视图，这样就可以隐藏不必要的选项卡，留出更多的显示空间，从而让文档的阅读更方便。

步骤01 启用阅读视图

打开原始文件，切换至"视图"选项卡，在"视图"组中单击"阅读视图"按钮，如下图所示。

步骤02 显示阅读视图效果

随后即可在阅读视图下查看文档中的文本，单击左右的箭头按钮可进行翻页，如下图所示。

第38招　设置阅读视图的页面背景色

在阅读视图下，系统提供了3种页面背景色，即白底黑字、棕黄背景及适合黑暗环境的黑底白字，用户可随意设置视图的背景，从而实现在各种环境中的舒适阅读。

步骤01 设置背景色

打开原始文件，❶进入阅读视图后单击"视图"选项卡，❷在展开的列表中单击"页面颜色 > 逆转"选项，如下图所示。

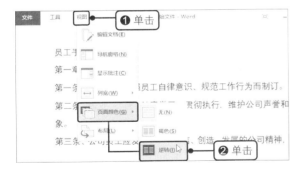

步骤02 显示设置的背景效果

随后可看到应用背景色后的效果，如下图所示。如果想要取消背景色，则在展开的列表中单击"无"选项即可。

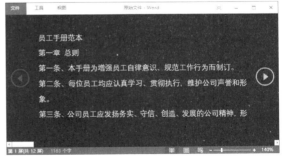

第39招　由阅读视图返回可编辑的视图

当文档更改为阅读视图后，如果要返回可编辑的页面视图，可通过以下方法来实现。

打开原始文件，❶在打开的文档中单击"视图"标签，❷在展开的列表中单击"编辑文档"选项，如右图所示。

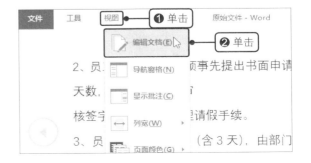

第40招 撤销和恢复操作

在编辑文档的过程中，经常会出现操作错误的情况，此时可以应用Word中的撤销功能返回操作前的状态。如果发现撤销了正确的操作，还可以通过恢复功能来恢复正确的操作。

步骤01 撤销操作

打开原始文件，❶为标题文本设置了字体和段落格式后，❷单击快速访问工具栏中↩按钮右侧的下三角按钮，❸在展开的列表中向下移动鼠标至要撤销的选项处并单击，如下图所示。

步骤02 恢复操作

撤销两步操作后，文本显示为这两步操作前的效果，单击两次↪按钮，如下图所示，即可对撤销的两步操作进行恢复。

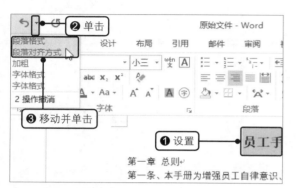

第41招 快速创建含有文本格式的Word文档

在实际工作中，用户除了可以在空白的Word文档中输入并设置文本来创建美观的文档外，还可以直接应用模板来创建文档。用户在由模板创建的文档中可直接输入需要的信息，而无需对文本进行格式等设置。

步骤01 搜索模板

启动 Word 组件，❶在搜索框中输入要搜索的模板关键字，如"宣传"，❷单击"开始搜索"按钮，如下图所示。

步骤02 选择要使用的模板

在窗口中将显示与宣传相关的模板，单击要使用的模板缩略图，如"活动传单（绿色）"，如下图所示。

步骤03 基于模板创建文档

在弹出的对话框中单击"创建"按钮，如右图所示，随后在创建的文档中输入需要的内容即可。

读书笔记

第2章　Word文档的编辑

在Word文档中，除了可以输入普通的文本内容，还可以输入或插入各种文本类型的内容，如特殊符号、专业格式的日期、复杂的公式等。完成文本的输入后，为了保证内容的准确性和完整性，还需要对文档进行编辑。

本章将主要介绍四部分内容：各种类型文本的输入；文本的选择；文本的复制、剪切与粘贴等剪贴板相关操作；文本的查找与替换。

第42招　快速插入特殊符号

在文档中插入一些特殊符号，可以使文档内容变得更加丰富。

步骤01　插入符号

打开一个文档，❶在"插入"选项卡下的"符号"组中单击"符号"按钮，❷在展开的列表中可直接选择最近使用过的符号，如果要插入的特殊符号没有显示在该列表中，可单击"其他符号"选项，如下图所示。

步骤02　选择符号字体

在弹出的"符号"对话框中的"符号"选项卡下，❶单击"字体"右侧的下拉按钮，❷在展开的列表中单击选择一种特殊符号字体，如"Wingdings 2"，如下图所示。

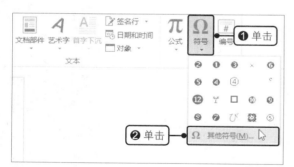

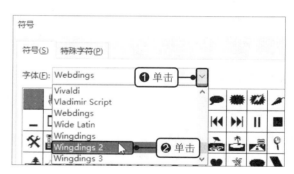

步骤03　选择特殊符号

随后在"字体"下的符号列表框中单击要插入的符号，如右图所示。完成后单击"插入"按钮，即可插入选中的符号。

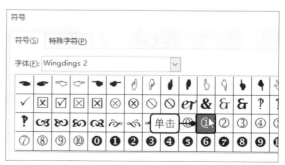

⏰ **提示**

在打开的"符号"对话框中双击要插入的符号，也可以将其插入文档中。

第43招　插入专业格式的日期

在编辑Word文档时，如果不想手动输入日期数据，可通过Word中的日期和时间功能直接插入不同格式的日期数据。

步骤01　插入日期

打开一个文档，在"插入"选项卡下的"文本"组中单击"日期和时间"按钮，如下图所示。

步骤02　选择日期格式

❶在弹出的"日期和时间"对话框中设置"语言（国家 / 地区）"为"中文（中国）"，❷在"可用格式"列表框中单击要使用的日期和时间格式，如下图所示。完成后单击"确定"按钮即可。

第44招　插入自动更新的日期

如果希望每次打开文档的时候系统自动更新插入的日期数据，可使用Word文档中的自动更新功能。

打开一个文档，在"插入"选项卡下的"文本"组中单击"日期和时间"按钮，打开"日期和时间"对话框，选择好要插入的日期和时间格式后，❶勾选"自动更新"复选框，❷单击"确定"按钮，如右图所示。

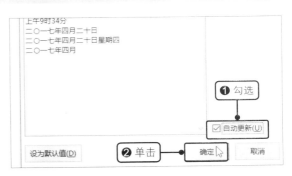

第45招　插入并编辑公式

如果想要在Word文档中插入并编辑公式，可以使用Word组件中的公式功能来实现。

步骤01　插入新公式

打开一个文档，❶在"插入"选项卡下的"符号"组中单击"公式"下三角按钮，❷在展开的列表中可直接单击内置的公式模板，如果没有合适的模板，则单击"插入新公式"选项，如右图所示。

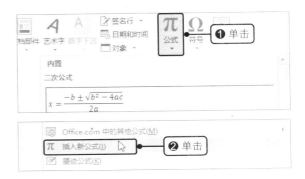

步骤02 插入常用的公式结构

随后文档光标定位处插入了一个公式框，❶在"公式工具-设计"选项卡下的"结构"组中单击"上下标"按钮，❷在展开的列表中单击要插入的公式结构，如右图所示。

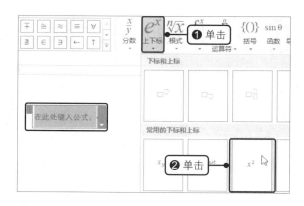

步骤03 插入空白的结构

❶此时文档的公式框中插入了选择的公式结构，输入运算符"＋"，❷继续单击"上下标"按钮，❸在展开的列表中单击要插入的空白公式结构，如"上标"，如下图所示。

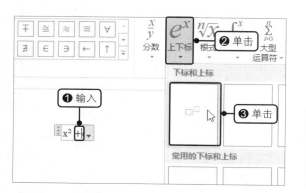

步骤04 完成公式的插入

插入空白结构后，分别在空白的框中输入要插入的公式内容。应用相同的方法继续在公式框中输入运算符和公式结构，完成后单击公式框以外的任意位置，即可完成公式的插入，如下图所示。

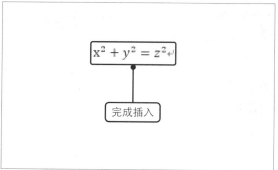

$$x^2 + y^2 = z^2$$

完成插入

第46招 拖动选择任意连续文本内容

一般情况下，要编辑文档中的部分内容，首先就需要选定该内容。选定的方法很简单，直接拖动鼠标选择即可。

打开原始文件，将鼠标指针放置在想要选定文本的起点，按住鼠标左键向右拖动至终点即可，如右图所示。

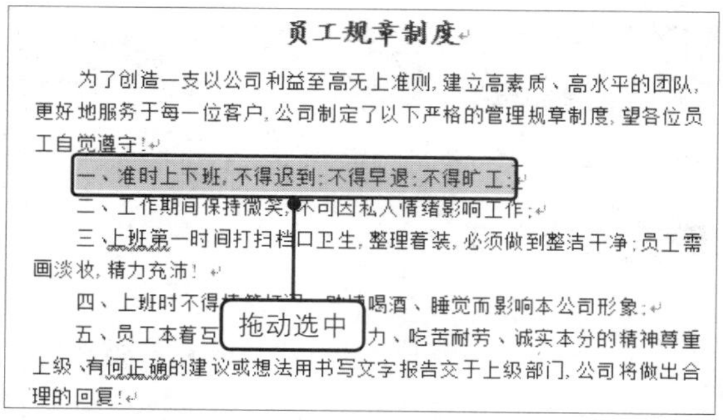

员工规章制度

为了创造一支以公司利益至高无上准则，建立高素质、高水平的团队，更好地服务于每一位客户，公司制定了以下严格的管理规章制度，望各位员工自觉遵守：

一、准时上下班，不得迟到；不得早退；不得旷工。

二、工作期间保持微笑，不可因私人情绪影响工作。

三、上班第一时间打扫档口卫生，整理着装，必须做到整洁干净；员工需画淡妆，精力充沛。

四、上班时不得…… 喝酒、睡觉而影响本公司形象。

五、员工本着互…… 力、吃苦耐劳、诚实本分的精神尊重上级，有何正确的建议或想法用书写文字报告交于上级部门，公司将做出合理的回复！

拖动选中

⏰ **提示**

如果要选定的连续文本内容较长，或者是跨页，使用拖动的方式就会比较麻烦。此时可先将光标定位在要选中文本的起点，按住【Shift】键不放，单击要选中文本的终点，即可选中起点至终点间的所有文本内容。

第47招　快速选择词组

如果要选择文档中的某个词组，除了使用上一招中的拖动方式外，还可以通过以下方法来实现。

打开原始文件，在要选定的词组中双击，如右图所示，即可选中该词组。

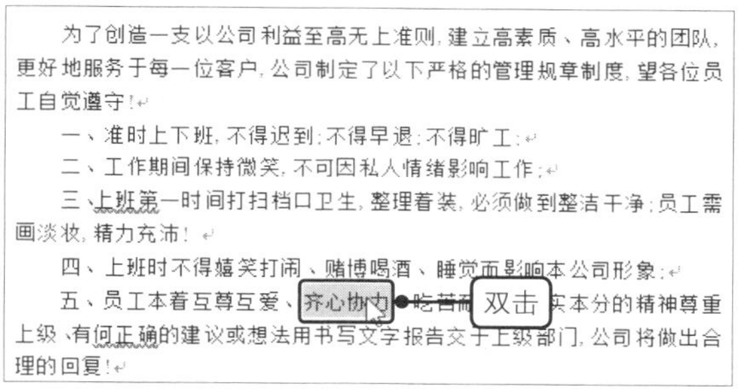

为了创造一支以公司利益至高无上准则，建立高素质、高水平的团队，更好地服务于每一位客户，公司制定了以下严格的管理规章制度，望各位员工自觉遵守；
一、准时上下班，不得迟到；不得早退；不得旷工；
二、工作期间保持微笑，不可因私人情绪影响工作；
三、上班第一时间打扫档口卫生，整理着装，必须做到整洁干净；员工需画淡妆，精力充沛。
四、上班时不得嬉笑打闹、赌博喝酒、睡觉而影响本公司形象；
五、员工本着互尊互爱、齐心协力、吃苦耐劳、诚实本分的精神尊重上级，有何正确的建议或想法用书写文字报告交于上级部门，公司将做出合理的回复！

双击

第48招　快速选择一行文本

如果要选择某行文本，除了使用拖动的方式外，也可以使用以下方法。

打开原始文件，将鼠标指针放置在待选文本行的左侧，当鼠标指针变为 ◢ 形状时，单击鼠标左键，即可选中该行，如右图所示。

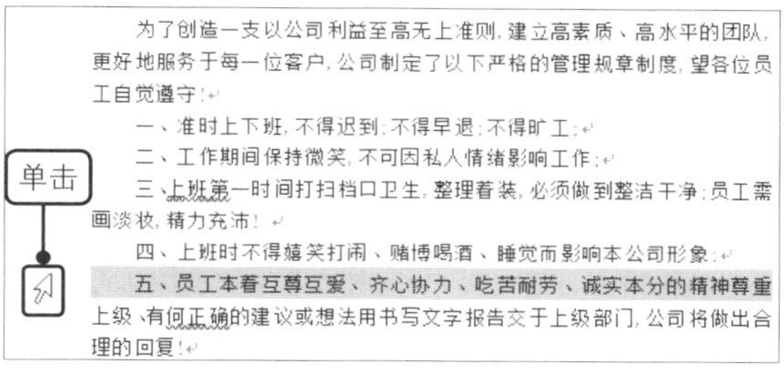

单击

为了创造一支以公司利益至高无上准则，建立高素质、高水平的团队，更好地服务于每一位客户，公司制定了以下严格的管理规章制度，望各位员工自觉遵守；
一、准时上下班，不得迟到；不得早退；不得旷工；
二、工作期间保持微笑，不可因私人情绪影响工作；
三、上班第一时间打扫档口卫生，整理着装，必须做到整洁干净；员工需画淡妆，精力充沛。
四、上班时不得嬉笑打闹、赌博喝酒、睡觉而影响本公司形象；
五、员工本着互尊互爱、齐心协力、吃苦耐劳、诚实本分的精神尊重上级，有何正确的建议或想法用书写文字报告交于上级部门，公司将做出合理的回复！

第49招　快速选择一句文本

如果要选择文档中的某句文本，可通过以下方法来快速实现。

打开原始文件，按住【Ctrl】键不放，在要选定句的任意位置单击，即可选中该句文本，如右图所示。

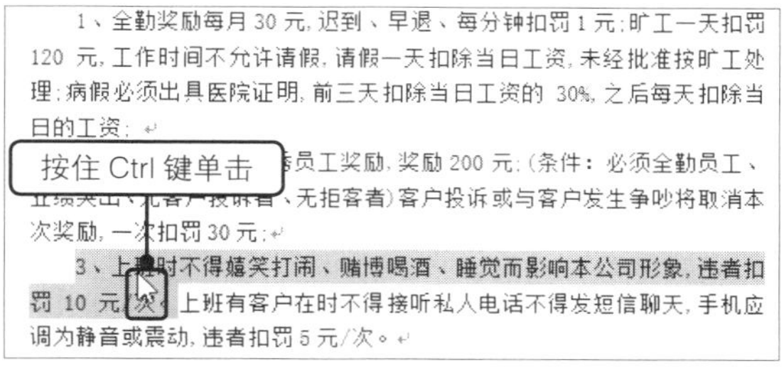

1、全勤奖励每月 30 元，迟到、早退、每分钟扣罚 1 元；旷工一天扣罚120 元，工作时间不允许请假，请假一天扣除当日工资，未经批准按旷工处理，病假必须出具医院证明，前三天扣除当日工资的 30%，之后每天扣除当日的工资；

按住 Ctrl 键单击

员工奖励，奖励 200 元，（条件：必须全勤员工、业绩突出、无客户投诉者、无拒客者）客户投诉或与客户发生争吵将取消本次奖励，一次扣罚 30 元；

3、上班时不得嬉笑打闹、赌博喝酒、睡觉而影响本公司形象，违者扣罚 10 元/次。上班有客户在时不得接听私人电话不得发短信聊天，手机应调为静音或震动，违者扣罚 5 元/次。

第50招　快速选择整段文本

在使用Word编辑文档时，有时会需要选择整段文字，如果采用拖动鼠标的方法来选择文本，虽然不算麻烦，但也很容易漏选或多选，此时可以通过以下方法来快速选择整段文本。

打开原始文件，将鼠标指针放置在待选定段落的左侧，当鼠标指针变为 ◢ 形状时，双击鼠标左键，即可选中整段文本，如右图所示。

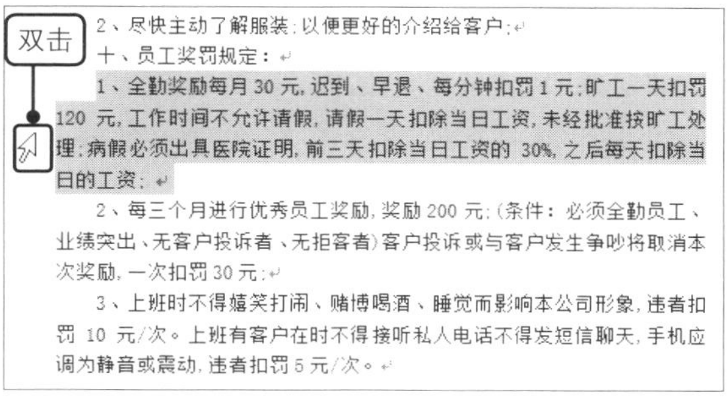

双击

2、尽快主动了解服装，以便更好的介绍给客户；
十、员工奖罚规定；
1、全勤奖励每月 30 元，迟到、早退、每分钟扣罚 1 元；旷工一天扣罚120 元，工作时间不允许请假，请假一天扣除当日工资，未经批准按旷工处理；病假必须出具医院证明，前三天扣除当日工资的 30%，之后每天扣除当日的工资；
2、每三个月进行优秀员工奖励，奖励 200 元，（条件：必须全勤员工、业绩突出、无客户投诉者、无拒客者）客户投诉或与客户发生争吵将取消本次奖励，一次扣罚30元；
3、上班时不得嬉笑打闹、赌博喝酒、睡觉而影响本公司形象，违者扣罚 10 元/次。上班有客户在时不得接听私人电话不得发短信聊天，手机应调为静音或震动，违者扣罚 5 元/次。

⏰ **提示**

将鼠标指针放置在待选定段落文本的任意位置，三击鼠标左键，也可以选中该段文本。

第51招　快速选择矩形区域内的文本

如果想要对Word文档中的某一个矩形区域内的文本内容进行操作，使用鼠标选取会连带着将同一行内的其他文本内容选中，此时可以使用以下方法来操作。

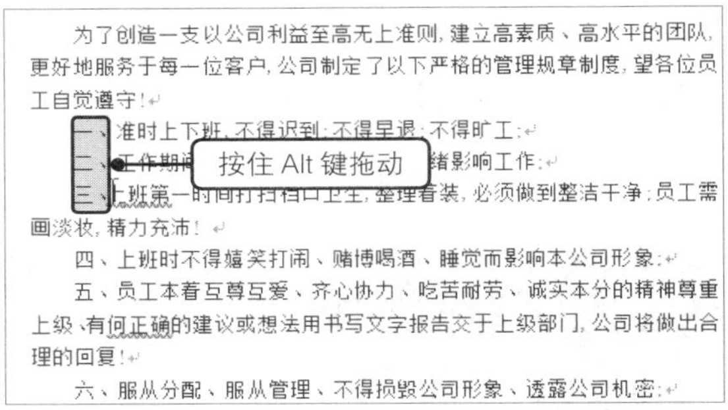

打开原始文件，将鼠标指针放置在想要选定的文本的起始位置，按住【Alt】键不放，按住鼠标左键进行拖动，即可选中矩形区域内的文本，如右图所示。

第52招　快速选择整篇文档

当需要对整篇文档进行操作时，可通过以下方式快速选中全部文档内容。

打开原始文件，将鼠标指针放置在文本的左侧，当鼠标指针变为 形状时，三击鼠标左键，即可选中文档的全部内容，如右图所示。

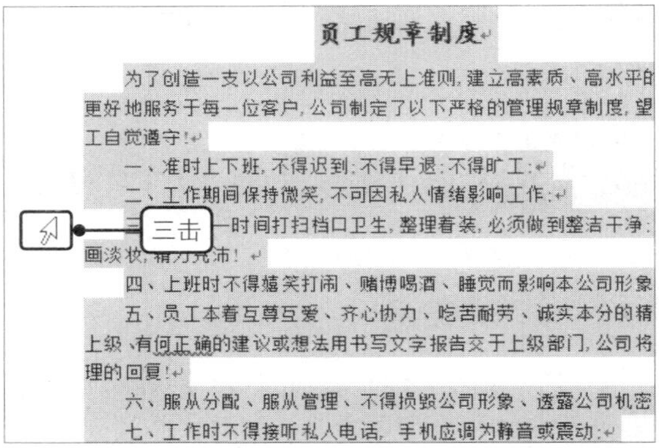

⏰ **提示**

按下【Ctrl+A】组合键，也可以选中文档的全部内容。

第53招　选择不连续的文本

如果要对文档中的多处文本进行相同的操作，可通过以下方法选中文档中多处不连续的文本内容。

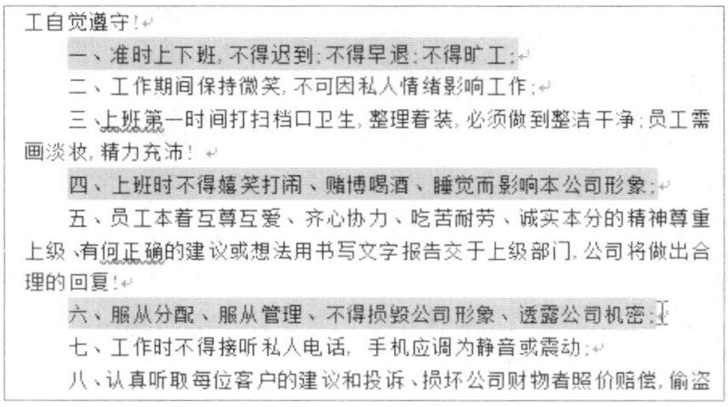

打开原始文件，拖动鼠标选中第1处文本内容，然后按住【Ctrl】键不放，继续拖动选中其他文本内容，如右图所示。

第54招　选中所有格式相似的文本

如果想要对文档中具有相似格式的文本内容进行操作，可通过以下方法快速选中格式相似的文本。

步骤01　选择格式相似的文本

打开原始文件，将光标定位在要选择格式的文本中，❶在"开始"选项卡下的"编辑"组中单击"选择"按钮，❷在展开的列表中单击"选择格式相似的文本"选项，如下图所示。

步骤02　显示选中效果

随后可看到文档中与光标所在处文本格式相似的文本内容被选中了，如下图所示。

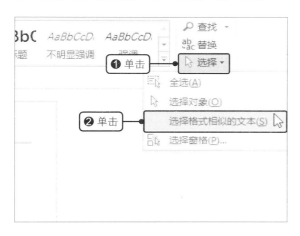

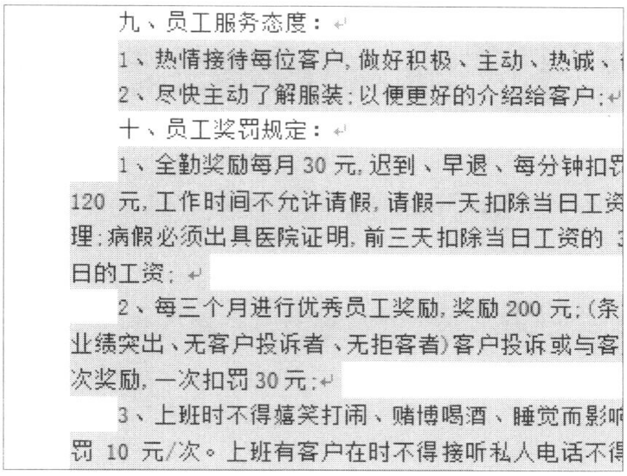

第55招　快速输入文档中已有的文本内容

如果需要在文档中多次输入相同内容的文本，可通过Word中的复制和粘贴功能快速完成，从而提高工作效率。

步骤01　复制文本

打开原始文件，❶选中要复制的文本内容并右击，❷在弹出的快捷菜单中单击"复制"命令，如下图所示。

步骤02　粘贴文本

❶在要插入选中文本的位置右击，❷在弹出的快捷菜单中单击"保留源格式"命令，如下图所示。

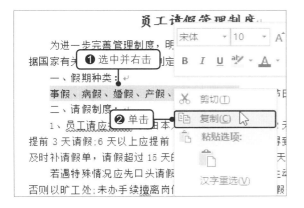

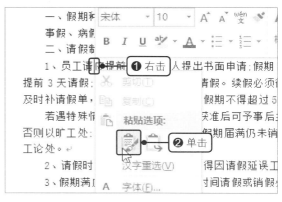

步骤03 显示粘贴效果

随后可看到复制的文本被粘贴到了光标定位处，如右图所示。

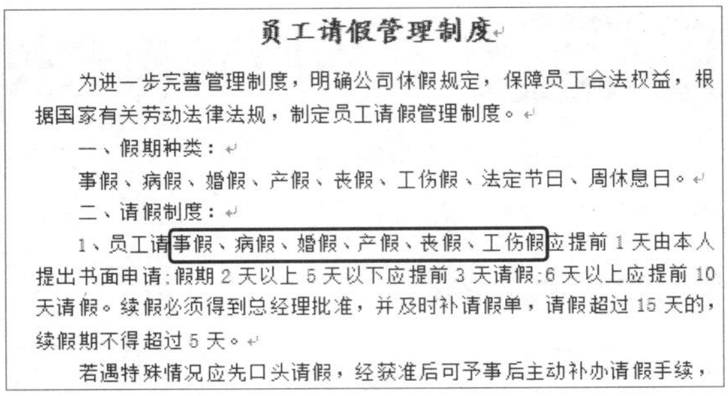

员工请假管理制度
为进一步完善管理制度，明确公司休假规定，保障员工合法权益，根据国家有关劳动法律法规，制定员工请假管理制度。
一、假期种类：
事假、病假、婚假、产假、丧假、工伤假、法定节日、周休息日。
二、请假制度：
1、员工请事假、病假、婚假、产假、丧假、工伤假应提前 1 天由本人提出书面申请；假期 2 天以上 5 天以下应提前 3 天请假；6 天以上应提前 10 天请假。续假必须得到总经理批准，并及时补请假单，请假超过 15 天的，续假期不得超过 5 天。
若遇特殊情况应先口头请假，经获准后可予事后主动补办请假手续，

提示

使用【Ctrl+C】和【Ctrl+V】组合键，可以快速完成文本的复制和粘贴操作。

第56招 使用格式刷复制格式

如果需要对多处内容设置相同的格式，可以用第53招的方法同时选中这些内容再设置格式，也可以先对一处内容设置好格式，再应用格式刷功能将设置的格式复制到其他内容上。

步骤01 启动格式刷

打开原始文件，❶选中已经设置了格式的文本，❷在“开始”选项卡下的“剪贴板”组中单击“格式刷”按钮，如下图所示。

文件
开始
插入
设计
布局
引用
邮件
审阅
宋体
五号
粘贴
剪贴板
字体
段落
❷ 单击
❶ 选中
为进一步完善管理制度，明确公司
据国家有关劳动法律法规，制定员工请
一、假期种类：
事假、病假、婚假、产假、丧假、

步骤02 应用格式刷

此时鼠标指针呈刷子形状，拖动选择要应用格式的目标文本，如下图所示。

一、假期种类：
事假、病假、婚假、产假、丧假、工伤假、法定节日、周休息日。
二、请假制度：
拖动
1、员工请应提前 1 天由本人提出书面申请；假期 2 天以上 5 天以下应提前 3 天请假；6 天以上应提前 10 天请假。续假必须得到总经理批准，并及时补请假单，请假超过 15 天的，续假期不得超过 5 天。
若遇特殊情况应先口头请假，经获准后可予事后主动补办请假手续，否则以旷工处；未办手续擅离岗位，或假期届满仍未销假、续假者，均以旷工论处。
2、请假时应办理好工作交接，不得因请假延误工作。
3、假期满应准时到岗复工，上班时间请假或销假必须在第一时间打卡

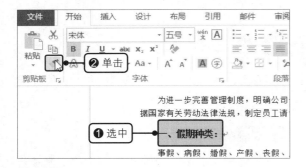

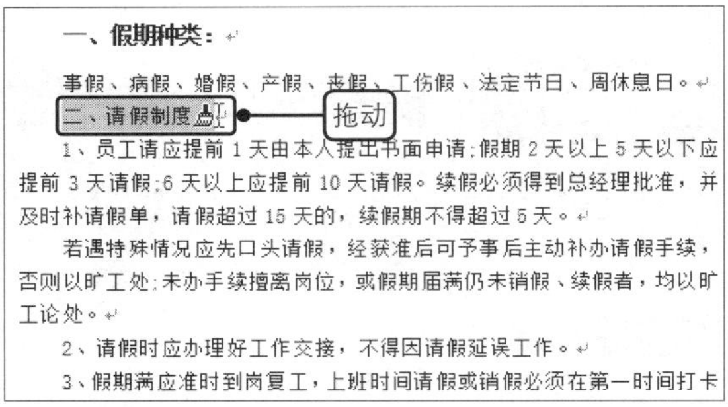

步骤03 显示应用格式的效果

随后即可将已有的格式复制到目标文本上，如右图所示。

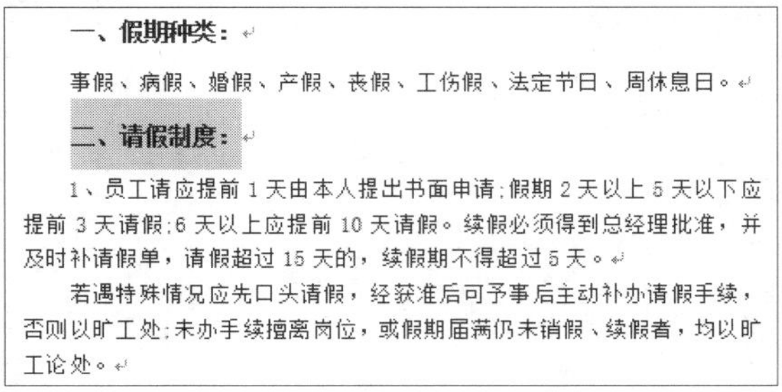

一、假期种类：
事假、病假、婚假、产假、丧假、工伤假、法定节日、周休息日。
二、请假制度：
1、员工请应提前 1 天由本人提出书面申请；假期 2 天以上 5 天以下应提前 3 天请假；6 天以上应提前 10 天请假。续假必须得到总经理批准，并及时补请假单，请假超过 15 天的，续假期不得超过 5 天。
若遇特殊情况应先口头请假，经获准后可予事后主动补办请假手续，否则以旷工处；未办手续擅离岗位，或假期届满仍未销假、续假者，均以旷工论处。

提示

如果想要将已有的格式应用到多处文本上，可双击“格式刷”按钮。完成格式的应用后再次单击“格式刷”按钮或按下【Esc】键，关闭格式刷功能。

第57招 将文字粘贴为图片

如果想要在文档中使用不可编辑的文本，或者需要一些看起来像是文本但却能够被当作图形进行操作的内容，可将文本复制后粘贴为图片格式。

步骤01 选择性粘贴文本

打开原始文件，选中并复制要粘贴为图片的文本内容，打开一个新的文档，定位好光标后，❶在"开始"选项卡下的"剪贴板"组中单击"粘贴"下三角按钮，❷在展开的列表中单击"选择性粘贴"选项，如右图所示。

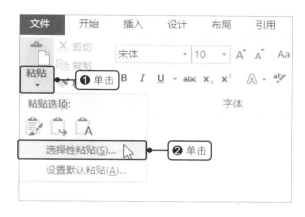

步骤02 粘贴为图片

❶在弹出的"选择性粘贴"对话框中单击"粘贴"单选按钮，❷单击"形式"列表框中的"图片（增强型图元文件）"选项，如下图所示。

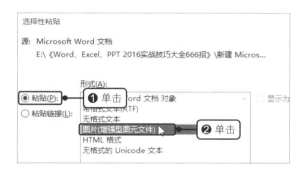

步骤03 显示粘贴效果

单击"确定"按钮，返回文档中，即可看到光标定位处插入的纯文字图片，如下图所示。

第58招 快速移动文本

在Word文档中进行文字编辑时，经常需要移动某些文本的位置，如果移动的目标位置在当前页，可采取鼠标拖动文本块的方式来完成。

步骤01 移动文本内容

打开原始文件，❶拖动鼠标选中要移动的文本，❷用鼠标将选中的文本拖动到要放置的位置，如右图所示。

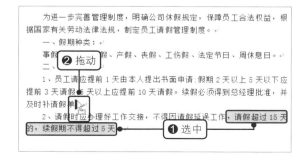

步骤02 显示移动效果

随后可看到选中的文本被移动到新的位置，如右图所示。

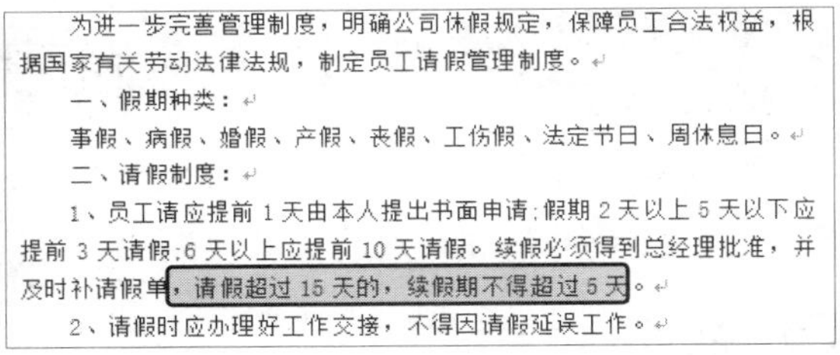

为进一步完善管理制度，明确公司休假规定，保障员工合法权益，根据国家有关劳动法律法规，制定员工请假管理制度。
一、假期种类：
事假、病假、婚假、产假、丧假、工伤假、法定节日、周休息日。
二、请假制度：
1、员工请应提前 1 天由本人提出书面申请;假期 2 天以上 5 天以下应提前 3 天请假;6 天以上应提前 10 天请假。续假必须得到总经理批准，并及时补请假单，请假超过 15 天的，续假期不得超过 5 天。
2、请假时应办理好工作交接，不得因请假延误工作。

提示

如果待移动文本的原始位置与目标位置相距较远，用鼠标拖动的方式会不方便操作，可以在选中文本后按快捷键【Ctrl+X】剪切文本，再在目标位置按快捷键【Ctrl+V】粘贴文本。

第59招 快速找到指定内容

当需要在文字较多的文档中查找特定的文本内容时，用眼睛逐字阅读查找会很麻烦，此时可以使用Word中的查找功能快速找到指定内容。

步骤01 启动查找功能

打开原始文件，❶在“开始”选项卡下的“编辑”组中单击“查找”右侧的下三角按钮，❷在展开的列表中单击“查找”选项，如右图所示。也可按快捷键【Ctrl+F】。

AaBbCcD
AaBbCcD
不明显强调
强调
查找
❶ 单击
查找(F)
高级查找(A)...
转到(G)...
❷ 单击

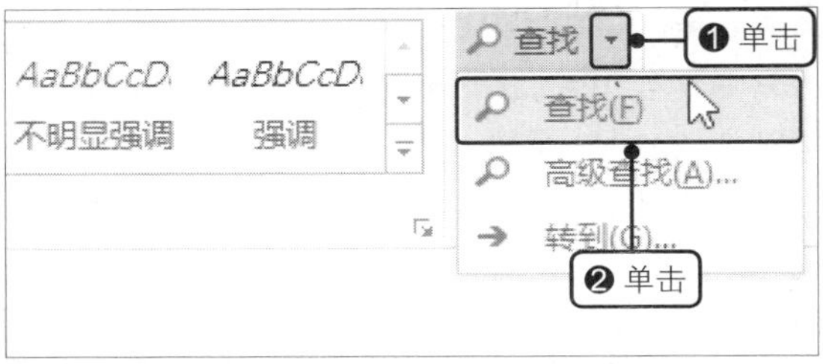

步骤02 输入查找内容

在文档左侧弹出“导航”窗格，在搜索框中输入要查找的文本内容，如“续假”，在搜索框的下方会自动显示搜索的结果数，如下图所示。

导航
续假
输入
2 个结果
标题
页面
结果
1、员工请应提前1天由本人提出书面申请;假期2天以上5天以下应提前3天请假;6天以上应提前10天请假。续假必须得到总经理批准，并及时补请假单，请假超过15天的，续假期不得超过5天。

步骤03 显示查找效果

此时文档中查找到的内容将会被突出显示出来，如下图所示。

员工请假管理制度
为进一步完善管理制度，明确公司休假规定，保障员工合法权益，根据国家有关劳动法律法规，制定员工请假管理制度。
一、假期种类：
事假、病假、婚假、产假、丧假、工伤假、法定节日、周休息日。
二、请假制度：
1、员工请应提前 1 天由本人提出书面申请;假期 2 天以上 5 天以下应提前 3 天请假;6 天以上应提前 10 天请假。续假必须得到总经理批准，并及时补请假单，请假超过 15 天的，续假期不得超过 5 天。
2、请假时应办理好工作交接，不得因请假延误工作。

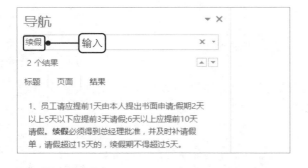

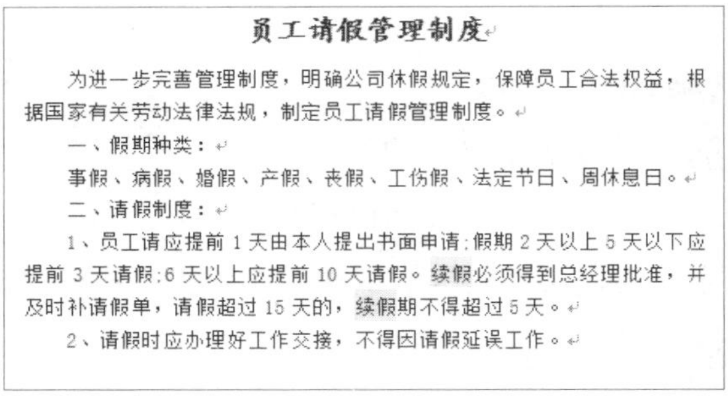

第60招 使用通配符进行模糊查找

如果需要在长篇的Word文档中查找某个词，但是忘掉了该词的完整内容，而只记得部分内容，可以使用通配符来进行模糊查找。

步骤01　启用高级查找

打开原始文件，❶在"开始"选项卡下的"编辑"组中单击"查找"右侧的下三角按钮，❷在展开的列表中单击"高级查找"选项，如下图所示。

步骤02　设置查找选项

在弹出的"查找和替换"对话框中单击"更多"按钮展开搜索选项，❶单击"特殊格式"按钮，❷在展开的列表中单击"任意字符"选项，如下图所示。

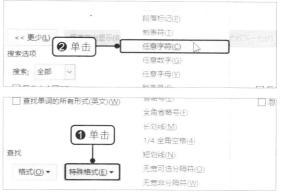

步骤03　模糊查找

可看到"查找内容"后的文本框中自动输入了任意字符的通配符"^?"，❶在通配符后输入"天"，❷单击"查找下一处"按钮，如下图所示。

步骤04　显示查找结果

随后可看到文档中的文本"天"及前面的一个字符一起被突出显示了，如下图所示。继续单击"查找下一处"按钮，可继续查找包含了"天"的文本内容。

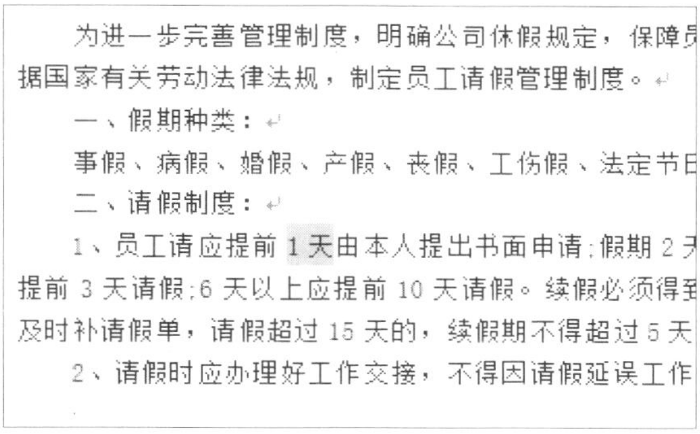

为进一步完善管理制度，明确公司休假规定，保障员据国家有关劳动法律法规，制定员工请假管理制度。
一、假期种类：
事假、病假、婚假、产假、丧假、工伤假、法定节日
二、请假制度：
1、员工请应提前 1 天由本人提出书面申请；假期 2 天提前 3 天请假；6 天以上应提前 10 天请假。续假必须得到及时补请假单，请假超过 15 天的，续假期不得超过 5 天
2、请假时应办理好工作交接，不得因请假延误工作

⏰ **提示**

需注意的是，"^?"代表任意的单个字符，有几个"^?"就代表有几个字符。

第61招　快速替换多处相同的文本内容

在Word文档中输入文本内容时，有可能会出现多处打错一个字或词的情况，如果逐个查找并修改不仅很费时间还可能遗漏，此时可以利用查找和替换功能快速完成操作。

步骤01 启动替换功能

　　打开原始文件，在"开始"选项卡下的"编辑"组中单击"替换"按钮，如下图所示。

步骤02 替换全部

　　❶在弹出的"查找和替换"对话框中单击"替换"标签，❷设置"查找内容"为"年"、"替换为"为"天"，❸单击"全部替换"按钮，如下图所示。

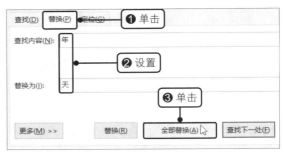

步骤03 完成替换

　　弹出提示框，可看到完成的替换数，直接单击"确定"按钮，如右图所示。

第62招　使用替换功能批量修改文本格式

　　若要将Word文档中多个相同的文本格式更改为其他相同的格式，也可以使用查找和替换功能来实现。

步骤01 显示替换前的效果

　　打开原始文件，拖动选中标题文本，可在弹出的浮动工具栏中看到选中文本的字体格式为"宋体""五号""加粗"，如下图所示。单击文档中的任意处取消选中。

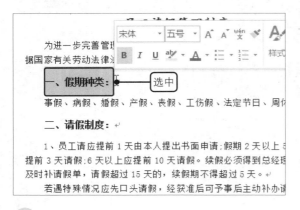

步骤02 单击"更多"按钮

　　单击"替换"按钮，打开"查找和替换"对话框，❶将光标定位在"替换"选项卡下的"查找内容"文本框中，❷单击"更多"按钮，如下图所示。

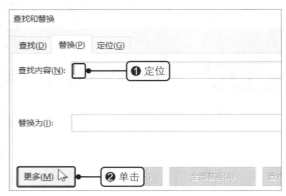

步骤03 设置字体格式

❶单击"格式"按钮，❷在展开的列表中单击"字体"选项，如下图所示。

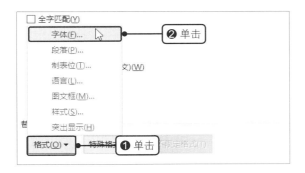

步骤04 设置要查找的格式

在弹出的"查找字体"对话框中的"字体"选项卡下设置要查找的字体、字形及字号，如下图所示。

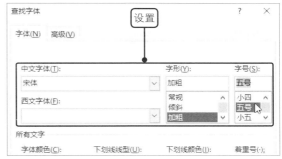

步骤05 定位光标

单击"确定"按钮，返回"查找和替换"对话框中，将光标定位在"替换为"文本框中，如下图所示。

步骤06 设置要替换为的格式

单击"格式"按钮，在展开的列表中单击"字体"选项，在"替换字体"对话框中的"字体"选项卡下设置要替换为的字体、字形及字号，如下图所示。

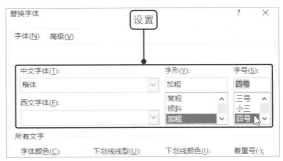

步骤07 全部替换

单击"确定"按钮，返回"查找和替换"对话框中，可看到设置好的查找格式和替换格式，单击"全部替换"按钮，如下图所示。

步骤08 显示替换效果

在弹出的提示框中直接单击"确定"按钮，返回文档中，可看到替换后的标题效果，如下图所示。

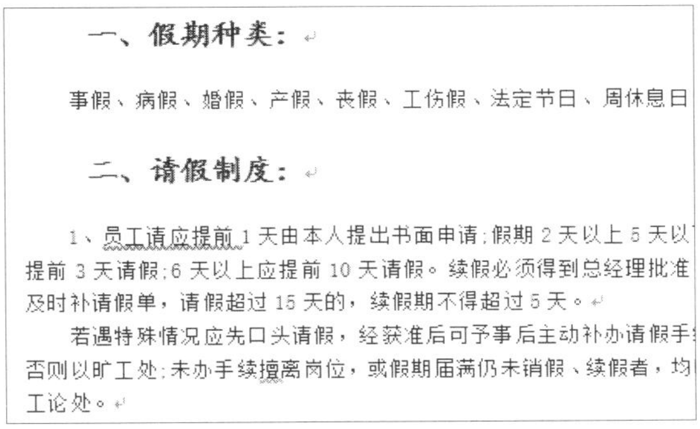

一、假期种类：

事假、病假、婚假、产假、丧假、工伤假、法定节日、周休息日

二、请假制度：

1、员工请假应提前 1 天由本人提出书面申请;假期 2 天以上 5 天以提前 3 天请假;6 天以上应提前 10 天请假。续假必须得到总经理批准及时补请假单，请假超过 15 天的，续假期不得超过 5 天。

若遇特殊情况应先口头请假，经获准后可予事后主动补办请假手否则以旷工处;未办手续擅离岗位，或假期届满仍未销假、续假者，均工论处。

第63招 利用替换功能删除空白行

将网页中的文本内容复制到Word文档中后，经常会发现各个段落之间包含一些空白行。如果复制的文档内容较多，且空白行也较多时，逐个删除会耗费大量的时间和精力，此时可以利用替换功能快速删除空白行。

步骤01 查看空白行效果

打开原始文件，可看到文档中的多个空白行，如下图所示。

步骤02 查找段落标记

单击"编辑"组中的"替换"按钮，打开"查找和替换"对话框。将光标定位在"查找内容"文本框中，单击"更多"按钮，❶单击"特殊格式"按钮，❷在展开的列表中单击"段落标记"选项，如下图所示。

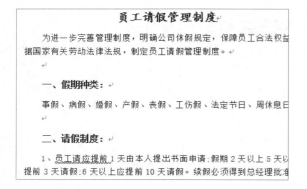

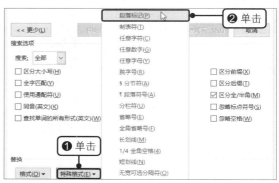

步骤03 全部替换

随后可看到"查找内容"文本框中自动输入了代表段落标记的"^p"符号，应用相同的方法在"查找内容"文本框中插入第 2 个段落标记，在"替换为"文本框中插入一个段落标记。单击"全部替换"按钮，如下图所示。

步骤04 完成替换

弹出提示框，直接单击"确定"按钮，返回文档中，可看到文档中的空白行已被删除，如下图所示。

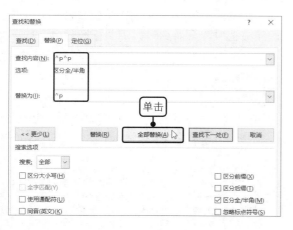

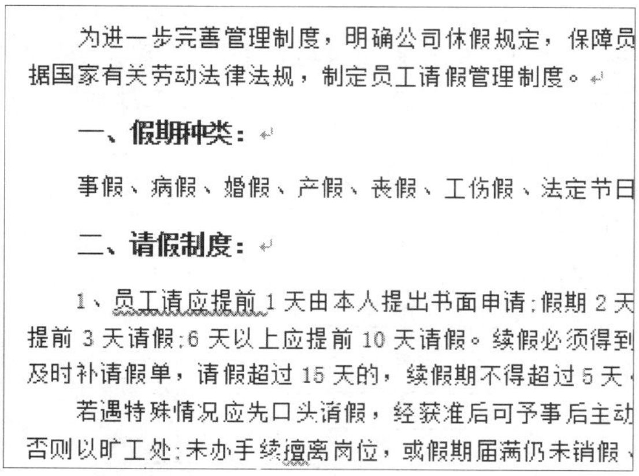

第64招　将指定文本替换为图片

使用替换功能除了可以将多个相同文本批量替换为其他文本外，还可以将多个相同文本替换为图片，从而丰富文档内容。

步骤01　剪切图片

打开原始文件，❶在文档中右击要替换为的图片，❷在弹出的快捷菜单中单击"剪切"命令，如下图所示，即可将图片剪切到剪贴板中。

步骤02　设置替换内容

打开"查找和替换"对话框，在"替换"选项卡下设置"查找内容"为图片对应的"香蕉"文本，将光标定位在"替换为"文本框中，❶单击"特殊格式"按钮，❷在展开的列表中单击"'剪贴板'内容"选项，如下图所示。

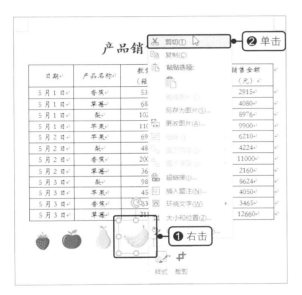

步骤03　全部替换

随后可看到"替换为"文本框中自动输入了剪贴板对应的代码"^c"，单击"全部替换"按钮，如下图所示。

步骤04　显示替换效果

弹出提示框，提示替换的数量，单击"确定"按钮，即可看到"香蕉"文本被替换为图片后的效果。应用相同的方法剪切其他图片并替换，即可得到如下图所示的效果。

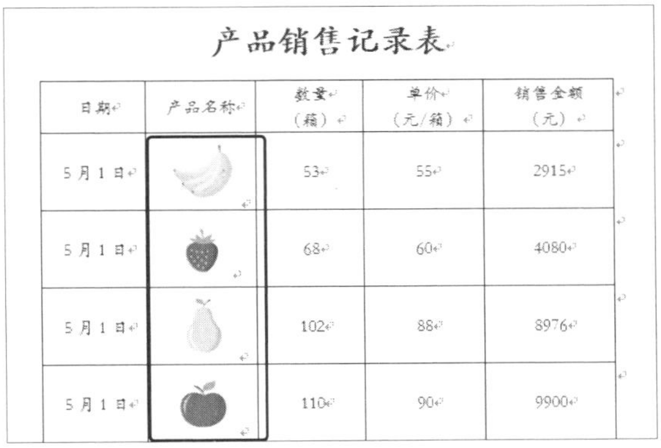

第65招 输入平方米上标号

在实际工作中，上标和下标的应用非常广泛。上标一般指比同一行中其他文字稍高的文字，用于上角标志符号。下标指的是比同一行中其他文字稍低的文字，用于科学公式。实际工作中常见的平方米和立方米等符号，都是利用上标来实现标注的。下面就以输入平方米上标号为例进行讲解。

步骤01 设置上标号

打开原始文件，❶选中要设置为上标的文本，如"2"，❷在"开始"选项卡下单击"字体"组中的"上标"按钮，如下图所示。

步骤02 显示设置效果

随后可看到选中的文本变为了上标，如下图所示。如果要设置下标，则在选中文本后单击"下标"按钮即可。

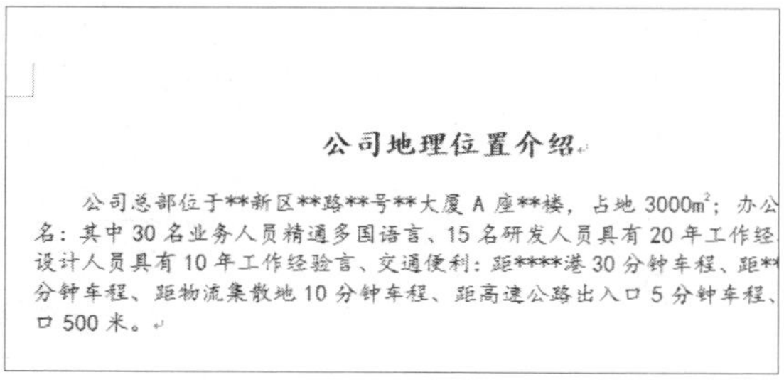

提示

除了以上方法外，还可以使用快捷键来设置上下标号。选中要设置的文本，按【Ctrl+Shift+=】组合键，可以将文本设置为上标，再按一次即可恢复到原始状态；按【Ctrl+=】组合键，可以将文本设置为下标，再按一次即可恢复到原始状态。

读书笔记

第3章 Word文档文本格式设置

完成Word文档内容的输入和编辑后，为了让文档的文本内容呈现出更加专业的视觉效果，需对其进行格式设置。

本章将介绍Word文档中文本格式设置和段落格式设置的相关操作，通过这些操作，可以让文档的外观更加美观和规范，给观者带来良好的阅读体验。

第66招 改变文本的字体

文档中默认的文本字体有可能不符合用户的喜好或当前文档的整体效果，此时就可以通过以下方式更改文本的字体。

打开原始文件，选中要设置的文本，❶在"开始"选项卡下的"字体"组中单击"字体"右侧的下三角按钮，❷在展开的列表中选择要设置的字体，如"楷体"，如右图所示。

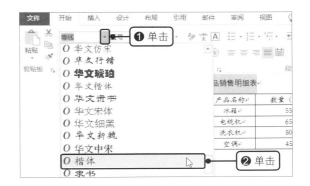

第67招 改变文本的大小

在Word中，可以应用字号功能为文档中不同层级的文本内容设置不同的大小，让文档变得层次分明。

步骤01 设置文本字号

打开原始文件，❶选中要设置的文本，❷在"开始"选项卡下的"字体"组中单击"字号"右侧的下三角按钮，❸在展开的列表中选择要设置的字号，如"三号"，如下图所示。

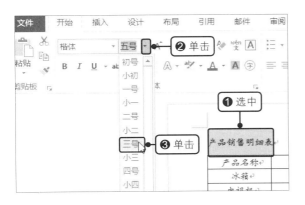

步骤02 用其他方式设置字号

如果对设置后的字号不满意，还可使用其他方式快速改变字号，如单击"字体"组中的"增大字号"按钮来增大字号，如下图所示。也可以单击"减小字号"按钮来减小字号。

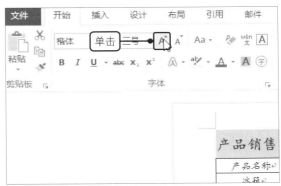

第68招 让文本加粗或倾斜

如果想要突出和强调文档中某些重要的文本内容，可为其设置加粗或倾斜效果。

步骤01 加粗文本

打开原始文件，❶选中要设置的标题文本，❷在"开始"选项卡下的"字体"组中单击"加粗"按钮，如下图所示。

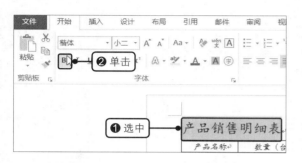

步骤02 倾斜文本

继续在"开始"选项卡下的"字体"组中单击"倾斜"按钮，如下图所示。

第69招 为文本添加下画线

除了为文本设置加粗或倾斜效果，在文本下方添加多种样式的下画线也是突出和强调重要内容的常用手段。

打开原始文件，选中要添加下画线的文本，❶在"开始"选项卡下的"字体"组中单击"下画线"右侧的下三角按钮，❷在展开的列表中单击要添加的下画线样式，如"双下画线"，如右图所示。

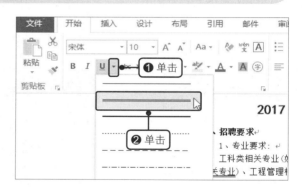

第70招 设置下画线颜色

为了进一步吸引观者的眼球，还可为下画线设置更加醒目的颜色。

打开原始文件，选中已经添加了下画线的文本，❶在"开始"选项卡下的"字体"组中单击"下画线"右侧的下三角按钮，❷在展开的列表中单击"下画线颜色 > 红色"选项，如右图所示。

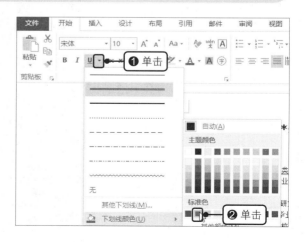

第71招　删除添加的下画线

如果不再需要使用下画线突出强调文档中的某些文本内容，可将下画线删除。

打开原始文件，选中已经添加了下画线的文本，❶在"开始"选项卡下的"字体"组中单击"下画线"右侧的下三角按钮，❷在展开的列表中单击"无"选项，如右图所示。

第72招　为文本添加删除线

修改Word文档时，如果既想要删除文档中多余的文字，又想要保留删除的痕迹，可通过删除线功能来实现。

步骤01　添加删除线

打开原始文件，选中要添加删除线的文本，在"开始"选项卡下的"字体"组中单击"删除线"按钮，如下图所示。

步骤02　显示添加效果

随后可看到选中的文本上添加了删除线，如下图所示。

第73招　更改英文字符的大小写

使用Word编辑英文文本的过程中，经常会遇到需要转换大小写的情况。此时可以使用更改大小写功能快速完成英文字母的大小写转换。

打开原始文件，❶选中要更改大小写的英文文本，❷在"开始"选项卡下的"字体"组中单击"更改大小写"按钮，❸在展开的列表中单击"全部大写"选项，如右图所示。

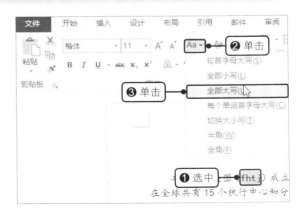

第74招 以不同颜色突出显示文本

如果想要在文档中标注出需要强调的文字和段落，可以以不同颜色突出显示文本。

打开原始文件，❶选中要设置的文本，❷在"开始"选项卡下的"字体"组中单击"以不同颜色突出显示文本"右侧的下三角按钮，❸在展开的列表中单击要设置的颜色块，如"黄色"，如右图所示。

第75招 改变文本的颜色

为了让Word文档中的文本更加醒目，可以更改文本的颜色。

打开原始文件，选中要设置的文本，❶在"开始"选项卡下的"字体"组中单击"字体颜色"右侧的下三角按钮，❷在展开的列表中单击"标准色"选项组下的"红色"，如右图所示。

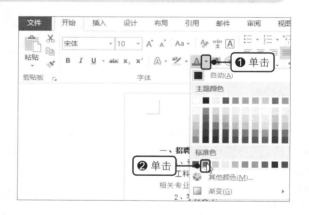

第76招 设置文本炫彩效果

在 Word 文档中，除了可以对文本的字体、字号及颜色等进行设置外，还可以通过文本效果和版式功能为文字设置其他效果，如阴影、映像、发光效果等。

步骤01 设置文本效果和版式

打开原始文件，选中要设置的文本，❶在"开始"选项卡下的"字体"组中单击"文本效果和版式"按钮，❷在展开的列表中选择要应用的效果，如单击"填充 - 白色，轮廓 - 着色 2，清晰阴影 - 着色 2"，如右图所示。

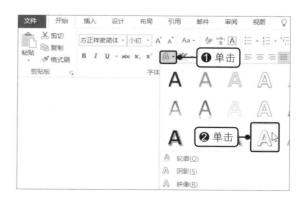

步骤02 设置发光效果

❶再次单击"文本效果和版式"按钮，❷在展开的列表中单击"发光 > 橙色，18 pt 发光，个性色 2"选项，如下图所示。

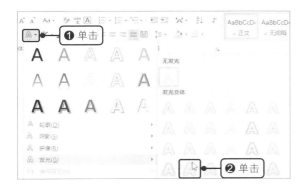

步骤03 显示应用效果

即可看到设置后的文本样式，如下图所示。如果对设置的效果还是不满意，可继续设置文本的轮廓、阴影、映像等效果。

第77招　使用浮动工具栏快速设置文本格式

如果想要快速为文本设置字体格式和样式，可使用浮动工具栏来完成。

打开原始文件，❶拖动选中要设置的文本，❷在弹出的浮动工具栏中设置文本的"字体"为"华文楷体"、"字号"为"三号"，单击"加粗"按钮，如右图所示。

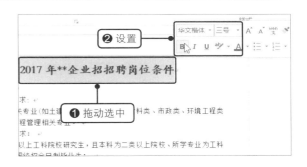

> ⏰ **提示**
>
> 如果选中文本后并未弹出浮动工具栏，可打开"Word 选项"对话框，在"常规"选项卡下的"用户界面选项"选项组中勾选"选择时显示浮动工具栏"复选框。

第78招　插入具有艺术效果的文本

在 Word 文档中，除了可以对文本设置各种格式和样式来美化文档外，还可以通过插入艺术字为文档增加艺术效果。

步骤01 插入艺术字

打开原始文件，❶在"插入"选项卡下的"文本"组中单击"艺术字"按钮，❷在展开的列表中单击一种样式，如"填充 - 白色，轮廓 - 着色 2，清晰阴影 - 着色 2"选项，如右图所示。

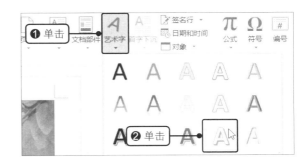

步骤02 显示插入效果

完成设置后，可看到插入的艺术字文本框，删除文本框中的文本，输入合适的文本内容，并移动文本框至合适的位置，即可得到如右图所示的效果。

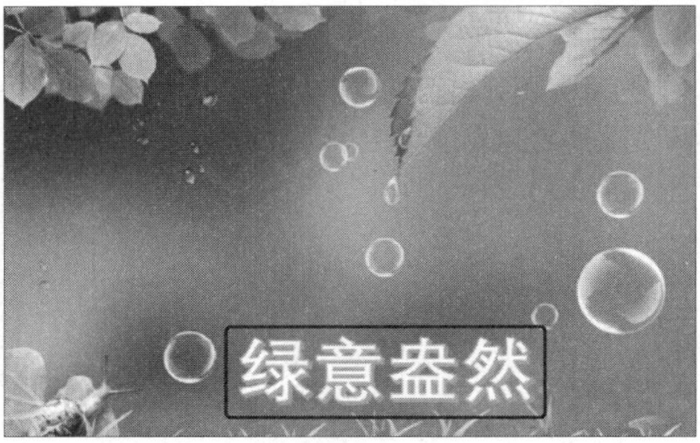

第79招 为文本添加边框

在 Word 中编辑文本时，如果有一组文本特别重要，可为该文本添加边框，使其醒目显示。

步骤01 添加边框

打开原始文件，选中要添加边框的文本，在“开始”选项卡下的“字体”组中单击“字符边框”按钮，如下图所示。

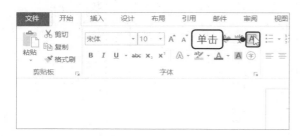

步骤02 显示添加效果

用相同的方法为其他文本添加边框，即可得到如下图所示的效果。如果要取消边框，选中文本后再次单击“字符边框”按钮即可。

二、薪资待遇和发展空间

1、工资待遇

（1）试用期：本科 3600 元/月，研究生 5000 元/月；正式上岗后月工资同比设计类岗位高出 1000 元不等。

（2）以上待遇不含单位支付的各项保险金和公积金，除工资外单位还承担养老、医疗、失业、工伤、生育五项保险金和住房公积金。

2、单位提供单身宿舍，如在不住单身宿舍在外租房，单位提供租房补贴 200 元/月（家在郑州市区人员不提供）。

3、发展空间

（1）项目管理和总承包为本院重点发展的业务之一，能为广大求职者提供

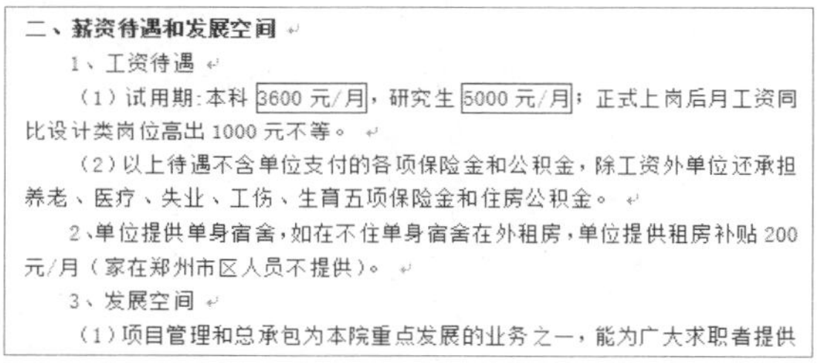

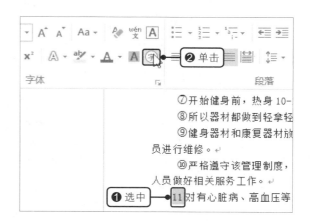

第80招 设置带圈字符

要在文档中输入①～⑩的带圈数字序号，可以使用第 42 招介绍的插入特殊符号功能来实现。但如果要输入大于 10 的带圈数字序号，或者要在其他文字外加上圆形、正方形、三角形、菱形等形状的外框，则需使用带圈字符功能。

步骤01 添加带圈字符

打开原始文件，❶选中要设置带圈效果的文本，❷在“开始”选项卡下的“字体”组中单击“带圈字符”按钮，如右图所示。

步骤02 设置带圈字符

弹出"带圈字符"对话框，❶在"样式"选项组下单击"增大圈号"按钮，❷在"圈号"选项组下的"圈号"列表框中选择圆圈形状，❸单击"确定"按钮，如下图所示。

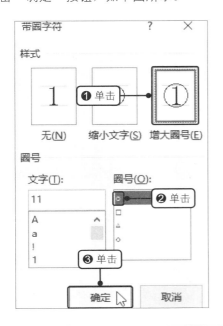

步骤03 显示设置效果

返回文档中，即可看到设置的带圈字符效果，如下图所示。

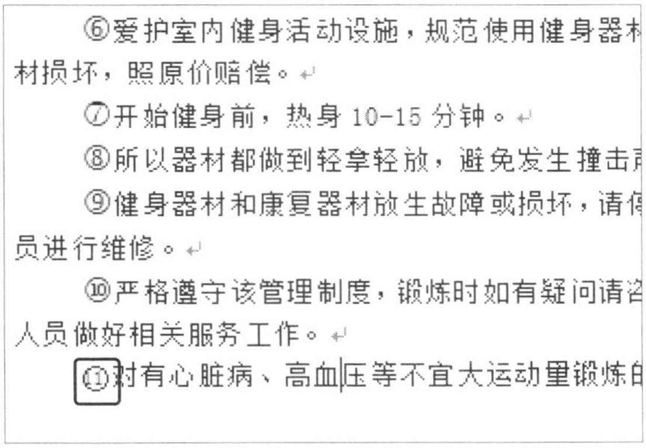

⑥爱护室内健身活动设施，规范使用健身器材，材损坏，照原价赔偿。↵
⑦开始健身前，热身 10-15 分钟。↵
⑧所以器材都做到轻拿轻放，避免发生撞击前↵
⑨健身器材和康复器材放生故障或损坏，请↵
员进行维修。↵
⑩严格遵守该管理制度，锻炼时如有疑问请咨↵
人员做好相关服务工作。↵
⑪对有心脏病、高血压等不宜大运动量锻炼的↵

> ⏰ **提示**
>
> 如果要删除文本中添加的带圈效果，可选中文本，在"带圈字符"对话框中单击"无"按钮，然后单击"确定"按钮即可。

第81招　为生僻字添加拼音

在查看使用 Word 编辑的文档资料时，偶尔会遇到一些不常见的生僻字，如果想要快速掌握这些生僻字的读法，可为生僻字添加拼音。

步骤01 添加拼音

打开原始文件，❶选中要添加拼音的文本，❷在"开始"选项卡下的"字体"组中单击"拼音指南"按钮，如下图所示。

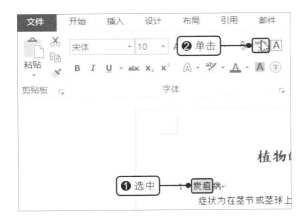

步骤02 设置拼音的对齐方式

弹出"拼音指南"对话框，❶单击"对齐方式"右侧的下拉按钮，❷在展开的列表中单击"居中"选项，如下图所示。

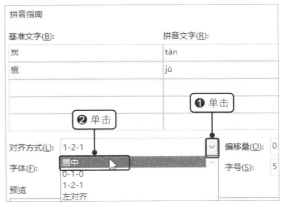

步骤03 设置拼音偏移量和字号

❶设置拼音的"偏移量"为"5磅"、"字号"为"8磅"，❷单击"确定"按钮，如下图所示。

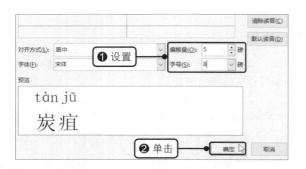

步骤04 显示添加的拼音

返回文档中，即可看到在选中文本上方添加了拼音的效果，如下图所示。

第82招 隐藏文本

在使用 Word 编辑文档的过程中，偶尔会碰到一些文本暂时无需出现但又不能删除的情况，此时可通过隐藏功能暂时隐藏文本。该功能不仅可以完全隐藏文本，还可以隐藏文本所占据的空间。

步骤01 启动对话框

打开原始文件，❶选中要隐藏的文本内容，❷在"开始"选项卡下的"字体"组中单击对话框启动器，如下图所示，打开"字体"对话框。

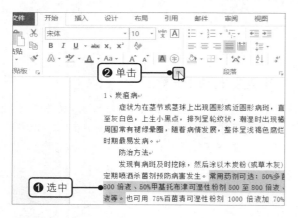

步骤02 隐藏文本

❶在"字体"选项卡下的"效果"选项组中勾选"隐藏"复选框，❷单击"确定"按钮，如下图所示。

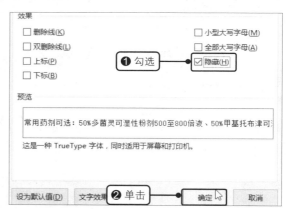

步骤03 显示隐藏效果

返回文档中，即可看到选中文本及其所占据的空间都被隐藏了，如右图所示。

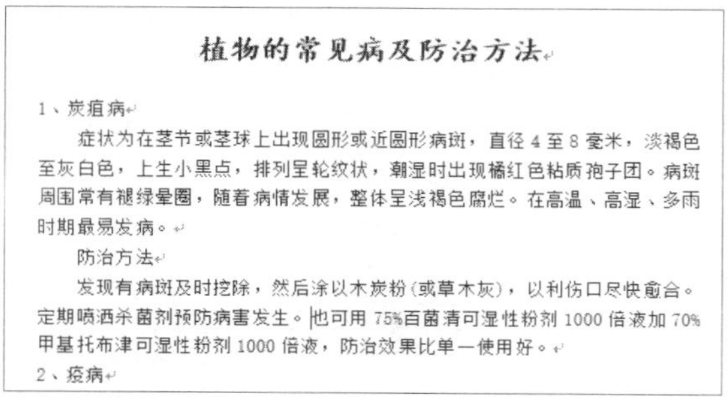

⏰ **提示**

　　如果要恢复显示被隐藏的文本，则选中被隐藏文本所在的段落，打开"字体"对话框，取消勾选"隐藏"复选框，单击"确定"按钮即可。

第83招　让文本居中放置

　　文档的标题通常要居中放置，此时可使用居中对齐功能让标题在页面中居中显示。

　　打开原始文件，❶选中要居中放置的标题文本，❷在"开始"选项卡下的"段落"组中单击"居中"按钮，如右图所示，即可将选中文本在页面中居中对齐。

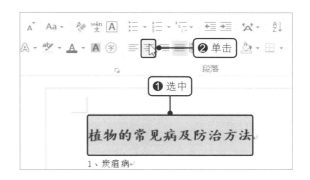

第84招　增加文本之间的距离

　　利用分散对齐功能可以让一行文字在设定的宽度之内均匀地分布，文字之间自动拉开距离，看上去就像是满满地占据了这一宽度。这一功能常用于标题的排版。

步骤01　分散对齐文本

　　打开原始文件，❶选中要设置的文本，❷在"开始"选项卡下的"段落"组中单击"分散对齐"按钮，如下图所示。

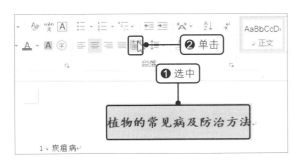

步骤02　调整文字宽度

　　弹出"调整宽度"对话框，❶在"新文字宽度"数值框中输入"15 字符"，❷单击"确定"按钮，如下图所示。

步骤03　显示设置效果

　　返回文档中，即可看到选中文本分散对齐后的效果，如右图所示。

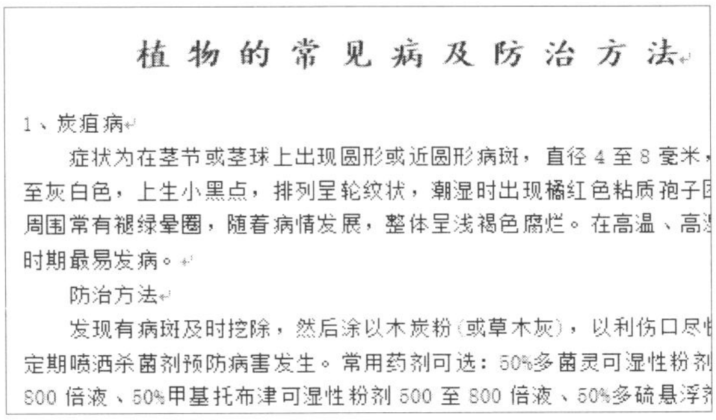

⏰ **提示**

　　如果要删除设置的分散对齐效果，可在"调整宽度"对话框中单击左下角的"删除"按钮。

第85招 缩进段落的首行

文档排版中通常要求正文中每个段落的第一行要缩进若干个字，以方便观者在阅读时分辨不同的段落，此时就要用到 Word 中的首行缩进功能。

步骤01 启动对话框

打开原始文件，❶选中要设置首行缩进的段落文本，❷在"开始"选项卡下的"段落"组中单击对话框启动器，如下图所示。

步骤02 设置首行缩进

在弹出的"段落"对话框的"缩进和间距"选项卡下设置"特殊格式"为"首行缩进"，"缩进值"自动变为了"2 字符"，如下图所示。

步骤03 显示设置效果

单击"确定"按钮，返回文档中，即可看到设置首行缩进2字符的段落效果，如右图所示。

> **提示**
>
> 用户可根据需要更改"缩进值"的大小。

第86招 调整多行文字之间的距离

多行文字的疏密程度对阅读体验有很大影响，Word 提供了设置行距的功能，可以调整多行文字的行与行之间的距离。

步骤01 设置行距

打开原始文件，选中要设置的多行文本段落，❶在"开始"选项卡下的"段落"组中单击"行和段落间距"按钮，❷在展开的列表中单击"1.5"倍行距选项，如右图所示。

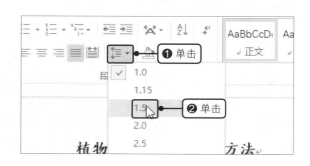

步骤02 显示设置效果

可看到为选中段落设置 1.5 倍行距后的效果，如右图所示。如果对提供的行距选项不满意，可在展开的列表中单击"行距选项"选项，在弹出的"段落"对话框中的"间距"选项组下自行设置行距。

第87招　分别在段前或段后增加空格

如果想要更加明晰地分辨各个段落，可通过增加段落前后空格的功能，让文档的段落上方或下方显示一定的空白距离。

步骤01 增加段落前的空格

打开原始文件，选中要设置段前空格的段落，❶在"开始"选项卡下的"段落"组中单击"行和段落间距"按钮，❷在展开的列表中单击"增加段落前的空格"选项，如下图所示。

步骤02 显示设置效果

可看到选中段落前都增加了空格的效果，如下图所示。如果想要单独为段后增加空格，可在选中段落后，单击"段落"组中的"行和段落间距"按钮，在展开的列表中单击"增加段落后的空格"选项。

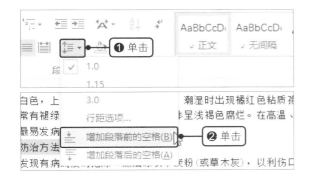

第88招　同时为段落前后都增加空格

除了可以单独在段前或段后增加空格，还可以同时为段落的前后增加空格，具体操作方法如下。

打开原始文件，选中要设置的段落，单击"段落"组中的对话框启动器，打开"段落"对话框，在"缩进和间距"选项卡下的"间距"选项组中设置"段前"和"段后"的间距都为"0.5行"，如右图所示。

第89招 隐藏文档中的编辑标记

如果用户不想在文档中显示段落标记及其他格式符号，可通过以下方法来实现。

打开原始文件，在"开始"选项卡下的"段落"组中单击"显示／隐藏编辑标记"按钮，如右图所示，即可将文档中的段落标记和其他格式符号隐藏。

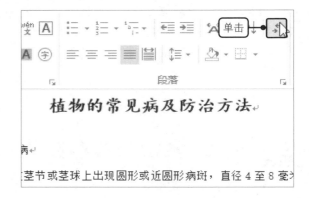

第90招 始终显示段落标记

如果用户想要在文档中一直显示段落标记，可通过以下方法来实现。

在打开的文档中单击"文件"按钮，在视图菜单中单击"选项"命令，打开"Word 选项"对话框，❶单击"显示"标签，❷在"始终在屏幕上显示这些格式标记"选项组下勾选"段落标记"复选框，如右图所示。

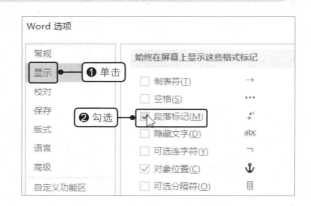

第91招 实现文字双行合一的混排效果

在编辑 Word 文档的过程中，偶尔会需要将一行文本中的部分文字以两行的形式显示在文档中，并在同行中继续显示单行文字，即实现单行、双行文字的混排效果。此时可以通过双行合一功能来实现。

步骤01 启用双行合一

打开原始文件，选中要设置的文本内容。❶在"开始"选项卡下的"段落"组中单击"中文版式"按钮，❷在展开的列表中单击"双行合一"选项，如右图所示。

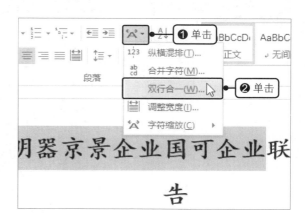

步骤02 设置括号

❶在弹出的"双行合一"对话框中勾选"带括号"复选框，❷单击"括号样式"右侧的下拉按钮，❸在展开的列表中单击要设置的括号样式，如下图所示。

步骤03 处理文字间距

由于两个公司的名称长度不一样，在变为双行时，版式会混乱。❶在文本长度短的公司名中键入空格，在"预览"选项组下可看到两个公司名称双行合一的效果，❷单击"确定"按钮，如下图所示。

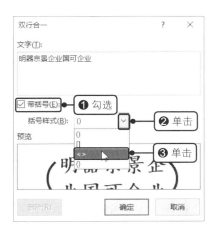

步骤04 显示双行合一效果

返回文档中，即可看到将选中文本设置为双行合一后的效果，如右图所示。

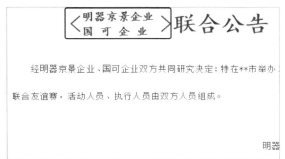

> ⏰ **提示**
>
> 如果要删除设置的双行合一效果，可在打开"双行合一"对话框后单击左下角的"删除"按钮。

第92招　让文字变宽或变窄

在使用 Word 编排文档时，有时为了达到特殊的排版效果，会需要将文字加宽或缩窄，此时可以使用字符缩放功能来达到目的。

步骤01 启用字符缩放

打开原始文件，选中要设置的文本内容，❶在"开始"选项卡下的"段落"组中单击"中文版式"按钮，❷在展开的列表中单击"字符缩放 >80%"选项，如右图所示。

步骤02 显示缩放效果

此时可看到选中文本缩放后的效果，可以发现选中文本中的各个字符变得瘦长了一些，如右图所示。如果要加宽各个字符，则设置字符缩放大于 100% 即可。

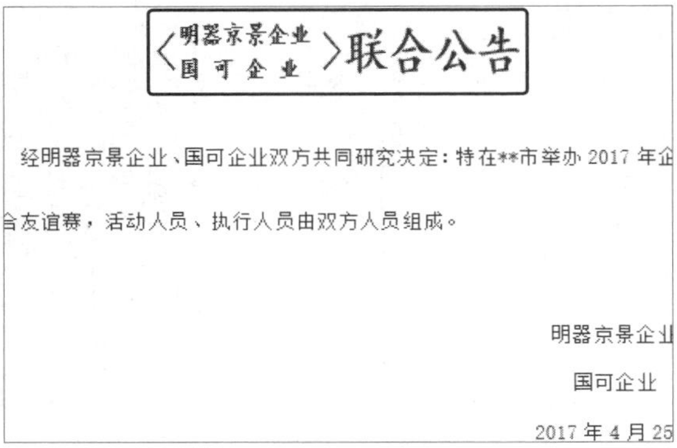

第93招 放大段落的第一个字

为了更好地凸显段落的位置及整个段落的重要性，可使用首字下沉功能把段落的第一个字设置为下沉的效果。

步骤01 启用首字下沉

打开原始文件，❶将光标定位在要设置段落的任意位置，❷在"插入"选项卡下的"文本"组中单击"首字下沉"按钮，❸在展开的列表中单击"下沉"选项，如下图所示。

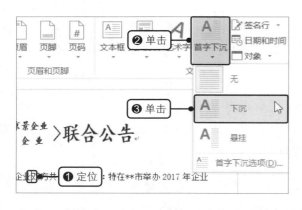

步骤02 显示首字下沉效果

完成设置后，可看到定位段落的第一个字下沉且变大了，如下图所示。

提示

在"插入"选项卡下的"文本"组中单击"首字下沉"按钮，在展开的列表中单击"悬挂"选项，可以让首字脱离原来的段落，单独悬挂于段落之前。

第94招 设置首字下沉的行数

在 Word 中完成了首字下沉的设置后，有可能下沉行数或字体并不匹配文档的整体效果，此时就可以通过以下方法来进行调整。

步骤01 启动对话框

　　打开原始文件，将光标定位在设置了首字下沉的段落中，❶在"插入"选项卡下的"文本"组中单击"首字下沉"按钮，❷在展开的列表中单击"首字下沉选项"选项，如下图所示。

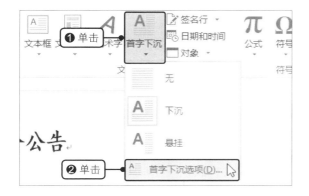

步骤02 设置下沉行数

　　❶在弹出的"首字下沉"对话框中的"选项"组下设置"下沉行数"为"2"，❷单击"确定"按钮，如下图所示。

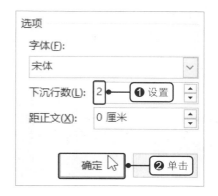

步骤03 显示设置的效果

　　返回文档中，即可看到更改首字下沉行数后的效果，如右图所示。

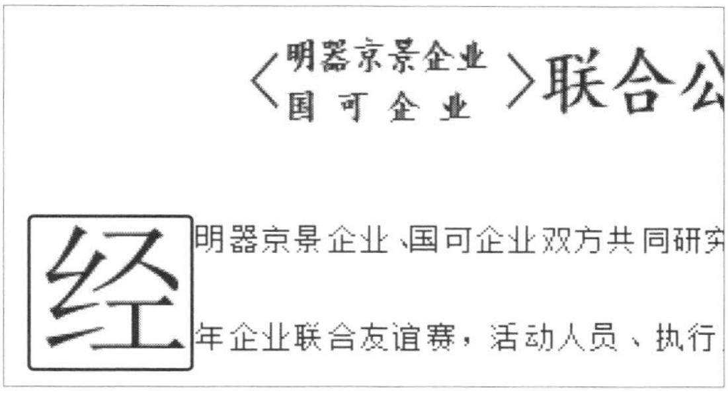

第95招　快速清除文本或段落格式

　　当用户为文本或段落设置的格式不符合实际的工作需求时，可将文本或段落格式清除。

　　打开原始文件，选中要清除格式的文本内容，在"开始"选项卡下的"字体"组中单击"清除所有格式"按钮，如右图所示，即可将所选文本的字体、段落等格式全部清除。

读书笔记

第4章　Word文档的图文混排

为了让Word文档的内容更加直观、形象和专业，可插入图片、形状及SmartArt图形来辅助表达，并且在一定程度上起到美化文档的作用。此外，为了让图片、形状和图形与文档的内容更加贴合，还可以对图片、形状和图形进行美化和调整。

本章将主要介绍如何在文档中插入图片、形状和SmartArt图形，并对插入的图片和图形进行合理的调整和美化，从而让文档的内容更加丰富多彩。

第96招　使用图片装饰文档

在编辑一些文档时，为了达到图文并茂的效果，常常会插入一些图片来辅助文字的表达，具体的操作方法如下。

步骤01 插入图片

打开原始文件，❶定位光标至要插入图片的位置，❷在"插入"选项卡下的"插图"组中单击"图片"按钮，如下图所示。

步骤02 选择图片

弹出"插入图片"对话框，❶找到图片的保存位置，❷选择要插入的图片，❸单击"插入"按钮，如下图所示。

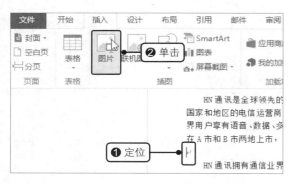

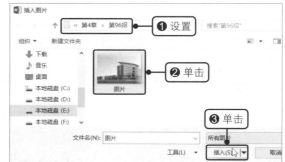

> ⏰ **提示**
>
> 除了可以插入计算机中保存的图片，还可以插入联机图片。在"插入"选项卡下的"插图"组中单击"联机图片"按钮，在弹出的"插入图片"对话框中的搜索框中输入搜索图片的关键词，随后在搜索结果中单击要插入的图片即可。

第97招　手动裁剪图片多余的部分

在文档中插入了图片后，有可能只需要展示图片的局部，此时可以通过裁剪功能对图片进行裁剪，只保留需要的部分。

步骤01　启动裁剪工具

打开原始文件，❶选中要裁剪的图片，❷在"图片工具 - 格式"选项卡下的"大小"组中单击"裁剪"按钮，如下图所示。

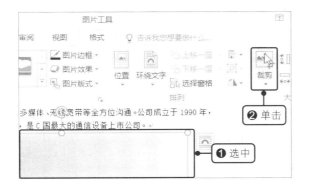

步骤02　裁剪图片

此时图片周围会出现黑色的裁剪控点，将鼠标指针移至图片上方的中心控点处，当鼠标指针变为 ⊥ 形时，按住鼠标左键向下拖动，如下图所示。完成拖动后，在图片外的任意位置单击，即可完成裁剪。

第98招　将图片裁剪为形状

除了通过手动的方式裁剪图片外，还可以通过裁剪为形状功能将插入的图片裁剪为特定的形状，从而大大简化裁剪操作。

步骤01　选择形状

打开原始文件，选中要裁剪为形状的图片，❶在"图片工具 - 格式"选项卡下的"大小"组中单击"裁剪"下三角按钮，❷在展开的列表中单击"裁剪为形状 > 云形"选项，如下图所示。

步骤02　显示裁剪效果

随后可看到选中的图片被裁剪掉了多余的部分，外轮廓变为了所选的云形，如下图所示。

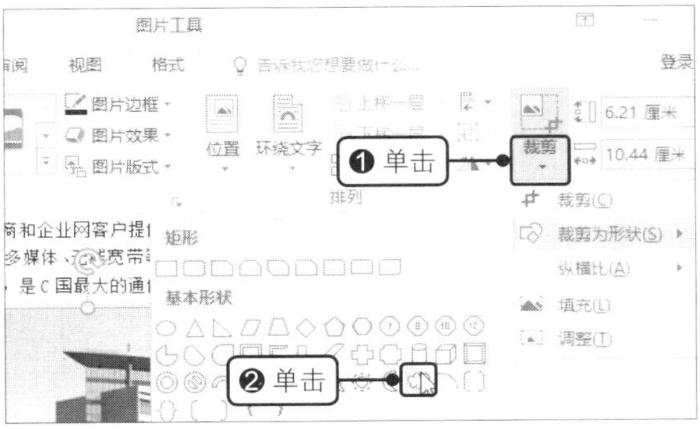

> ⏰ **提示**
>
> 用户还可以按照纵横比来裁剪图片。在"图片工具 - 格式"选项卡下的"大小"组中单击"裁剪 > 纵横比"选项，在展开的列表中单击相应的比例即可。

第99招 调整图片的大小

在文档中插入了图片后，默认的图片大小并不一定适合当前文档的版面布局，此时可以采用鼠标拖动的方法调整图片的大小，具体操作如下。

打开原始文件，将鼠标指针放置在图片右下角的控点上，当鼠标指针变为形状时，按住鼠标左键向内拖动，即可缩小图片，如右图所示。如果要放大图片，则向外拖动鼠标。

🕐 提示

如果拖动图片边框线上的控点，则会使图片的比例结构发生改变，也就是说图片会变形，所以，一般情况下不会通过拖动边框线上的控点来改变图片的大小。

此外，还可通过功能区精确调整图片大小：选中图片后，在"图片工具-格式"选项卡下"大小"组中的"高度"和"宽度"数值框中输入数值即可。

第100招 自由随意地调整图片位置

插入了图片后，有可能图片的位置并不对应相应的文本，或者是在排版时希望更精确地设置图片在文档中的位置，此时可以通过以下方式移动图片的位置。

步骤01 调整图片的环绕方式

打开原始文件，选中图片，❶在"图片工具-格式"选项卡下的"排列"组中单击"位置"按钮，❷在展开的列表中单击"顶端居右，四周型文字环绕"选项，如下图所示。

步骤02 移动图片的位置

完成设置后，移动鼠标指针至图片上，当鼠标指针变为形状时，按住鼠标左键拖动，如下图所示，拖动至合适的位置后释放鼠标即可。

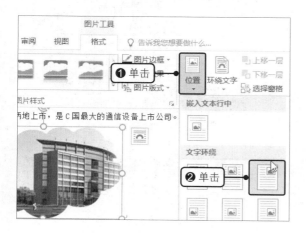

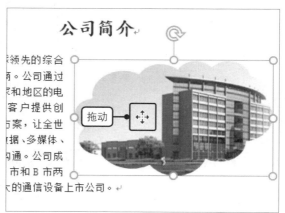

第101招　调整图片的亮度

当文档中的图片亮度不够或比较灰暗时，文档的效果会很不理想。此时可以对图片的亮度和对比度进行简单调整，从而使图片的亮度得到改善。

打开原始文件，选中要设置的图片，❶在"图片工具 - 格式"选项卡下的"调整"组中单击"更正"按钮，❷在展开的列表中单击"亮度：+20% 对比度：-40%"选项，如右图所示。

第102招　调整图片的颜色

想要使文档中插入的图片更美观，除了调整亮度和对比度外，还可以对图片的颜色进行调整。

打开原始文件，选中要设置的图片，❶在"图片工具 - 格式"选项卡下的"调整"组中单击"颜色"按钮，❷在展开的列表中单击"饱和度：300%"选项，如右图所示。

> ⏰ 提示
>
> 在 Word 图文混排的操作中，如果想要更好地实现图片和文字的融合，可将图片背景变成透明色。操作方法为：选中要设置的图片，在"图片工具 - 格式"选项卡下的"调整"组中单击"颜色"按钮，在展开的列表中单击"设置透明色"选项，然后在图片上单击即可。

第103招　为文档中的图片添加艺术效果

要想让插入图片的文档更具有艺术效果，可通过以下方法来实现。

打开原始文件，选中要设置的图片，❶在"图片工具 - 格式"选项卡下的"调整"组中单击"艺术效果"按钮，❷在展开的列表中单击"十字图案蚀刻"选项，如右图所示。

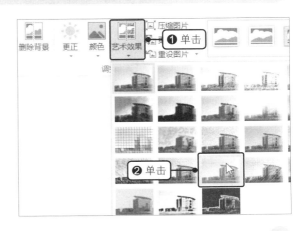

第104招 快速更改图片的整体外观

要让文档中的图片更加美观，不仅可以通过以上几种方式来实现，还可以为图片设置样式。

打开原始文件，选中图片，在"图片工具-格式"选项卡下单击"图片样式"组中的快翻按钮，在展开的列表中单击"圆形对角，白色"选项，如右图所示。

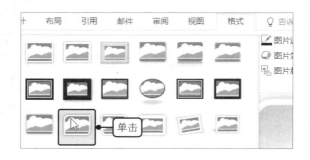

第105招 自行设置图片的外观效果

如果预设的效果和样式不能满足需求，用户还可自行设置图片的效果和样式。

打开原始文件，选中图片，❶在"图片工具-格式"选项卡下的"图片样式"组中单击"图片效果"按钮，❷在展开的列表中单击"柔化边缘 >10 磅"选项，如右图所示。

> **⏰ 提示**
>
> 除了可以设置图片的显示效果，还可以对图片的边框进行设置。在"图片工具-格式"选项卡下的"图片样式"组中单击"图片边框"按钮，在展开的列表中单击合适的边框颜色即可。

第106招 删除不需要的图片背景

如果图片中有许多杂乱的细节，导致图片的主体不够突出，可以使用删除背景功能自动删除背景，或者由用户自行标记哪些区域要保留，哪些区域要删除。

步骤01 删除背景

打开原始文件，选中要删除背景的图片，在"图片工具-格式"选项卡下的"调整"组中单击"删除背景"按钮，如下图所示。

步骤02 标记要保留的区域

在"背景消除"选项卡下单击"优化"组中的"标记要保留的区域"按钮，如下图所示。

步骤03 单击标记点

此时鼠标指针变为了 ✏ 形状，在要保留的图片区域外侧位置单击，如下图所示。

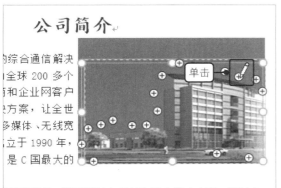

步骤04 显示删除背景效果

在图片以外的位置单击鼠标，即可完成删除背景操作，效果如下图所示。

⏰ **提示**

在标记过程中，如果不想再对图片进行标记，可在"背景消除"选项卡下的"关闭"组中单击"放弃所有更改"按钮。

第107招　压缩图片为文档瘦身

使用 Word 编辑文档时，如果插入了大量的图片，文档将会变大，从而导致再次打开文档时变得缓慢。此时可以使用 Word 提供的压缩图片功能来减小文档的大小。

步骤01 压缩图片

打开原始文件，选中图片，在"图片工具 - 格式"选项卡下的"调整"组中单击"压缩图片"按钮，如下图所示。

步骤02 完成压缩

弹出"压缩图片"对话框，❶单击"目标输出"选项组下的"电子邮件（96 ppi）：尽可能缩小文档以便共享"单选按钮，❷单击"确定"按钮，如下图所示，完成图片的压缩。

第108招 重新设置图片效果

对图片进行了多次效果设置后，如果对设置的样式不满意，逐个删除设置的效果会很麻烦，此时可以通过重设图片功能来还原设置前的图片效果。

打开原始文件，选中设置后的图片，❶在"图片工具 - 格式"选项卡下的"调整"组中单击"重设图片"右侧的下三角按钮，❷在展开的列表中单击"重设图片"选项，如右图所示。

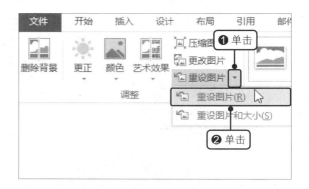

> **⏰ 提示**
>
> 如果既要重新设置图片的效果，又要重新设置图片的大小，可在展开的列表中单击"重设图片和大小"选项。

第109招 更换文档中不合适的图片

当用户发现插入的图片不符合当前文档的文本内容时，可将其更改为其他图片，具体的操作方法如下。

步骤01 更改图片

打开原始文件，选中图片，在"图片工具 - 格式"选项卡下的"调整"组中单击"更改图片"按钮，如右图所示。

步骤02 选择图片的来源

在弹出的"插入图片"对话框中单击"来自文件"右侧的"浏览"按钮，如下图所示。

步骤03 选择图片

弹出"插入图片"对话框，❶找到图片的存储位置，❷双击用于替换的图片的缩略图，如下图所示，即可用该图片替换原来的图片。需注意的是，更改了图片后，为原图片设置的效果并不会应用在新图片中。

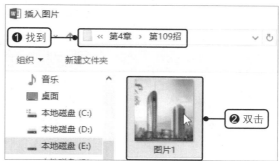

🕐 **提示**

用户也可以使用【Delete】键删除已有的图片，重新插入新的图片。

第110招　隐藏图片，提高浏览速度

当阅读一个带有大量图片的文档时，由于大量图片的存在，往往会导致页面滚动速度变慢，此时可以隐藏图片来加快浏览速度。需注意的是，当图片的环绕方式是嵌入型时，图片将无法隐藏。

步骤01 打开窗格

打开原始文件，选择一张图片，在"图片工具 - 格式"选项卡下的"排列"组中单击"选择窗格"按钮，如下图所示。

步骤02 隐藏图片

在文档右侧弹出的"选择"窗格中单击要隐藏图片右侧的 ◤ 按钮，如下图所示，随后即可看到该图片被隐藏了。

🕐 **提示**

如果要显示隐藏的图片，则在"选择"窗格中单击图片右侧的一按钮；如果要隐藏文档中的全部图片，则在"选择"窗格中单击"全部隐藏"按钮；如果要显示文档中的全部图片，则单击"全部显示"按钮。

第111招　旋转图片

当文档中插入的图片角度不匹配当前的文档效果，或者是无法以正常的角度浏览时，可对图片进行旋转操作。

打开原始文件，选中图片，❶在"图片工具 - 格式"选项卡下的"排列"组中单击"旋转"按钮，❷在展开的列表中单击"向左旋转90°"选项，如右图所示。

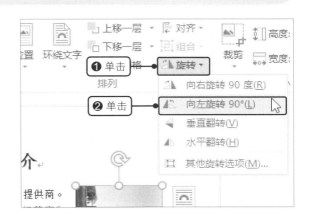

🕐 **提示**

单击并拖动图片上方的旋转控点 ⟳，旋转到合适角度后释放鼠标，也可完成图片的旋转。

第112招 显示图片对齐的参考线

为了精确地对齐文档中的图片，可设置在移动图片时显示参考线。

步骤01 启用对齐参考线

打开原始文件，选中图片，❶在"图片工具 - 格式"选项卡下的"排列"组中单击"对齐"按钮，❷在展开的列表中单击"使用对齐参考线"选项，如下图所示。

步骤02 移动图片

将鼠标指针放置在图片上，当鼠标指针变为 形状时，单击并拖动鼠标，在拖动过程中可看到图片边框外出现的绿色参考线，用户可根据这些参考线查看图片是否对齐显示，拖动对齐后释放鼠标即可，如下图所示。

第113招 单独提取文档中的某张图片

如果用户想要将文档中的某张图片提取出来，便于以后使用，可使用 Word 中的另存为图片功能来实现。

步骤01 另存为图片

打开原始文件，❶右击图片，❷在弹出的快捷菜单中单击"另存为图片"命令，如下图所示。

步骤02 保存图片

弹出"保存文件"对话框，❶设置好图片的保存位置，❷在"文件名"文本框中输入"图片 2"，❸单击"保存"按钮，如下图所示。

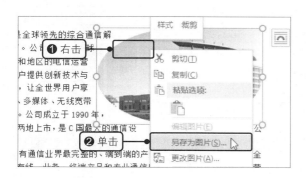

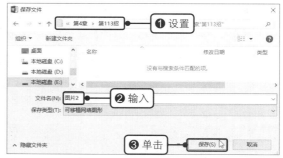

第114招　一次性提取文档中的多张图片

当用户想要将文档中的全部图片提取出来进行处理或保存时，如果一张一张地保存，工作量将会很大，此时可以使用以下方法快速提取出文档中的全部图片。

步骤01　另存文件

打开原始文件，单击"文件"按钮，在视图菜单中单击"另存为"命令，再单击"浏览"按钮，弹出"另存为"对话框，❶设置好保存位置，❷单击"保存类型"右侧的下拉按钮，❸在展开的列表中单击"网页"选项，如下图所示。

步骤02　查看保存的图片

单击"保存"按钮，关闭文档，找到网页文件的保存位置，双击"图片库.files"文件夹，可在该文件夹中看到从文档中提取的所有图片，如下图所示。

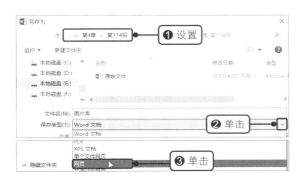

第115招　统计Word文档中的图片数量

当用户想要统计出文档中的图片数量时，可通过以下方法实现。

步骤01　显示"导航"窗格

打开原始文件，在"视图"选项卡下的"显示"组中勾选"导航窗格"复选框，如右图所示。

步骤02　查找图形

在文档左侧弹出"导航"窗格，❶单击搜索框右侧的下三角按钮，❷在展开的列表中单击"图形"选项，如下图所示。

步骤03　显示查找结果

查找完成后，在搜索框下方会显示查找的结果数。单击"页面"标签，可在该选项卡下看到各图片所在的页码，如下图所示。

> ⏰ **提示**
>
> 还可使用"查找和替换"对话框来统计图片数量。打开"查找和替换"对话框，在"查找"选项卡下单击"更多"按钮，在展开的选项中单击"特殊格式"按钮，在展开的列表中单击"图形"选项，此时在"查找内容"文本框中自动输入了代表图形的符号"^g"。单击"阅读突出显示"按钮，在展开的列表中单击"全部突出显示"选项，随后可在对话框中看到文档中的图形个数。

第116招 为图片编号

默认情况下，插入的图片是没有编号的，为了清楚地显示文档内容对应的是哪张图片，可为图片编号。

步骤01 插入题注

打开原始文件，选中第 1 张要插入题注的图片，在"引用"选项卡下的"题注"组中单击"插入题注"按钮，如下图所示。

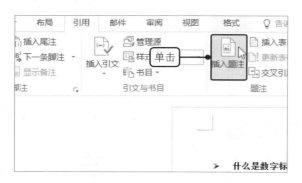

步骤02 新建标签

弹出"题注"对话框，单击"新建标签"按钮，如下图所示。

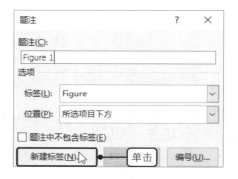

步骤03 设置标签名

弹出"新建标签"对话框，❶在"标签"下的文本框中输入"图"，❷单击"确定"按钮，如下图所示。

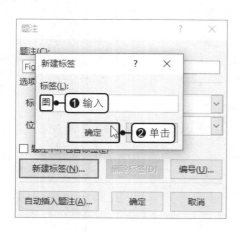

步骤04 完成题注的设置

返回"题注"对话框中，可在"题注"下的文本框中看到第 1 张选中图片的题注名，单击"确定"按钮，如下图所示。

步骤05 查看插入的题注

返回文档中，可看到第 1 张图片下方插入的题注效果。继续选中第 2 张图片，打开"题注"对话框，直接单击"确定"按钮，即可自动为第 2 张图片插入题注并连续编号，如右图所示。

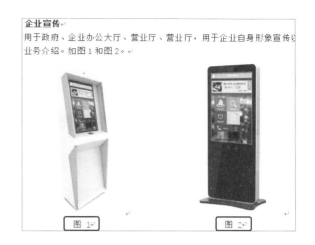

第117招　绘制自选图形图解文档内容

在 Word 文档中，除了可以插入图片图解文档内容，还可以绘制各种外观专业、效果生动的图形来对文档内容进行说明。

步骤01 插入自选图形

打开原始文件，❶在"插入"选项卡下的"插图"组中单击"形状"按钮，❷在展开的列表中单击"箭头总汇"选项组下的"五边形"选项，如下图所示。

步骤02 拖动绘制图形

在要插入自选图形的位置按住鼠标左键不放并拖动，如下图所示。

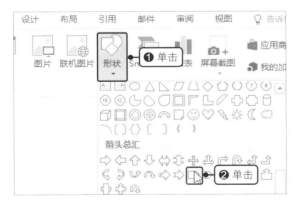

步骤03 显示绘制的自选图形

拖动至合适的位置后，释放鼠标左键即可。应用相同的方法继续在其他位置绘制该图形，效果如右图所示。

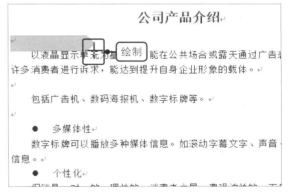

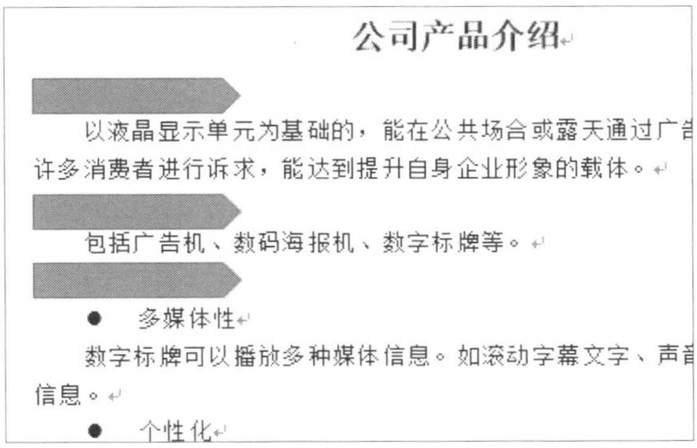

第118招 调整图形的环绕方式

为了使图形与文档结构更为协调，可以更改图形的环绕方式。

打开原始文件，选中绘制好的图形，❶在"绘图工具-格式"选项卡下的"排列"组中单击"环绕文字"按钮，❷在展开的列表中单击"嵌入型"选项，如右图所示。

第119招 改变图形的大小

绘制好图形后，其长度和宽度可能并不适合当前的文档效果，此时可以对图形的大小进行调整。

打开原始文件，将鼠标指针放置在图形的外侧控点上，当鼠标指针变为↕或⤢形状时，按住鼠标左键向外或向内拖动，即可增大或缩小图形，如右图所示。

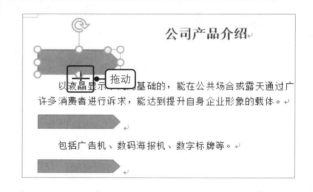

> ⏰ **提示**
>
> 除了可以手动调整图形的大小外，还可以在"绘图工具-格式"选项卡下的"大小"组中精确调整图形的大小。

第120招 绘制圆形或正方形

在某些情况下，需要在文档中绘制出高度和宽度相等的图形，如圆形或正方形等，此时可以通过以下方式来实现。

步骤01 插入图形

打开原始文件，❶在"插入"选项卡下的"插图"组中单击"形状"按钮，❷在展开的列表中单击"基本形状"选项组下的"椭圆"选项，如右图所示。

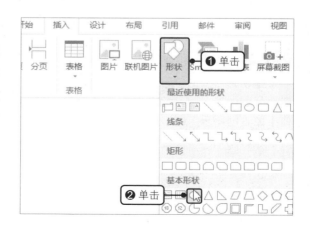

步骤02 绘制圆形

按住【Shift】键不放，在文档中要插入图形的位置按住鼠标左键不放进行拖动，即可绘制正圆形，如右图所示，绘制完成后释放鼠标即可。可使用相同的方法绘制正方形。

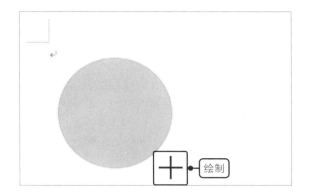

⏰ **提示**

除了可以通过以上方法绘制左右对称的图形，还可以在选中要绘制的对称图形后，在文档中单击。或者绘制好椭圆形或长方形后，在"绘图工具-格式"选项卡下的"大小"组中设置相同的"高度"和"宽度"。

第121招 快速更改图形形状

在绘制好图形后，如果该图形不符合当前的文档效果，可直接更改图形的形状。

打开原始文件，选中图形，❶在"绘图工具-格式"选项卡下的"插入形状"组中单击"编辑形状"按钮，❷在展开的列表中单击"更改形状 > 右箭头"选项，如右图所示。

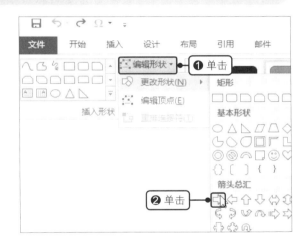

第122招 编辑顶点设计个性化的形状

当插入的自选图形某部分形状不符合需求时，可对形状的顶点进行编辑，从而设计出个性化的图形形状。

步骤01 编辑顶点

打开原始文件，选中图形，❶在"绘图工具-格式"选项卡下的"插入形状"组中单击"编辑形状"按钮，❷在展开的列表中单击"编辑顶点"选项，如右图所示。

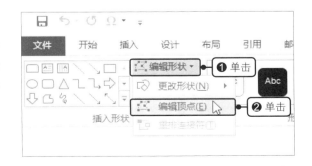

步骤02 拖动顶点

此时可看到图形的每个角出现黑色控点，将鼠标指针放置在黑色控点上，当鼠标指针变为 ⊕ 形状，按住鼠标左键不放并拖动，即可改变图形形状，如下图所示。

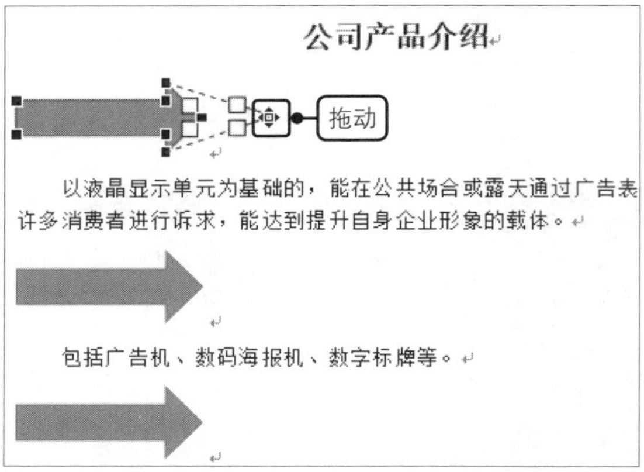

步骤03 显示编辑效果

拖动至合适的位置后释放鼠标，即可看到编辑顶点后的图形效果，如下图所示。

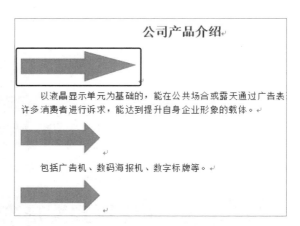

第123招 设置形状的视觉样式

如果绘制的图形默认效果不太符合用户的喜好，或是不够美观，可以更改形状的样式来美化图形。

打开原始文件，选中要设置样式的图形，在"绘图工具-格式"选项卡下的"形状样式"组中单击快翻按钮，在展开的列表中选择要应用的样式，如"彩色填充-绿色，强调颜色6"选项，如右图所示。

第124招 对齐图形中的文本

右击绘制的图形，在弹出的快捷菜单中单击"添加文字"命令，即可输入文字。输入完毕后，为了使文本更好地排列在图形中，可以更改文本的对齐方式。

打开原始文件，❶选中要设置文本对齐方式的自选图形，❷在"绘图工具-格式"选项卡下的"文本"组中单击"对齐文本"按钮，❸在展开的列表中单击"中部对齐"选项，如右图所示。

第125招　对齐并均匀排列多个图形

在 Word 文档中绘制了多个图形后，常常需要将这些图形按照某种方式进行对齐，如顶端对齐、底端对齐等。如果采用鼠标拖动调整，很难让图形精确对齐，此时使用 Word 提供的对齐功能就可以很轻松地达到对齐和均匀排列的效果。

步骤01　选中多个图形

打开原始文件，按住【Ctrl】键不放，在文档中依次单击要对齐的形状，如右图所示。

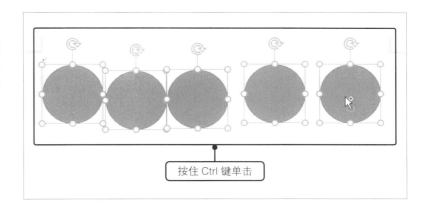

按住 Ctrl 键单击

步骤02　顶端对齐图形

❶在"绘图工具 - 格式"选项卡下的"排列"组中单击"对齐"按钮，❷在展开的列表中单击"顶端对齐"选项，如下图所示。

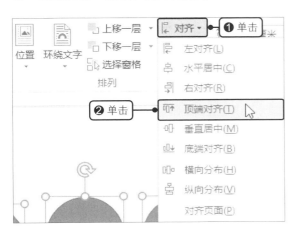

步骤03　均匀分布图形

❶继续在"绘图工具 - 格式"选项卡下的"排列"组中单击"对齐"按钮，❷在展开的列表中单击"横向分布"选项，如下图所示。

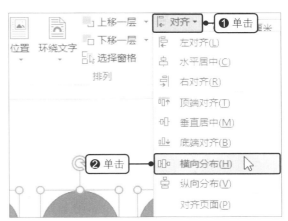

步骤04　显示排列效果

完成设置后，可看到顶端对齐并横向均匀分布后的多个图形效果，如右图所示。

第126招　将多个图形组合为一个对象进行处理

为了方便对多个图形进行相同的操作，可将其组合为一个对象。

打开原始文件，❶按住【Ctrl】键并依次单击选中文档中的多个自选图形，❷在"绘图工具-格式"选项卡下的"排列"组中单击"组合"按钮，❸在展开的列表中单击"组合"选项，如右图所示。

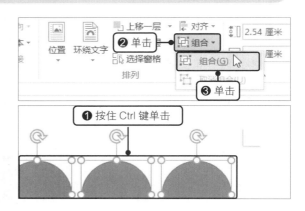

> **提示**
>
> 如果要取消形状的组合效果，可选中组合后的形状，在"绘图工具-格式"选项卡下的"排列"组中单击"组合"按钮，在展开的列表中单击"取消组合"选项即可。

第127招　使用SmartArt图形直观表现关系结构

当需要在文档中插入一些能够直观地表现各种常用关系的结构示意图时，如果手动插入多个图形来制作，会很耗费时间。此时可以直接插入 SmartArt 图形，快速创建丰富多彩、表现力强的关系结构示意图。

步骤01　插入SmartArt图形

打开原始文件，❶定位光标至要插入图形的位置，❷在"插入"选项卡下的"插图"组中单击"SmartArt"按钮，如下图所示。

步骤02　选择SmartArt图形

弹出"选择 SmartArt 图形"对话框，❶单击"层次结构"标签，❷在右侧双击"组织结构图"选项，如下图所示。

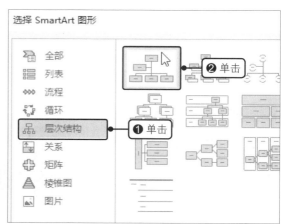

步骤03 显示图形效果

返回文档中，即可看到光标定位处插入的图形效果，在每个图形中输入合适的文本内容，如右图所示。

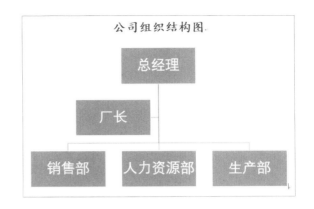

第128招 在SmartArt图形中添加形状

默认情况下，Word 文档中的每种 SmartArt 图形中的形状均为固定数量。在实际工作中，用户可根据需要添加形状。

步骤01 在下方添加形状

打开原始文件，❶右击要在其下方插入形状的形状，❷在弹出的快捷菜单中单击"添加形状 > 在下方添加形状"命令，如下图所示。

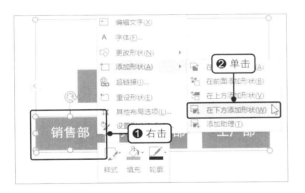

步骤03 显示添加效果

应用相同的方法继续在图形中添加形状，并在空白的形状中输入相应的文本内容，即可得到如右图所示的效果。

步骤02 在后面添加形状

❶右击添加的形状，❷在弹出的快捷菜单中单击"添加形状 > 在后面添加形状"命令，如下图所示。

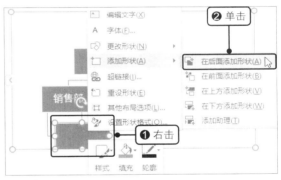

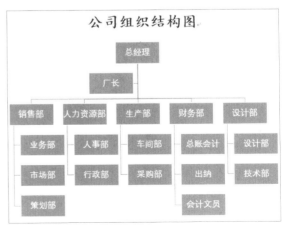

🕐 **提示**

如果要删除某个形状，则选中该形状，按下【Delete】键即可。

第129招 快速更改SmartArt图形布局

如果文档中的 SmartArt 图形布局不符合当前的文档效果，虽然可以移动单个图形实现布局的更改，但难免会遇到各种位置偏差问题，此时可以通过布局功能来更改。

步骤01 设置布局

打开原始文件，选中图形中位于中间级的形状，如"销售部"形状，❶在"SmartArt 工具 - 设计"选项卡下的"创建图形"组中单击"布局"按钮，❷在展开的列表中单击"标准"选项，如下图所示。

步骤02 显示更改布局的效果

完成设置后，即可看到选中图形的下级图形的布局变为了标准样式。应用相同的方法更改其他同级别的布局，即可得到如下图所示的效果。

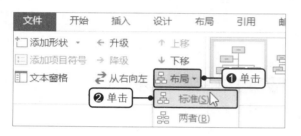
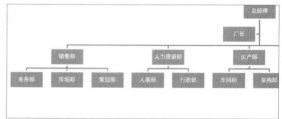

第130招 快速更改SmartArt图形的大小

完成了图形的插入、更改布局及形状的添加后，SmartArt图形的整体大小可能并不匹配当前文档，此时可以对图形的大小进行更改。

打开原始文件，选中 SmartArt 图形，移动鼠标指针至图形右侧的外边框线上，当鼠标指针变为↔形状时，按住鼠标左键拖动，即可更改图形的大小，如右图所示。

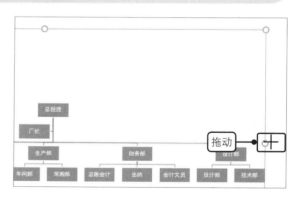

第131招 更改SmartArt图形中的形状级别

为了让插入的SmartArt图形更符合实际工作的需求，可对图形中的形状进行升级或降级，此功能对具有层次结构的图形尤为适用。

打开原始文件，选中需要升级的形状，在"SmartArt 工具 - 设计"选项卡下的"创建图形"组中单击"升级"按钮，如右图所示。如果要降低形状的级别，则在"创建图形"组中单击"降级"按钮。

第132招　突出SmartArt图形中的某个形状

插入SmartArt图形后，为了突出图形中的某个形状，可更改该形状。

打开原始文件，❶右击 SmartArt 图形中要更改的形状，❷在弹出的快捷菜单中单击"更改形状 > 流程图：决策"选项，如右图所示。

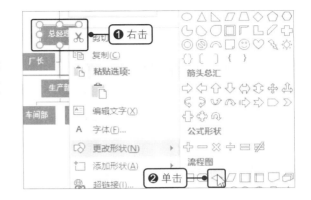

第133招　增大或减小SmartArt图形中的某个形状

在实际工作中，往往会遇到插入的 SmartArt 图形中某个形状太小或太大，并不符合实际的需要，或者是想要突出某个形状的级别内容的情况，此时可以对图形中的单个形状大小进行更改。

步骤01　增大形状

打开原始文件，选中图形中的"总经理"形状，在"SmartArt 工具 - 格式"选项卡下的"形状"组中连续单击"增大"按钮，如下图所示。

步骤02　显示效果

直至选中的形状变为合适的大小，如下图所示。如果要减小形状，可在选中形状后单击"形状"组中的"减小"按钮。

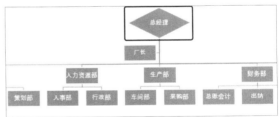

第134招　变换SmartArt图形颜色

如果想要让SmartArt图形中文字之间的关联性更加清晰、生动，可为每个级别设置不同的颜色。

打开原始文件，选中 SmartArt 图形，❶在"SmartArt 工具 - 设计"选项卡下的"SmartArt 样式"组中单击"更改颜色"按钮，❷在展开的列表中单击"个性色 2"选项组下的"渐变范围 - 个性色 2"选项，如右图所示。

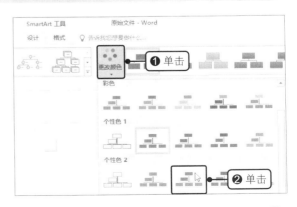

第135招 快速调整SmartArt图形样式

默认的SmartArt图形外观样式可能不太美观，此时可以利用预设的SmartArt样式美化图形。

打开原始文件，选中要更改样式的SmartArt图形，在"SmartArt 工具 - 设计"选项卡下的"SmartArt 样式"组中单击快翻按钮，在展开的列表中单击"强烈效果"选项，如右图所示。

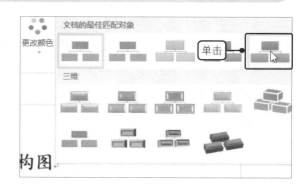

第136招 重新设置SmartArt图形

完成图形的设置后，如果发现设置后的效果还是不符合需要，想要重新设置时，可以通过重设图形功能来实现。

打开原始文件，选中要重新设置的SmartArt图形，在"SmartArt 工具 - 设计"选项卡下的"重置"组中单击"重设图形"按钮，如右图所示。

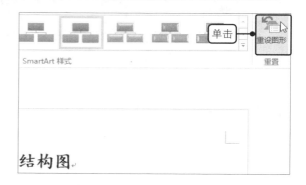

第137招 替换已有的SmartArt图形

插入了SmartArt图形后，如果发现该图形难以清晰地表现文本内容，可直接将其替换为其他更合适的图形。

打开原始文件，选中要更改的 SmartArt 图形，在"SmartArt 工具 - 设计"选项卡下的"版式"组中单击快翻按钮，在展开的列表中单击"水平组织结构图"选项，如右图所示，即可将选中的图形更改为所选的图形版式。

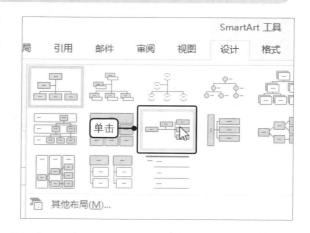

⏰ **提示**

需注意的是，不是每个图形都可以添加助理，如果原图形中有"助理"图形，在更改版式时也要更改为一个可以添加助理的图形。

第138招　在SmartArt图形中插入图片

在某些 SmartArt 图形中，插入图片可以使所需表达的信息得到更好的展现，具体的操作方法如下。

步骤01　单击图形中的图片

打开原始文件，在 SmartArt 图形中单击要插入图片的形状中的图片占位符，如下图所示。

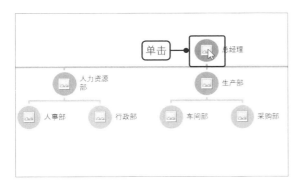

步骤02　单击"浏览"按钮

在弹出的"插入图片"对话框中单击"来自文件"右侧的"浏览"按钮，如下图所示。

步骤03　选择图片

弹出"插入图片"对话框，❶找到图片的保存位置，❷双击要插入的图片，如"图片 1"，如下图所示。

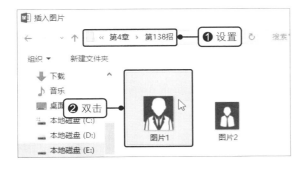

步骤04　显示插入效果

应用相同的方法为其他图形插入相应图片，即可得到如下图所示的效果。

第139招　让SmartArt图形别具一格

如果想要让SmartArt图形呈现出让人眼前一亮的效果，可以设置图形的文本效果。

打开原始文件，选中文档中的 SmartArt 图形，❶在"SmartArt 工具 - 格式"选项卡下的"艺术字样式"组中单击"文本填充"右侧的下三角按钮，❷在展开的列表中选择合适的文本填充色，如"蓝 - 灰，文字 2"，如右图所示。

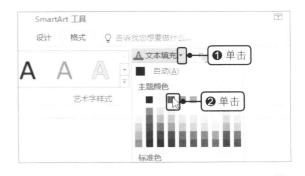

第140招 插入文本框灵活安排文档内容

如果想要吸引观者的注意或者在文档中强调要点，可在文档的任意位置插入文本框。如果对插入文本框的位置不满意，还可以直接拖动该文本框至合适的位置。

步骤01 插入文本框

打开原始文件，❶在"插入"选项卡下的"文本"组中单击"文本框"按钮，❷在展开的列表中选择要插入的文本框样式，如单击"简单文本框"选项，如下图所示。

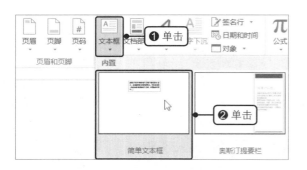

步骤02 移动文本框

在插入的文本框中删除已有的文本，❶输入合适的文本内容，如"公司组织结构图"，❷移动鼠标指针至文本框边线上，当鼠标指针变为❖形状时，按住鼠标左键拖动至合适的位置即可，如下图所示。

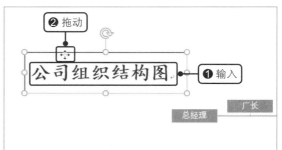

💡 提示

除了上述方法，还可以直接绘制文本框。单击"插入"选项卡下"文本"组中的"文本框"按钮，在展开的列表中单击"绘制文本框"选项，在文档中按住鼠标左键拖动绘制即可。

第141招 设置文本框中的文字方向

在绘制了文本框并输入了文本后，如果想要将文字方向更改为垂直排列，或是将其旋转到所需的方向，可使用文字方向功能进行设置。

步骤01 设置文字方向

打开原始文件，选中文档中的文本框，❶在"绘图工具 - 格式"选项卡下的"文本"组中单击"文字方向"按钮，❷在展开的列表中单击"垂直"选项，如下图所示。

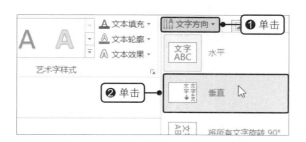

步骤02 更改文本框的大小

移动鼠标指针至文本框的右下角，当鼠标指针变为形状后，按住鼠标左键拖动，直至文本框由条状的长方形变为竖状的长方形，如下图所示。

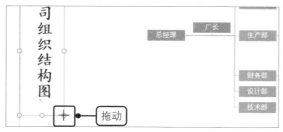

⏰ **提示**

如果要删除插入的文本框，在选中文本框后按【Delete】键即可。

第142招、绘制竖排文本框

默认情况下，插入或绘制的文本框都属于横排文本框，在文本框中输入文字后，会自动以横排显示。如果要使文本框中的文字自动竖排显示，可插入竖排的文本框。

步骤01 绘制竖排文本框

打开原始文件，在"插入"选项卡下的"文本"组中单击"文本框"按钮，在展开的列表中单击"绘制竖排文本框"选项，如下图所示。

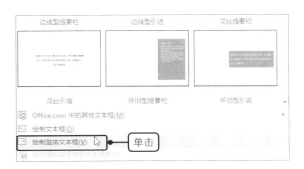

步骤02 绘制文本框

在文档中按住鼠标左键不放并向下拖动，如下图所示，拖动至合适的位置后释放鼠标，随后在文本框中输入的文本会自动垂直排列。

第143招、隐藏文本框的轮廓

插入或绘制了文本框后，如果想要让该文本框中的文本更好地融入当前的文档中，可对文本框的轮廓进行隐藏。

打开原始文件，选中文档中的文本框，❶在"绘图工具 - 格式"选项卡下的"形状样式"组中单击"形状轮廓"右侧的下三角按钮，❷在展开的列表中单击"无轮廓"选项，如右图所示。

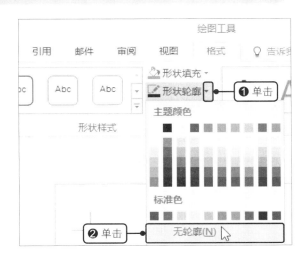

第5章 Word文档表格/图表制作

为了让Word文档中的内容更加简洁和直观，可在文档中适当添加一些表格和图表，让文档内容一目了然。

本章将介绍插入表格的多种方法及表格的常用编辑操作，如绘制表格线、调整单元格大小、合并和拆分单元格、美化表格外观等。最后还将简单介绍在文档中插入数据图表的方法。

第144招 快速插入10列8行内的表格

为了清晰直观地表达或归类数据，可以在文档中插入表格。如果要插入的表格行列数比较少，可使用以下方法来实现。

打开一个空白文档，❶在"插入"选项卡下的"表格"组中单击"表格"按钮，❷在展开的列表中拖动鼠标选择要插入的表格行数和列数，在列表的最上方会显示已选择的列数和行数，如右图所示为 6 列 4 行的表格，随后单击鼠标，即可在光标定位处插入6列4行的表格。

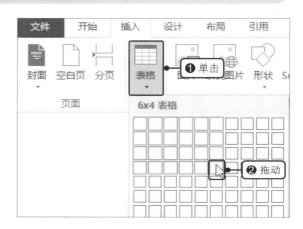

第145招 插入具有明确行列数的表格

如果要插入的表格行列数超出了 10 列 8 行，或者是很明确地知道要插入表格的行数和列数，可使用"插入表格"对话框来插入表格。

步骤01 启动对话框

打开一个空白文档，❶在"插入"选项卡下的"表格"组中单击"表格"按钮，❷在展开的列表中单击"插入表格"选项，如右图所示。

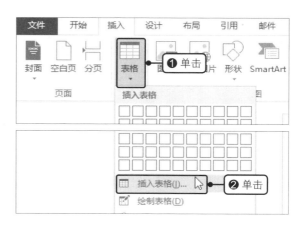

步骤02 设置表格列数和行数

　　弹出"插入表格"对话框，❶在"表格尺寸"选项组下的"列数"和"行数"数值框中输入"10"，❷单击"确定"按钮，如右图所示。

> ⏰ **提示**
>
> 　　如果想要为插入的表格设置固定的列宽，可在"插入表格"对话框中单击"固定列宽"单选按钮，在数值框中输入要设置的列宽值即可。

> ⏰ **提示**
>
> 　　如果想要使用此方式插入相同行列数的其他表格，可在"插入表格"对话框中勾选"为新表格记忆此尺寸"复选框。

第146招 手动绘制表格

　　除了可以通过以上方式插入具有明确行列数的表格外，还可以使用绘制表格功能手动绘制一些不规则的表格。

步骤01 启动绘制功能

　　打开一个文档，❶在"插入"选项卡下的"表格"组中单击"表格"按钮，❷在展开的列表中单击"绘制表格"选项，如右图所示。

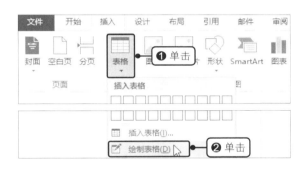

步骤02 绘制表格

　　此时鼠标指针变为 ✐ 形状，在要插入表格的位置按住鼠标左键拖动，如下图所示。

步骤03 显示绘制的表格

　　松开鼠标后可看到绘制的表格线，继续拖动鼠标绘制，得到如下图所示的表格。

> ⏰ **提示**
>
> 　　绘制完成后，按下【Esc】键，即可退出绘制状态。

第147招 绘制单斜线表头

在某些情况下，需要将表格中左上角的单元格分割成两部分，以便用来标示表格行、列部分的内容。

将光标置于要绘制斜线的单元格中，❶在"开始"选项卡下的"段落"组中单击"边框"右侧的下三角按钮，❷在展开的列表中单击"斜下框线"选项，如右图所示，即可看到该单元格中插入了斜线。

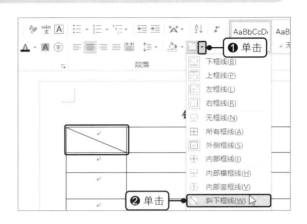

⏰ 提示

还可以用鼠标绘制斜线。在"插入"选项卡下的"表格"组中单击"表格"按钮，在展开的列表中单击"绘制表格"选项，当鼠标指针变为 ∥ 形状时，按住鼠标左键从单元格的左上角拖动至右下角，释放鼠标后即可看到斜线表头的绘制效果。

第148招 将文本转换为表格

在实际工作中，有时会需要将一段文本以表格的形式呈现在文档中，如果通过先插入表格再将文字逐个复制粘贴到表格中的方式将文本转换为表格，不仅费时还很容易出错。此时可以直接使用 Word 中的文本转换为表格功能，快速实现文本和表格的转换。

需注意的是，要想将文本完美地转换为表格，文本内容必须使用分隔符号，如空格、段落标记、制表符或逗号等进行合理的分隔。

步骤01 将文本转换为表格

打开原始文件，选中要转换为表格的文本内容，❶在"插入"选项卡下的"表格"组中单击"表格"按钮，❷在展开的列表中单击"文本转换成表格"选项，如下图所示。

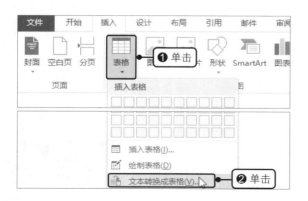

步骤02 设置转换表格的列数

弹出"将文字转换成表格"对话框，❶在"表格尺寸"选项组下的"列数"数值框中输入需要的列数，如"7"，❷程序自动识别分隔符号为"空格"，❸单击"确定"按钮，如下图所示。

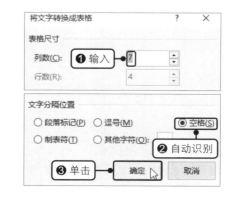

步骤03 返回文档中

即可看到将选中文本转换为表格的效果，如右图所示。

品名	单位	进价	零售价	数量	销售额（元）	利润额（元）
产品 A	台	500	1200	60	72000	42000
产品 B	台	200	450	100	45000	25000
产品 C	台	600	1500	200	300000	180000

产品销售状况分析表

第149招 在文档中插入Excel电子表格

在 Word 文档的表格中可以进行简单的数据计算，如果要进行更为复杂的统计和分析，可以在文档中插入 Excel 电子表格，利用 Excel 强大的数据处理功能来达到目的，具体方法如下。

步骤01 插入Excel电子表格

打开原始文件，定位好表格的插入位置后，❶在"插入"选项卡下的"表格"组中单击"表格"按钮，❷在展开的列表中单击"Excel 电子表格"选项，如下图所示。

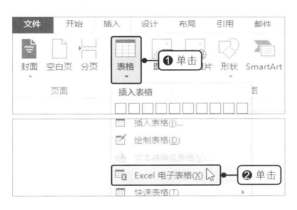

步骤02 输入内容

此时文档中将插入一个 Excel 工作表，且自动进入工作表编辑状态，在工作表中输入文本内容，如下图所示。完成电子表格的制作后，单击表格以外的任意位置，即可退出编辑状态。

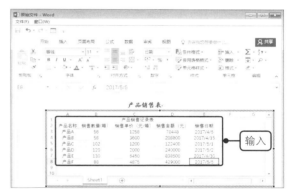

> **提示**
>
> 如果要再次编辑 Excel 电子表格，双击电子表格即可。

第150招 快速插入特定格式的表格

如果想要直接插入具有一定样式的表格，可使用快速表格功能。

新建一个空白文档，定位好表格的插入位置后，❶在"插入"选项卡下的"表格"组中单击"表格"按钮，❷在展开的列表中单击"快速表格 > 矩阵"选项，如右图所示。插入表格后再在表格中重新编辑数据即可。

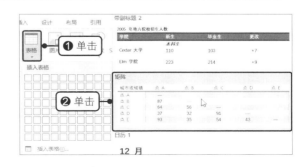

第151招 选择表格中的单个单元格

当需要对单个单元格进行设置时，可通过以下方法快速选中单元格。

打开原始文件，将鼠标指针放置在要选中单元格的左下角，当鼠标指针变为 ➚ 形状时，单击鼠标，即可选中该单元格，如右图所示。

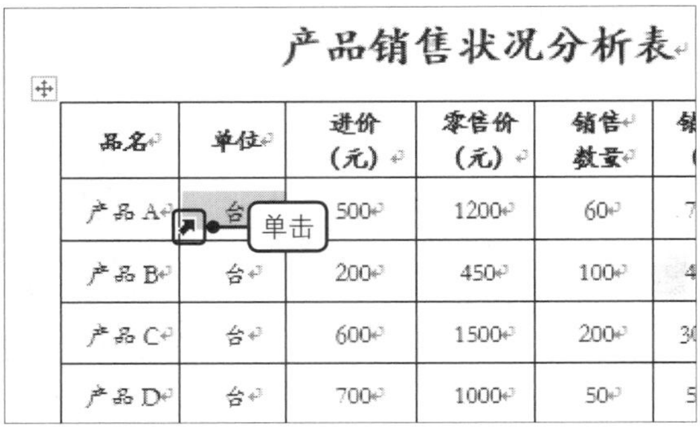

提示

如果要选中多个连续的单元格，可按住鼠标左键拖动。

第152招 选择表格中的行或列

如果要对表格中的某行或某列进行设置，可通过以下方法来快速选择表格中的整行或整列。

步骤01 选择整行

打开原始文件，将鼠标指针放置在要选择行的左侧，当鼠标指针变为 ⟋ 形状时单击，即可选中该行，如下图所示。

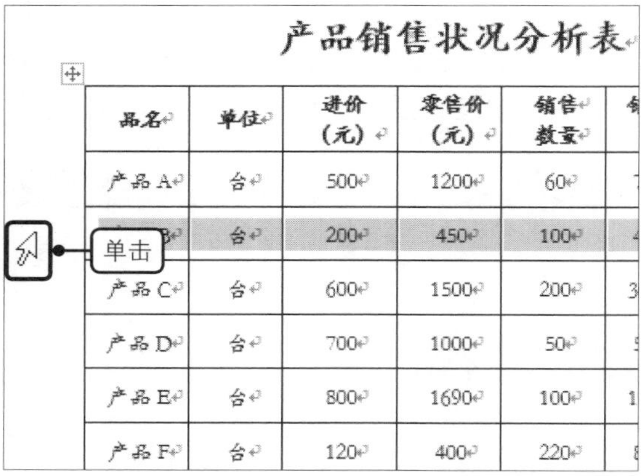

步骤02 选择整列

将鼠标指针放置在要选择列的最上方单元格边框上，当鼠标指针变为 ↓ 形状时单击，即可选中整列，如下图所示。

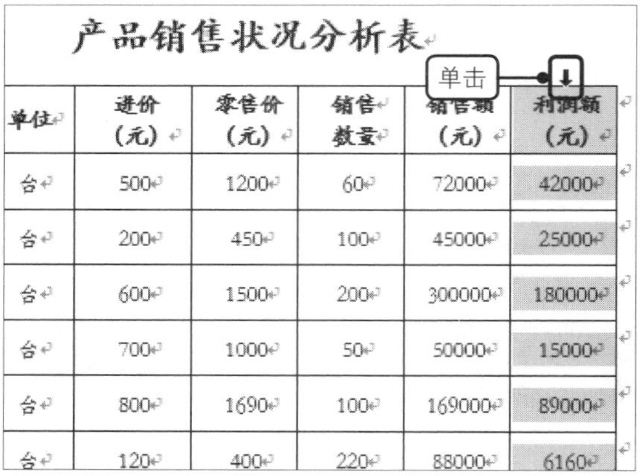

提示

如果要选中多个不连续的单元格或行/列，可按住【Ctrl】键不放，再依次选择所需的单元格或行/列即可。

第153招　快速选中整个表格

当需要对整个表格中的内容进行设置时，可先通过以下方法来选中整个表格。

打开原始文件，单击表格左上角的"全选"按钮 ⊞，即可选中全部表格内容，如右图所示。

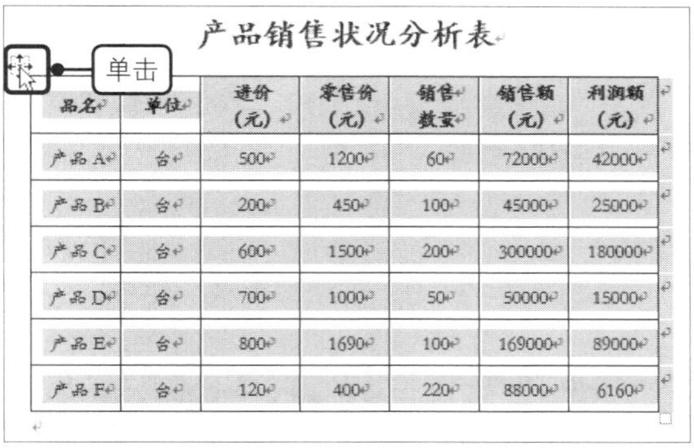

> **提示**
>
> 将光标置于表格的任意单元格中，在"表格工具 - 布局"选项卡下的"表"组中单击"选择"按钮，在展开的列表中单击"选择表格"选项，也可选中整个表格。

第154招　手动调整行高和列宽

通常情况下，Word 表格的列宽和行高在制作时会采用默认值，有时难以达到让用户满意的效果，此时可以手动调整行高和列宽，来满足实际需求。

步骤01　调整行高

打开原始文件，将鼠标指针放置在要调整行的下边框线上，当鼠标指针变为 ÷ 形状时，按住鼠标左键向下拖动，即可增大行高，如下图所示。如果要减小行高，则向上拖动。

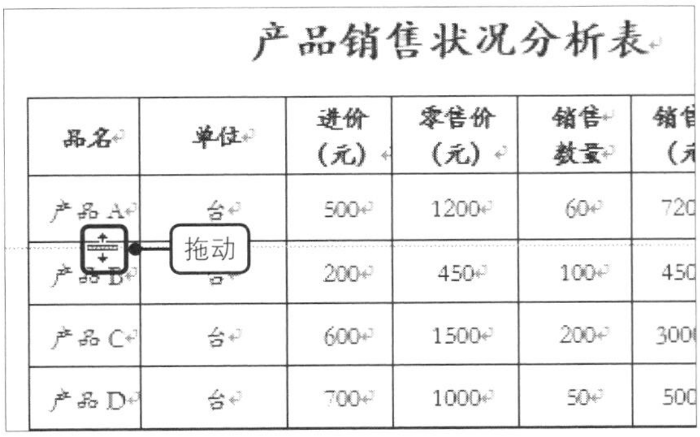

步骤02　调整列宽

将鼠标指针放置在要调整列的右侧边框线上，当鼠标指针变为 ↔ 形状时，按住鼠标左键向左拖动，即可减小列宽，如下图所示。如果要增大列宽，则向右拖动。

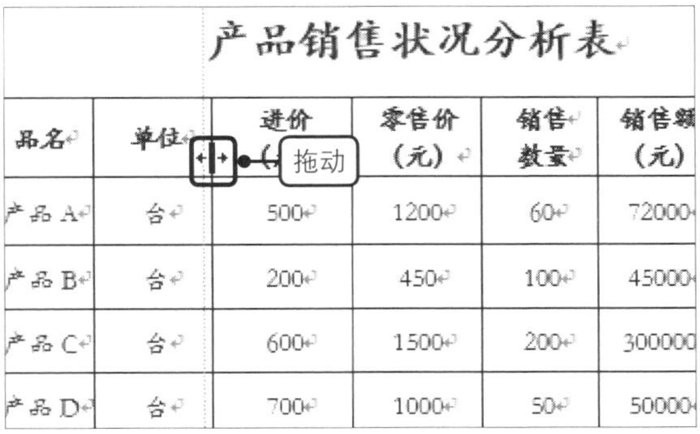

第155招　精确调整行高和列宽

如果对表格的行高和列宽数值有明确的要求，可通过以下方法来实现行高和列宽的精确设置。

打开原始文件，❶选中要精确调整的列，❷在"表格工具‑布局"选项卡下的"单元格大小"组中单击"宽度"右侧的数字调节按钮，设置"宽度"为"1.9 厘米"，如右图所示。如果要调节行高，可选中一行后，单击"高度"右侧的数字调节按钮。

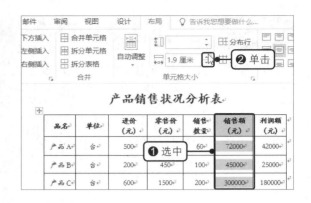

第156招 在指定位置插入单元格、行或列

在制作表格的过程中，难免会需要新增一些数据。此时可向表格中插入单元格、行或列，来实现这些数据的录入。

步骤01 插入列

打开原始文件，❶选中一列后右击，如选中"进价（元）"列右击，❷在弹出的快捷菜单中单击"插入 > 在左侧插入列"命令，如下图所示。

步骤02 显示插入效果

可看到"进价（元）"列的左侧插入一列空白的列，在该列中输入相应数据，如下图所示。如果要插入行，则选中一行后右击，在弹出的快捷菜单中选择要插入的位置即可。

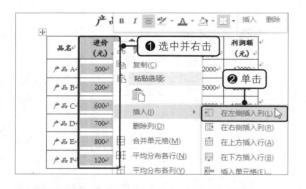

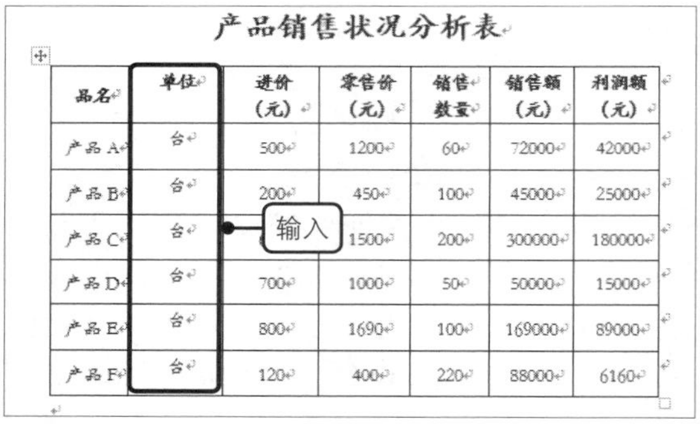

第157招 设置表格文字的对齐方式

默认情况下的表格文字对齐方式虽然统一，但并不美观，此时可以通过以下方法进行调整。

打开原始文件，❶选中要设置对齐方式的单元格区域，❷在"表格工具‑布局"选项卡下的"对齐方式"组中单击"水平居中"按钮，如右图所示。

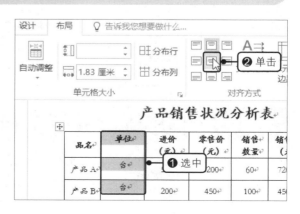

第158招 让表格中的文字竖排显示

　　Word文档中的文字方向并不是一成不变的横排，用户可根据实际的排版需求更改文字方向为竖排。

　　打开原始文件，❶选中要设置文字方向的单元格区域，❷在"表格工具 - 布局"选项卡下的"对齐方式"组中单击"文字方向"按钮，如右图所示，即可让单元格区域中的文字竖排显示。

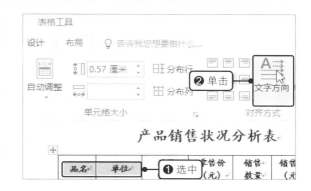

第159招 删除指定的单元格

　　在完成了表格内容的输入后，如果发现由于某个单元格数据内容的输入错误，而引起了后面列或行数据的错落性错误，即后面列和行数据直接整体左移或上移就会形成正确的表格，可通过删除单元格功能调整表格。

步骤01 删除单元格

　　打开原始文件，❶选中并右击要删除的单元格，❷在弹出的浮动工具栏中单击"删除"按钮，❸在展开的列表中单击"删除单元格"选项，如下图所示。

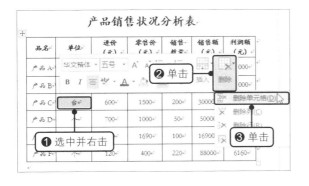

步骤02 设置单元格位移选项

　　弹出"删除单元格"对话框，❶单击"下方单元格上移"单选按钮，❷单击"确定"按钮，如下图所示。

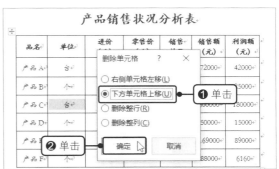

第160招 删除多余的行、列或整个表格

　　当制作的表格中存在多余的行、列时，可使用 Word 中的删除功能将其删除。如果整个表格都不需要了，也可以通过类似的方法将其删除。

> ⏰ **提示**
>
> 　　选中表格中的行 / 列或整个表格后，按下【Shift+Delete】组合键可快速删除选中的行 / 列或整个表格。

步骤01 删除整行

打开原始文件，❶选中要删除的行并右击，❷在弹出的浮动工具栏中单击"删除"按钮，❸在展开的列表中单击"删除行"选项，如下图所示。

步骤02 删除表格

打开原始文件，选中要删除的表格并右击，❶在弹出的浮动工具栏中单击"删除"按钮，❷在展开的列表中单击"删除表格"选项，如下图所示。

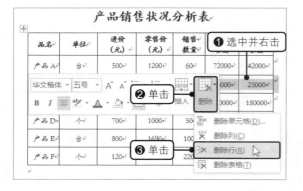

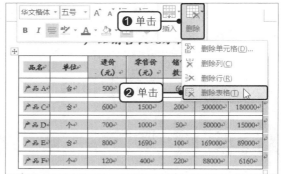

> **提示**
>
> 如果只想要清除表格内容，不删除表格，则在选中整个表格后按下【Delete】键即可。

第161招 平均分布行高和列宽

利用调整单元格大小的方法并不能快速使整个表格单元格大小平均分布，此时可以使用分布行或分布列功能快速完成操作。

打开原始文件，将光标置于表格中，在"表格工具-布局"选项卡下的"单元格大小"组中单击"分布行"按钮，如右图所示，即可将表格中的行高进行平均分布。如果要平均分布列宽，则单击"分布列"按钮。

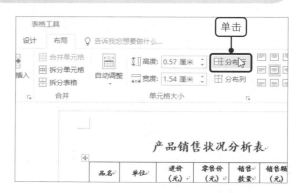

第162招 根据内容自动调整表格

如果想要使较多的文本内容尽可能显示在一行中，或者是自动压缩内容较少的列，可使用自动调整表格功能快速实现目的。

打开原始文件，将光标置于表格中，❶在"表格工具-布局"选项卡下的"单元格大小"组中单击"自动调整"按钮，❷在展开的列表中单击"根据内容自动调整表格"选项，如右图所示。

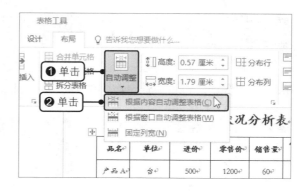

第163招　合并表格中的单元格

在实际工作中，制作不规则的表格时常常需要将多个单元格合并为一个单元格，此时可使用合并单元格功能完成操作。

步骤01　合并单元格

打开原始文件，❶选中要合并的单元格，❷在"表格工具 - 布局"选项卡下的"合并"组中单击"合并单元格"按钮，如下图所示。

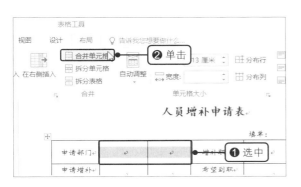

步骤02　显示合并效果

随后可看到选中单元格合并后的效果，应用相同的方法合并其他需要合并的单元格，如下图所示。

第164招　将单元格拆分为指定的行列数

制作不规则的表格时，除了需要对某些单元格进行合并外，有时还会需要将一个单元格拆分为多个单元格，具体操作步骤如下。

步骤01　拆分单元格

打开原始文件，❶选中要拆分的单元格，❷在"表格工具 - 布局"选项卡下的"合并"组中单击"拆分单元格"按钮，如下图所示。

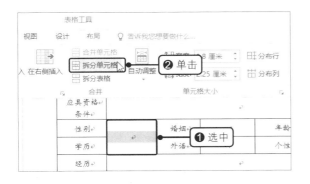

步骤02　设置拆分行列数

弹出"拆分单元格"对话框，❶设置要拆分的列数和行数，此处设置"列数"为"1"、"行数"为"2"，❷单击"确定"按钮，如下图所示。

第165招　将一个表格拆分为两个

在 Word 文档中，除了可以对单元格进行拆分外，还可以对表格进行拆分。

步骤01 拆分表格

打开原始文件，❶将光标放在第二个表的标题单元格内，❷在"表格工具 - 布局"选项卡下单击"拆分表格"按钮，如下图所示。

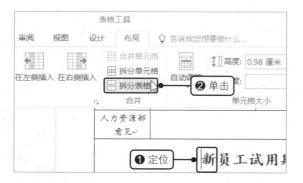

步骤02 显示拆分效果

可看到原表格以定位的单元格所在行为分界线拆分为两个表格，如下图所示。定位光标后按快捷键【Ctrl+Shift+Enter】也可快速完成拆分。

第166招 在下一页的表格中重复标题文本

当一个表格的内容在文档的多个页面跨页显示时，如果想要明确跨页表格中各个列所代表的实际意义，可通过重复标题行功能，在每一页的表格中都显示标题行。

打开原始文件，❶选中标题行，❷在"表格工具 - 布局"选项卡下的"数据"组中单击"重复标题行"按钮，如右图所示，即可将选中的标题行自动添加到下一页的标题行上。

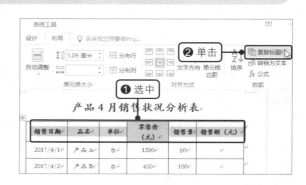

第167招 设置单元格的边距

如果想要让表格中的文本内容布局更稀疏或更紧凑，可通过单元格边距功能进行设置。

步骤01 设置边距

打开原始文件，选中整个表格，在"表格工具 - 布局"选项卡下的"对齐方式"组中单击"单元格边距"按钮，如下图所示。

步骤02 自定义边距

弹出"表格选项"对话框。❶在对话框中设置"默认单元格边距"都为"0.2 厘米"，❷单击"确定"按钮，如下图所示。

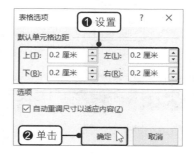

第168招　将表格内容转换为文本

在编排文档时，有时需要保留文档表格中的内容并去掉表格，此时可直接使用转换为文本功能来实现目的。

步骤01　转换为文本

打开原始文件，❶将光标定位在表格内，❷在“表格工具 - 布局”选项卡下的“数据”组中单击“转换为文本”按钮，如下图所示。

分布行
分布列
文字方向
单元格边距
对齐方式
❷ 单击
转换为文本
数据
分析表
销售量
销售额（元）
❶ 定位
60

步骤02　设置分隔符

弹出“表格转换成文本”对话框，❶单击“制表符”单选按钮，❷单击“确定”按钮，如下图所示。

表格转换成文本
?
文字分隔符
段落标记(P)
制表符(T)
❶ 单击
逗号(M)
其他字符(O):
-
转换嵌套表格(C)
确定
❷ 单击

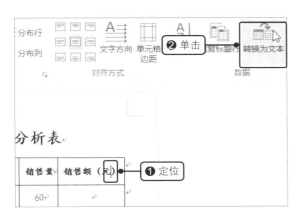

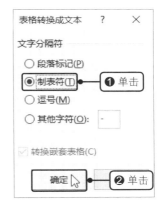

步骤03　显示转换效果

此时可以看到文档中的表格转换为文本的效果，如右图所示。

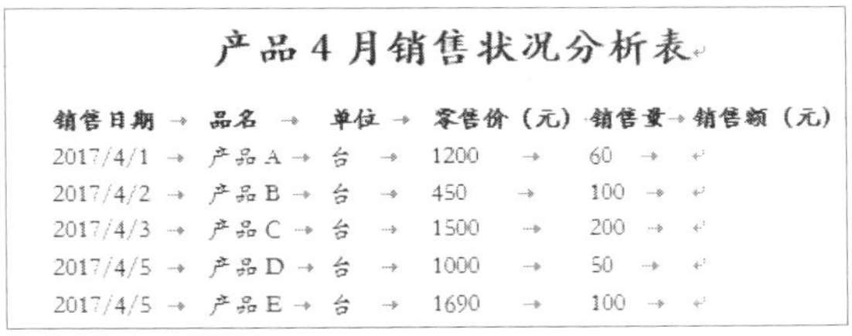

产品 4 月销售状况分析表

销售日期 → 品名 → 单位 → 零售价（元）→ 销售量 → 销售额（元）
2017/4/1 → 产品 A → 台 → 1200 → 60 →
2017/4/2 → 产品 B → 台 → 450 → 100 →
2017/4/3 → 产品 C → 台 → 1500 → 200 →
2017/4/5 → 产品 D → 台 → 1000 → 50 →
2017/4/5 → 产品 E → 台 → 1690 → 100 →

第169招　让断行的表格内容位于一页中

默认情况下，在文档的表格中输入文本后，如果一个单元格中的文本内容较多，并且此单元格正位于页和页的交界处，单元格中的内容会自动分布在上一页和下一页之中，即将一个单元格中的内容拆分为两部分进行显示。如果想要让其位于一个页面中，可通过取消跨页断行功能实现。

步骤01　显示跨页断行的效果

打开原始文件，滑动鼠标滚轮，可看到跨页断行的表格效果，如右图所示。

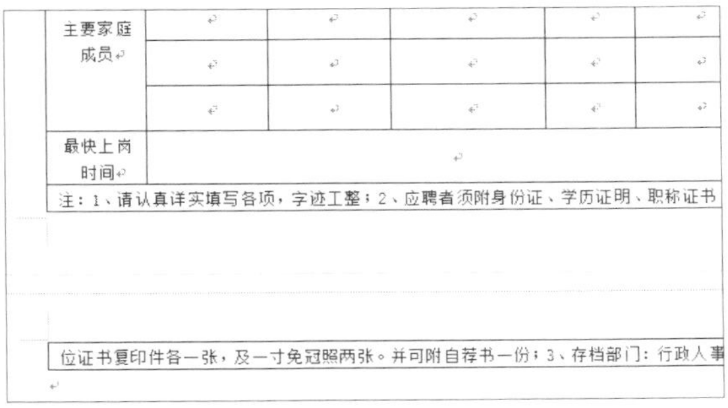

主要家庭成员
最快上岗时间
注：1、请认真详实填写各项，字迹工整；2、应聘者须附身份证、学历证明、职称证书
位证书复印件各一张，及一寸免冠照两张。并可附自荐书一份；3、存档部门：行政人事

步骤02 单击"属性"按钮

将光标置于该单元格中，在"表格工具 - 布局"选项卡下的"表"组中单击"属性"按钮，如右图所示。

步骤03 阻止跨页断行

弹出"表格属性"对话框，❶单击"行"标签，❷取消勾选"允许跨页断行"复选框，如下图所示。

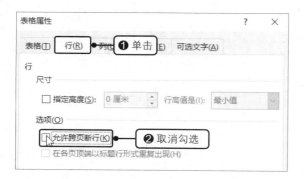

步骤04 显示调整后的效果

单击"确定"按钮，返回文档中，即可看到取消跨页断行后的表格效果，如下图所示。

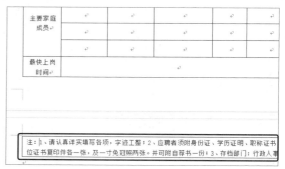

第170招 为表格设置底纹填充色

如果想要突出显示表格的标题行或某些单元格数据，可为表格设置底纹填充颜色。

打开原始文件，选中要设置底纹的单元格区域，❶在"表格工具 - 设计"选项卡下的"表格样式"组中单击"底纹"下三角按钮，❷在展开的列表中单击要设置的底纹颜色，如单击"绿色，个性色6，淡色60%"，如右图所示。

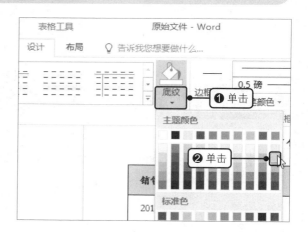

第171招 为表格应用新的边框样式

默认的表格边框样式可能并不符合实际需求，此时可以通过 Word 中的边框样式功能为文档中的表格设置特定的边框效果。

步骤01 选择边框样式

打开原始文件，将光标置于表格中，❶在“表格工具 - 设计”选项卡下的“边框”组中单击“边框样式”下三角按钮，❷在展开的列表中单击“单实线，1 1/2 pt，着色 2”选项，如下图所示。

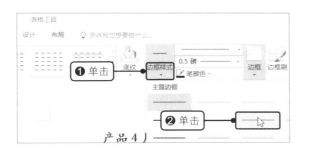

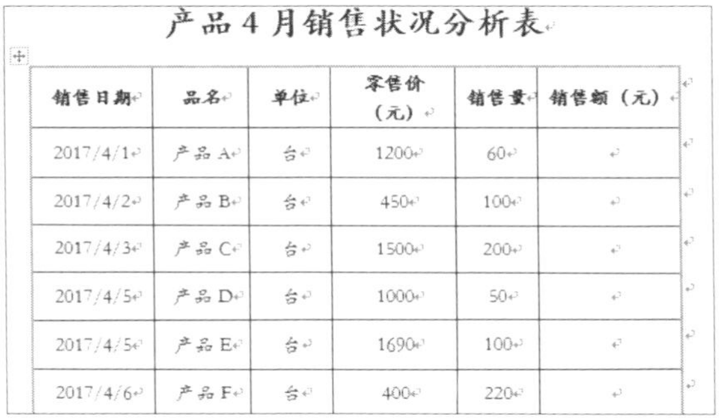

步骤02 应用边框样式

此时鼠标指针变为形状，在要应用该边框线的边框上单击并拖动，如下图所示，拖动完成后释放鼠标即可。

销售日期	品名	单位	零售价（元）	销售量	销售额（元）
2017/4/1	产品 A	台	1200	60	
2017/4/2	产品 B	台	450	100	
2017/4/3	产品 C	台	1500	200	

步骤03 显示应用效果

随后可看到拖动过的边框变成选择的边框样式，继续在要应用该样式的边框上单击并拖动，即可得到如右图所示的表格边框效果。

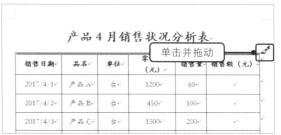

产品 4 月销售状况分析表

销售日期	品名	单位	零售价（元）	销售量	销售额（元）
2017/4/1	产品 A	台	1200	60	
2017/4/2	产品 B	台	450	100	
2017/4/3	产品 C	台	1500	200	
2017/4/5	产品 D	台	1000	50	
2017/4/5	产品 E	台	1690	100	
2017/4/6	产品 F	台	400	220	

提示

完成边框样式的应用后，可在“表格工具 - 设计”选项卡下的“边框”组中单击“边框刷”按钮或按【Esc】键，退出应用边框样式状态。

第172招　手动设计表格边框

已有的边框样式不一定符合用户的需求，此时可以自行设置边框的线条样式、粗细及颜色。

步骤01 选择笔样式

打开原始文件，将光标置于表格中，❶在“表格工具 - 设计”选项卡下的“边框”组中单击“笔样式”右侧的下三角按钮，❷在展开的列表中选择要应用的笔样式，如下图所示。

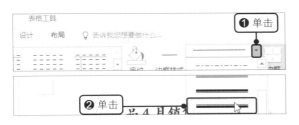

步骤02 选择笔画粗细

在“表格工具 - 设计”选项卡下的“边框”组中，❶单击“笔画粗细”右侧的下三角按钮，❷在展开的列表中选择“2.25 磅”，如下图所示。

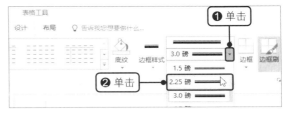

步骤03 设置笔颜色

在"表格工具 - 设计"选项卡下的"边框"组中，❶单击"笔颜色"右侧的下三角按钮，❷在展开的列表中单击"绿色，个性色 6"，如下图所示。

步骤04 应用设置的边框样式

在要应用该样式的表格边框上单击并拖动，如下图所示，即可将自定义的边框样式应用到表格上。

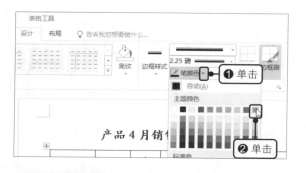

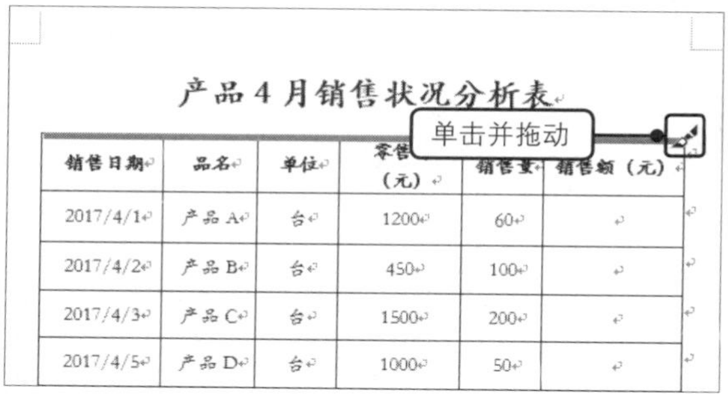

第173招 使用取样器快速统一边框样式

当用户为表格边框设计了一个边框样式并应用后，如果想要将该样式应用到其他边框线上，可使用边框取样器快速完成操作。

步骤01 启动边框取样器

打开原始文件，❶在"表格工具 - 设计"选项卡下的"边框"组中单击"边框样式"下三角按钮，❷在展开的列表中单击"边框取样器"选项，如右图所示。

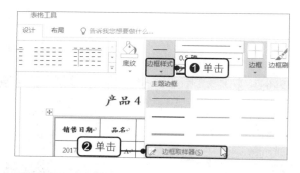

步骤02 应用取样器取样

此时鼠标指针变为 🖊 形状，在要取样的边框上单击，如下图所示。

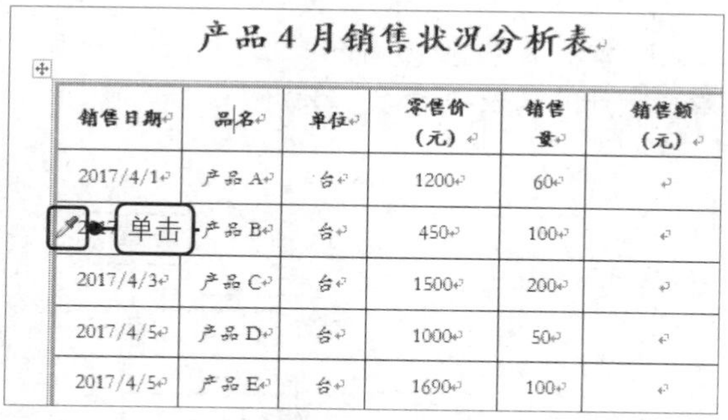

步骤03 应用取样的边框

随后可看到鼠标指针变为了 🖊 形状，在要应用取样的边框上单击并拖动，如下图所示，即可为该边框应用取样的边框样式。

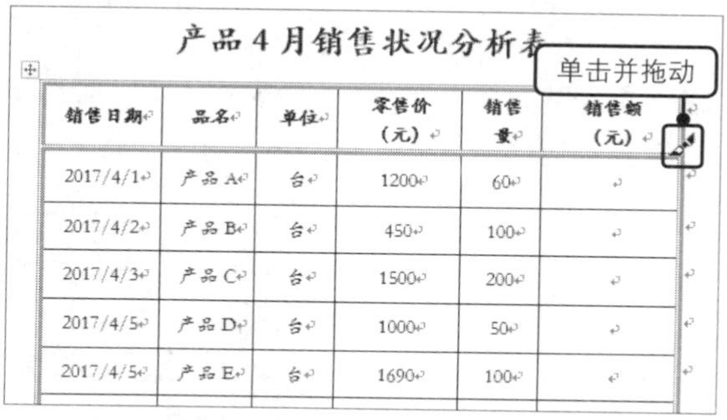

产品 4 月销售状况分析表					
销售日期	品名	单位	零售价（元）	销售量	销售额（元）
2017/4/1	产品 A	台	1200	60	
2017/4/2	产品 B	台	450	100	
2017/4/3	产品 C	台	1500	200	
2017/4/5	产品 D	台	1000	50	
2017/4/5	产品 E	台	1690	100	

产品 4 月销售状况分析表					
销售日期	品名	单位	零售价（元）	销售量	销售额（元）
2017/4/1	产品 A	台	1200	60	
2017/4/2	产品 B	台	450	100	
2017/4/3	产品 C	台	1500	200	
2017/4/5	产品 D	台	1000	50	
2017/4/5	产品 E	台	1690	100	

第174招 使用橡皮擦擦除多余的线条

在 Word 文档中制作表格时，如果绘制了多余的边框，可以直接使用橡皮擦工具将其擦掉。

步骤01 启动橡皮擦工具

打开原始文件，将光标置于表格中，在"表格工具 - 布局"选项卡下的"绘图"组中单击"橡皮擦"按钮，如下图所示。

步骤02 应用橡皮擦

此时鼠标指针变为 ⌀ 形状，在多余的边框上按住鼠标左键拖动或单击，如下图所示，即可删除该边框。

> ⏰ **提示**
>
> 如果要取消橡皮擦的使用，可单击"绘图"组中的"橡皮擦"按钮，或者按下【Esc】键。

第175招 美化表格样式

如果想要进一步美化创建的表格，可以利用 Word 中自带的一些表格样式快速更改表格色彩、边框线、底纹等格式，具体的操作步骤如下。

步骤01 选择表格样式

打开原始文件，将光标置于表格中，在"表格工具 - 设计"选项卡下的"表格样式"组中单击快翻按钮，在展开的列表中单击要应用的样式，如"网格表 5 深色 - 着色 6"，如下图所示。

步骤02 显示应用效果

可看到应用选择的样式后的表格效果，如下图所示。

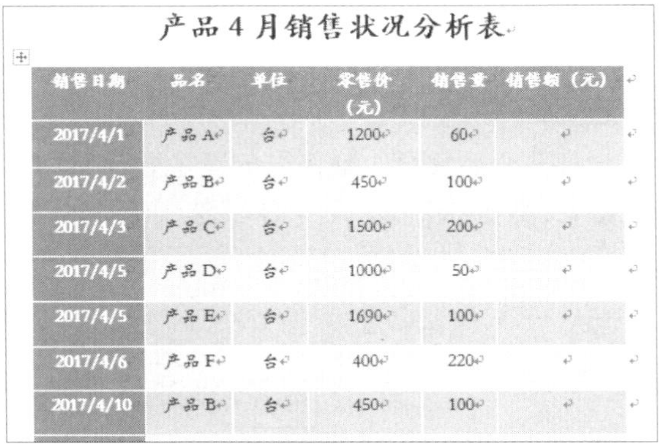

> ⏰ **提示**
>
> 如果要清除套用的表格样式，可在"表格工具 - 设计"选项卡下的"表格样式"组中单击快翻按钮，在展开的列表中单击"清除"选项。

第176招 设置表格的样式选项

在套用了已有的表格样式后，某些单元格的填充或边框设置可能并不符合用户的喜好，此时可以通过以下方法快速完成调整。

步骤01 取消选项的勾选

打开原始文件，将光标置于表格中，在"表格工具 - 设计"选项卡下的"表格样式选项"组中取消勾选"镶边行"和"第一列"复选框，如下图所示。

步骤02 显示设置效果

可看到调整了样式选项后的表格效果，如下图所示。

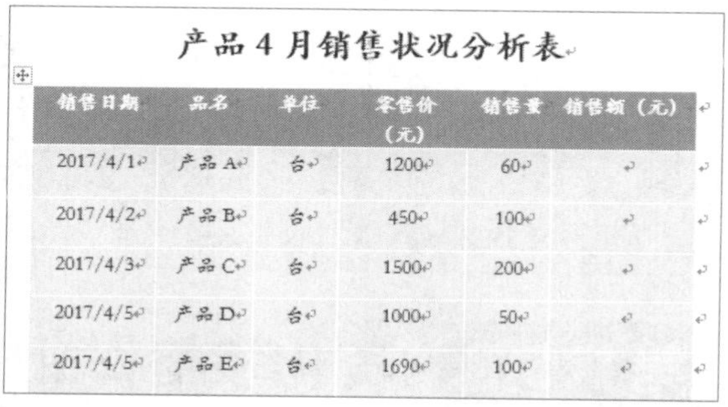

📢 提示

如果对套用的样式及设置选项后的样式都不满意，可在"表格工具 - 设计"选项卡下的"表格样式"组中单击快翻按钮，在展开的列表中单击"新建表格样式"选项，然后在弹出的"根据格式设置创建新样式"对话框中设置新的样式即可。

第177招 对表格中的数据进行计算

在 Word 文档的表格中，用户不仅可以手动输入数据并排版，还可以进行简单的数据计算，主要的操作步骤如下。

步骤01 插入公式

打开原始文件，❶将光标置于要计算的单元格中，❷在"表格工具 - 布局"选项卡下的"数据"组中单击"公式"按钮，如下图所示。

步骤02 设置公式

弹出"公式"对话框，❶在"公式"下的文本框中输入公式"=PRODUCT(LEFT)"，❷单击"确定"按钮，如下图所示。

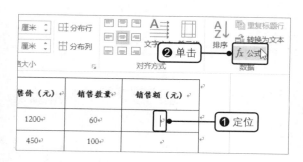

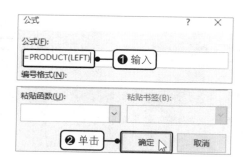

步骤03 显示计算结果

可看到定位单元格中的计算结果，将该单元格中的计算结果复制粘贴到其他要计算的单元格区域中，选中这些单元格区域，按下【F9】键，即可刷新选中单元格区域中的计算结果，如右图所示。

产品销售状况分析表				
品名	单位	零售价（元）	销售数量	销售额（元）
产品 A	台	1200	60	72000
产品 B	台	450	100	45000
产品 C	台	1500	200	300000
产品 D	台	1000	50	50000
产品 E	台	1690	100	169000
产品 F	台	400	220	88000

第178招 对表格中的数据进行排序

在 Word 中制作了一个带有数据的表格后，如果想要让某列数据按照升序或降序排列，可通过以下方式实现。

步骤01 排序数据

打开原始文件，将光标置于表格中，在"表格工具 - 布局"选项卡下的"数据"组中单击"排序"按钮，如右图所示。

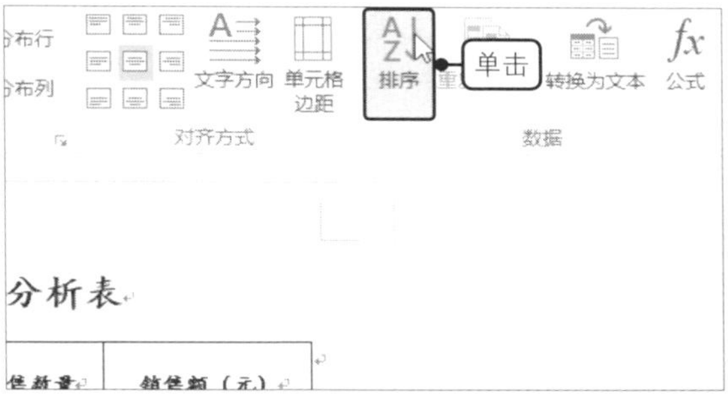

步骤02 设置排序的关键字

弹出"排序"对话框，❶单击"主要关键字"右侧的下拉按钮，❷在展开的列表中单击"销售额（元）"选项，如下图所示。

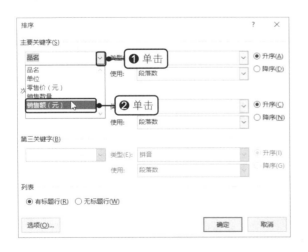

步骤03 设置排序方式

保持默认的"类型"和"使用"设置，❶单击"降序"单选按钮，❷单击"确定"按钮，如下图所示。

步骤04 显示排序效果

返回文档中，即可看到"销售额（元）"列的数据降序排列后的效果，如右图所示。如果想要对多列数据进行排序，可在"排序"对话框中继续设置次要关键字和第三关键字。

产品销售状况分析表

品名	单位	零售价（元）	销售数量	销售额（元）
产品C	台	1500	200	300000
产品E	台	1690	100	169000
产品F	台	400	220	88000
产品A	台	1200	60	72000
产品D	台	1000	50	50000
产品B	台	450	100	45000

第179招　在文档中插入图表直观展示数据关系

如果用户想要直观展示文档中的数据，还可以在文档中插入图表来展现和分析数据。

步骤01 插入图表

新建一个空白文档，在"插入"选项卡下的"插图"组中单击"图表"按钮，如右图所示。

步骤02 选择图表类型

弹出"插入图表"对话框，❶在"所有图表"选项卡下选择合适的图表类型，如"柱形图"，❷在右侧的面板中单击要插入的子类型图表，如"簇状柱形图"，❸单击"确定"按钮，如下图所示。

步骤03 录入数据

返回文档中，可看到插入的图表及 Excel 工作表效果，❶在工作表中输入要展现的数据，即可看到图表中的柱形图随着数据的输入而变化，❷输入完成后单击 Excel 工作表右上角的"关闭"按钮，如下图所示，即可完成 Word 文档中图表的插入操作。

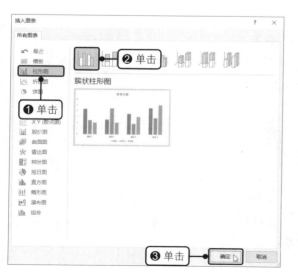

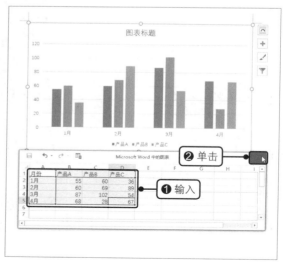

第6章 Word文档的美化和规范

在文档中插入图片、图形、表格和图表来让文档内容变得丰富、充实之后，还可以根据需要对文档的页面效果进行设置，让文档既规范又美观，包括添加水印、为页面添加背景填充效果和边框效果、为文档添加封面、设置页面内容的分栏效果和纵横混排效果等。

本章除了讲解上述操作的相关方法外，还将讲解如何通过Word提供的预设主题、字体集等功能快速完成文档外观的美化。

第180招 添加水印标明文档的特殊性

如果想要醒目地展示文档的特殊信息，包括文档的版本（如草稿、定稿）、密级（如机密、绝密）、使用规定（如禁止复印）等，可为文档页面添加文字水印。

步骤01 添加水印

打开原始文件，❶在"设计"选项卡下的"页面背景"组中单击"水印"按钮，❷在展开的列表中单击"草稿1"选项，如下图所示。

步骤02 显示水印效果

可看到文档的页面背景中显示了"草稿"字样的水印，如下图所示。

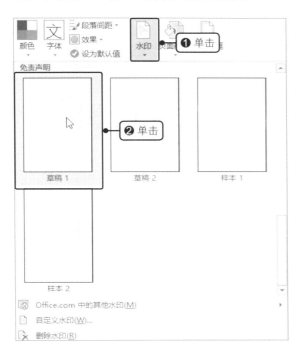

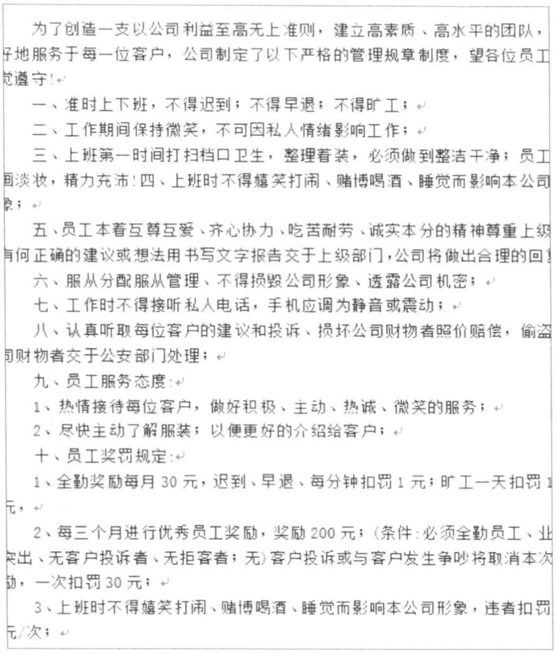

第181招 为文档添加图片水印

在 Word 中，除了可以添加文字水印，还可以添加图片作为水印。

步骤01 自定义水印

打开原始文件，❶在"设计"选项卡下的"页面背景"组中单击"水印"按钮，❷在展开的列表中单击"自定义水印"选项，如下图所示。

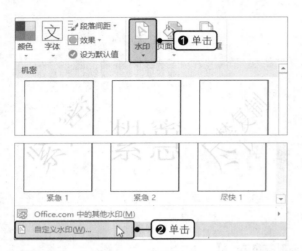

步骤02 选择图片

弹出"水印"对话框，❶单击"图片水印"单选按钮，❷单击"选择图片"按钮，如下图所示。

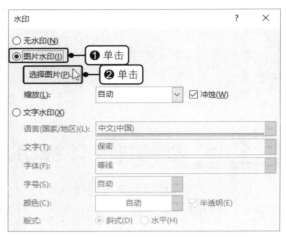

步骤03 插入图片

弹出"插入图片"对话框，单击"来自文件"右侧的"浏览"按钮，如下图所示。

步骤04 选择图片

弹出"插入图片"对话框，❶找到图片的保存位置，❷单击要插入的图片，❸单击"插入"按钮，如下图所示。

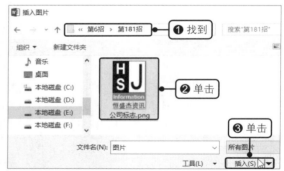

步骤05 完成图片的插入

返回"水印"对话框，❶设置图片的"缩放"为"自动"，❷勾选"冲蚀"复选框，❸单击"确定"按钮，如右图所示。

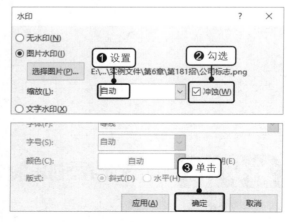

步骤06 显示图片水印效果

返回文档中，即可看到添加了图片水印的文档页面效果，如右图所示。

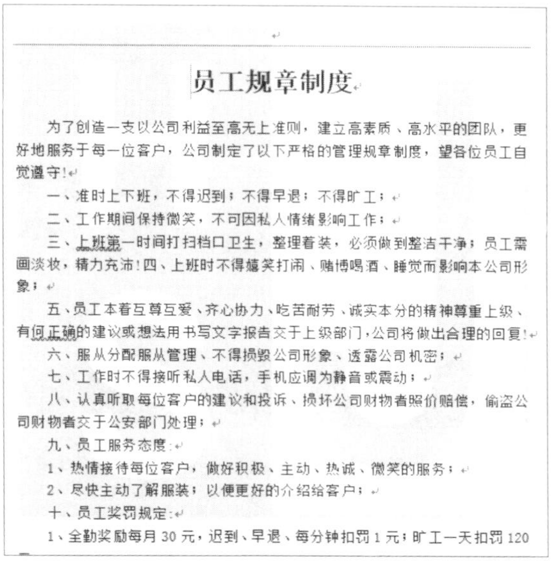

⏰ **提示**

"水印"对话框中的"缩放"下拉列表框和"冲蚀"复选框用于设置水印图片的显示效果。"缩放"下拉列表框用于控制水印图片的显示比例，既可以在列表中直接选取预设的比例，也可以自行输入需要的数值。"冲蚀"复选框用于对水印图片进行淡化处理，以免水印影响文档文本的阅读。如果已经预先对图片做了淡化处理，则可取消勾选"冲蚀"复选框。

员工规章制度

为了创造一支以公司利益至高无上准则，建立高素质、高水平的团队，更好地服务于每一位客户，公司制定了以下严格的管理规章制度，望各位员工自觉遵守！

一、准时上下班，不得迟到，不得早退，不得旷工；

二、工作期间保持微笑，不可因私人情绪影响工作；

三、上班第一时间打扫档口卫生，整理着装，必须做到整洁干净；员工需画淡妆，精力充沛！四、上班时不得嬉笑打闹、赌博喝酒、睡觉而影响本公司形象；

五、员工本着互尊互爱、齐心协力、吃苦耐劳、诚实本分的精神尊重上级、有何正确的建议或想法用书写文字报告交于上级部门，公司将做出合理的回复！

六、服从分配服从管理、不得损毁公司形象、透露公司机密；

七、工作时不得接听私人电话，手机应调为静音或震动；

八、认真听取每位客户的建议和投诉，损坏公司财物者照价赔偿，偷盗公司财物者交于公安部门处理；

九、员工服务态度。

1、热情接待每位客户，做好积极、主动、热诚、微笑的服务；

2、尽快主动了解服装，以便更好的介绍客户；

十、员工奖罚规定。

1、全勤奖励每月 30 元，迟到、早退、每分钟扣罚 1 元；旷工一天扣罚 120

第182招　设计符合需求的文字水印

当用户对 Word 中预设的水印文字内容或样式不满意时，可对文字的内容、字体、颜色及版式等进行自定义设置。

步骤01 选择水印文字

打开原始文件，在"设计"选项卡下的"页面背景"组中单击"水印"按钮，在展开的列表中单击"自定义水印"选项，打开"水印"对话框，❶单击"文字水印"单选按钮，❷单击"文字"右侧的下拉按钮，❸在展开的列表中单击"传阅"选项，如下图所示。

步骤02 设置文字格式

❶设置水印文字的"字体"为"楷体"、"字号"为"120"磅，保持默认的字体颜色，❷取消勾选"半透明"复选框，保持默认的"版式"，❸单击"确定"按钮，如下图所示。

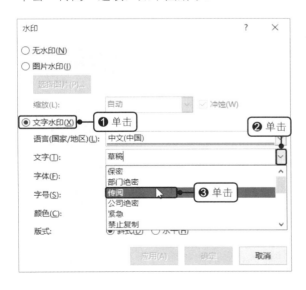

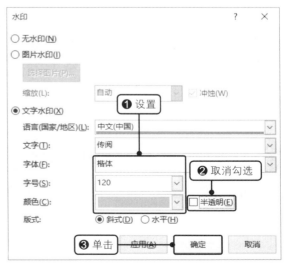

步骤03 显示自定义的水印效果

返回文档中，即可看到自定义文字水印后的效果，如右图所示。

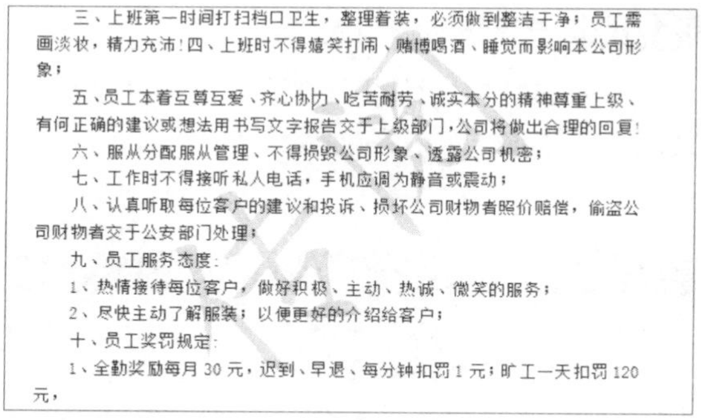

> ⏰ **提示**
>
> 在步骤 01 中，除了在"文字"下拉列表中选取预设的水印文字内容，还可以直接在文本框中输入需要的水印文字。

三、上班第一时间打扫档口卫生，整理着装，必须做到整洁干净；员工需画淡妆，精力充沛；四、上班时不得嬉笑打闹、赌博喝酒、睡觉而影响本公司形象；

五、员工着互尊互爱、齐心协力、吃苦耐劳、诚实本分的精神尊重上级、有何正确的建议或想法用书写文字报告交于上级部门，公司将做出合理的回复！

六、服从分配服从管理、不得损毁公司形象、透露公司机密；

七、工作时不得接听私人电话，手机应调为静音或震动；

八、认真听取每位客户的建议和投诉、损坏公司财物者照价赔偿，偷盗公司财物者交于公安部门处理；

九、员工服务态度：

1、热情接待每位客户，做好积极、主动、热诚、微笑的服务；

2、尽快主动了解服装；以便更好的介绍给客户；

十、员工奖罚规定：

1、全勤奖励每月 30 元，迟到、早退、每分钟扣罚 1 元；旷工一天扣罚 120 元。

第183招 删除文档水印

如果不再需要文档水印提示的信息，可将水印删除。

打开原始文件，❶在"设计"选项卡下的"页面背景"组中单击"水印"按钮，❷在展开的列表中单击"删除水印"选项，如下图所示。

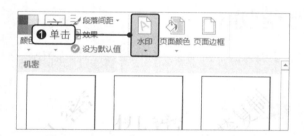
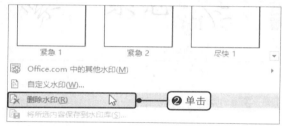

第184招 为文档设置预设背景色

制作好文档后，如果觉得白色的背景太单调，可为页面添加好看的背景色。

打开原始文件，❶在"设计"选项卡下的"页面背景"组中单击"页面颜色"按钮，❷在展开的列表中单击一种预设的页面背景色，如单击"绿色，个性色6，淡色80%"选项，如右图所示。

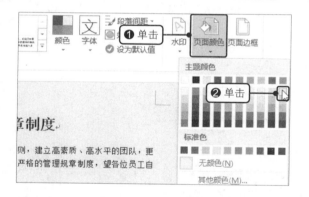

第185招 为文档设置自定义背景色

如果用户对预设的页面背景色不满意，可选择其他颜色对页面背景进行填充，具体操作步骤如下。

步骤01 单击"其他颜色"选项

打开原始文件，❶在"设计"选项卡下的"页面背景"组中单击"页面颜色"按钮，❷在展开的列表中单击"其他颜色"选项，如下图所示。

步骤02 选择填充颜色

弹出"颜色"对话框，❶在"标准"选项卡下的"颜色"选项组下单击要设置的填充颜色，❷设置完成后单击"确定"按钮，如下图所示，即可完成页面背景颜色的设置。

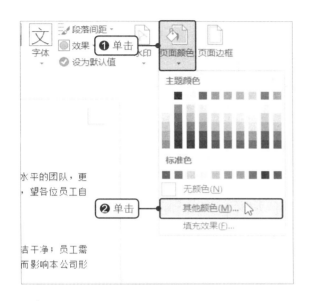

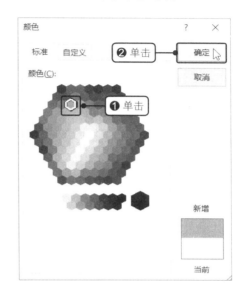

⏰ **提示**

除了可以在"颜色"对话框中的"标准"选项卡下选择填充颜色外，还可以在"自定义"选项卡下单击选择填充颜色，或是设置颜色模式及具体的颜色值。

第186招　为文档添加双色渐变背景色

如果单色的背景不能满足需求，还可以为页面背景设置双色渐变填充效果，具体的操作方法如下。

步骤01 单击"填充效果"选项

打开原始文件，❶在"设计"选项卡下的"页面背景"组中单击"页面颜色"按钮，❷在展开的列表中单击"填充效果"选项，如下图所示。

步骤02 设置渐变效果

弹出"填充效果"对话框，❶在"渐变"选项卡下的"颜色"选项组下单击"双色"单选按钮，❷单击"颜色1"右侧的下拉按钮，❸在展开的列表中选择"绿色，个性色6"选项，如下图所示。

步骤03 设置底纹样式

❶设置"颜色2"为"白色，背景1"，❷在"底纹样式"选项组下单击"斜下"单选按钮，可在"变形"选项组下预览设置效果，❸单击"确定"按钮，如下图所示。

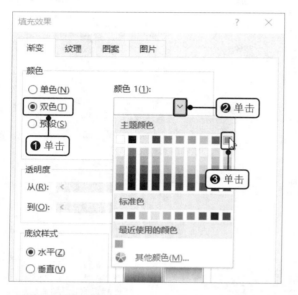

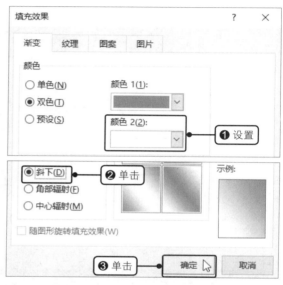

第187招 使用纹理填充文档背景

除了为页面背景填充纯色和双色渐变，还可以为文档设置纹理填充效果。

打开原始文件，在"设计"选项卡下的"页面背景"组中单击"页面颜色"按钮，在展开的列表中单击"填充效果"选项，打开"填充效果"对话框，❶切换至"纹理"选项卡下，❷在"纹理"选项组下单击要设置的纹理，如"蓝色面巾纸"，❸单击"确定"按钮，如右图所示。

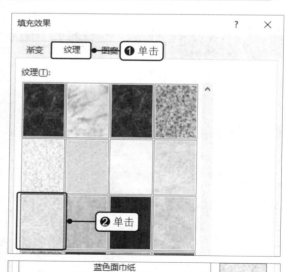

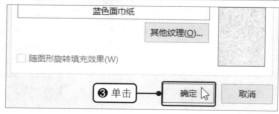

⏰ **提示**

如果"填充效果"对话框中展示的纹理样式不符合用户的需求，可单击"其他纹理"按钮，在弹出的"插入图片"对话框中选择计算机中保存的纹理图片，或者自行搜索需要的纹理。

第188招　使用图案填充文档背景

要想使文档更加美观，除了为页面设置纹理填充效果外，还可以设置图案填充效果，具体操作步骤如下。

步骤01 设置图案前景颜色

打开原始文件，在"设计"选项卡下的"页面背景"组中单击"页面颜色"按钮，在展开的列表中单击"填充效果"选项，打开"填充效果"对话框，❶切换至"图案"选项卡下，❷单击"前景"右侧的下拉按钮，❸在展开的列表中单击"绿色，个性色6，淡色60%"，如下图所示。

步骤02 选择图案

❶设置"背景"颜色为"白色，背景1，深色5%"，❷在"图案"选项组下单击"宽下对角线"图案，❸单击"确定"按钮，如下图所示。

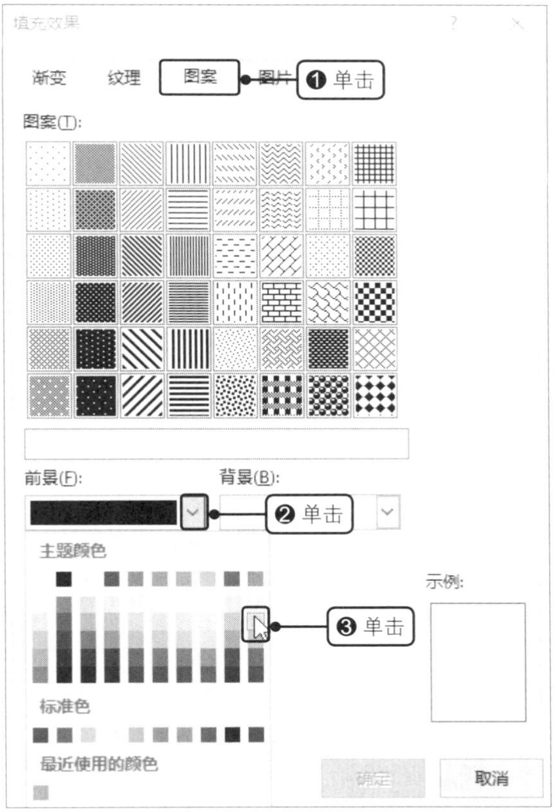

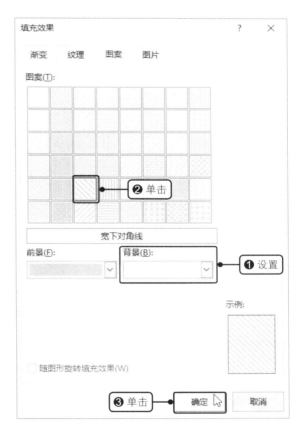

第189招　使用图片作为文档背景

无论是单一的填充色、渐变的填充效果，或是纹理和图案填充效果，都是为了让文档更美观。当以上效果都不能满足用户的需求时，还可以插入图片来填充文档页面背景。

步骤01 单击"选择图片"按钮

打开原始文件，在"设计"选项卡下的"页面背景"组中单击"页面颜色"按钮，在展开的列表中单击"填充效果"选项，打开"填充效果"对话框，❶切换至"图片"选项卡下，❷单击"选择图片"按钮，如下图所示。

步骤02 单击"浏览"按钮

弹出"插入图片"对话框，单击"来自文件"右侧的"浏览"按钮，如下图所示。

步骤03 选择图片

弹出"选择图片"对话框，❶找到图片的保存位置，❷单击要插入的图片，❸单击"插入"按钮，如下图所示。

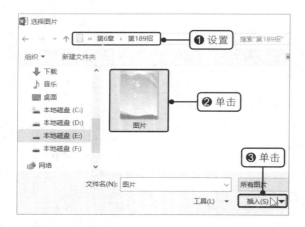

步骤04 显示图片填充效果

返回"填充效果"对话框，单击"确定"按钮，返回文档中，即可看到插入图片背景后的页面效果，如下图所示。

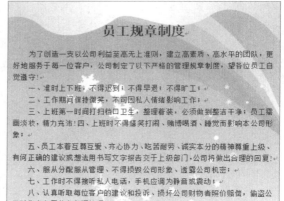

第190招 删除文档页面的填充背景

当为文档填充的背景或效果影响到了文档内容的浏览，或与当前文档的内容不契合时，可将设置的填充效果删除。

打开原始文件，❶在"设计"选项卡下的"页面背景"组中单击"页面颜色"按钮，❷在展开的列表中单击"无颜色"选项，如右图所示。

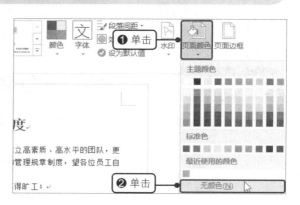

第191招　为文档页面添加线条型边框

为了吸引观者的注意力，并增加文档的时尚特色，可为文档页面添加线条型边框。在添加边框的过程中，可以为边框设置各种线条样式、宽度和颜色。具体操作如下。

步骤01　单击"页面边框"按钮

打开原始文件，在"设计"选项卡下的"页面背景"组中单击"页面边框"按钮，如下图所示。

步骤02　选择边框样式

弹出"边框和底纹"对话框，❶在"页面边框"选项卡下的"设置"选项组下单击"方框"样式，❷在"样式"选项组下单击要插入的边框线条样式，如下图所示。

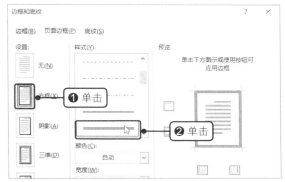

步骤03　设置边框颜色和宽度

❶设置边框"颜色"为"绿色，个性色6，淡色 60%"，❷单击"宽度"右侧的下拉按钮，❸在展开的列表中单击"0.75 磅"选项，如下图所示。

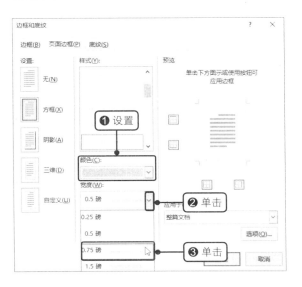

步骤04　显示设置边框后的效果

设置完成后单击"确定"按钮，即可看到设置后的页面边框效果，如下图所示。

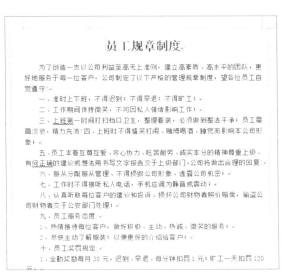

第192招 为文档页面添加艺术型边框

线条型边框样式都较为单调，如果想要进一步增强文档的美观性，可为文档页面添加艺术型边框。

步骤01 选择艺术型边框

打开原始文件，在“设计”选项卡下的“页面背景”组中单击“页面边框”按钮，打开“边框和底纹”对话框，❶在“页面边框”选项卡下单击“艺术型”右侧的下拉按钮，❷在展开的列表中选择要添加的艺术型边框，如下图所示。

步骤02 显示插入效果

单击“确定”按钮，返回文档中，即可看到插入艺术型边框后的页面效果，如下图所示。

员工规章制度

为了创造一支以公司利益至高无上准则，建立高素质、高水平的团队，更好地服务于每一位客户，公司制定了以下严格的管理规章制度，望各位员工自觉遵守！

一、准时上下班，不得迟到；不得早退；不得旷工；

二、工作期间保持微笑，不可因私人情绪影响工作；

三、上班第一时间打扫档口卫生，整理着装，必须做到整洁干净；员工需画淡妆，精力充沛！四、上班时不得嬉笑打闹、赌博喝酒、睡觉而影响本公司形象；

五、员工本着互尊互爱、齐心协力、吃苦耐劳、诚实本分的精神尊重上级、有何正确的建议或想法用书写文字报告交于上级部门，公司将做出合理的回复！

六、服从分配服从管理、不得损毁公司形象、透露公司机密；

七、工作时不得接听私人电话，手机应调为静音或震动；

八、认真听取每位客户的建议和投诉、损坏公司财物者照价赔偿，偷盗公司财物者交于公安部门处理；

九、员工服务态度：

1、热情接待每位客户，做好积极、主动、热诚、微笑的服务；

2、尽快主动了解服装；以便更好的介绍给客户；

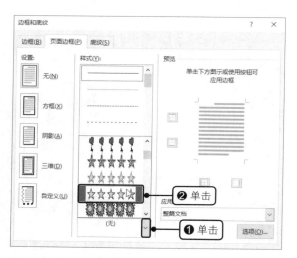

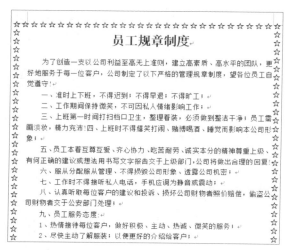

第193招 为文档的首页设置边框

在实际工作中，可能只需要为文档首页设置边框，可通过以下方法来实现。

打开原始文件，在“设计”选项卡下的“页面背景”组中单击“页面边框”按钮，打开“边框和底纹”对话框，❶在“页面边框”选项卡下设置好边框的宽度和样式，❷单击“应用于”右侧的下拉按钮，❸在展开的列表中单击“本节 - 仅首页”选项，如右图所示。单击“确定”按钮，返回文档中，即可为文档的首页添加设置的边框。

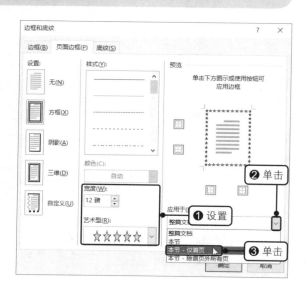

⏰ **提示**

　　如果要为除首页以外的页面添加边框，则在"边框和底纹"对话框中单击"应用于"右侧的下拉按钮，在展开的列表中单击"本节 - 除首页外所有页"选项。

第194招　删除文档的边框

　　如果添加的页面边框不符合本文档的排版需求，可将其删除。

　　打开原始文件，在"设计"选项卡下的"页面背景"组中单击"页面边框"按钮，打开"边框和底纹"对话框，❶在"页面边框"选项卡下单击"设置"选项组中的"无"选项，❷单击"确定"按钮，如右图所示，即可删除文档中设置的边框。

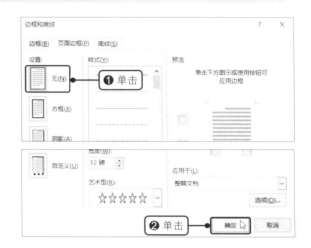

第195招　使用主题功能整体改变文档外观

　　当用户想要快速改变文档的整体外观，如文档的字体、颜色及图形对象的效果时，可使用Word中的主题功能来实现。

　　打开原始文件，❶在"设计"选项卡下的"文档格式"选项组中单击"主题"按钮，❷在展开的列表中单击要设置的主题样式，如右图所示。

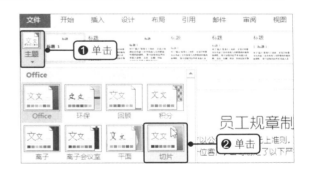

第196招　使用预设字体集快速更改文本字体

　　在文档中输入文本内容后，可能还需要对文本的字体进行多次修改。如果用户想要快速改变文档的字体，可通过以下方法来实现。

　　打开原始文件，❶在"设计"选项卡下的"文档格式"组中单击"字体"按钮，❷在展开的列表中选择要应用的字体集，如右图所示。

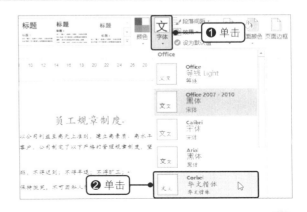

第197招 一次性设置整个文档的段落间距

当用户想要快速更改文档的行距和段落间距时，可通过段落间距功能设置段落间距值，或者自定义整个文档的间距。

打开原始文件，❶在"设计"选项卡下的"文档格式"组中单击"段落间距"按钮，❷在展开的列表中单击"打开"选项，如右图所示，即可将文档中的段落统一设置为选择的段落间距。

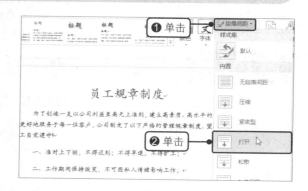

第198招 让所有新文档应用设计的外观格式

当用户需要使用同样的字体、颜色、效果和段落间距编辑文档时，可将设计好的样式集和主题保存为默认值，以便将其应用于所有新建的空白文档。

步骤01 设为默认值

打开原始文件，为文档中的文本设置合适的字体格式或段落格式后，在"设计"选项卡下的"文档格式"组中单击"设为默认值"按钮，如下图所示。

步骤02 单击"是"按钮

弹出提示框，提示用户设置后的格式将应用于所有新的空白文档中，如果确认这些设置，单击"是"按钮即可，如下图所示。

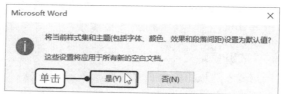

第199招 为文档添加漂亮的封面

如果想要使文档主题更加突出、更加鲜明，可为文档添加封面。主要的操作步骤如下。

步骤01 添加封面

打开原始文件，❶在"插入"选项卡下的"页面"组中单击"封面"按钮，❷在展开的列表中单击要插入的封面，如单击"花丝"样式，如右图所示。

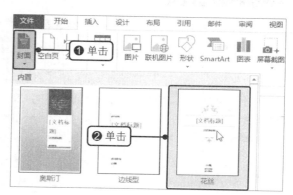

步骤02 显示插入的封面

可看到文档的第一页插入了所选的封面，在封面中可输入文本的位置输入合适的内容，即可得到如右图所示的封面效果。

🕐 **提示**

当设计的封面不美观或不符合实际需求时，可在"插入"选项卡下的"页面"组中单击"封面"按钮，在展开的列表中单击"删除当前封面"选项，删除封面。

第200招　插入空白页

在实际工作中，偶尔会需要在文档中插入空白页来输入遗漏的文档内容，此时可通过以下方法实现。

打开原始文件，将光标定位在文档中要插入空白页的位置，在"插入"选项卡下的"页面"组中单击"空白页"按钮，如右图所示，即可在光标定位处之后插入一页空白页。

第201招　在文档中连续显示行号

当需要在某些特殊文档中显示行号时，手动添加既费时又费力，还可能不准确，此时可通过 Word 中的行号功能来添加。

步骤01 添加连续行号

打开原始文件，❶在"布局"选项卡下的"页面设置"组中单击"行号"按钮，❷在展开的列表中单击"连续"选项，如下图所示。

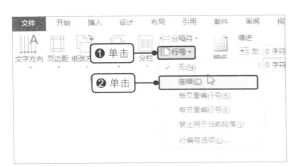

步骤02 显示添加效果

可看到文档页面的左侧显示了从 1 开始的连续行号，如下图所示。

⏰ **提示**

如果想要每页重新从 1 开始编号，可在"布局"选项卡下的"页面设置"组中单击"行号"按钮，在展开的列表中单击"每页重编行号"选项。

第202招　在文档中隔段显示行号

如果不想显示某些段落的行号，可将这些段落的行号通过禁止用于当前段落功能来取消显示。

步骤01 禁止当前段落编号

打开原始文件，选中不需要编号的段落文本，❶在"布局"选项卡下的"页面设置"组中单击"行号"按钮，❷在展开的列表中单击"禁止用于当前段落"选项，如下图所示。

步骤02 显示效果

可看到选中的段落文本行未显示编号，如下图所示。

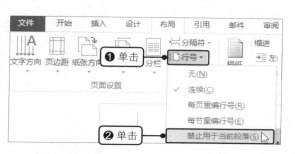

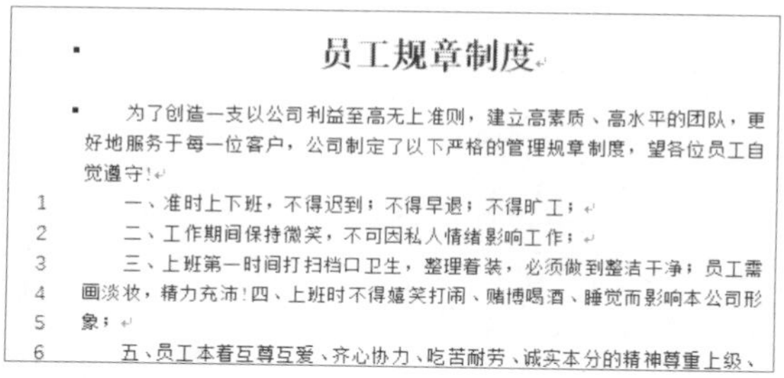

⏰ **提示**

需注意的是，使用禁止当前段落编号功能前，需先为文档添加连续编号，或者在使用该功能后为文档添加连续编号，否则该功能无意义。

第203招　在文档中隔行显示行号

如果用户觉得每一行都显示行号扰乱了观者的视线，可设置隔行显示行号的效果。

步骤01 单击"行编号选项"选项

打开原始文件，❶在"布局"选项卡下的"页面设置"组中单击"行号"按钮，❷在展开的列表中单击"行编号选项"选项，如下图所示。

步骤02 单击"行号"按钮

弹出"页面设置"对话框，在"版式"选项卡下单击"行号"按钮，如下图所示。

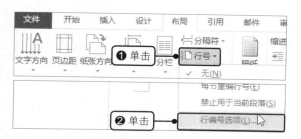

步骤03 设置行号

　　弹出"行号"对话框，❶勾选"添加行号"复选框，❷设置"起始编号"为"1"、"行号间隔"为"5"，❸单击"编号"选项组下的"每页重新编号"单选按钮，❹单击"确定"按钮，如下图所示。

步骤04 显示设置效果

　　返回"页面设置"对话框，单击"确定"按钮，返回文档中，即可看到文档中的行号以 5 为间隔进行显示，如下图所示。

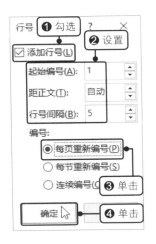

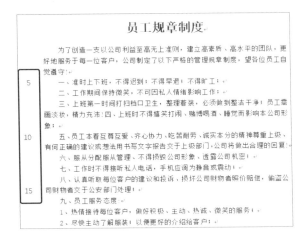

第204招　设置文档的页边距

　　编辑文档前或者是完成了文档的编辑后，为了让文档的正文内容和页面边缘保持比较合适的距离，可为文档设置页边距。

步骤01 自定义边距

　　打开原始文件，❶在"布局"选项卡下的"页面设置"组中单击"页边距"按钮，❷在展开的列表中单击"自定义边距"选项，如下图所示。

步骤02 设置页边距

　　弹出"页面设置"对话框，在"页边距"选项卡下的"页边距"选项组中分别设置"上""下""左""右"的页边距，如下图所示。设置完成后单击"确定"按钮即可。

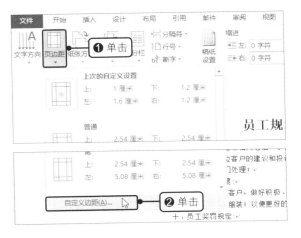

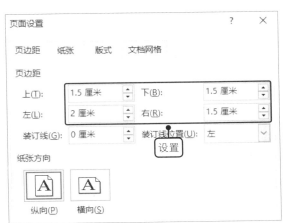

第205招 横向排版文档页面

为了版面更加美观及满足文档的打印需求，用户可对Word文档的纸张方向进行更改。

打开原始文件，❶在"布局"选项卡下的"页面设置"组中单击"纸张方向"按钮，❷在展开的列表中单击"横向"选项，如右图所示。

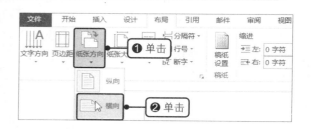

提示

如果用户只想要改变当前页的纸张方向，可选中当前页的文本内容，在"布局"选项卡下的"页面设置"组中单击对话框启动器，打开"页面设置"对话框，在"页边距"选项卡下单击"纸张方向"选项组下的"横向"按钮，设置"应用于"为"所选文字"，单击"确定"按钮，即可将该页设置为横向显示，其他页保持不变。

第206招 设置文档的纸张大小

在 Word 中编辑完文档后，常常需要将其输出为纸质文档。由于市场上有许多种纸张的规格，为了让文档和纸张更加契合，需要对文档的纸张大小进行调整。

步骤01 单击"其他纸张大小"选项

打开原始文件，❶在"布局"选项卡下的"页面设置"组中单击"纸张大小"按钮，在展开的列表中可直接选择预设的纸张大小，如果对预设的纸张大小不满意，❷可在列表中单击"其他纸张大小"选项，如右图所示。

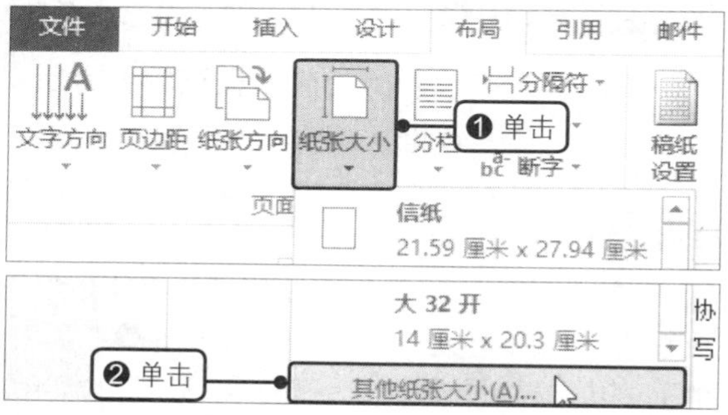

步骤02 自定义纸张大小

❶在"页面设置 - 纸张"对话框中，单击"纸张大小"右侧的下拉按钮，❷在展开的列表中单击"自定义大小"选项，如下图所示。

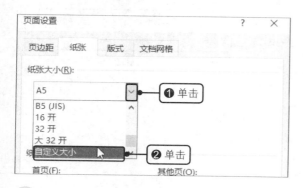

步骤03 设置纸张宽度和高度

设置纸张的"宽度"和"高度"分别为"13厘米"和"17厘米"，如下图所示。设置完成后单击"确定"按钮即可。

第207招　垂直显示文本内容

　　默认情况下，在文档中输入的文字是横向显示的，如果想要将文字变为垂直显示，可通过以下方法来实现。

　　打开原始文件，❶在"布局"选项卡下的"页面设置"组中单击"文字方向"按钮，❷在展开的列表中单击"垂直"选项，如右图所示。

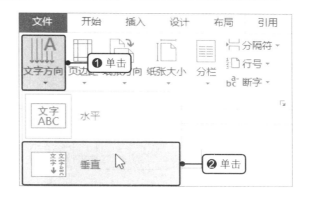

第208招　实现文档内容的纵横混排

　　制作文档时，有时会需要在横向的文档段落中插入竖排显示的文本，从而制作出特殊的版面效果。此时可以改变部分文本的方向来实现文本内容的纵横混排。

步骤01　单击"文字方向"命令

　　打开原始文件，❶将光标定位在要改变文字方向的文本前，然后右击，❷在弹出的快捷菜单中单击"文字方向"命令，如下图所示。

步骤02　纵横混排文档

　　弹出"文字方向 - 主文档"对话框，❶在"方向"选项组下单击要设置的文字方向样式，❷单击"应用于"右侧的下拉按钮，❸在展开的列表中单击"插入点之后"选项，如下图所示。

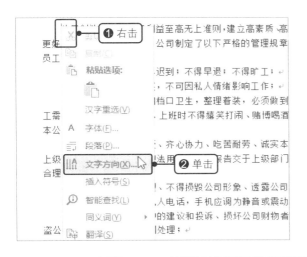

第209招　巧用分栏合理排版文档

　　在使用 Word 进行排版时，为了让文档内容更有层次感，有可能需要将文档设置为两栏或多栏的效果，此时可以通过 Word 中的分栏功能来实现。

步骤01 分栏文档

打开原始文件，❶在"布局"选项卡下的"页面设置"组中单击"分栏"按钮，❷在展开的列表中单击"两栏"选项，如下图所示。

步骤02 显示分栏效果

操作完成后，可看到文档中的文本分为两栏显示，如下图所示。

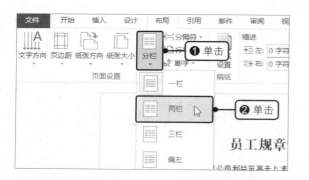

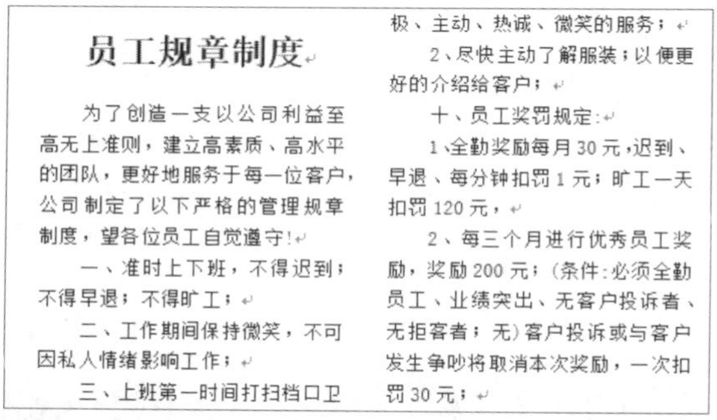

第210招　增大或减小栏宽度和间距

将文档设置为多栏时，各栏的宽度和间距有可能并不满足实际需要，此时用户可自行设置各栏的宽度和间距。主要的操作步骤如下。

步骤01 单击"更多分栏"选项

打开原始文件，❶在"布局"选项卡下的"页面设置"组中单击"分栏"按钮，❷在展开的列表中单击"更多分栏"选项，如下图所示。

步骤02 自定义栏数、宽度和间距

弹出"分栏"对话框，❶设置"栏数"为"2"，在"宽度和间距"选项组下设置"宽度"为"14.5字符"、"间距"为"1.5字符"，❷单击"确定"按钮，如下图所示。

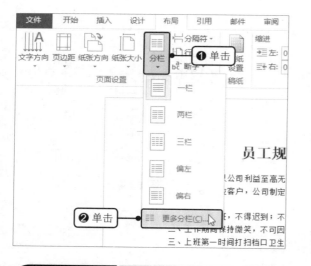

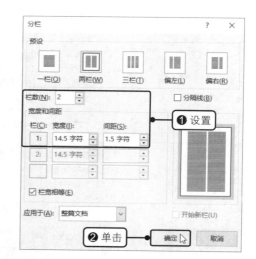

第211招　设置不对称的分栏效果

默认情况下，Word的分栏功能可以将文档分成栏宽相等的多栏，但如果有特殊需求，想要让各栏宽不相等，可以通过以下方法来实现。

步骤01 设置不相等的栏宽

　　打开原始文件，打开"分栏"对话框，❶设置"栏数"为"2"，❷取消勾选"栏宽相等"复选框，❸设置栏"1"的"宽度"为"16.5字符"、"间距"为"4.5字符"，设置栏"2"的"宽度"为"9.5字符"，如下图所示。

步骤02 显示设置效果

　　设置完成后，单击"确定"按钮，即可看到设置不相等栏宽后的文档效果，如下图所示。

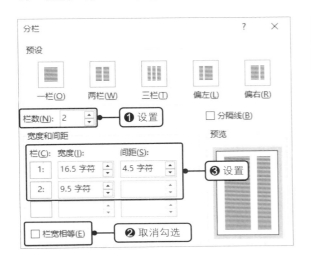

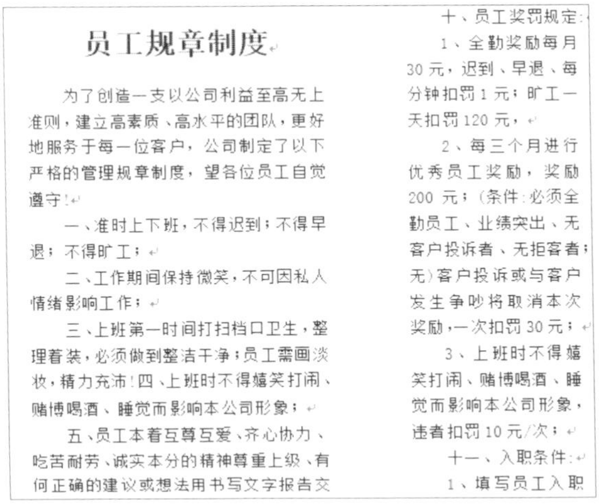

第212招 添加栏线分隔文档内容

　　在为 Word 文档分栏后，默认情况下，相邻栏之间会留出一定的空白距离来区分栏内容，但如果用户想要更加清晰地进行区分，可添加分隔线。

步骤01 添加分隔线

　　打开原始文件，打开"分栏"对话框，❶设置"栏数"为"2"，❷勾选"分隔线"复选框，如下图所示。

步骤02 显示添加的分隔线

　　设置完成后单击"确定"按钮，返回文档中，即可看到添加的分隔线效果，如下图所示。

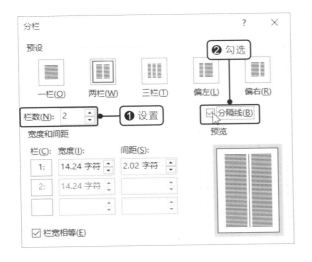

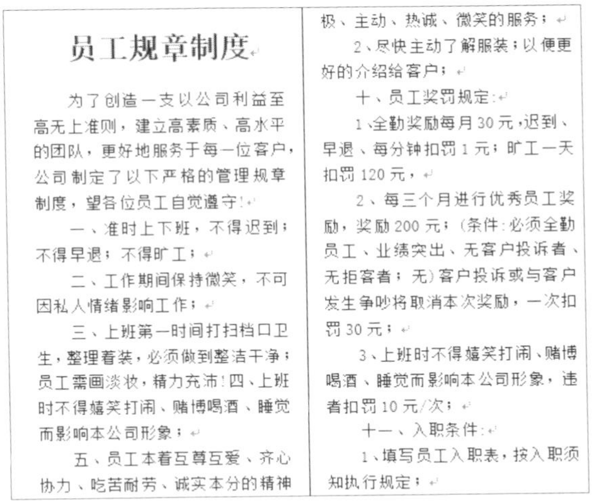

第213招 实现单栏和多栏的混合排版

默认情况下，在 Word 中输入文本，一般会自动设置为一栏格式，但有时会需要让一栏与多栏混合出现在同一文档中，此时可通过设置分栏格式，轻松实现单栏与多栏混合排版的效果。

步骤01 混合分栏排版

打开原始文件，将光标定位在要开始分栏的文本前，打开"分栏"对话框，❶设置"栏数"为"2"，❷单击"应用于"右侧的下拉按钮，❸在展开的列表中单击"插入点之后"选项，如下图所示。

步骤02 显示混合分栏效果

单击"确定"按钮，返回文档中，即可看到光标定位处之前的文档文本以一栏显示，而定位处之后的文本则以两栏显示，如下图所示。

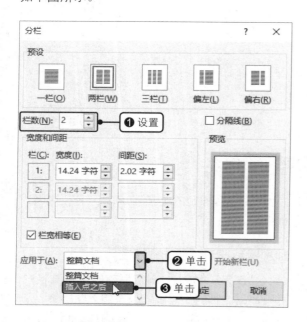

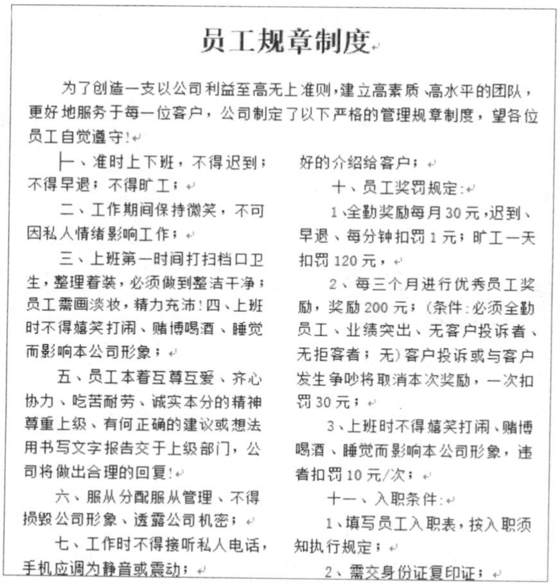

提示

如果想要将光标定位处之后的文档分栏并显示在新的页面中，可将光标定位在要开始新栏的文档文本前，并打开"分栏"对话框，设置好栏数后，设置"应用于"为"插入点之后"，勾选"开始新栏"复选框，单击"确定"按钮即可。

第7章 Word长文档处理

长文档的纲目结构通常都比较复杂，内容也比较多，可以通过合理添加项目符号和编号，层次分明地展示文档内容，让版面变得生动，避免大段文本堆积造成的视觉疲劳。如果想让观者能够快速把握长文档的内容结构，还可以为文档中的标题设置样式，以便提取目录。此外，有时还需要使用脚注和尾注功能对长文档中的内容进行注释或补充说明。

本章将主要介绍项目符号和编号的插入、文本样式的应用、页眉和页脚的添加、目录的提取和更新、脚注和尾注的插入和设置、书签和超链接的添加等，读者掌握了这些操作技巧，能够有效提高长文档的制作效率。

第214招 插入项目符号突出内容的并列关系

在制作 Word 文档时，为了让文档的层次一目了然，使文档内容更加清晰分明，可为文档中具有并列关系的段落添加项目符号。

步骤01 插入项目符号

打开原始文件，选中要添加项目符号的文本段落，❶在"开始"选项卡下的"段落"组中单击"项目符号"右侧的下三角按钮，❷在展开的列表中单击要插入的项目符号，如下图所示。

步骤02 显示效果

可看到插入项目符号后的文档效果，直观清晰地显示了文档内容的条目，如下图所示。

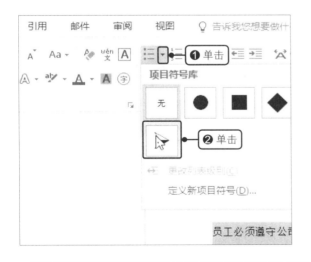

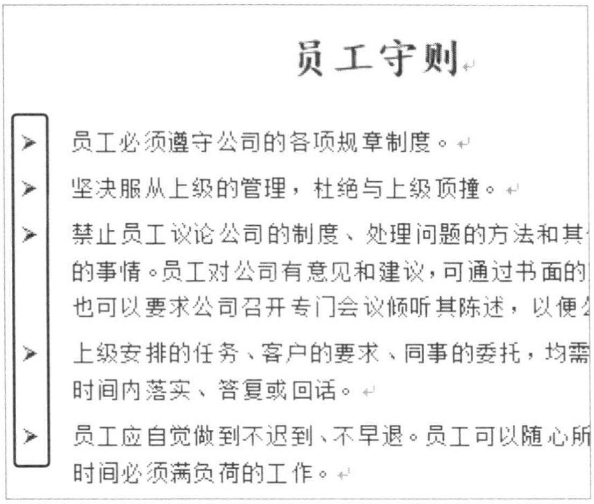

第215招 添加自定义的项目符号

当用户对默认的项目符号不满意时，可在 Word 的符号库中选择其他合适的项目符号，主要的操作步骤如下。

步骤01 单击"定义新项目符号"选项

打开原始文件，选中要添加项目符号的文本段落，❶在"开始"选项卡下的"段落"组中单击"项目符号"右侧的下三角按钮，❷在展开的列表中单击"定义新项目符号"选项，如下图所示。

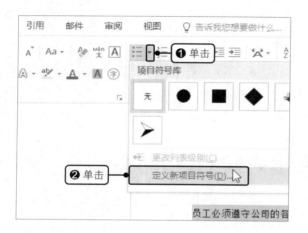

步骤02 单击"符号"按钮

弹出"定义新项目符号"对话框，单击"符号"按钮，如下图所示。

步骤03 选择符号

弹出"符号"对话框，❶选择要插入的符号，❷单击"确定"按钮，如下图所示。

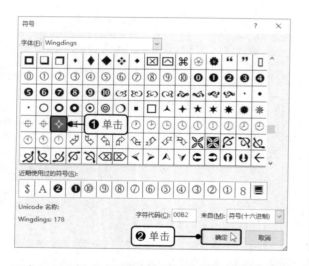

步骤04 显示效果

返回"定义新项目符号"对话框，单击"确定"按钮，返回文档中，即可看到设置自定义符号的效果，如下图所示。

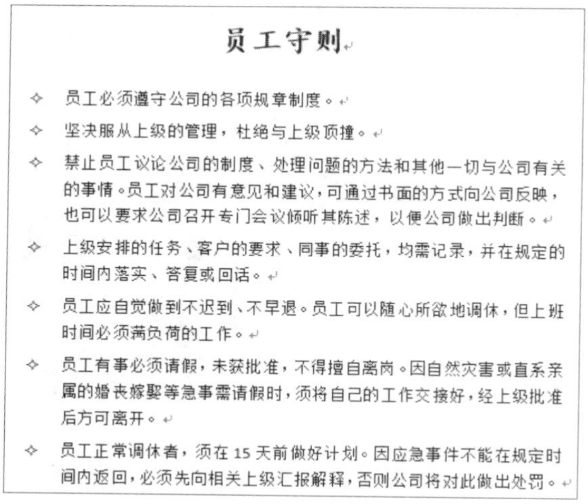

员 工 守 则

◇ 员工必须遵守公司的各项规章制度。

◇ 坚决服从上级的管理，杜绝与上级顶撞。

◇ 禁止员工议论公司的制度、处理问题的方法和其他一切与公司有关的事情。员工对公司有意见和建议，可通过书面的方式向公司反映，也可以要求公司召开专门会议倾听其陈述，以便公司做出判断。

◇ 上级安排的任务、客户的要求、同事的委托，均需记录，并在规定的时间内落实、答复或回话。

◇ 员工应自觉做到不迟到、不早退。员工可以随心所欲地调休，但上班时间必须满负荷的工作。

◇ 员工有事必须请假，未获批准，不得擅自离岗。因自然灾害或直系亲属的婚丧嫁娶等急事需请假时，须将自己的工作交接好，经上级批准后方可离开。

◇ 员工正常调休者，须在 15 天前做好计划。因应急事件不能在规定时间内返回，必须先向相关上级汇报解释，否则公司将对此做出处罚。

⏰ 提示

如果想要以图片作为项目符号，则在打开的"定义新项目符号"对话框中单击"图片"按钮，在弹出的"插入图片"对话框中单击"来自文件"后的"浏览"按钮，在弹出的"插入图片"对话框中双击要设置的图片即可。

第216招　设置项目符号的颜色和大小

为文档的段落插入项目符号后，如果对默认的项目符号颜色、大小不满意，可对其进行更改，具体的操作方法如下。

步骤01　单击"定义新项目符号"选项

打开原始文件，❶在"开始"选项卡下的"段落"组中单击"项目符号"右侧的下三角按钮，❷在展开的列表中单击"定义新项目符号"选项，如下图所示。

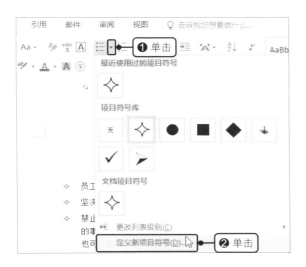

步骤02　单击"字体"按钮

弹出"定义新项目符号"对话框，单击"字体"按钮，如下图所示。

步骤03　设置字体格式

弹出"字体"对话框，在"字体"选项卡下设置"字号"为"小三"、"字体颜色"为"红色"，如下图所示。

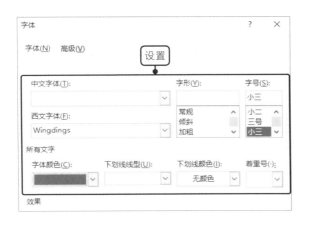

步骤04　显示设置效果

单击"确定"按钮，返回"定义新项目符号"对话框，继续单击"确定"按钮，返回文档中，即可看到更改字号和颜色后的项目符号效果，如下图所示。

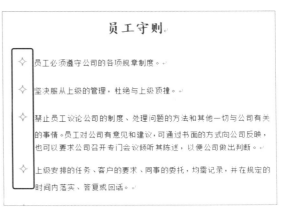

⏰ **提示**

　　如果要设置符号的对齐方式，则在"定义新项目符号"对话框中单击"对齐方式"右侧的下三角按钮，在展开的列表中选择一种对齐方式即可。

第217招　添加编号突出内容的顺序关系

　　当文档的段落内容存在前后的顺序关系时，可在段落前添加编号，使文档内容更有条理，具体的操作步骤如下。

步骤01 选择编号

　　打开原始文件，选中要插入编号的文本段落，❶在"开始"选项卡下的"段落"组中单击"编号"右侧的下三角按钮，❷在展开的列表中单击要插入的编号样式，如下图所示。

步骤02 显示插入编号后的效果

　　随后即可看到选中文本段落插入编号后的效果，如下图所示。

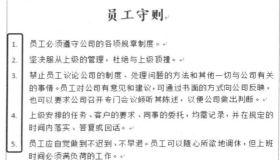

⏰ **提示**

　　如果要删除插入的编号，则单击"段落"组中"编号"右侧的下三角按钮，在展开的列表中单击"无"编号样式即可。

第218招　自行设置编号样式

　　为文档段落添加编号时，编号库中预设的编号样式不一定完全符合实际工作需求，此时用户可自行设置新的编号样式。

步骤01 定义新编号格式

　　打开原始文件，选中要添加编号的段落文本，❶在"开始"选项卡下的"段落"组中单击"编号"右侧的下三角按钮，❷在展开的列表中单击"定义新编号格式"选项，如右图所示。

步骤02 选择编号样式

弹出“定义新编号格式”对话框，❶单击“编号样式”右侧的下拉按钮，❷在展开的列表中单击要插入的编号样式，如下图所示。

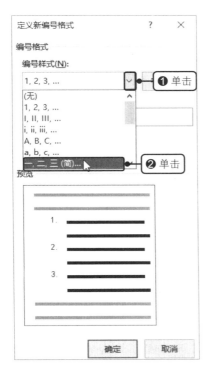

步骤03 设置编号格式

在“编号格式”下的文本框中保持“一”的输入，❶在文本“一”前后分别输入“第”和“则”，❷单击“确定”按钮，如下图所示。

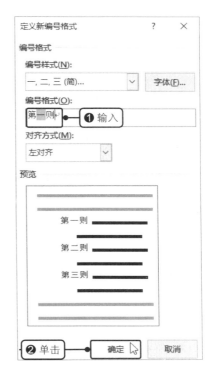

步骤04 显示自定义效果

返回文档中，即可看到编号变为了更改后的样式，如右图所示。

员工守则

第一则　员工必须遵守公司的各项规章制度。

第二则　坚决服从上级的管理，杜绝与上级顶撞。

第三则　禁止员工议论公司的制度、处理问题的方法和其他一切与公司有关的事情。员工对公司有意见和建议，可通过书面的方式向公司反映，也可以要求公司召开专门会议倾听其陈述，以便公司做出判断。

第四则　上级安排的任务、客户的要求、同事的委托，均需记录，并在

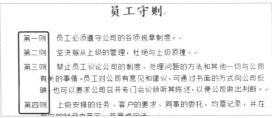

第219招 设置文档的文本样式

在制作文档时，有可能会经常使用到特定的字体格式和段落格式，如果逐一进行设置，不仅麻烦还费时。此时可以使用 Word 中内置的文本样式，快速对文档文本进行字体和段落格式的设置。

步骤01 选择样式

打开原始文件，❶选中要应用样式的文本，如“员工手册”，❷在“开始”选项卡下的“样式”组中单击快翻按钮，在展开的列表中单击要应用的样式，如“标题”样式，如右图所示。

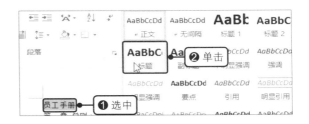

步骤02 显示应用效果

可看到对选中的文本应用了标题样式的效果，使用相同的方法选中其他文本并应用其他合适的样式，即可得到如右图所示的文档效果。

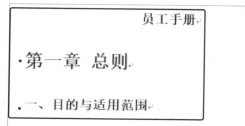

步骤03 显示"导航"窗格

在"视图"选项卡下的"显示"组中勾选"导航窗格"复选框，如下图所示。

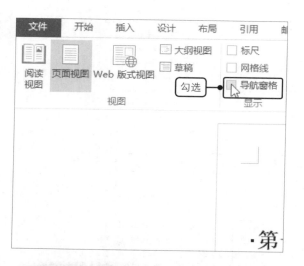

步骤04 显示标题效果

此时文档的左侧会弹出"导航"窗格，在该窗格的"标题"选项卡下可看到应用样式后的效果，如下图所示。

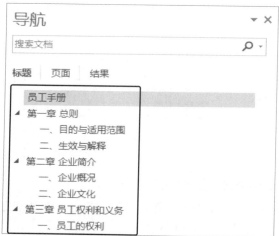

第220招 修改文本样式

当 Word 内置的文本样式中的某些设置不符合实际工作需要时，可对已有的样式进行修改，具体的操作方法如下。

步骤01 单击"修改"命令

打开原始文件，❶右击"样式"组中要修改的样式，如右击"标题"样式，❷在弹出的快捷菜单中单击"修改"命令，如右图所示。

步骤02　修改样式

弹出"修改样式"对话框，❶单击"格式"选项组下"字体"右侧的下拉按钮，❷在展开的列表中选择新的字体，如下图所示。

步骤04　设置段落间距

弹出"段落"对话框，在"缩进和间距"选项卡下的"间距"选项组下单击"段前"和"段后"右侧的数字调节按钮，将其都设置为"12磅"，如下图所示。

步骤03　单击"段落"选项

❶应用相同的方法设置字号为"二号"，❷单击"格式"按钮，❸在展开的列表中单击"段落"选项，如下图所示。

步骤05　显示更改效果

连续单击"确定"按钮，返回文档中，即可看到修改样式后的效果，如下图所示。

⏰ **提示**

　　如果要更改样式名，则在"样式"组中右击要更改的样式，在弹出的快捷菜单中单击"重命名"命令，在弹出的"重命名样式"对话框中的文本框中输入新的样式名，单击"确定"按钮即可。

第221招　新建文本样式

Word 中内置的样式有限，用户可以通过新建样式功能快速创建符合实际需求的样式。

步骤01　单击对话框启动器

　　打开原始文件，在"开始"选项卡下的"样式"组中单击对话框启动器，如右图所示。

步骤02　新建样式

　　此时文档中弹出了一个"样式"窗格，在该窗格中单击"新建样式"按钮，如下图所示。

步骤03　设置新样式

　　弹出"根据格式设置创建新样式"对话框，❶设置"名称"为"正文样式"、"字体"为"黑体"、"字号"为"小五"，❷单击"格式"按钮，❸在展开的列表中单击"段落"选项，如下图所示。

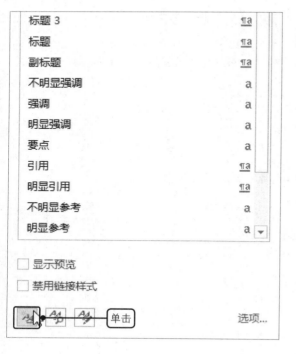

步骤04 设置特殊格式

　　弹出"段落"对话框，❶在"缩进和间距"选项卡下的"缩进"选项组下单击"特殊格式"右侧的下拉按钮，❷在展开的列表中单击"首行缩进"选项，如下图所示。

步骤05 设置行距

　　在"间距"选项组下设置"行距"为"最小值"、"设置值"为"6 磅"，如下图所示。

步骤06 关闭窗格

　　连续单击"确定"按钮，返回文档中，单击"样式"窗格右上角的"关闭"按钮，如下图所示。

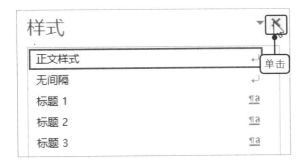

步骤07 应用样式效果

　　选中要应用新建样式的文本，再在"样式"组中单击"正文样式"，即可看到应用样式后的文档效果，如下图所示。

> ⏰ **提示**
>
> 　　如果想要将新建的样式从样式库中删除，则右击该样式，在弹出的快捷菜单中单击"从样式库中删除"命令即可。

第222招　插入页眉和页脚

　　为文档插入页眉和页脚会使文档显得更加规范，而且页眉和页脚常用于展示文档标题、作者及页码等信息，可给观者的阅读带来方便。一般情况下，页眉位于页面的最上方，页脚位于页面的最下方。

步骤01 选择页眉样式

打开原始文件，❶在"插入"选项卡下的"页眉和页脚"组中单击"页眉"按钮，❷在展开的列表中单击要插入的页眉样式，如"积分"，如右图所示。

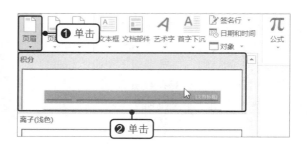

步骤02 输入页眉内容

此时，文档中的页眉和页脚呈可编辑状态，在页眉区域输入公司名称，如下图所示。

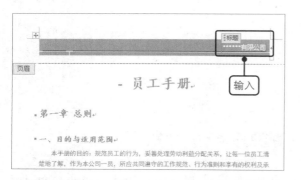

步骤03 输入页脚内容

在页脚区域输入日期，如"2017 年 5 月 20 日"，如下图所示。随后双击页面外的任意位置，即可关闭页眉和页脚的编辑状态。

> ⏰ **提示**
>
> 如果想要删除文档中的页眉，可在"插入"选项卡下的"页眉和页脚"组中单击"页眉"按钮，在展开的列表中单击"删除页眉"选项。如果要删除页脚，则在"插入"选项卡下的"页眉和页脚"组中单击"页脚"按钮，在展开的列表中单击"删除页脚"选项。

第223招 设置页眉和页脚的位置

在实际工作中，可能会对页眉和页脚的位置有特殊要求，此时可以对页眉和页脚的位置进行更改。

步骤01 编辑页眉

打开原始文件，❶在"插入"选项卡下的"页眉和页脚"组中单击"页眉"按钮，❷在展开的列表中单击"编辑页眉"选项，如右图所示。

步骤02 设置页眉和页脚的位置

此时页眉和页脚呈编辑状态，在"页眉和页脚工具 - 设计"选项卡下的"位置"组中单击"页眉顶端距离"和"页脚底端距离"右侧的数字调节按钮，分别设置页眉和页脚的距离为"1.5 厘米"和"1 厘米"，如右图所示。

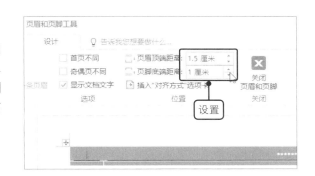

第224招　在文档中添加页码

为了便于观者了解文档内容的所在页面及文档的总页数，可为文档添加页码。具体的操作方法如下。

步骤01 添加页码

打开原始文件，❶在"插入"选项卡下的"页眉和页脚"组中单击"页码"按钮，❷在展开的列表中单击"页面底端 > 普通数字 2"选项，如下图所示。

步骤02 显示页码效果

即可看到添加页码后的文档效果，如下图所示。

> **提示**
> 如果要删除页码，则在"插入"选项卡下的"页眉和页脚"组中单击"页码"按钮，在展开的列表中单击"删除页码"选项。

第225招　首页不显示页码

为文档添加了页码后，如果想要让文档的首页不显示页码，可通过以下方法来实现。

步骤01 单击"设置页码格式"选项

打开原始文件，❶在"插入"选项卡下的"页眉和页脚"组中单击"页码"按钮，❷在展开的列表中单击"设置页码格式"选项，如右图所示。

步骤02 设置起始页码

弹出"页码格式"对话框，❶在"页码编号"选项组下单击"起始页码"单选按钮，❷在后面的数值框中输入"0"，❸单击"确定"按钮，如下图所示。

步骤03 勾选"首页不同"复选框

返回文档中，双击页脚区域进入编辑状态，在"页眉和页脚工具 - 设计"选项卡下的"选项"组中勾选"首页不同"复选框，如下图所示。

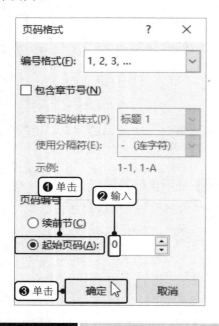

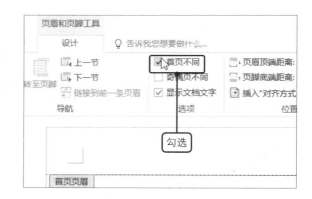

> ⏰ **提示**
>
> 如果想要为已经添加了页码的文档设置新的页码样式，可在"页码格式"对话框中单击"编号格式"右侧的下拉按钮，在展开的列表中选择新的编号样式即可。

第226招 为分栏后的每一栏插入页码

当文档的页面并不是常见的一栏文本，而是多栏文本时，如果想要为每一栏都插入页码，可通过以下的操作步骤来实现。

步骤01 输入括号的域代码

打开原始文件，双击文档的页眉或页脚，让页眉和页脚呈编辑状态，切换到页脚，将光标定位到左栏需要添加页码的位置，按两下【Ctrl+F9】组合键，即可在光标定位处插入两对大括号，随后将光标定位在其他栏下并应用相同的方法也插入两对大括号，如下图所示。

步骤02 输入域代码

在英文状态下输入域代码，最后左栏的域代码变为"{={page}*2-1}"，右栏的域代码变为"{={page}*2}"，如下图所示。如果感觉位置不合适，可适当按空格键或【Backspace】键调整。

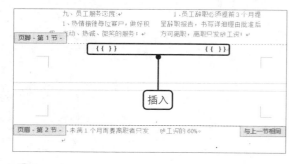

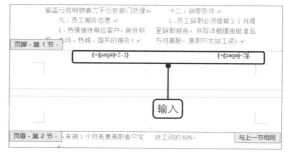

步骤03　更新域

❶右击编辑好的域代码，❷在弹出的快捷菜单中单击"更新域"命令，如下图所示。

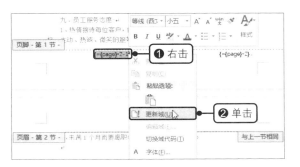

步骤05　切换域代码

双击页脚区域进入编辑状态，❶右击页码，❷在弹出的快捷菜单中单击"切换域代码"命令，如下图所示。

步骤07　显示更改页码的效果

应用相同的方法更改其他栏的域代码，即可得到如右图所示的效果。

步骤04　显示页码效果

应用相同的方法更新其他域代码，即可得到如下图所示的页码效果。

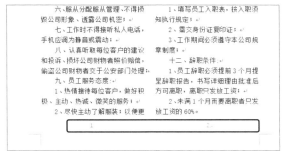

步骤06　更改域代码

如果想让页码显示为"第 × 页"，可在域代码前面输入"第"，后面输入"页"，如下图所示。也可以在更新域前添加此文本。

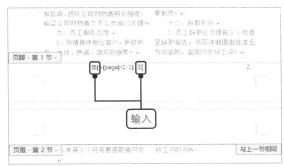

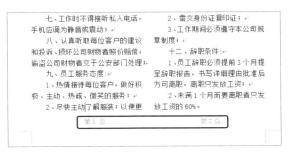

第227招　快速提取文档的目录

为了便于阅读和查找文档内容，可使用 Word 中的目录功能自动提取设置了标题样式的文本内容。具体的操作方法如下。

步骤01 插入目录

打开原始文件，定位好目录的插入位置后，❶在"引用"选项卡下的"目录"组中单击"目录"按钮，❷在展开的列表中单击要插入的目录样式，如"自动目录1"，如下图所示。

步骤02 显示提取的目录

即可在光标定位处看到插入的目录效果，按住【Ctrl】键并单击要查看的标题内容，如下图所示，文档会自动跳转至该标题的内容文本处。

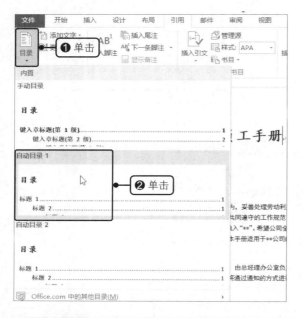

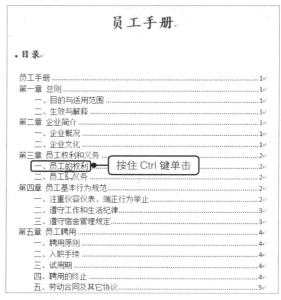

第228招 更新目录内容

为文档插入目录后，如果用户又多次对文档内容进行了修改、增加或删减，可对文档的目录进行更新。

步骤01 更新目录

打开原始文件，在文档中添加了新的标题和文本内容后，在"引用"选项卡下的"目录"组中单击"更新目录"按钮，如下图所示。

步骤02 更新整个目录

弹出"更新目录"对话框，❶单击"更新整个目录"单选按钮，❷单击"确定"按钮，如下图所示。

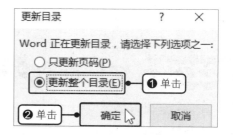

> ⏰ **提示**
>
> 如果只想要更新目录的页码，则在"更新目录"对话框中单击"只更新页码"单选按钮。

第229招　在目录中不显示页码

如果不需要在插入的目录中显示页码，可对页码进行隐藏，具体操作方法如下。

步骤01　自定义目录

打开原始文件，❶在"引用"选项卡下的"目录"组中单击"目录"按钮，❷在展开的列表中单击"自定义目录"选项，如下图所示。

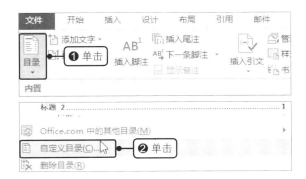

步骤02　不显示目录的页码

弹出"目录"对话框，在"目录"选项卡下取消勾选"显示页码"复选框，如下图所示，单击"确定"按钮。

步骤03　确认替换目录

弹出提示框，提示用户是否要替换此目录，如果确认替换，则单击"是"按钮，如下图所示。

步骤04　显示没有页码的效果

随后可看到文档中的目录不再显示页码，如下图所示。

> ⏰ **提示**
>
> 如果仍要显示目录的页码，但是对页码的前导符不满意，可在"目录"对话框中单击"制表符前导符"右侧的下三角按钮，在展开的列表中选择合适的前导符。

第230招　设置目录的显示级别

如果想要在目录中只显示1级标题或显示更多级别的标题，可通过以下方法来实现。

步骤01　更改目录的显示级别

打开原始文件，在"引用"选项卡下的"目录"组中单击"目录"按钮，在展开的列表中单击"自定义目录"选项，打开"目录"对话框，❶在"常规"选项组下设置"显示级别"为"1"，❷单击"确定"按钮，如右图所示。

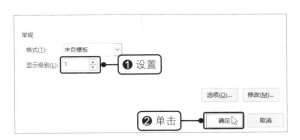

步骤02 替换目录

弹出提示框，提示用户是否要替换此目录，如果确认替换，则单击"是"按钮，如下图所示。

步骤03 显示目录效果

返回文档中，即可看到目录中只显示了级别 1 的标题，如下图所示。

⏰ **提示**

如果想要将目录转换为普通文字，则选中目录，然后按下【Ctrl+Shift+F9】，随后目录被转化成静态文本，不会随着正文变化而变化。

第231招 为文档内容添加注释

当需要对文档内容引用资料的来源进行解释，或对其他信息进行补充说明时，可为文档添加脚注和尾注。本招以添加脚注为例进行介绍。

步骤01 插入脚注

打开原始文件，❶选中要添加脚注的文本内容，❷在"引用"选项卡下的"脚注"组中单击"插入脚注"按钮，如右图所示。

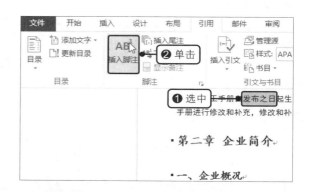

步骤02 输入脚注内容

在选中文本的当前页下方会出现一条横线和一个序号，由于是第 1 个脚注，因此该序号为"1"，在序号后输入想要添加的注释内容，如下图所示。

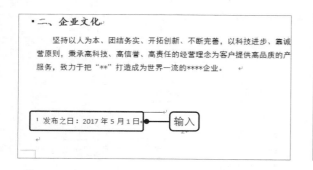

步骤03 显示书签效果

在插入脚注的文本右上角会出现一个序号为"1"的上标，将鼠标指针放置在该标号上，可看到提示的脚注内容，如下图所示。

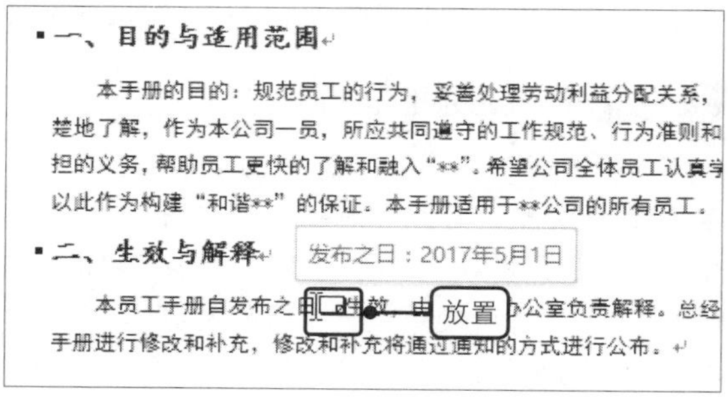

> ⏰ **提示**
>
> 　　插入尾注和插入脚注的方法类似，选中文本后单击"引用"选项卡下"脚注"组中的"插入尾注"按钮，然后输入注释文本即可。尾注与脚注的不同之处在于尾注信息会显示在整个文档的末尾。

第232招　切换查看注释信息

　　如果用户想要在查看脚注或尾注时快速切换到上一条或下一条，可通过以下方法来实现。

　　打开原始文件，❶在"引用"选项卡下的"脚注"组中单击"下一条脚注"右侧的下三角按钮，❷在展开的列表中单击"下一条尾注"选项，如右图所示。

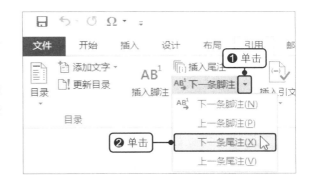

第233招　更改注释信息的显示位置

　　脚注通常显示在页面底部，尾注显示在文档或小节的末尾，如果对脚注和尾注的放置位置不满意，可根据实际情况更改。本招将以脚注为例进行具体方法的介绍。

步骤01 启动对话框

　　打开原始文件，在"引用"选项卡下的"脚注"组中单击对话框启动器，如下图所示。

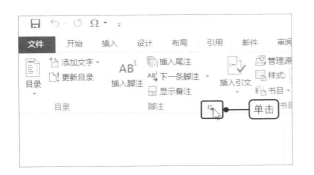

步骤02 设置脚注位置

　　弹出"脚注和尾注"对话框，❶单击"脚注"右侧的下拉按钮，❷在展开的列表中单击"文字下方"选项，如下图所示。

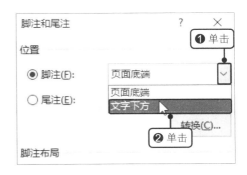

第234招　将文档脚注转换为尾注

　　在为文档插入脚注与尾注的过程中，偶尔会把尾注错误地标注为脚注。此时可通过转换注释功能快速将脚注转换为尾注。

步骤01 转换脚注与位置

打开原始文件，在"引用"选项卡下的"脚注"组中单击对话框启动器，打开"脚注和尾注"对话框，单击"转换"按钮，如下图所示。

步骤02 脚注全部转换为尾注

弹出"转换注释"对话框，❶保持"脚注全部转换成尾注"单选按钮的选中状态，❷单击"确定"按钮，如下图所示。

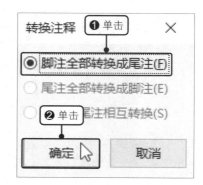

> **提示**
>
> 在本招中，由于文档中只存在脚注，所以只能进行脚注转换为尾注的操作，如果文档中既存在脚注也存在尾注，则在"转换注释"对话框中可进行尾注转换为脚注及脚注与尾注的相互转换。

第235招 更改脚注与尾注的编号样式

当脚注或尾注个数较多时，文档会自动为脚注与尾注编号，如果对默认的编号格式不满意，可进行更改。

步骤01 选择编号格式

打开原始文件，在"引用"选项卡下的"脚注"组中单击对话框启动器，打开"脚注和尾注"对话框，❶单击"格式"选项组下"编号格式"右侧的下拉按钮，❷在展开的列表中选择新的脚注与尾注格式，如下图所示。

步骤02 显示更改效果

单击"应用"按钮，返回文档中，即可看到更改编号格式后的脚注效果，如下图所示。

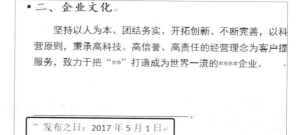

第236招　使用特殊符号标记脚注与尾注

一般情况下，脚注与尾注会使用编号进行标记，在实际的工作中，用户还可以使用符号来标记脚注与尾注。具体的操作方法如下。

步骤01　单击"符号"按钮

打开原始文件，在"引用"选项卡下的"脚注"组中单击对话框启动器，打开"脚注和尾注"对话框，单击"符号"按钮，如下图所示。

步骤02　选择要应用的符号

弹出"符号"对话框，❶单击要应用的符号，❷单击"确定"按钮，如下图所示。

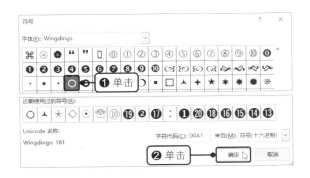

步骤03　显示设置效果

返回"脚注和尾注"对话框，单击"插入"按钮，返回文档中，在插入的脚注符号后输入注释信息，即可得到如右图所示的效果。

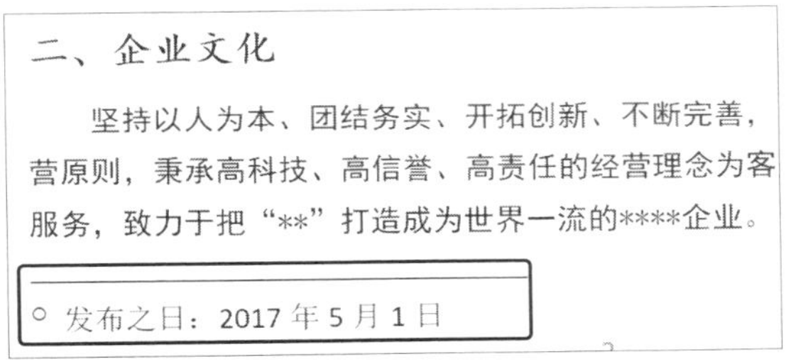

二、企业文化

　　坚持以人为本、团结务实、开拓创新、不断完善，营原则，秉承高科技、高信誉、高责任的经营理念为客服务，致力于把"**"打造成为世界一流的****企业。

○ 发布之日：2017 年 5 月 1 日

⏰ **提示**

如果要删除文档中的脚注与尾注，则选中正文中脚注与尾注的编号标记后，按下【Delete】键即可。

第237招　添加书签标记查阅位置

如果想要在编辑或查看长文档时能快速定位至特定的位置，可以在该位置插入书签。

步骤01　插入书签

打开原始文件，❶将光标定位在要插入书签的位置，❷在"插入"选项卡下的"链接"组中单击"书签"按钮，如右图所示。

步骤02 添加书签

弹出"书签"对话框，❶在"书签名"下方的文本框中输入标记内容，如"上次看到了这里"，❷单击"添加"按钮，如下图所示。

步骤03 定位书签位置

返回文档中，保存并关闭该文档，然后再次打开该文档，打开"书签"对话框，❶选中要定位的书签，❷单击"定位"按钮，如下图所示，即可发现光标自动定位至设置书签的位置。

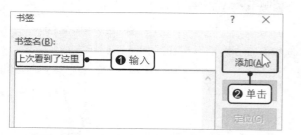
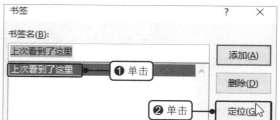

🕐 **提示**

如果要删除文档中的书签，则打开"书签"对话框，选中要删除的书签，单击"删除"按钮即可。

第238招 显示书签标记

默认情况下，在文档中插入书签后是不会显示出书签的标记效果的。如果想要显示插入的书签标记，可通过以下方法来实现。

步骤01 显示书签

打开原始文件，单击"文件"按钮，在视图菜单中单击"选项"命令。打开"Word 选项"对话框，切换至"高级"选项卡下，❶在"显示文档内容"选项组下勾选"显示书签"复选框，❷单击"确定"按钮，如下图所示。

步骤02 查看显示的书签

返回文档中，即可看到设置了书签的文本后出现了一个I符号，即表示此处添加了书签，如下图所示。

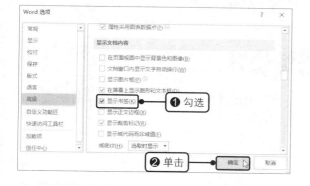

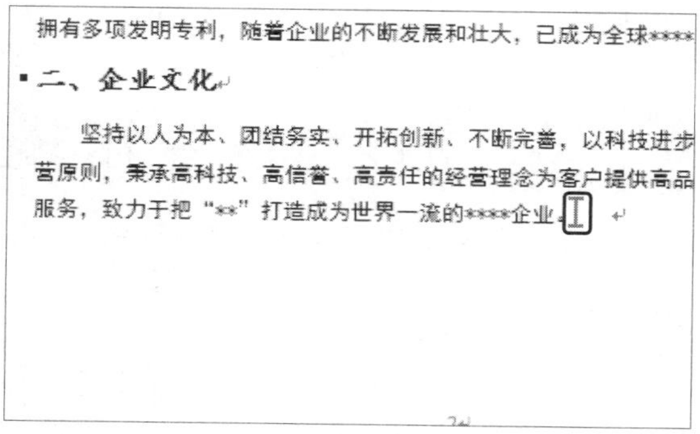

第239招 实现文档到网页的跳转

如果需要实现单击 Word 文档中的文字时自动跳转到相应网页的效果，可使用插入网页超链接功能。

步骤01 单击"超链接"命令

打开原始文件，❶选中要插入超链接的文本并右击，❷在弹出的快捷菜单中单击"超链接"命令，如下图所示。

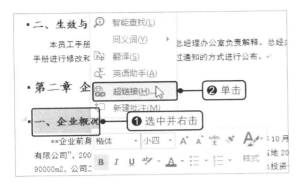

步骤02 插入网页超链接

弹出"插入超链接"对话框，❶在"地址"后的文本框中输入要插入的超链接网址，❷单击"确定"按钮，如下图所示。

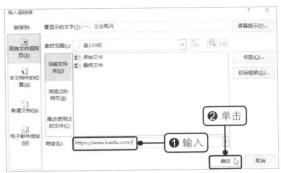

步骤03 访问链接

返回文档中，将鼠标指针放在创建了超链接的文本上，根据弹出的链接提示按住【Ctrl】键并单击设置了链接的文本，如右图所示，即可自动跳转到相应的网页上。

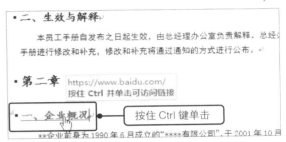

第240招　实现文档内容的阅读跳转

在 Word 文档中，除了可以插入链接到外部网页的超链接，还可以插入链接到文档内部位置的超链接，实现文档内容的阅读跳转。具体的操作方法如下。

步骤01 单击"超链接"按钮

打开原始文件，❶选中要设置链接的文本，❷在"插入"选项卡下的"链接"组中单击"超链接"按钮，如下图所示。

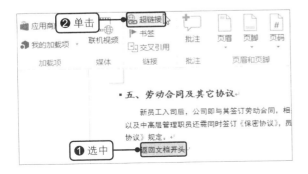

步骤02 插入超链接

弹出"插入超链接"对话框，❶单击"本文档中的位置"按钮，❷在"请选择文档中的位置"框中单击"文档顶端"，❸单击"确定"按钮，如下图所示。

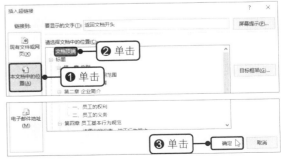

步骤03 查看链接

返回文档中，将鼠标指针放在创建了超链接的文本上，按住【Ctrl】键不放，单击设置了链接的文本，如右图所示，即可自动跳转到文档的顶端。

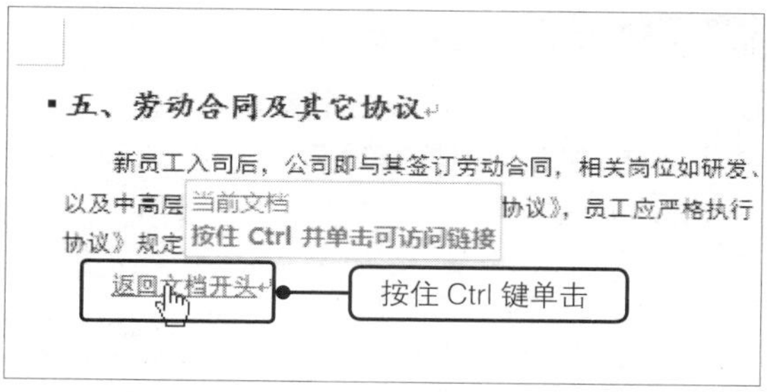

提示

在"插入超链接"对话框中，还可以设置链接到计算机中的文件或电子邮件地址。

第241招 删除超链接

当文档中的超链接设置错误或者是不再需要时，可将其删除。具体的操作方法如下。

打开原始文件，将光标定位在设置了超链接的文本中，在"插入"选项卡下的"链接"组中单击"超链接"按钮，打开"编辑超链接"对话框，单击"删除链接"按钮，如右图所示。

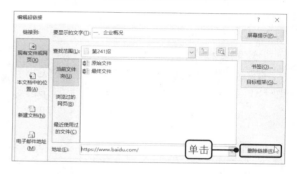

读书笔记

第8章 Word文档的审阅与打印

在日常工作中，完成文档的制作后，还需要对文档进行检查和审阅，以保证文档内容的正确性。Word提供了多种检查文档的功能，让用户可以方便地审阅和修改文档。在文档内容审定无误后，还可通过打印功能将文档打印出来，以便进行分发和传阅。

本章将主要介绍Word中的文档审阅与打印功能，包括文档内容翻译、简繁转换、拼写检查、批注和修订、打印参数设置等。

第242招 翻译文档内容

在实际工作中，当用户需要将文档中的某一单词、词组、句子或者是整篇文档翻译为其他语言时，可通过 Word 中的翻译功能来完成操作。

步骤01 单击"翻译文档"选项

打开原始文件，❶在"审阅"选项卡下的"语言"组中单击"翻译"按钮，❷在展开的列表中单击"翻译文档"选项，如下图所示。

步骤02 选择要翻译为的语言

弹出"翻译语言选项"对话框，❶在"选择文档翻译语言"选项组下单击"翻译为"右侧的下拉按钮，❷在展开的列表中选择要翻译为的语言，如单击"英语（美国）"选项，如下图所示。

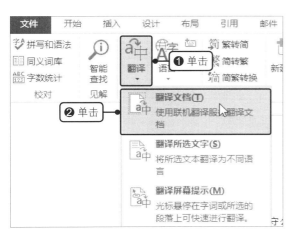

步骤03 确认翻译

单击"确定"按钮，弹出"翻译整个文档"对话框，如果要继续翻译文档，则单击"是"按钮，如右图所示。

步骤04 复制翻译内容

此时会自动打开在线翻译的网页，按下【Ctrl+A】组合键，选中翻译后的文档内容，❶在网页上右击，❷在弹出的快捷菜单中单击"复制"命令，如下图所示。

步骤05 粘贴内容

返回文档中，❶选中文档的全部文本内容并右击，❷在弹出的快捷菜单中单击"粘贴选项"选项组下的"保留源格式"命令，如下图所示。

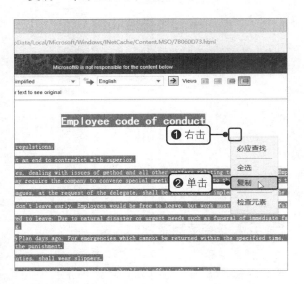

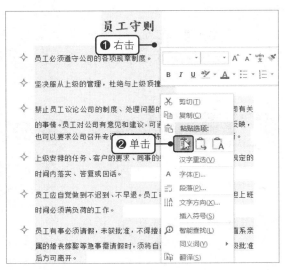

步骤06 显示翻译效果

可看到中文文本翻译为英文后的文档效果，如右图所示。

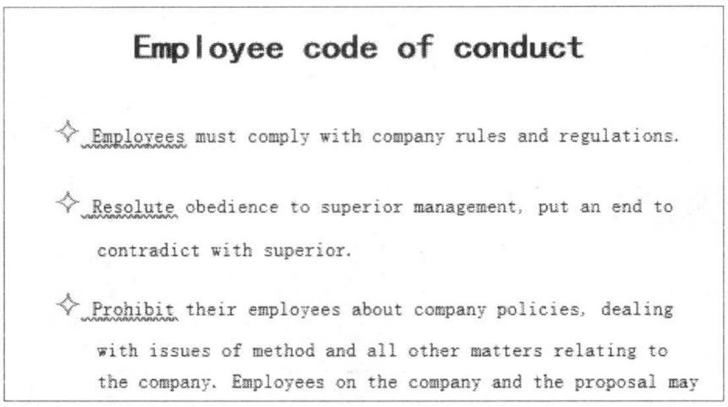

⏰ **提示**

在 Word 中也可以将其他语言翻译为中文，其操作步骤与将中文翻译为其他语言基本相同。

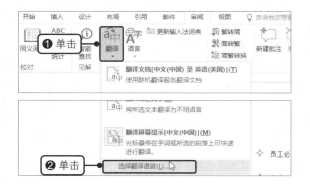

第243招　实时进行屏幕翻译

在 Word 中，如果用户想要在原文保持不变的情况下查看翻译为其他语言的效果，可通过翻译屏幕提示功能来实时进行屏幕取词翻译。

步骤01 单击"选择翻译语言"选项

打开原始文件，❶在"审阅"选项卡下的"语言"组中单击"翻译"按钮，❷在展开的列表中单击"选择翻译语言"选项，如右图所示。

步骤02 设置屏幕提示语言

弹出"翻译语言选项"对话框，❶在"选择翻译屏幕提示语言"选项组下设置"翻译为"为"英语（美国）"，❷单击"确定"按钮，如下图所示。

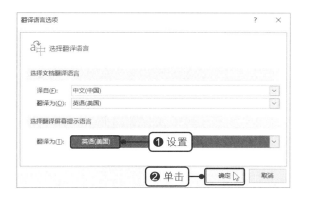

步骤03 显示屏幕提示翻译

返回文档中，❶选中要查看翻译的文本，可看到一个半透明的翻译框，❷将鼠标指针放置在半透明的翻译框上，可看到选中文本的翻译结果，如下图所示。

第244招　对文档内容进行简繁转换

在 Word 中，用户既可以对文档内容进行语言上的翻译转换，也可以对文档进行简繁转换，既可将简体转换为繁体，也可将繁体转换为简体。本招将以简体转换为繁体为例进行介绍。

步骤01 单击"简转繁"按钮

打开原始文件，在"审阅"选项卡下的"中文简繁转换"组中单击"简转繁"按钮，如下图所示。如果文档内容为繁体，想要转换为简体，则单击"繁转简"按钮。

步骤02 显示繁体效果

可看到文档中的文本内容变为了繁体，如下图所示。

第245招　校对文档中的拼写和语法

在 Word 中，使用拼写和语法检查功能可及时标记文档中的错误，并可参考系统提出的建议进行修改，而对于一些被系统标记为语法错误的特殊用法，在确认无误后可将其忽略。

步骤01 单击"拼写和语法"按钮

打开原始文件，在"审阅"选项卡下的"校对"组中单击"拼写和语法"按钮，如右图所示。

步骤02 忽略错误

系统自动选中了文档中需要检查拼写和语法的第一处文本，在文档右侧出现的"语法"窗格中可看到系统认为有误的词组，如果检查后发现无误，则单击"忽略"按钮，如下图所示。

步骤03 完成拼写和语法的检查

根据窗格中的提示继续对文档中的拼写和语法进行检查，检查完成后，在弹出的提示框中单击"确定"按钮即可，如下图所示。

第246招 关闭拼写和语法检查功能

如果不需要在键入文本时标记出拼写和语法错误，可关闭拼写检查和语法错误标记功能。

打开原始文件，单击"文件"按钮，在视图菜单中单击"选项"命令，打开"Word 选项"对话框，❶切换至"校对"选项卡下，❷在"在 Word 中更正拼写和语法时"选项组下取消勾选"键入时检查拼写"和"键入时标记语法错误"复选框，❸单击"确定"按钮，如右图所示。

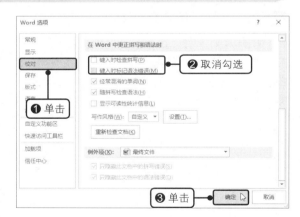

第247招 快速统计文档信息

完成文档的创建和编辑后，用户可通过字数统计功能统计文档的字数、页数等信息。

步骤01 单击"字数统计"按钮

打开原始文件，在"审阅"选项卡下的"校对"组中单击"字数统计"按钮，如右图所示。

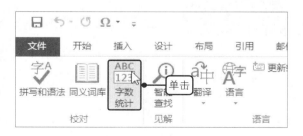

步骤02　显示统计信息

弹出"字数统计"对话框，可看到统计出的文档页数、字数等信息，阅读完毕后单击"关闭"按钮，如右图所示。

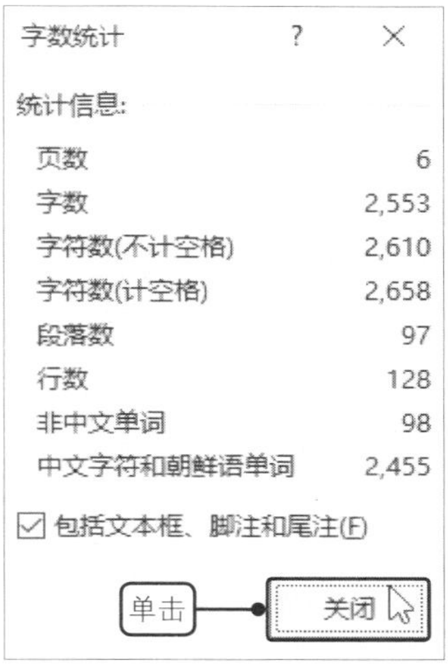

字数统计	?　×
统计信息:	
页数	6
字数	2,553
字符数(不计空格)	2,610
字符数(计空格)	2,658
段落数	97
行数	128
非中文单词	98
中文字符和朝鲜语单词	2,455

☑ 包括文本框、脚注和尾注(F)

单击 ▶ 关闭

⏰ **提示**

如果要统计部分文本信息，可选中要统计的文本内容，再打开"字数统计"对话框即可。

第248招　对文档内容进行批注标记

当用户对文档进行审阅时，如果要对某段文本进行附加说明或是提出修改建议，可在不更改文本内容的基础上插入批注。

步骤01　新建批注

打开原始文件，❶选中要批注的文本内容，❷在"审阅"选项卡下的"批注"组中单击"新建批注"按钮，如下图所示。

步骤02　输入批注内容

可看到文档页面右侧显示的批注框，在批注框中输入批注的内容，如下图所示。

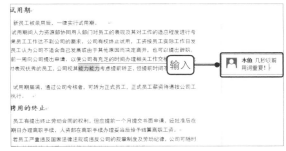

第249招　快速在多个批注之间进行切换

当在文档中插入了多个批注时，如果想要快速在批注之间进行切换，可通过以下方法来实现。

打开原始文件，在"审阅"选项卡下的"批注"组中单击"下一条"按钮，如右图所示。如果要切换至上一条批注，则单击"上一条"按钮。

第250招　隐藏批注

如果暂时不需要查看批注，可将批注框隐藏，具体的操作方法如下。

步骤01　单击"显示批注"按钮

打开原始文件，在"审阅"选项卡下的"批注"组中单击"显示批注"按钮，如下图所示。

步骤02　查看隐藏批注的效果

此时可以看到文档中的批注都被隐藏了，如下图所示。

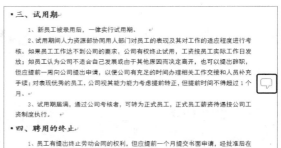

提示

隐藏批注后，如果想要恢复批注的显示，再次在"审阅"选项卡下的"批注"组中单击"显示批注"按钮，让其呈按下状态即可。

第251招　答复批注内容

当用户想要让审阅者了解具体的修改情况时，可对审阅者的批注信息进行回复，具体的操作方法如下。

步骤01　答复批注

打开他人批注后的原始文件，单击批注框右上角的"答复批注"按钮，如下图所示。

步骤02　输入答复内容

可看到他人的批注框下会出现一个新的批注框，在该批注框中输入答复内容，如下图所示。

第252招　更改批注框的大小与位置

如果默认的批注框位置和大小不符合用户的喜好，可通过 Word 中的高级修订选项功能进行设置。

步骤01 启动对话框

打开原始文件，在"审阅"选项卡下的"修订"组中单击对话框启动器，如下图所示。

步骤02 单击"高级选项"按钮

弹出"修订选项"对话框，单击"高级选项"按钮，如下图所示。

步骤03 设置批注框宽度和位置

弹出"高级修订选项"对话框，❶在"批注框"选项组下设置"指定宽度"为"8 厘米"，❷单击"边距"右侧的下拉按钮，❸在展开的列表中单击"左"选项，如下图所示。

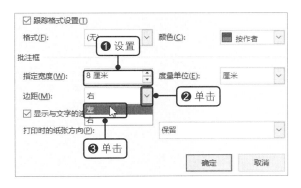

步骤04 显示设置效果

连续单击"确定"按钮，返回文档中，即可看到文档中的批注框变小且移动到了页面的左侧，如下图所示。

> ⏰ **提示**
>
> 如果要隐藏文本与批注框之间的连线，可在"高级修订选项"对话框中的"批注框"选项组下取消勾选"显示与文字的连线"复选框。

第253招　更改批注者的用户名

在插入批注时，批注框中会显示批注者的用户名，如果发现用户名不能表明批注者的身份，可通过以下方法来更改。

> ⏰ **提示**
>
> 更改用户名只对更改后新创建的批注有效，对于更改用户名之前创建的批注是不起作用的。

步骤01 单击"更改用户名"按钮

打开原始文件，在"审阅"选项卡下的"修订"组中单击对话框启动器，弹出"修订选项"对话框，单击"更改用户名"按钮，如下图所示。

步骤02 更改用户名

弹出"Word 选项"对话框，❶在"常规"选项卡下的"对 Microsoft Office 进行个性化设置"选项组中的"用户名"后的文本框中输入新的用户名，❷单击"确定"按钮，如下图所示。

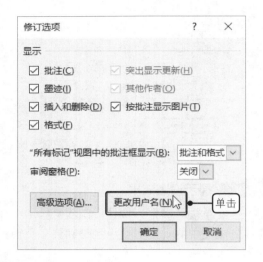

步骤03 显示更改效果

单击"确定"按钮，返回文档中，为文档新建批注，可看到用户名为设置的用户名，如右图所示。

第254招　将批注标记为完成

在 Word 中，如果既想要保留批注框中的批注信息，又想要让他人知道该批注已经完成了更改，可将批注标记为完成。

步骤01 将批注标记为完成

打开原始文件，❶右击要标记为完成的批注，❷在弹出的快捷菜单中单击"将批注标记为完成"命令，如下图所示。

步骤02 显示标记效果

可看到标记为完成的批注不会被删除，但会呈灰色的不可编辑状态，如下图所示。

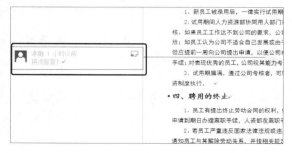

第255招　删除全部批注

当用户完成了批注的审阅或者不再需要文档中的批注时，可将其全部删除。

打开原始文件，❶在"审阅"选项卡下的"批注"组中单击"删除"下三角按钮，❷在展开的列表中单击"删除文档中的所有批注"选项，如右图所示。

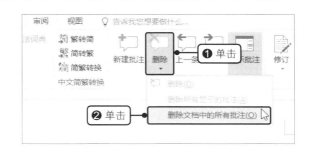

第256招　删除单个批注

如果只想删除文档中的单个批注，可通过以下方法实现。

打开原始文件，❶右击要删除的单个批注，❷在弹出的快捷菜单中单击"删除批注"命令，如右图所示。

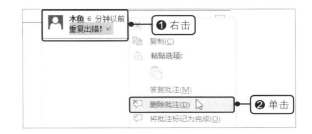

⏰ **提示**

用户也可以选中批注后，在"审阅"选项卡下的"批注"组中单击"删除"下三角按钮，在展开的列表中单击"删除"选项来删除单个批注。

第257招　修订文档

在对他人的文档进行修改时，如果既想要看到修改后的效果，又想要查看原文的内容，可通过修订功能来实现。

步骤01 修订文档

打开原始文件，❶在"审阅"选项卡下的"修订"组中单击"修订"下三角按钮，❷在展开的列表中单击"修订"选项，如下图所示。

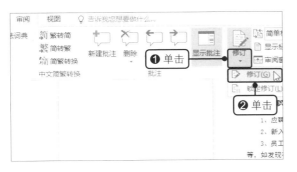

步骤02 显示修订效果

在文档中对错误的文本内容进行更改，可看到文本有更改的行左侧会显示一个竖线标记，如下图所示。

步骤03 显示所有标记

❶在"审阅"选项卡下的"修订"组中单击"显示以供审阅"右侧的下三角按钮，❷在展开的列表中单击"所有标记"选项，如下图所示。

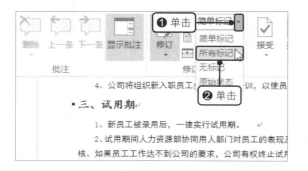

步骤04 显示标记效果

可看到文档中删除的文本用删除线标记了出来，而插入的内容用单下画线标记了出来，如下图所示。

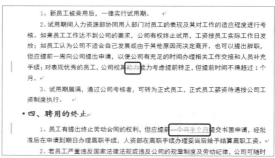

⏰ **提示**

如果想要隐藏修订后的标记，可在步骤03展开的列表中单击"无标记"选项。

第258招 快速在修订之间进行切换

当文档中修订的位置较多时，如果想要快速在多个修订位置之间进行切换，可通过以下方法来实现。

打开原始文件，在"审阅"选项卡下的"更改"组中单击"下一条"按钮，如右图所示，即可自动定位至第一条修订，继续单击，则定位至下一条。

第259招 接受与拒绝修订

当审阅者对文档进行了修订后，用户可根据实际情况选择接受或拒绝修订。如果用户接受了修订，则将保留审阅者的修改，如果拒绝则将清除审阅者的修改，保留原文。

步骤01 接受并移到下一条修订

打开原始文件，选中要接受更改的修订，❶在"审阅"选项卡下的"更改"组中单击"接受"下三角按钮，❷在展开的列表中单击"接受并移到下一条"选项，如右图所示。

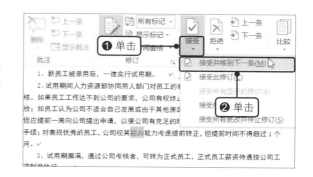

步骤02 拒绝所有更改并停止修订

❶在"审阅"选项卡下的"更改"组中单击"拒绝"下三角按钮，❷在展开的列表中单击"拒绝所有更改并停止修订"选项，如右图所示。

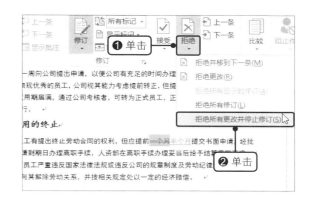

第260招　合并多个文档内容

如果用户想要将分为多个部分保存的文档合并到一个文档中，可通过 Word 中的插入对象功能来实现。

步骤01 打开第1个文档

在合并前，需清楚文档内容的先后次序，双击打开内容在最前的文档，如双击"第一章总则"，如下图所示。

步骤02 单击"文件中的文字"选项

❶定位光标至要插入新文档内容的位置，❷在"插入"选项卡下的"文本"组中单击"对象"右侧的下三角按钮，❸在展开的列表中单击"文件中的文字"选项，如下图所示。

步骤03 插入文件

弹出"插入文件"对话框，❶找到文档的位置，❷选中要插入的多个文件，❸单击"插入"按钮，如右图所示。需注意的是，在插入多个文件时，最好根据文件内容的先后次序进行选择。

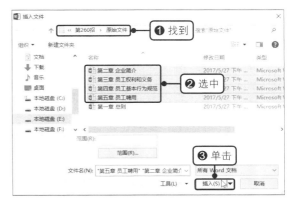

第261招 设置打印份数

在打印文档时，用户可自行设置打印的份数，具体的操作方法如下。

步骤01 单击"打印"命令

打开原始文件，单击"文件"按钮，在视图菜单中单击"打印"命令，如下图所示。

步骤02 设置打印份数

❶在"打印"面板下设置"份数"，如"15"，❷单击"打印"按钮，如下图所示。

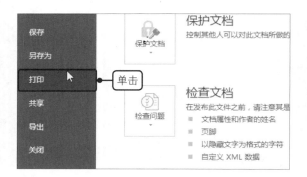

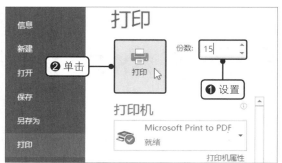

第262招 打印文档中的指定内容

如果用户只需要打印文档中的部分内容，可通过以下方法来实现。

打开原始文件，选中要打印的文档内容，单击"文件"按钮，❶在视图菜单中单击"打印"命令，切换至"打印"面板，❷单击"设置"选项组下的"打印所有页"按钮，❸在展开的列表中单击"打印所选内容"选项，如右图所示。

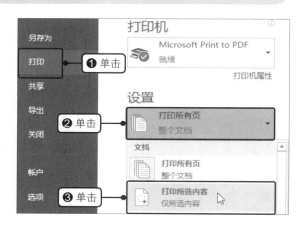

第263招 打印某页或某几页的内容

当用户只需要打印文档的某一页或某几页时，可通过以下方法来实现。

步骤01 自定义打印范围

打开原始文件，单击"文件"按钮，❶在视图菜单中单击"打印"命令，❷单击"设置"选项组下"打印所有页"按钮，❸在展开的列表中单击"自定义打印范围"选项，如右图所示。

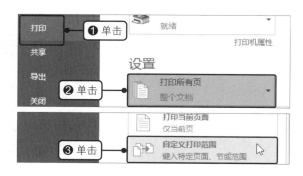

步骤02 设置打印的页码

在"页数"后的文本框中输入要打印内容所在的页码，如"1,3,5"页，如右图所示。

第264招　调整每版的打印页数

如果用户想要在一页纸张上打印多页的文档内容，可通过以下方法来实现。

打开原始文件，单击"文件"按钮，在视图菜单中单击"打印"命令，❶单击"每版打印 1 页"按钮，❷在展开的列表中单击"每版打印 2 页"选项，如右图所示。除了可以设置每版打印 2 页，还可以设置每版打印 4 页、6 页、8 页及 16 页，用户可根据实际情况设置每版打印的页数。

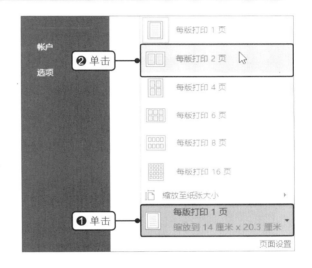

第265招　打印文档背景色

默认情况下，如果为文档设置了背景色，在打印时是不会打印出该背景色的。如果想要打印出背景色，可通过以下操作来实现。

步骤01 打印背景色和图像

打开原始文件，单击"文件"按钮，在视图菜单中单击"选项"命令，打开"Word 选项"对话框，❶切换至"显示"选项卡下，❷在"打印选项"选项组下勾选"打印背景色和图像"复选框，❸单击"确定"按钮，如右图所示。

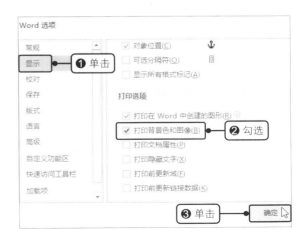

步骤02 预览打印效果

　　返回文档中，单击"文件"按钮，在视图菜单中单击"打印"命令，可在窗口右侧预览到文档的打印效果，可发现设置的背景填充色也显示在了预览窗口中，如下图所示。随后设置相关的打印参数并进行打印即可。

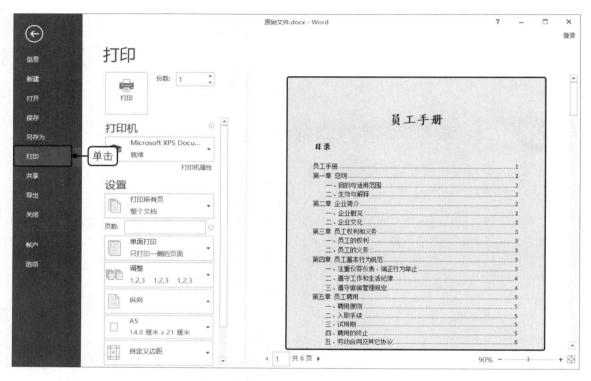

第9章 Excel的基本操作

和Word组件相比，Excel组件的功能定位是数据的处理与分析。在学习具体操作之前，必须先了解工作簿、工作表和单元格的概念。简单来说，工作簿是Excel创建的文档，每个工作簿包含至少一个工作表；工作表则可以看成是一个电子表格，它由多个单元格组成，数据的录入、编辑、计算及分析的大部分工作就在单元格及工作表中进行。因此，掌握工作簿、工作表和单元格的相关操作是使用Excel组件的基本功。

本章主要介绍Excel组件的个性化设置以及工作簿、工作表和单元格的基本操作，为深入学习Excel组件的应用打好基础。

第266招 跳过开始屏幕，直接创建空白工作簿

如果希望启动Excel 2016后跳过开始屏幕，直接新建空白工作簿，可通过以下操作来设置。

打开一个空白的Excel工作簿，单击"文件"按钮，在视图菜单中单击"选项"命令，打开"Excel选项"对话框，❶在"常规"选项卡下的"启动选项"选项组下取消勾选"此应用程序启动时显示开始屏幕"复选框，❷单击"确定"按钮，如右图所示。

第267招 设置默认的工作簿字体、字号和工作表数量

在Excel中，可以对默认的字体、字号进行更改。此外，还可以对默认创建的工作表数量进行设置。

打开一个空白的Excel工作簿，打开"Excel选项"对话框，❶在"常规"选项卡下的"新建工作簿时"选项组下设置"使用此字体作为默认字体""字号""包含的工作表数"分别为"宋体""11""3"，❷单击"确定"按钮，如右图所示。

第268招 设置网格线的颜色

在Excel工作表中，网格线主要用于区分单元格，当默认的网格线颜色不符合用户的喜好时，可以进行更改。

打开一个空白的Excel工作簿，单击"文件"按钮，在视图菜单中单击"选项"命令，打开"Excel选项"对话框，❶切换至"高级"选项卡，❷单击"网格线颜色"按钮，❸在展开的列表中单击"红色"选项，如右图所示。

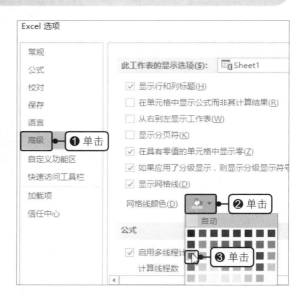

第269招 设置自动插入的小数点位数

在实际工作中，如果需要在Excel工作表中输入大量固定小数位数的数据，可设置自动添加小数点，从而提高工作效率。

打开一个空白Excel工作簿，打开"Excel选项"对话框，❶切换至"高级"选项卡，❷在"编辑选项"选项组下勾选"自动插入小数点"复选框，在"位数"数值框中输入小数的位数，如"2"，❸单击"确定"按钮，如右图所示。随后在工作表中输入"1"会得到"0.01"，输入"123"会得到"1.23"，以此类推。

第270招 隐藏编辑栏

当用户想让表格的编辑空间更大时，可隐藏Excel的编辑栏。

打开一个空白的工作簿，在"视图"选项卡下的"显示"组中取消勾选"编辑栏"复选框，即可看到工作簿中的编辑栏被隐藏了，如右图所示。

⏰ **提示**

　　如果要隐藏网格线、行号和列标，则在"视图"选项卡下的"显示"组中取消勾选"网格线"和"标题"复选框。

第271招　在状态栏中显示选中区域的最大值

　　选中工作表中的一部分数据时，在 Excel 的状态栏中会显示该部分数据的统计信息，如数据的平均值和求和值等。如果想要显示其他数据信息，如最大值，可通过以下操作实现。

步骤01 单击"最大值"命令

　　打开原始文件，❶在状态栏上右击，❷在弹出的快捷菜单中单击"最大值"命令，如下图所示。

步骤02 显示效果

　　在"Sheet1"工作表中选中单元格区域D3:D33，可在状态栏中看到选中区域的最大值，如下图所示。

⏰ **提示**

　　如果要在状态栏中显示选中区域的最小值，可右击状态栏，在弹出的快捷菜单中单击"最小值"命令。如果要取消某些值的显示，则在弹出的快捷菜单中单击要取消的命令。

第272招　打开工作簿时加密

　　如果工作簿中的信息比较重要，不允许他人打开工作簿进行查看或修改，可以用密码对工作簿进行加密。

步骤01 用密码进行加密

　　打开原始文件，单击"文件"按钮，❶在视图菜单中的"信息"面板中单击"保护工作簿"按钮，❷在展开的列表中单击"用密码进行加密"选项，如右图所示。

步骤02 输入密码

弹出"加密文档"对话框，❶在"密码"文本框中输入密码，如"123456"，❷单击"确定"按钮，如下图所示。

步骤03 再次输入密码

弹出"确认密码"对话框，❶再次输入密码"123456"，❷单击"确定"按钮，如下图所示。

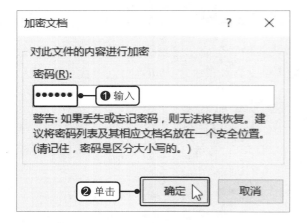

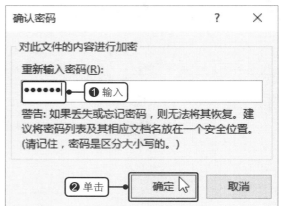

步骤04 输入密码打开工作簿

设置完成后关闭工作簿，再次打开该工作簿，会弹出"密码"对话框，❶在"密码"后的文本框中输入正确的密码"123456"，❷单击"确定"按钮，如右图所示，即可打开该工作簿。

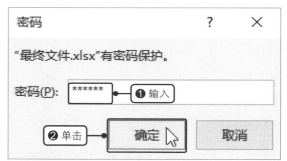

第273招 防止他人编辑指定工作表

制作好一个工作表后，如果不希望他人随意修改其中的数据，可对工作表进行保护，限制其他用户对该工作表的编辑。

步骤01 保护工作表

打开原始文件，❶右击要保护的"Sheet1"工作表标签，❷在弹出的快捷菜单中单击"保护工作表"命令，如右图所示。

 提示

若要保护当前工作表，也可在"审阅"选项卡下的"更改"组中单击"保护工作表"按钮。

步骤02　输入保护密码

弹出"保护工作表"对话框，在"取消工作表保护时使用的密码"文本框中输入保护密码"000000"，单击"确定"按钮，如下图所示。

步骤03　重新输入密码

弹出"确认密码"对话框，❶在"重新输入密码"文本框中输入"000000"，❷单击"确定"按钮，如下图所示。

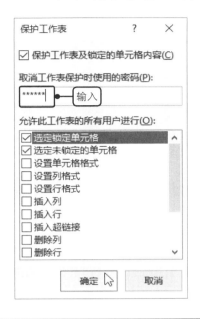

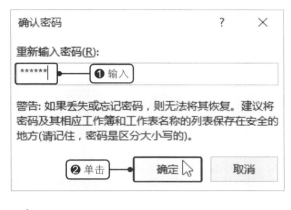

> ⏰ **提示**
>
> 如果要撤销工作表的保护，则在"审阅"选项卡下的"更改"组中单击"撤销工作表保护"按钮。

> ⏰ **提示**
>
> 如果想要让工作表被保护的同时还能够进行某些操作，如设置单元格格式、插入行或列等，在"保护工作表"对话框中的"允许此工作表的所有用户进行"列表框中勾选允许进行操作的复选框即可。

第274招　禁止他人更改工作簿结构

完成一个工作簿的制作后，若不希望其他用户对工作簿的结构进行更改，如移动、删除或添加工作表等，可以使用 Excel 的保护工作簿功能将工作簿保护起来。

步骤01　保护工作簿

打开原始文件，在"审阅"选项卡下的"更改"组中单击"保护工作簿"按钮，如下图所示。

步骤02　设置密码

弹出"保护结构和窗口"对话框，❶在"密码"文本框中输入密码"111111"，❷单击"确定"按钮，如下图所示。

步骤03 再次输入密码

弹出"确认密码"对话框，❶在"重新输入密码"文本框中再次输入密码"111111"，❷单击"确定"按钮，如下图所示。

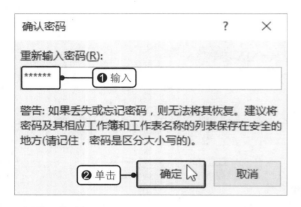

步骤04 显示工作簿的保护效果

右击任意一个工作表标签，可看到快捷菜单中的插入、删除等功能呈灰色不可用状态，如下图所示。

第275招 以只读方式打开工作簿

如果想要让他人只能查看或复制 Excel 工作簿中的内容，避免无意间对工作簿进行修改，可以用只读方式打开工作簿。

步骤01 单击"另存为"命令

打开原始文件，单击"文件"按钮，❶在视图菜单中单击"另存为"命令，❷在该面板中单击"浏览"按钮，如下图所示。

步骤02 单击"常规选项"选项

❶在"另存为"对话框中设置表格的保存位置和文件名，❷单击"工具"按钮，❸在展开的列表中单击"常规选项"选项，如下图所示。

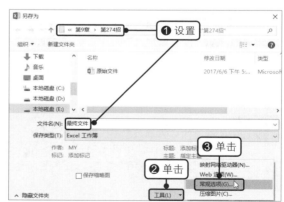

步骤03 建议只读

弹出"常规选项"对话框，❶勾选"建议只读"复选框，❷单击"确定"按钮，如右图所示。

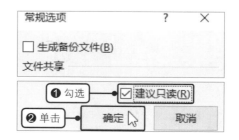

步骤04 以只读方式打开工作簿

关闭并再次打开该工作簿，
弹出如右图所示的提示框，单击
"是"按钮即可以只读方式打开。

第276招、设置允许用户编辑的区域

前面介绍的保护功能都是针对整个工作簿或整个工作表的，如果工作表中只有特定的单元格区域需要保护，而其他区域允许进行编辑修改，可针对需要保护的区域设置权限。

步骤01 允许用户编辑区域

打开原始文件，在"审阅"选项卡下的"更改"组中单击"允许用户编辑区域"按钮，如下图所示。

步骤02 单击"新建"按钮

弹出"允许用户编辑区域"对话框，单击"新建"按钮，如下图所示。

步骤03 新建可编辑的区域

弹出"新区域"对话框，保持默认的标题，
❶设置"引用单元格"为单元格区域 B3:B33，
❷单击"确定"按钮，如下图所示。

步骤04 保护工作表

返回"允许用户编辑区域"对话框，可看到之前新建的可编辑区域，单击"保护工作表"按钮，如下图所示。

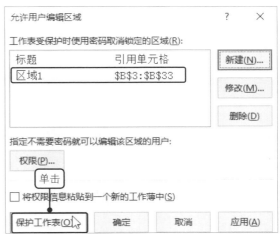

步骤05 设置密码

弹出"保护工作表"对话框，❶输入"取消工作表保护时使用的密码"为"123"，❷单击"确定"按钮，如下图所示。

步骤06 再次输入密码

弹出"确认密码"对话框，❶再次输入密码"123"，❷单击"确定"按钮，如下图所示。

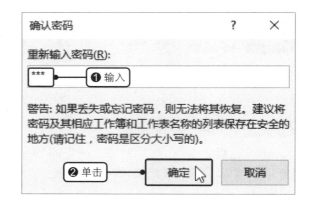

步骤07 测试保护效果

更改单元格区域 B3:B33 以外的任意单元格内容，会弹出提示框，提示用户如果要更改区域内容，需取消工作表保护，如下图所示。

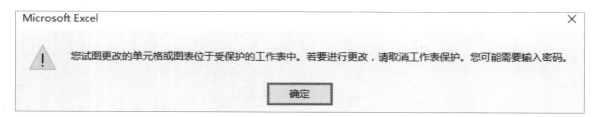

第277招　新增空白工作表

在Excel中，当工作簿中的工作表数量不够的时候，可插入新的空白工作表。具体的操作步骤如下。

打开原始文件，单击工作表标签后的"新工作表"按钮，如右图所示，即可插入一个新的空白工作表。

	A	B	C	D
1	产品销售统计表			
2	销售日期	销售数量（台）	销售单价（元/台）	销售金额（元）
3	2017/5/1	560	¥1,260.00	¥705,600.00
4	2017/5/2	450	¥1,260.00	¥567,000.00
5	2017/5/3	780	¥1,260.00	¥982,800.00
6	2017/5/4	695	¥1,260.00	¥875,700.00
7	2017/5/5	500	¥1,260.00	¥630,000.00
8	2017/5/6	450	¥1,260.00	¥567,000.00

Sheet1　Sheet2　Sheet3

第278招　删除多余的工作表

对于 Excel 工作簿中不再需要的工作表，用户可以将其删除，具体的操作步骤如下。

步骤01 删除工作表

打开原始文件，❶右击要删除的工作表标签，如"Sheet3"工作表标签，❷在弹出的快捷菜单中单击"删除"命令，如下图所示。

步骤02 单击"删除"按钮

弹出提示框，提示用户是否永久删除该工作表，如果是，则单击"删除"按钮，如下图所示。

提示

如果要删除的工作表为空白工作表，则直接删除工作表，而不会弹出提示框。

第279招　选择多个不连续的工作表

如果需要对工作簿中的多个不连续工作表进行相同的操作，可一次性选中多个不连续的工作表来提高工作效率。

打开原始文件，❶选中第 1 个工作表标签，如"Sheet1"工作表标签，❷按住【Ctrl】键不放，单击其他要选择的工作表标签，如单击"Sheet3"工作表标签，即可选中 Sheet1 和 Sheet3 工作表，如右图所示。

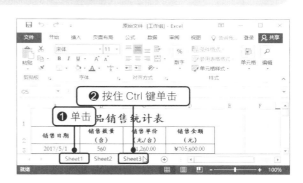

第280招　选择全部工作表

在工作中，有时需要对同一工作簿中的所有工作表进行相同的操作，如果逐个对工作表进行设置，不仅麻烦还费时，此时可以选中全部工作表来提高工作效率。

打开原始文件，❶右击任意一个工作表标签，❷在弹出的快捷菜单中单击"选定全部工作表"命令，如右图所示。

⏰ **提示**

选中第 1 个工作表标签后，按住【Shift】键不放，单击最后一个工作表标签，也可选中全部工作表。

第281招 重命名工作表

当工作簿中包含多个工作表时，用户难以通过默认的工作表名称来识别各个工作表中的内容，此时可以为工作表重命名，方便用户对工作表进行操作和归类。

步骤01 单击"重命名"命令

打开原始文件，❶右击要重命名的工作表标签，如"Sheet1"，❷在弹出的快捷菜单中单击"重命名"命令，如下图所示。

步骤02 重命名工作表

工作表标签呈可编辑的状态，删除原有的工作表名，输入新的名称，如"A 产品"，按下【Enter】键完成重命名操作。应用相同的方法可为其他工作表重命名，如下图所示。

⏰ **提示**

除了使用上述方法重命名工作表外，还可以在工作表标签上双击，当工作表标签呈可编辑状态后，输入新的工作表名称即可。

第282招 设置工作表标签颜色

为了突出显示某个工作表，可为该工作表设置醒目的标签颜色。

打开原始文件，❶右击要设置的工作表标签，如"A 产品"工作表标签，❷在弹出的快捷菜单中单击"工作表标签颜色＞红色"选项，如右图所示。

第283招　隐藏暂时不需要的工作表

当工作簿中的工作表数量太多时，为了便于编辑，可将暂时不需要的工作表隐藏。

打开原始文件，❶右击要隐藏的工作表标签，如"A 产品"工作表标签，❷在弹出的快捷菜单中单击"隐藏"命令，如右图所示。

第284招　显示被隐藏的工作表

通常在编辑较为复杂的工作簿时，会隐藏一些工作表，如果需要再次使用这些工作表，可取消工作表的隐藏。

步骤01　取消隐藏

打开原始文件，❶右击任意一个工作表标签，如"B 产品"工作表标签，❷在弹出的快捷菜单中单击"取消隐藏"命令，如下图所示。

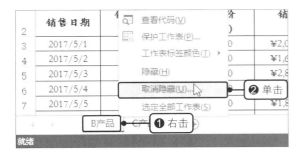

步骤02　选择要取消隐藏的工作表

弹出"取消隐藏"对话框，❶在"取消隐藏工作表"下的列表框中单击要取消隐藏的工作表，❷单击"确定"按钮，如下图所示。

第285招　移动或复制工作表

当用户想要在工作簿中快速制作具有相同结构的工作表时，可直接将已经制作好的工作表移动或复制到该工作簿中。

步骤01　单击"移动或复制"命令

打开原始文件，❶右击"A 产品"工作表标签，❷在弹出的快捷菜单中单击"移动或复制"命令，如右图所示。

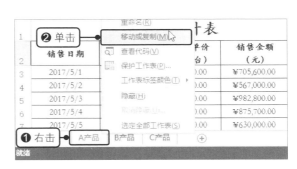

步骤02 移动或复制工作表

弹出“移动或复制工作表”对话框，❶在“下列选定工作表之前”的列表框中单击“（移至最后）”选项，❷勾选“建立副本”复选框，❸单击“确定”按钮，如下图所示。

步骤03 显示移动并复制的效果

返回工作表中，在工作表标签的最后添加了一个名为“A 产品（2）”的工作表，该工作表中的数据与工作表“A 产品”中的数据完全相同，重命名工作表为“D 产品”，并对该工作表中的数据进行更改，如下图所示。

产品销售统计表			
销售日期	销售数量（台）	销售单价（元/台）	销售金额（元）
2017/5/1	600	¥6,000.00	¥3,600,000.00
2017/5/2	500	¥6,000.00	¥3,000,000.00
2017/5/3	700	¥6,000.00	¥4,200,000.00
2017/5/4	800	¥6,000.00	¥4,800,000.00
2017/5/5	600	¥6,000.00	¥3,600,000.00

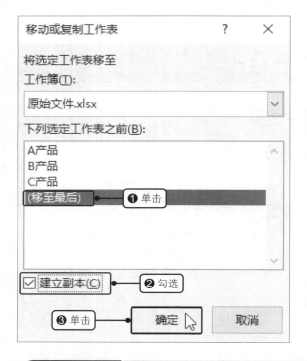

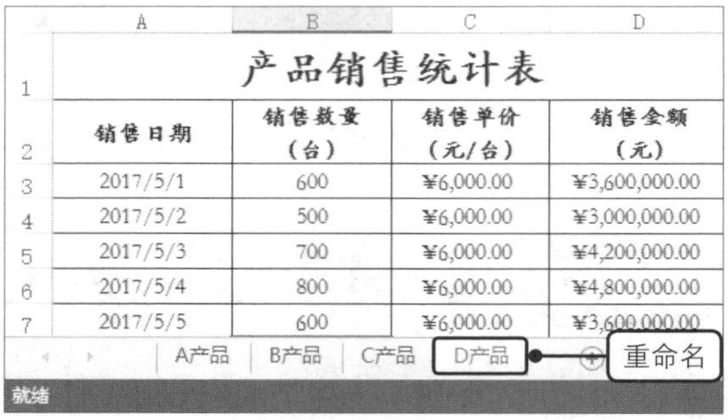

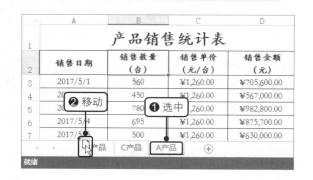

提示

若要在不同工作簿之间移动或复制工作表，可先打开这些工作簿，对源工作表执行“移动或复制”快捷菜单命令，在打开的“移动或复制工作表”对话框中单击“工作簿”右侧的下拉按钮，在展开的列表中选择要将工作表移动或复制到的目标工作簿即可。

第286招 在当前工作簿中移动工作表的位置

如果Excel工作簿中有若干个工作表，想改变其中一个工作表在整个工作簿中的位置，可通过以下方法来实现。

打开原始文件，❶在要移动的工作表标签上按住鼠标左键不放，如“A 产品”工作表标签，此时鼠标指针变为了形状，❷拖动鼠标至“B 产品”工作表标签前，如右图所示，即可将“A 产品”工作表移动到“B 产品”工作表前。

第287招 快速定位到指定工作表

当Excel工作簿中的工作表数量太多时，可通过以下方法快速定位到指定的工作表中。

步骤01　右击切换按钮

打开原始文件，右击工作表标签左侧的切换按钮，如下图所示。

步骤02　选择要查看的工作表

弹出"激活"对话框，❶单击要查看的工作表，如"E 产品"，❷单击"确定"按钮，如下图所示。

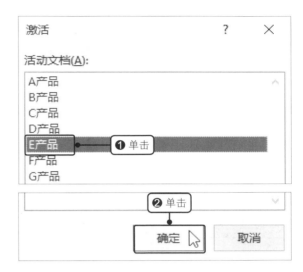

第288招　选择整行或整列

如果需要对整行或整列应用同样的格式或执行其他操作，首先需要选中整行或整列数据，此时可通过以下方法来操作。

步骤01　选择整列

打开原始文件，将鼠标指针放置在要选择的列标上，如"D"列，当鼠标指针变为↓形状时单击，即可选中 D 列，如下图所示。

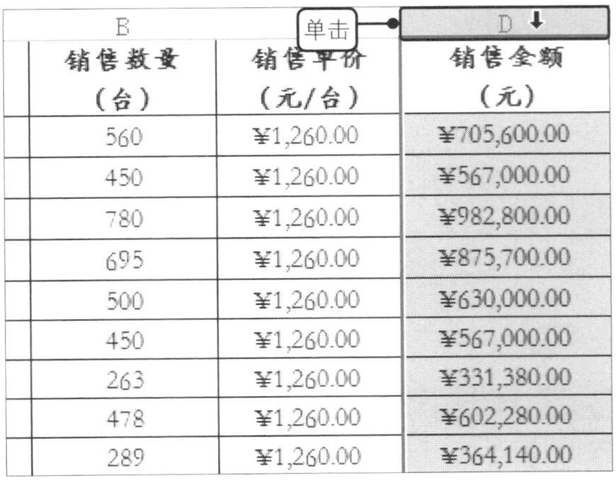

B 销售数量（台）	销售单价（元/台）	D 销售金额（元）
560	¥1,260.00	¥705,600.00
450	¥1,260.00	¥567,000.00
780	¥1,260.00	¥982,800.00
695	¥1,260.00	¥875,700.00
500	¥1,260.00	¥630,000.00
450	¥1,260.00	¥567,000.00
263	¥1,260.00	¥331,380.00
478	¥1,260.00	¥602,280.00
289	¥1,260.00	¥364,140.00

步骤02　选择整行

将鼠标指针放置在要选择的行号上，如行号"4"，当鼠标指针变为→形状时单击，即可选中第 4 行，如下图所示。

	A 销售日期	B 销售数量（台）	C 销售单价（元/台）
1			
2	2017/5/1	560	¥1,260.00
3	2017/5/2	450	¥1,260.00
4	2017/5/3	780	¥1,260.00
5	2017/5/4	695	¥1,260.00
6	2017/5/5	500	¥1,260.00
7	2017/5/6	450	¥1,260.00
8	2017/5/7	263	¥1,260.00
9	2017/5/8	478	¥1,260.00
10	2017/5/9	289	¥1,260.00

第289招 插入空白行

在编辑Excel表格时，如果需要在表格中插入一行，以便于输入遗漏的数据，可通过以下方法来实现。

步骤01 插入行

打开原始文件，❶右击行号"6"，❷在弹出的快捷菜单中单击"插入"命令，如下图所示。

步骤02 显示插入的空白行

可看到行 6 上方会插入一空白行，行 6 及其下方的数据会自动向下移动一行,如下图所示。

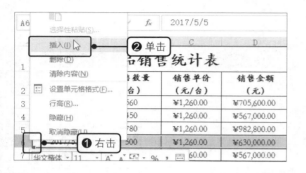

> ⏰ **提示**
>
> 插入列的方法与插入行的方法类似，直接在要插入的列标上右击，在弹出的快捷菜单中单击"插入"命令即可。

> ⏰ **提示**
>
> 如果要一次性插入多行或多列，则选中多行或多列，右击后，在弹出的快捷菜单中单击"插入"命令即可。

第290招 删除表格行或列

在Excel表格中编辑数据时，可将无用的行或列删除。

打开原始文件，❶右击要删除行的行号，❷在弹出的快捷菜单中单击"删除"命令，如右图所示。如果要删除某列数据，则右击列标，在弹出的快捷菜单中单击"删除"命令即可。

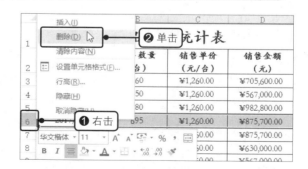

> ⏰ **提示**
>
> 使用组合键【Ctrl+-】也可以快速删除选中的行或列。

第291招　隐藏表格行或列

在实际工作中，如果Excel表格中存在大量数据，为了更好地突出重要内容，可将暂时不用的行或列隐藏起来。

打开原始文件，❶选中并右击要隐藏的单行或多行，❷在弹出的快捷菜单中单击"隐藏"命令，如右图所示。如果要隐藏列，则选中并右击要隐藏的列，在弹出的快捷菜单中单击"隐藏"命令即可。

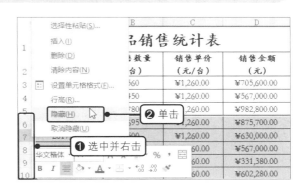

> **⏰ 提示**
>
> 如果要取消行的隐藏，则选中隐藏行的上下相邻两行并右击，在弹出的快捷菜单中单击"取消隐藏"命令。取消列隐藏的方法与此类似。

第292招　快速选择连续的单元格

如果要选择连续的单元格区域，可直接使用拖动的方式，具体的操作步骤如下。

打开原始文件，❶选中第 1 个单元格，❷按住鼠标左键不放，向下拖动至需选区域的最后一个单元格，释放鼠标后，即可看到拖动区域的单元格被选中了，如右图所示。

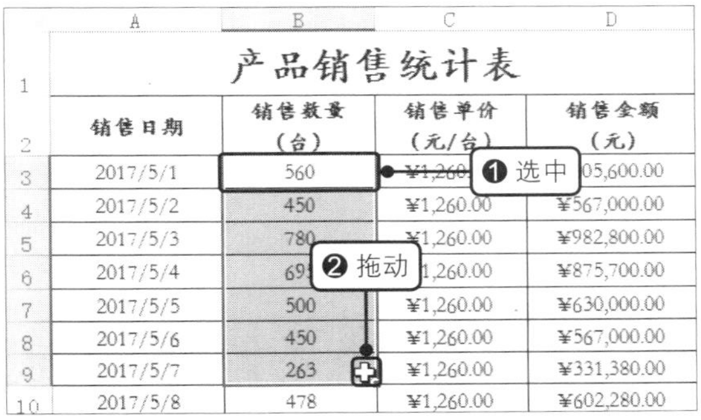

第293招　选择多个不连续的单元格

当用户需要对表格中的多个不连续单元格进行同一操作时，逐一进行设置不仅麻烦还费时，此时可以通过以下方法快速选中多个不连续单元格。

打开原始文件，选中要选择的第 1 个单元格，如单元格 B3，然后按住【Ctrl】键不放，继续单击其他要选择的不连续单元格，如单元格 B6、B8、B11，如右图所示。

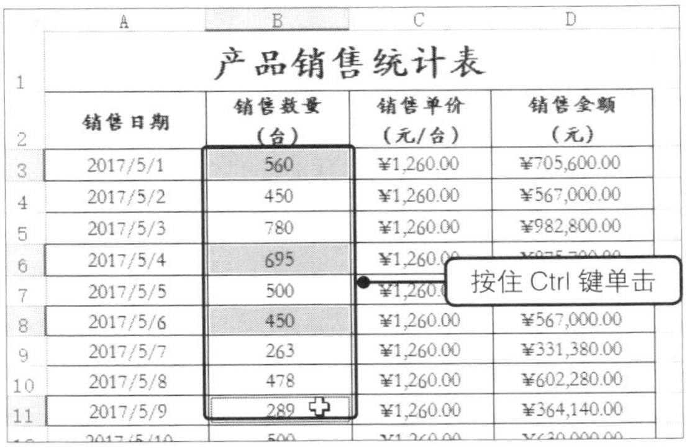

第294招 选择连续区域的所有表格数据

如果要对Excel表格中含有数据的连续区域进行操作，首先需要选择该连续区域，此时可以通过以下方法来实现。

打开原始文件，选中表格中数据区域的任意单元格，如单元格C5，按下【Ctrl+A】组合键，即可选择该连续区域的所有数据，如右图所示。

	A	B	C	D	E
1	产品销售统计表				
2	销售日期	销售数量（台）	销售单价（元/台）	销售金额（元）	
3	2017/5/1	560	¥1,260.00	¥705,600.00	
4	2017/5/2	450	¥1,260.00	¥567,000.00	
5	2017/5/3	780	¥1,260.00	¥982,800.00	
6	2017/5/4	695	¥1,260.00	¥875,700.00	
7	2017/5/5	500	¥1,260.00	¥630,000.00	
8	2017/5/6	450	¥1,260.00	¥567,000.00	
9	2017/5/7	263	¥1,260.00	¥331,380.00	
10	2017/5/8	478	¥1,260.00	¥602,280.00	

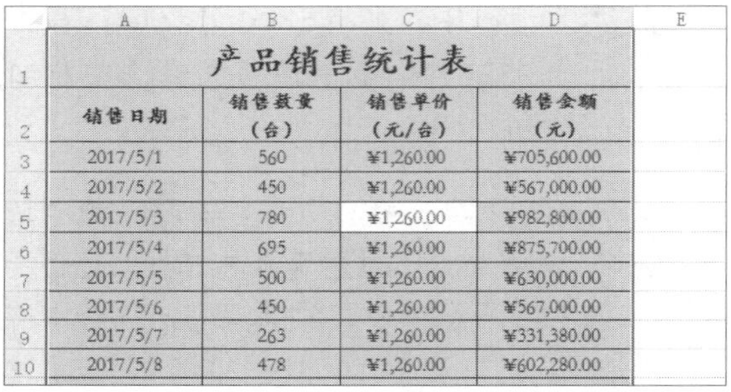

第295招 选择多个工作表的同一区域

当需要对多个工作表的同一区域进行相同的操作时，可通过以下方法快速选择多个工作表的同一区域。

打开原始文件，❶在工作表标签中选中多个工作表，如工作表“A产品”“B产品”“C产品”，❷在任意一个工作表中拖动鼠标选中要选择的单元格区域，如单元格区域A3:D10，即可选中3个工作表中的相同区域，如右图所示。

	A	B	C	D
1	产品销售统计表			
2	销售日期	销售数量（台）	销售单价（元/台）	销售金额（元）
3	2017/5/1	560	¥1,260.00	¥705,600.00
4	2017/5/2	450	¥1,260.00	¥567,000.00
5	2017/5/3	780	¥1,260.00	¥982,800.00
6	2017/5/4	695	¥1,260.00	¥875,700.00
7	2017/5/5	500	¥1,260.00	¥630,000.00
8	2017/5/6	450	¥1,260.00	¥567,000.00
9	2017/5/7	263	¥1,260.00	¥331,380.00
10	2017/5/8	478	¥1,260.00	¥602,280.00
11	2017/5/9	289	¥1,260.00	¥364,140.00
12	2017/5/10	500	¥1,260.00	¥630,000.00

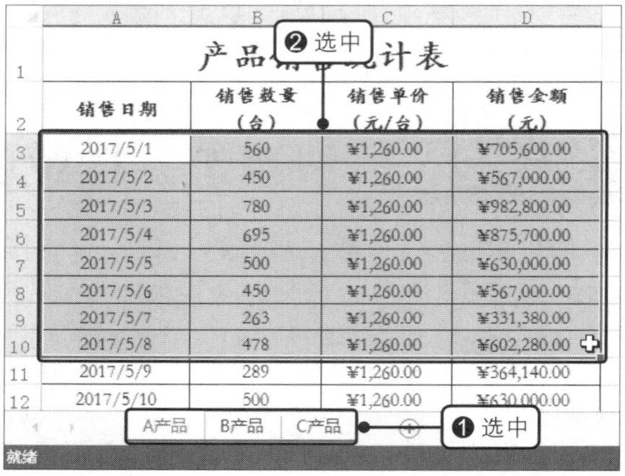

第296招 查看默认的列宽值

在使用Excel编辑表格内容的时候，如果需要对单元格的宽度进行调整，首先要查看默认的宽度值，以便于后续的精确设置。

步骤01 单击“默认列宽”选项

打开原始文件，选中要查看的列，❶在“开始”选项卡下的“单元格”组中单击“格式”按钮，❷在展开的列表中单击“默认列宽”选项，如下图所示。

步骤02 查看默认的列宽

弹出“标准列宽”对话框，可在“标准列宽”后的文本框中看到选中列的列宽为“8.38”磅，如下图所示。

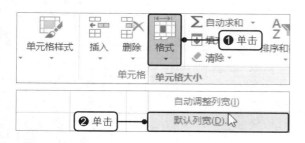

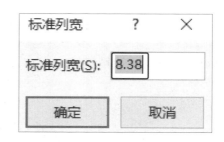

第297招　手动调整单元格的行高和列宽

在使用 Excel 编辑表格内容的时候，有时会遇到单元格中某些文字未能完全显示的情况，此时就需要调整单元格的行高和列宽。

步骤01 调整行高

打开原始文件，将鼠标指针放置在行号 1 的下框线上，当鼠标指针变为+形状时，按住鼠标左键不放向下拖动，如下图所示，即可增大第 1 行的行高。

步骤02 调整列宽

将鼠标指针放置在 A 列标右侧的框线上，当鼠标指针变为+形状时，按住鼠标左键不放向左拖动，如下图所示，即可减小 A 列的列宽。

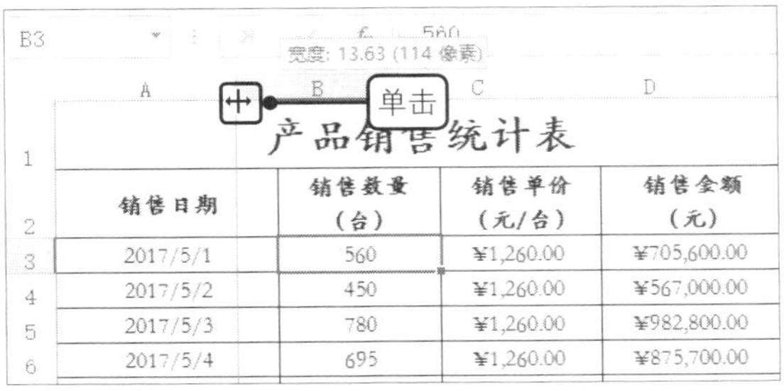

> ⏰ **提示**
>
> 如果要精确设置行高或列宽的数值，可右击行号或列标，在弹出的快捷菜单中单击"行高"或"列宽"命令，在弹出的对话框中输入需要的数值后单击"确定"按钮即可。

第298招　根据文本内容自动调整行高和列宽

在整理 Excel 文档表格的时候，常常会遇到单元格中的文字过多造成内容显示不全或者文字过少造成有多余的空白，此时可使用自动调整行高或列宽功能，将行高或列宽自动调整为合适的尺寸。

步骤01 自动调整行高

打开原始文件，选中要调整的行后，❶在"开始"选项卡下的"单元格"组中单击"格式"按钮，❷在展开的列表中单击"自动调整行高"选项，如下图所示。

步骤02 自动调整列宽

选中工作表中要调整的列，❶在"开始"选项卡下的"单元格"组中单击"格式"按钮，❷在展开的列表中单击"自动调整列宽"选项，如下图所示。

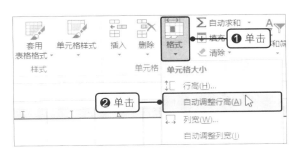

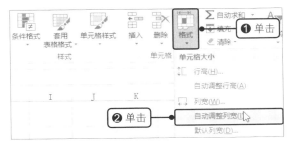

第299招 插入单个单元格

当用户需要在 Excel 工作表中只插入一个单元格来填补遗漏的数据时，可通过以下方法实现。

步骤01 单击"插入"命令

打开原始文件，❶右击单元格 A6，❷在弹出的快捷菜单中单击"插入"命令，如下图所示。

步骤02 活动单元格下移

弹出"插入"对话框，❶单击"活动单元格下移"单选按钮，❷单击"确定"按钮，如下图所示。

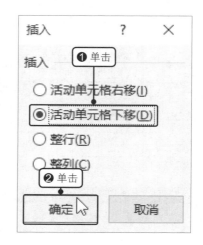

步骤03 显示插入的单元格

即可看到单元格 A6 上方插入了一个空白的单元格，如右图所示。如果要删除不需要的单元格，则在单元格上右击，在弹出的快捷菜单中单击"删除"命令，在打开的"删除"对话框中单击合适的单选按钮，最后单击"确定"按钮即可。

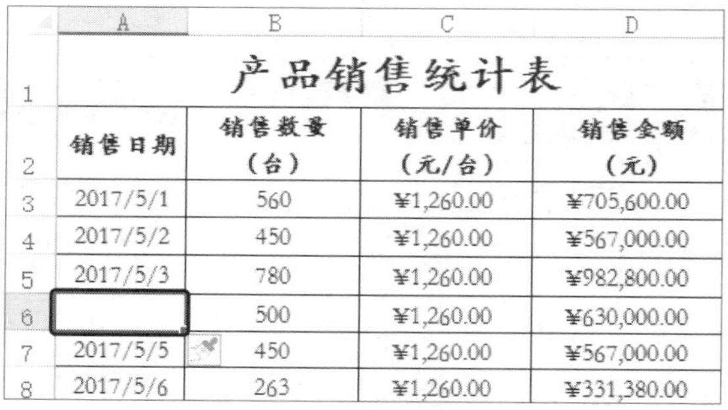

	产品销售统计表		
销售日期	销售数量（台）	销售单价（元/台）	销售金额（元）
2017/5/1	560	￥1,260.00	￥705,600.00
2017/5/2	450	￥1,260.00	￥567,000.00
2017/5/3	780	￥1,260.00	￥982,800.00
	500	￥1,260.00	￥630,000.00
2017/5/5	450	￥1,260.00	￥567,000.00
2017/5/6	263	￥1,260.00	￥331,380.00

第300招 冻结工作表的标题行

在制作 Excel 表格的过程中，当表格中的列数或行数较多时，一旦向下滚屏，上面的标题行也会跟着滚动，从而导致在处理数据时难以分清各列数据对应的标题，此时可以使用冻结窗格功能固定标题行。

步骤01 选中整行

打开原始文件，在行号"3"上单击，选中第3行，如右图所示。

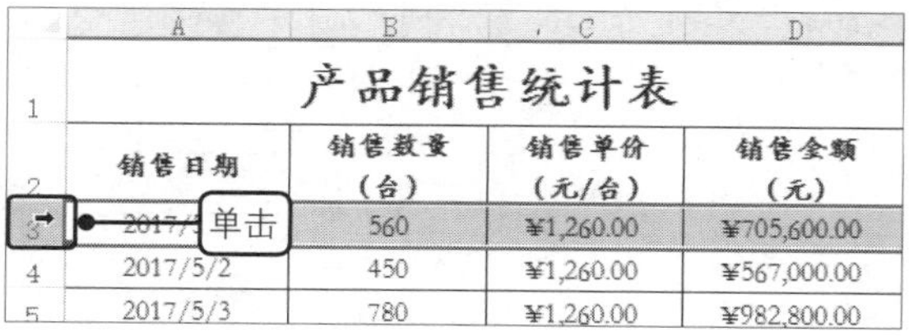

	产品销售统计表		
销售日期	销售数量（台）	销售单价（元/台）	销售金额（元）
2017/	560	￥1,260.00	￥705,600.00
2017/5/2	450	￥1,260.00	￥567,000.00
2017/5/3	780	￥1,260.00	￥982,800.00

步骤02 冻结拆分窗格

❶在"视图"选项卡下的"窗口"组中单击"冻结窗格"按钮，❷在展开的列表中单击"冻结拆分窗格"选项，如下图所示。

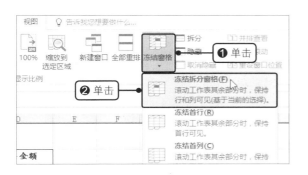

步骤03 显示冻结效果

在工作表中滑动鼠标滚轮，可看到位于选中行上方的行，即第 1 行和第 2 行中的单元格内容固定不动，如下图所示。

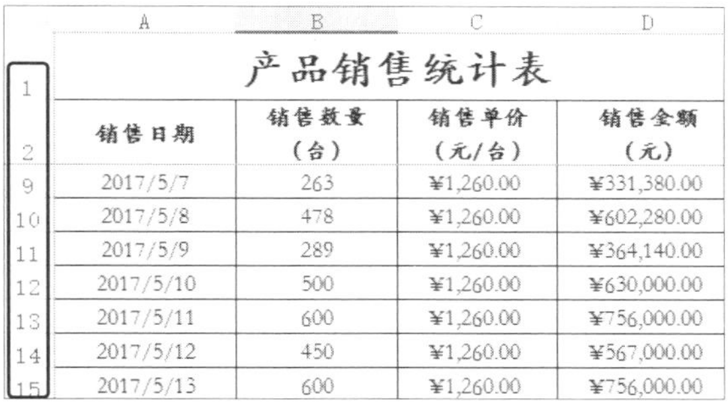

> ⏰ **提示**
>
> 　　如果只是想要冻结首行或首列，可在"视图"选项卡下的"窗口"组中单击"冻结窗格"按钮，在展开的列表中单击"冻结首行"或"冻结首列"选项。

> ⏰ **提示**
>
> 　　如果要取消冻结窗格的效果，可在"视图"选项卡下的"窗口"组中单击"冻结窗格"按钮，在展开的列表中单击"取消冻结窗格"选项。

读书笔记

第10章　Excel数据输入与编辑

数据的输入是处理与分析数据的基础，只有将数据输入工作表，才能进一步进行处理与分析。针对不同规律的数据采用不同的输入方法，不仅能提高输入的效率，还能保证输入的准确性。数据输入完毕后，还需要对数据进行各种格式设置，使数据得到清晰、美观、规范的展示，并对重点数据进行突出和强调，以便于数据信息的查找。

本章将主要介绍多种针对不同类型数据的输入和填充方法，以及单元格的数字格式、边框等的设置。此外，还将讲解如何使用数据验证功能对数据的输入类型进行限制，从而有效减少录入错误。

第301招　在不连续的单元格中输入同一数据

在实际工作中，有时需要在多个不连续的单元格中输入相同数据，通过以下方法可实现快速输入。

打开原始文件，选中单元格B5，按住【Ctrl】键不放，选中其他要输入数据的单元格或单元格区域，如单元格B7、单元格区域B10:B12，在最后选中的单元格中输入"数码"文本内容，按下【Ctrl+Enter】组合键，即可在选中的多个单元格中输入相同的数据，如右图所示。

商品名称	商品种类	销售单价	销售数量	销售金额（元）
			1月销售统计表	
冰箱		¥5,200.00	200	¥1,040,000.00
微波炉		¥560.00	360	¥201,600.00
单反相机	数码	¥4,888.00	450	¥2,199,600.00
洗衣机		¥5,699.00	255	¥1,453,245.00
显示器	数码	¥2,400.00	300	¥720,000.00
空调		¥4,1 选中并输入		¥2,292,960.00
电饭煲		¥20		¥80,000.00
笔记本	数码	¥3,600.00	500	¥1,800,000.00
平板电脑	数码	¥3,699.00	120	¥443,880.00
电脑主机	数码	¥2,999.00	600	¥1,799,400.00

第302招　为单元格文本换行

在单元格中输入了较多的文字时，有时会由于列宽不够造成部分文字超出当前单元格的宽度，虽然能够显示但并不规范。如果想要在不改变列宽的基础上在单元格中显示全部文本，可通过自动换行功能来实现。

步骤01　自动换行

打开原始文件，❶选中单元格E2，❷在"开始"选项卡下的"对齐方式"组中单击"自动换行"按钮，如右图所示。

步骤02 显示换行效果

可看到单元格 E2 中的文本自动切换为两行，如右图所示。

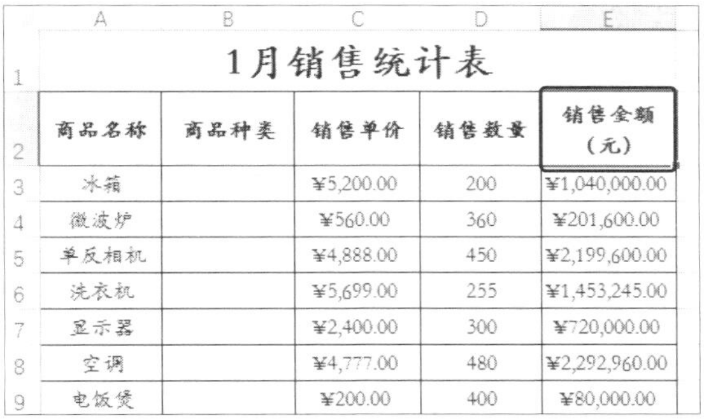

	A	B	C	D	E
1	1月销售统计表				
2	商品名称	商品种类	销售单价	销售数量	销售金额（元）
3	冰箱		¥5,200.00	200	¥1,040,000.00
4	微波炉		¥560.00	360	¥201,600.00
5	单反相机		¥4,888.00	450	¥2,199,600.00
6	洗衣机		¥5,699.00	255	¥1,453,245.00
7	显示器		¥2,400.00	300	¥720,000.00
8	空调		¥4,777.00	480	¥2,292,960.00
9	电饭煲		¥200.00	400	¥80,000.00

提示

还可以将光标定位在单元格 E2 文本中要换行的位置，按下快捷键【Alt+Enter】进行强制换行。

第303招 合并并居中表格的标题文本

在使用 Excel 制作表格的过程中，为了使单元格布局更加美观，或者使单元格区域能够适应输入的内容，可将相邻单元格合并为一个单元格。

步骤01 合并并居中单元格

打开原始文件，❶选中单元格区域 A1:E1，❷在“开始”选项卡下的“对齐方式”组中单击“合并后居中”右侧的下三角按钮，❸在展开的列表中单击“合并后居中”选项，如下图所示。

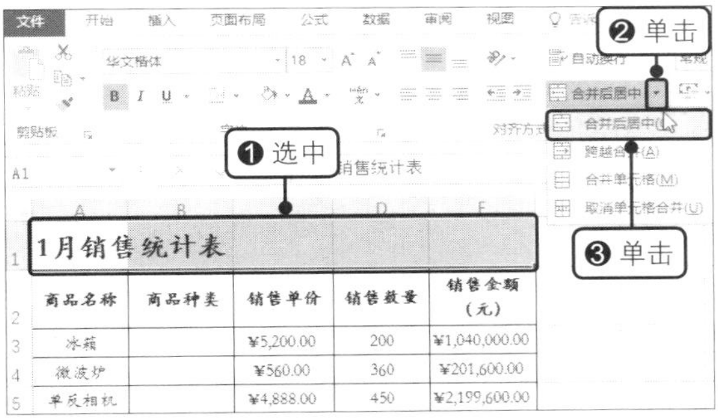

	A	B	C	D	E
1	1月销售统计表				
2	商品名称	商品种类	销售单价	销售数量	销售金额（元）
3	冰箱		¥5,200.00	200	¥1,040,000.00
4	微波炉		¥560.00	360	¥201,600.00
5	单反相机		¥4,888.00	450	¥2,199,600.00

步骤02 显示合并效果

可看到单元格区域 A1:E1 合并为了一个单元格，并且单元格中的文本居中显示，如下图所示。

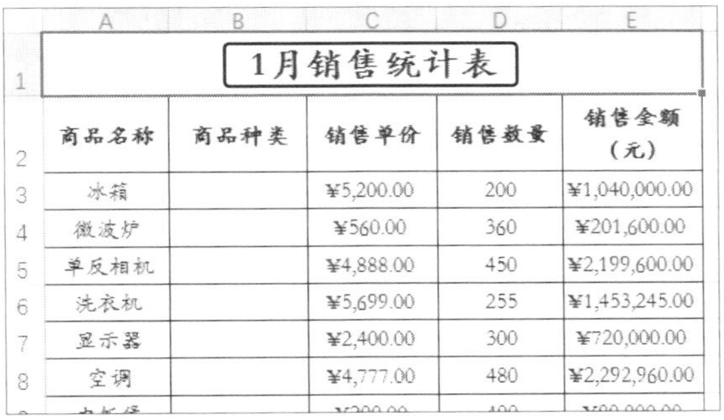

	A	B	C	D	E
1	1月销售统计表				
2	商品名称	商品种类	销售单价	销售数量	销售金额（元）
3	冰箱		¥5,200.00	200	¥1,040,000.00
4	微波炉		¥560.00	360	¥201,600.00
5	单反相机		¥4,888.00	450	¥2,199,600.00
6	洗衣机		¥5,699.00	255	¥1,453,245.00
7	显示器		¥2,400.00	300	¥720,000.00
8	空调		¥4,777.00	480	¥2,292,960.00

提示

如果要取消单元格的合并效果，则选中合并后的单元格，在“开始”选项卡下的“对齐方式”组中单击“合并后居中”右侧的下三角按钮，在展开的列表中单击“取消单元格合并”选项即可。

提示

如果待合并的多个单元格中均有数据，则合并后的单元格中只保留原多个单元格中左上角那个单元格中的数据。

第304招 添加表格边框线

为了使表格更加规范，并清晰明了地对各个单元格内容进行分割，可为表格添加边框线。具体的操作方法如下。

步骤01 添加框线

打开原始文件，选中要设置边框的单元格区域 A1:E14，❶在"开始"选项卡下的"字体"组中单击"下框线"右侧的下三角按钮，❷在展开的列表中单击"所有框线"选项，如下图所示。

步骤02 显示添加框线后的效果

可看到选中区域添加了所有框线后的表格效果，如下图所示。

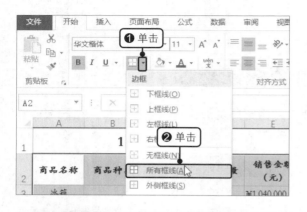

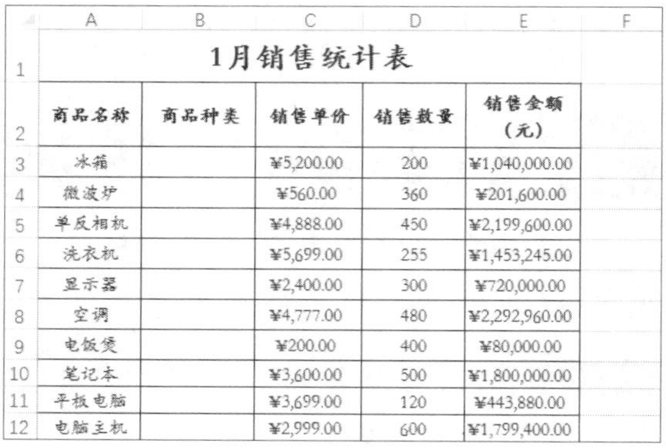

第305招 绘制边框线

除了可以直接添加表格边框线外，还可以通过绘制功能绘制需要的边框线条，具体的操作方法如下。

步骤01 选择线型

打开原始文件，❶在"开始"选项卡下的"字体"组中单击"下框线"右侧的下三角按钮，❷在展开的列表中单击"线型"选项，在级联列表中选择合适的线型，如下图所示。

步骤02 设置线条颜色

❶继续在"开始"选项卡下的"字体"组中单击"下框线"右侧的下三角按钮，❷在展开的列表中单击"线条颜色 > 红色"选项，如下图所示。

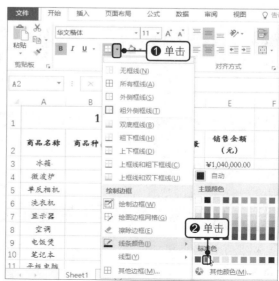

步骤03 绘制边框

此时鼠标指针变为 ⁄ 形状，在要绘制边框的网格线上按住鼠标左键拖动，即可为表格绘制边框，如右图所示。

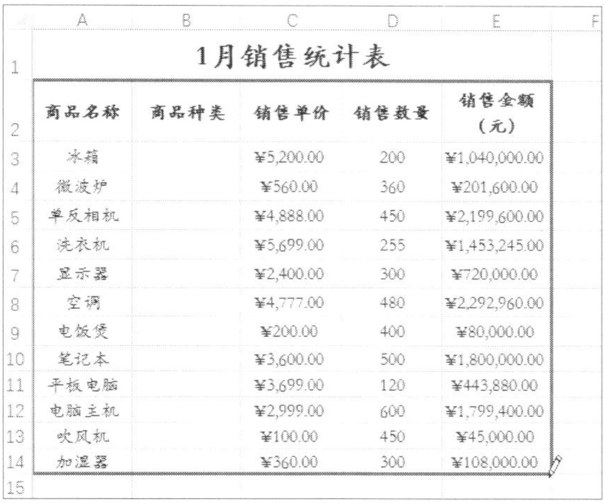

> ⏰ **提示**
>
> 在绘制的过程中，按住【Shift】键不放，可临时进入擦除状态，用鼠标在绘制的边框线上拖动可将其擦除，松开【Shift】键则恢复绘制状态。完成边框线的绘制后，按【Esc】键可退出绘制状态。

第306招　擦除不需要的边框线

当表格中添加的边框线不符合实际工作需求时，可使用擦除功能灵活擦除不需要的表格边框线。

步骤01 单击"擦除边框"选项

打开原始文件，❶在"开始"选项卡下的"字体"组中单击"下框线"右侧的下三角按钮，❷在展开的列表中单击"擦除边框"选项，如下图所示。

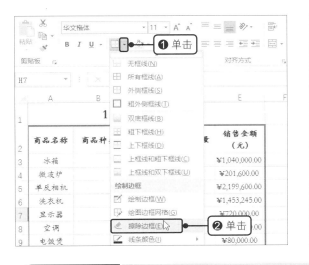

步骤02 擦除边框

此时鼠标指针变为 ⁄ 形状，在边框线上按住鼠标左键拖动，即可擦除不需要的边框线，如下图所示。

第307招　巧妙输入以0开头的数据

在工作表中输入数据时，有时需要输入以 0 开头的数值，但是以常规方法输入的数值，开头的 0 会被 Excel 自动过滤掉，此时可以将单元格数字格式设置为文本格式来输入以 0 开头的数据。

步骤01 单击对话框启动器

打开原始文件，选中要设置的单元格区域 A3:A11，在"开始"选项卡下的"数字"组中单击对话框启动器，如下图所示。

步骤02 选择数字分类

弹出"设置单元格格式"对话框，在"数据"选项卡下的"分类"列表框中单击"文本"选项，如下图所示。设置完毕后单击"确定"按钮。

步骤03 输入以0开头的文本

返回表格，在单元格区域 A3:A11 中输入以 0 开头的数据，如右图所示。

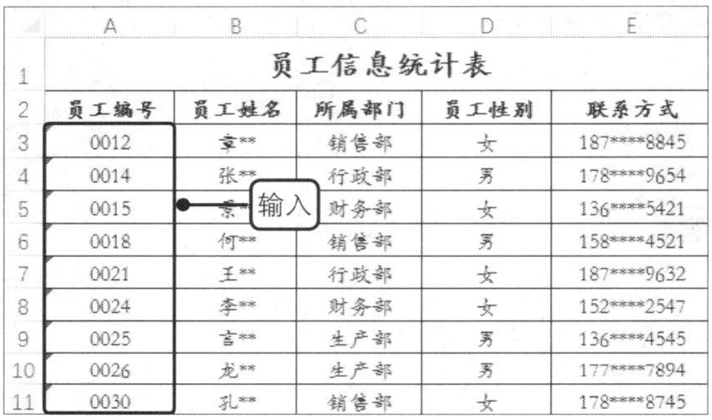

	A	B	C	D	E
1		员 工 信 息 统 计 表			
2	员工编号	员工姓名	所属部门	员工性别	联系方式
3	0012	辜**	销售部	女	187****8845
4	0014	张**	行政部	男	178****9654
5	0015	宗**	财务部	女	136****5421
6	0018	何**	销售部	男	158****4521
7	0021	王**	行政部	女	187****9632
8	0024	李**	财务部	女	152****2547
9	0025	言**	生产部	男	136****4545
10	0026	龙**	生产部	男	177****7894
11	0030	孔**	销售部	女	178****8745

⏰ **提示**

如果想要在表格中输入完整的身份证号，也需要将单元格区域设置为文本格式。

第308招 自动填充序列数据

当需要在相邻的多个单元格中输入具有一定规律的序列数据时，如等差序列、等比序列等，可使用填充序列功能提高输入效率。

步骤01 拖动填充柄

打开原始文件，❶在单元格 A3 中输入"2009"，❷将鼠标指针放置在单元格 A3 右下角，当鼠标指针变为＋形状时，按住鼠标左键不放向下拖动至单元格 A10 中，如下图所示。

步骤02 填充序列

填充完成后释放鼠标，❶单击单元格 A10 右下角出现的"自动填充选项"按钮，❷在展开的列表中单击"填充序列"单选按钮，如下图所示。

步骤03 显示填充序列效果

此时可看到鼠标拖动过的单元格以等差序列进行了填充，如右图所示。

	A	B	C	D	E
1		销售金额统计表			
2	年份	产品A	产品B	产品C	产品D
3	2009	¥450,000.00	¥360,000.00	¥500,000.00	¥600,000.00
4	2010	¥600,000.00	¥450,000.00	¥600,000.00	¥360,000.00
5	2011	¥480,000.00	¥500,000.00	¥150,000.00	¥500,000.00
6	2012	¥680,000.00	¥600,000.00	¥450,000.00	¥650,000.00
7	2013	¥700,000.00	¥700,000.00	¥600,000.00	¥820,000.00
8	2014	¥690,000.00	¥500,000.00	¥900,000.00	¥900,000.00
9	2015	¥800,000.00	¥600,000.00	¥1,000,000.00	¥1,200,000.00
10	2016	¥1,000,000.00	¥800,000.00	¥580,000.00	¥230,000.00

第309招　为销售金额添加货币符号

如果想要为工作表中的销售金额添加货币符号，可设置销售金额为货币格式。具体的操作方法如下。

步骤01 设置货币格式

打开原始文件，选中要设置的单元格区域 B3:E10，在"开始"选项卡下的"数字"组中单击对话框启动器，打开"设置单元格格式"对话框，❶在"数字"选项卡下的"分类"列表框中单击"货币"选项，❷设置"小数位数"为"2"、"货币符号（国家 / 地区）"为"¥"，如下图所示。

步骤02 显示设置效果

单击"确定"按钮，返回工作表中，即可看到单元格区域 B3:E10 中的金额数据变为了带货币符号的效果，如下图所示。

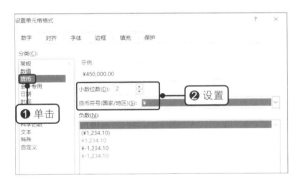

	A	B	C	D	E
1		销售金额统计表			
2	年份	产品A	产品B	产品C	产品D
3	2009	¥450,000.00	¥360,000.00	¥500,000.00	¥600,000.00
4	2010	¥600,000.00	¥450,000.00	¥600,000.00	¥360,000.00
5	2011	¥480,000.00	¥500,000.00	¥150,000.00	¥500,000.00
6	2012	¥680,000.00	¥600,000.00	¥450,000.00	¥650,000.00
7	2013	¥700,000.00	¥700,000.00	¥600,000.00	¥820,000.00
8	2014	¥690,000.00	¥500,000.00	¥900,000.00	¥900,000.00
9	2015	¥800,000.00	¥600,000.00	¥1,000,000.00	¥1,200,000.00
10	2016	¥1,000,000.00	¥800,000.00	¥580,000.00	¥230,000.00

第310招　为数据增加或减少小数位数

当单元格中数据的小数位数不符合需求时，可根据实际需要增加或减少小数位数。

打开原始文件，选中要设置的单元格区域，在"开始"选项卡下的"数字"组中单击"减少小数位数"按钮，如右图所示。如果要增加小数位数，则单击"增加小数位数"按钮。

第311招 快速添加千位分隔符

当单元格中的数据较大时，为了便于快速判断数值的大小，可使用千位分隔符有规律地分隔数值。

打开原始文件，选中要设置的单元格区域后，在"开始"选项卡下的"数字"组中单击对话框启动器，打开"设置单元格格式"对话框，❶在"数字"选项卡下的"分类"列表框中单击"数值"选项，❷设置"小数位数"为"0"，❸勾选"使用千位分隔符"复选框，如右图所示。

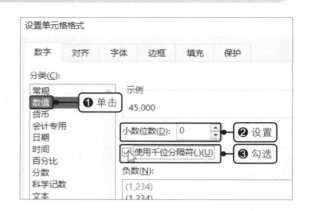

第312招 设置百分比数据

如果需要将工作表中的小数数据以百分比表示，可将其设置为百分比格式的数字格式。

步骤01 单击"百分比样式"按钮

打开原始文件，选中要设置的单元格区域D2:D8，在"开始"选项卡下的"数字"组中单击"百分比样式"按钮，如下图所示。

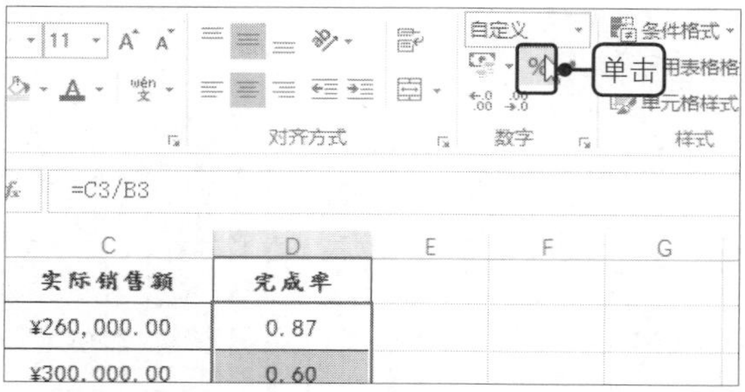

步骤02 显示设置效果

可看到选中区域的数据设置为百分比样式后的效果，如下图所示。

销售对比表			
月份	目标销售额	实际销售额	完成率
1月	¥300,000.00	¥260,000.00	87%
2月	¥500,000.00	¥300,000.00	60%
3月	¥600,000.00	¥400,000.00	67%
4月	¥800,000.00	¥550,000.00	69%
5月	¥800,000.00	¥600,000.00	75%
6月	¥700,000.00	¥650,000.00	93%

第313招 快速输入中文大写数字

日常办公中，尤其是财务人员，常常会用到中文大写数字，比如"123"需要写成"壹佰贰拾叁"，此时可以在 Excel 中直接将输入的阿拉伯数字快速转换为中文大写数字。

步骤01 设置中文大写数字

打开原始文件，选中单元格E8，单击"开始"选项卡下"数字"组中的对话框启动器，打开"设置单元格格式"对话框，❶单击"数字"选项卡下"分类"列表框中的"特殊"选项，❷设置"类型"为"中文大写数字"，如右图所示。

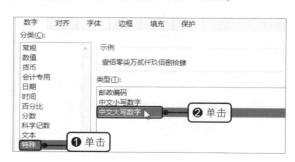

步骤02 显示设置效果

单击"确定"按钮，返回工作表中，可看到选中单元格 E8 中的金额数据变为了中文的大写数字，如右图所示。

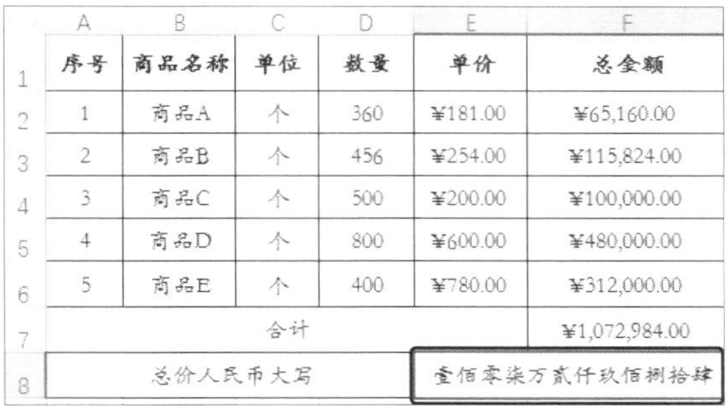

	A	B	C	D	E	F
1	序号	商品名称	单位	数量	单价	总金额
2	1	商品A	个	360	¥181.00	¥65,160.00
3	2	商品B	个	456	¥254.00	¥115,824.00
4	3	商品C	个	500	¥200.00	¥100,000.00
5	4	商品D	个	800	¥600.00	¥480,000.00
6	5	商品E	个	400	¥780.00	¥312,000.00
7			合计			¥1,072,984.00
8		总价人民币大写			壹佰零柒万贰仟玖佰捌拾肆	

第314招　隐藏单元格中的零值

当Excel表格中多余的零值扰乱了用户的视线时，可将零值隐藏。

打开一个空白工作簿，单击"文件"按钮，在视图菜单中单击"选项"命令，打开"Excel选项"对话框，❶切换至"高级"选项卡，❷在"此工作表的显示选项"选项组下取消勾选"在具有零值的单元格中显示零"复选框，❸单击"确定"按钮，如右图所示。

第315招　隐藏工作表内容

在实际工作中，如果用户不想让他人看到工作表中的部分内容，可以把这部分内容彻底隐藏起来。具体的操作方法如下。

步骤01 自定义数字格式

打开原始文件，选中要隐藏内容的单元格区域，在"开始"选项卡下的"数字"组中单击对话框启动器，打开"设置单元格格式"对话框，❶在"数字"选项卡下的"分类"列表框中单击"自定义"选项，❷在"类型"下的文本框中删除原有的格式，输入英文状态下的";;;"，如右图所示。

步骤02 勾选"隐藏"复选框

❶切换至"保护"选项卡，❷勾选"隐藏"复选框，如右图所示。单击"确定"按钮。

步骤03 显示隐藏效果

可看到选中区域中的文本被隐藏了，但是在编辑栏中依然可以看到单元格中的内容，如下图所示。

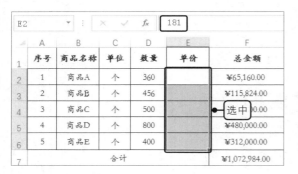

步骤04 保护工作表

保持隐藏内容单元格的选中状态，在"审阅"选项卡下的"更改"组中单击"保护工作表"按钮，如下图所示。

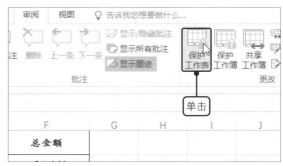

步骤05 输入密码

弹出"保护工作表"对话框，❶在文本框中输入密码"111"，❷单击"确定"按钮，如下图所示。

步骤06 再次输入密码

弹出"确认密码"对话框，❶在文本框中再次输入密码"111"，❷单击"确定"按钮，如下图所示。

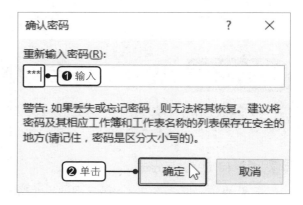

步骤07 显示隐藏效果

返回工作表中，可看到选中单元格区域中的文本在编辑栏中也不会显示了，如右图所示。

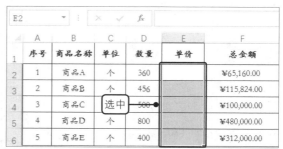

第316招 快速移动单元格中的内容

要想将单元格中的内容快速移动到其他单元格中，除了可以使用复制、粘贴功能来实现外，还可以直接通过拖动的方式来实现。

步骤01 移动单元格内容

打开原始文件，❶选中单元格 B7，将鼠标指针放置在单元格框线上，当鼠标指针变为✥形状时，❷按住鼠标左键拖动至单元格 B4 中，如下图所示。

1月销售统计表				
商品名称	商品种类	销售单价	销售数量	销售金额（元）
冰箱	家电	¥5,200.00	200	¥1,040,000.00
微波炉		¥560.0	50	¥201,600.00
单反相机	数码	¥4,888.00	450	¥2,199,600.00
洗衣机	家电	¥5,699.00	255	¥1,453,245.00
显示器	家电	¥2,400.0	00	¥720,000.00
空调	家电	¥4,777.00	480	¥2,292,960.00
电饭煲	家电	¥200.00	400	¥80,000.00

步骤02 显示移动效果

拖动完成后释放鼠标，即可看到单元格 B7 中的文本内容移动到了单元格 B4 中，如下图所示。

1月销售统计表				
商品名称	商品种类	销售单价	销售数量	销售金额（元）
冰箱	家电	¥5,200.00	200	¥1,040,000.00
微波炉	家电	¥560.00	360	¥201,600.00
单反相机	数码	¥4,888.00	450	¥2,199,600.00
洗衣机	家电	¥5,699.00	255	¥1,453,245.00
显示器		¥2,400.00	300	¥720,000.00
空调	家电	¥4,777.00	480	¥2,292,960.00
电饭煲	家电	¥200.00	400	¥80,000.00

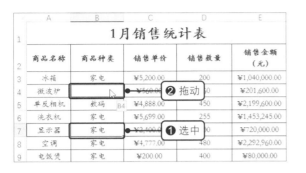

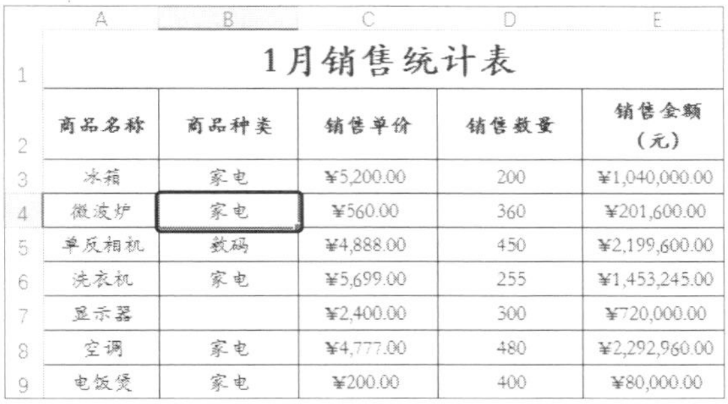

第317招 竖排显示单元格中的文字

在制作 Excel 表格时，为了布局的美观性，有时需要在单元格中竖排显示文字，此时可以通过以下方法来实现。

步骤01 更改文字显示方向

打开原始文件，选中单元格区域 A3:A13，在“开始”选项卡下的“对齐”组中单击对话框启动器，打开“设置单元格格式”对话框，在“对齐”选项卡下单击“方向”选项组下的代表竖排文本的按钮，如下图所示。

步骤02 显示更改效果

单击“确定”按钮，返回工作表中，即可看到单元格区域 A3:A13 中的文本变为了竖排显示，如下图所示。

1月销售统计表				
分类	商品名称	销售单价	销售数量	销售金额（元）
家电	冰箱	¥5,200.00	200	¥1,040,000.00
	微波炉	¥560.00	360	¥201,600.00
	电饭煲	¥4,888.00	450	¥2,199,600.00
	洗衣机	¥5,699.00	255	¥1,453,245.00
	吹风机	¥2,400.00	300	¥720,000.00
	空调	¥4,777.00	480	¥2,292,960.00
数码	单反相机	¥200.00	400	¥80,000.00
	笔记本	¥3,600.00	500	¥1,800,000.00
	平板电脑	¥3,699.00	120	¥443,880.00
	电脑主机	¥2,999.00	600	¥1,799,400.00
	显示器	¥100.00	450	¥45,000.00

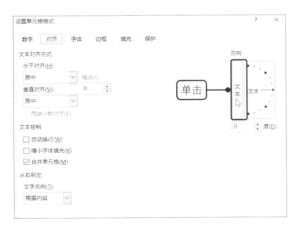

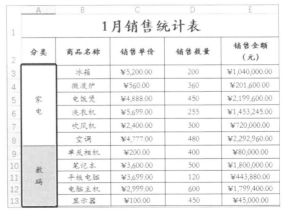

第318招 巧妙绘制斜线表头

日常制作 Excel 表格的过程中，经常需要制作斜线表头来表示二维表行与列的不同内容，绘制斜线表头的具体操作方法如下。

步骤01 添加斜框线

打开原始文件，选中要绘制斜线表头的单元格 A2，在“开始”选项卡下的“数字”组中单击对话框启动器，打开“设置单元格格式”对话框，在“边框”选项卡下的“边框”选项组中单击“左斜线”按钮，如下图所示。

步骤02 显示设置效果

单击“确定”按钮，返回工作表中，可看到单元格 A2 中添加了斜线表头，在单元格中输入文本，并使用空格键对文本设置合适的位置，即可得到如下图所示的效果。

	A	B	C	
1	销售金额统计表			
2	产品类别 年份	产品A	产品B	产
3	2009	¥450,000.00	¥360,000.00	¥500,
4	2010	¥600,000.00	¥450,000.00	¥600,
5	2011	¥480,000.00	¥500,000.00	¥150,
6	2012	¥680,000.00	¥600,000.00	¥450,
7	2013	¥700,000.00	¥700,000.00	¥600,
8	2014	¥690,000.00	¥500,000.00	¥900,
9	2015	¥800,000.00	¥600,000.00	¥1,000
10	2016	¥1,000,000.00	¥800,000.00	¥580,

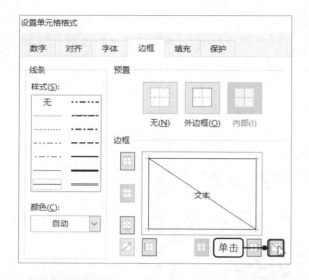

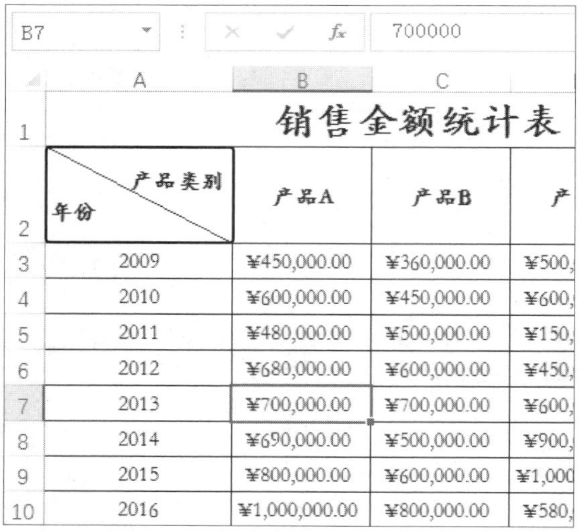

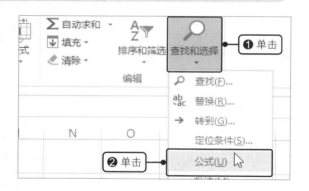

第319招 定位表格公式

当需要在数据较多的表格中快速找到含有公式的数据区域时，可直接使用定位功能来实现。

打开原始文件，❶在“开始”选项卡下的“编辑”组中单击“查找和选择”按钮，❷在展开的列表中单击“公式”选项，如右图所示。此外，还可以通过此方式在工作表中查找批注、条件格式、常量等单元格区域。

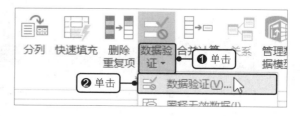

第320招 设置数据下拉列表

使用数据验证中的序列功能，可实现通过下拉列表自动输入内容的操作。

步骤01 单击“数据验证”选项

打开原始文件，选中要设置的单元格区域，❶在“数据”选项卡下的“数据工具”组中单击“数据验证”下三角按钮，❷在展开的列表中单击“数据验证”选项，如右图所示。

步骤02 选择序列

弹出"数据验证"对话框，❶在"设置"选项卡下单击"允许"右侧的下拉按钮，❷在展开的列表中单击"序列"选项，如下图所示。

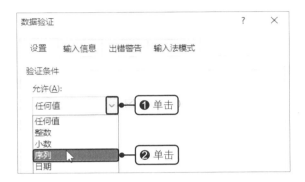

步骤03 设置序列来源

❶在"来源"文本框中输入"财务部,销售部,行政部,生产部"，❷单击"确定"按钮，如下图所示。注意输入的文本是以英文逗号分隔开的。

步骤04 选择序列

返回工作表中，❶单击设置了数据验证单元格右侧的下三角按钮，❷在展开的列表中单击要选择的部门，如"行政部"，如右图所示。

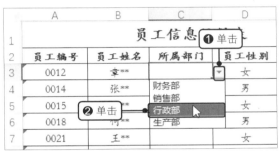

第321招　限制录入的手机号码长度

为了在输入数据时尽量少出错，可通过 Excel 中的数据验证功能设置单元格中允许输入的数据取值范围。

步骤01 设置数据验证条件

打开原始文件，选中要设置的单元格区域，在"数据"选项卡下的"数据工具"组中单击"数据验证"下三角按钮，在展开的列表中单击"数据验证"选项，打开"数据验证"对话框，❶设置"允许"为"文本长度"、"数据"为"等于"、"长度"为 11，❷单击"确定"按钮，如右图所示。

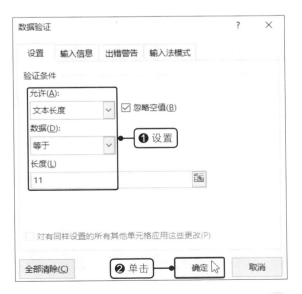

步骤02 显示设置效果

在设置了条件的单元格区域中输入超出 11 位的值，如在单元格 E3 中输入"187****45845"，按下【Enter】键后，会弹出一个提示框，提示用户输入的值与设置的条件格式不匹配，如右图所示。此时只有输入 11 位的数值才能完成输入。

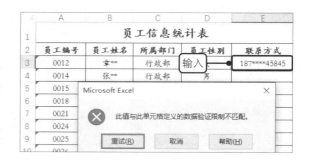

第322招 快速揪出无效数据

如果需要找到某些无效的数据，如超出了某个数值范围的数据，可以通过 Excel 中的圈释无效数据功能快速定位表格中的无效数据。

步骤01 设置条件

打开原始文件，选中要设置的单元格区域，在"数据"选项卡下的"数据工具"组中单击"数据验证"下三角按钮，在展开的列表中单击"数据验证"选项，打开"数据验证"对话框，❶在"设置"选项卡下设置"允许"为"文本长度"、"数据"为"等于"、"长度"为"11"，❷单击"确定"按钮，如右图所示。

步骤02 圈释无效数据

返回工作表中，❶在"数据"选项卡下的"数据工具"组中单击"数据验证"下三角按钮，❷在展开的列表中单击"圈释无效数据"选项，如下图所示。

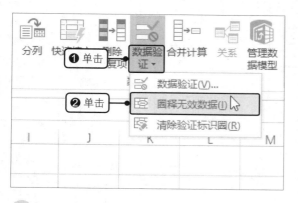

步骤03 显示圈出效果

可看到选中区域中不符合设置条件的单元格被圈了出来，如下图所示。

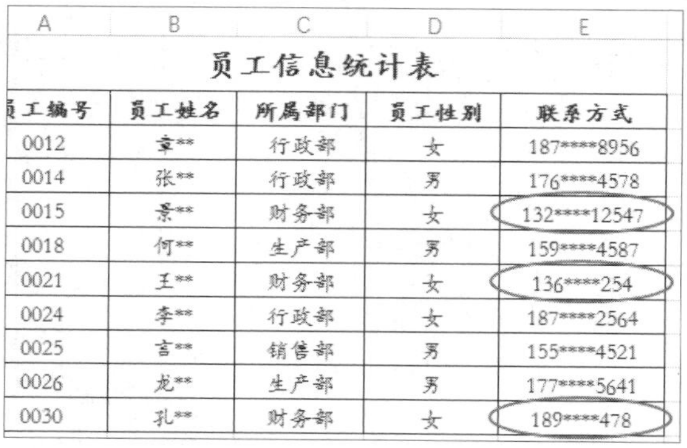

员工编号	员工姓名	所属部门	员工性别	联系方式
\multicolumn{5}{c}{员工信息统计表}				
0012	章**	行政部	女	187****8956
0014	张**	行政部	男	176****4578
0015	景**	财务部	女	132****12547
0018	何**	生产部	男	159****4587
0021	王**	财务部	女	136****254
0024	李**	行政部	女	187****2564
0025	言**	销售部	男	155****4521
0026	龙**	生产部	男	177****5641
0030	孔**	财务部	女	189****478

> ⏰ **提示**
>
> 圈释出无效数据后，如果想要取消圈释标识的显示，可在"数据"选项卡下的"数据工具"组中单击"数据验证"下三角按钮，在展开的列表中单击"清除验证标识圈"选项。

第323招　巧设单元格内容的提示信息

为减少输入错误，可以通过数据验证中的输入信息功能来提高输入的准确性。

步骤01 设置输入信息

打开原始文件，选中要设置的单元格区域，在"数据"选项卡下的"数据工具"组中单击"数据验证"下三角按钮，在展开的列表中单击"数据验证"选项，打开"数据验证"对话框，❶在"输入信息"选项卡下的"输入信息"文本框中输入"请输入 11 位正确的手机号码"，❷单击"确定"按钮，如下图所示。

步骤02 显示设置效果

返回工作表中，选中设置了输入信息的任意单元格，如单元格 E3，即可看到弹出的信息框效果，如下图所示。

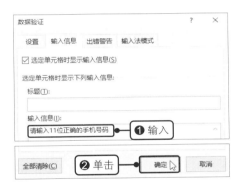

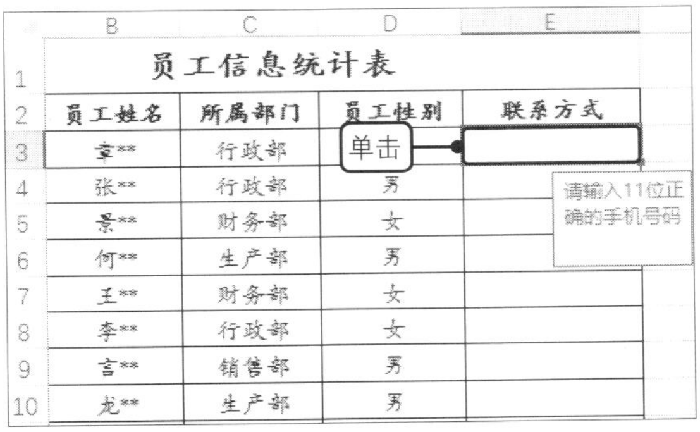

第324招　设置出错警告让错误无处可藏

在制作 Excel 表格的过程中，常常会出现信息录入不完整甚至录入错误的情况，此时可以使用出错警告功能，在输入不符合条件的数据时弹出对话框提醒出错的原因。

步骤01 设置条件

打开原始文件，选中要设置的区域，在"数据"选项卡下的"数据工具"组中单击"数据验证"下三角按钮，在展开的列表中单击"数据验证"选项，打开"数据验证"对话框，在"设置"选项卡下设置"允许"为"文本长度"、"数据"为"等于"、"长度"为"11"，如右图所示。

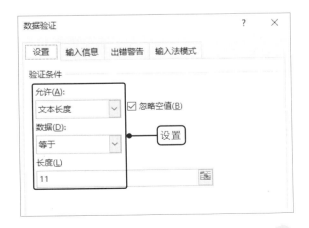

步骤02 设置出错警告

❶切换至"出错警告"选项卡，❷设置"样式"为"停止"、"标题"为"出错"，❸在"错误信息"文本框中输入"请检查输入信息是否正确！"，❹单击"确定"按钮，如下图所示。

步骤03 显示出错警告效果

返回工作表中，在设置的任意单元格中输入错误信息，如在单元格 E3 中输入"187****55211"，可看到弹出的"出错"对话框，在该对话框中会提醒用户检查输入信息是否正确，如下图所示。单击"重试"按钮可重新输入信息。

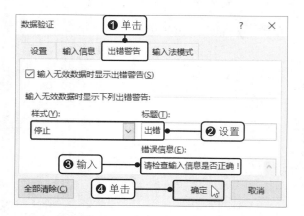

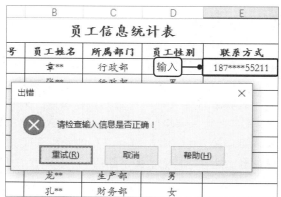

第325招 清除设置的数据条件

当用户不再需要表格中设置的有效数据条件时，可将其清除。

打开原始文件，选中已经设置了数据条件的单元格区域，在"数据"选项卡下的"数据工具"组中单击"数据验证"下三角按钮，在展开的列表中单击"数据验证"选项，打开"数据验证"对话框，单击"全部清除"按钮，如右图所示。完成后单击"确定"按钮，即可清除选中单元格区域中的数据条件。

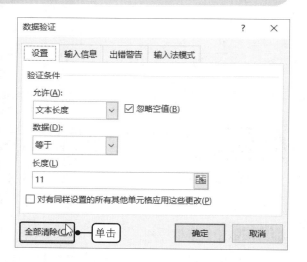

第326招 删除工作表中的重复行

当 Excel 表格中有重复的数据记录时，逐个删除会很费时，此时可以通过删除重复项功能将重复的值删除并保留唯一的值。

步骤01 单击"删除重复项"按钮

打开原始文件，选中要删除重复数据的单元格区域，在"数据"选项卡下的"数据工具"组中单击"删除重复项"按钮，如下图所示。

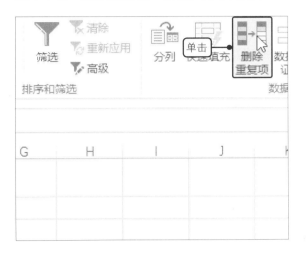

步骤02 删除重复项

弹出"删除重复项"对话框，❶单击"全选"按钮，❷单击"确定"按钮，如下图所示。

步骤03 确定删除重复项

弹出一个提示框，提示用户"发现了 1 个重复值，已经将其删除；保留了 11 个唯一值"，直接单击"确定"按钮，如右图所示。

第327招　将单列文本拆分为多列

当表格中一行的数据太长时，可以通过分列功能将其从某个位置截断并分割成多列，具体的操作方法如下。

步骤01 插入列

打开原始文件，❶右击 D 列列标，❷在弹出的快捷菜单中单击"插入"命令，如下图所示。

步骤02 显示插入的空白列

可看到 C 列后插入了一列空白列，选中 C 列中要分列的数据区域，如下图所示。插入的空白列用于存放分列的数据，如果不插入列，分列的数据会将原始 D 列的数据覆盖。

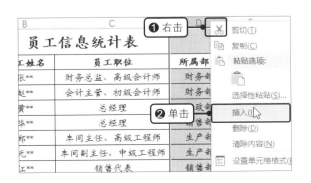

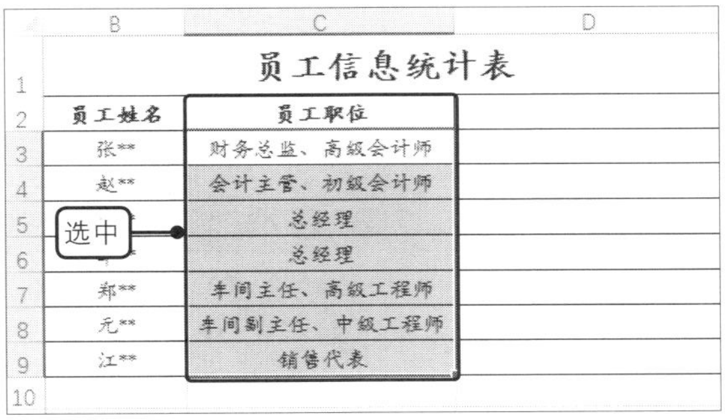

步骤03 单击"分列"按钮

在"数据"选项卡下的"数据工具"组中单击"分列"按钮，如下图所示。

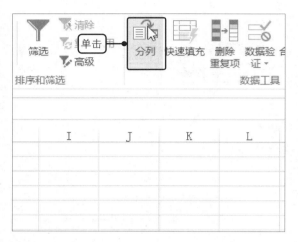

步骤05 设置分隔符号

❶在对话框"文本分列向导 - 第2步，共3步"中的"分隔符号"选项组下勾选"其他"复选框，❷在其后的文本框中输入"、"，❸单击"下一步"按钮，如下图所示。

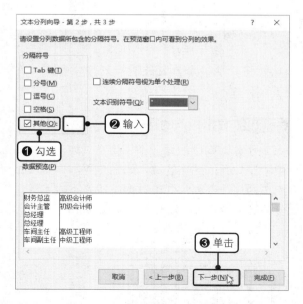

步骤04 开始分列

在对话框"文本分列向导 - 第1步，共3步"中保持默认"分隔符号"单选按钮的选中状态，单击"下一步"按钮，如下图所示。

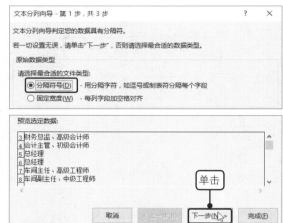

步骤06 设置列数据格式

在对话框"文本分列向导 - 第3步，共3步"中保持默认"常规"单选按钮的选中状态及"目标区域"的设置，单击"完成"按钮，如下图所示。

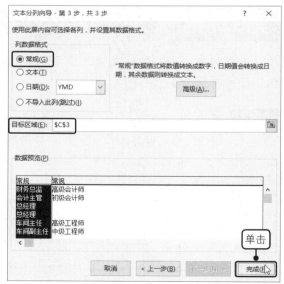

⏰ **提示**

在步骤05中，因为默认的 Tab 键、分号、逗号、空格不符合选中数据区域的实际分隔符号，所以才需要在"其他"文本框中输入"、"。

步骤07 确定分列

弹出提示框，提示用户要放置的列已有数据，是否替换，如果是，则单击"确定"按钮，如右图所示。

步骤08 显示分列效果

返回工作表中，即可看到 C 列中的文本被分为了两列，如下图所示。

	A	B	C	D	E
1	员工信息统计表				
2	员工编号	员工姓名	员工职位	员工职称	所属部门
3	HJ-001	张**	财务总监	高级会计师	财务部
4	HJ-003	赵**	会计主管	初级会计师	财务部
5	HJ-012	黄**	总经理		行政部
6	HJ-521	华**	总经理		销售部
7	HJ-120	郑**	车间主任	高级工程师	生产部
8	HJ-630	元**	车间副主任	中级工程师	生产部
9	HJ-145	江**	销售代表		销售部

第328招　清除所选单元格的格式

当表格中的单元格格式不符合用户的实际需要时，可在不删除内容的基础上清除单元格格式。

打开原始文件，选中要清除格式的单元格区域，❶在"开始"选项卡下的"编辑"组中单击"清除"按钮，❷在展开的列表中单击"清除格式"选项，如右图所示。如果只清除内容、批注或超链接，在列表中单击相应选项即可。单击"全部清除"选项可清除所选单元格区域的所有内容。

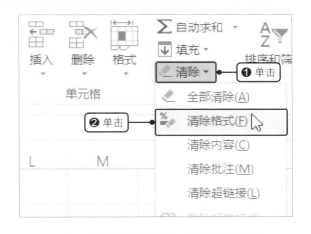

读书笔记

第11章 Excel数据处理与分析

为了方便查看表格中的数据，并将表格中符合条件的数据快速地查找并显示出来，可按照一定的顺序和条件分别对工作表中的数据进行排序和筛选操作。而在处理含有大量数据的工作表时，如果需要对特定的数据进行统计操作，可通过分类汇总功能进行统计计算。此外，还可以使用颜色和图标等条件格式突出显示重要值。

本章将主要介绍如何使用各种条件格式工具突出显示单元格数据，以及如何使用排序、筛选、分类汇总和合并计算功能对表格数据进行处理和分析。

第329招 以颜色突出显示特定的数据

如果需要在工作表中突出显示大于、小于、介于或等于某个数值或数值范围的数据，可以使用突出显示单元格规则功能来实现。

步骤01 选中区域

打开原始文件，选中工作表中要应用条件格式的单元格区域，如下图所示。

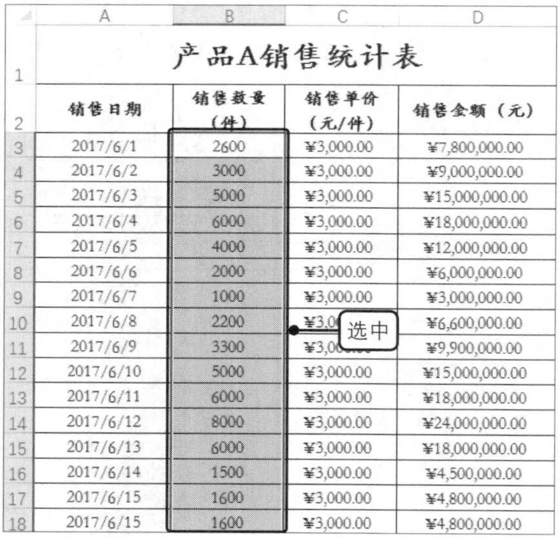

步骤02 选择条件规则

❶在"开始"选项卡下的"样式"组中单击"条件格式"按钮，❷在展开的列表中单击"突出显示单元格规则 > 介于"选项，如下图所示。

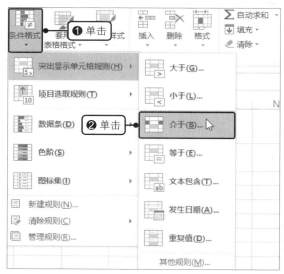

步骤03 设置条件格式

弹出"介于"对话框，❶设置将 2000 到 3000 之间的值显示成浅红填充色深红色文本，❷单击"确定"按钮，如右图所示。

步骤04 显示应用格式效果

可看到选中区域中数值为
2000 到 3000 之间的单元格被填充
上浅红色，数据文本显示为深红色，
如右图所示。

产品A销售统计表			
销售日期	销售数量（件）	销售单价（元/件）	销售金额（元）
2017/6/1	2600	¥3,000.00	¥7,800,000.00
2017/6/2	3000	¥3,000.00	¥9,000,000.00
2017/6/3	5000	¥3,000.00	¥15,000,000.00

⏰ **提示**

除了可以突出显示选中区域中介于两个值之间的数据单元格，还可以突出显示大于、小于或
等于某个值的单元格，其方法和上面招数中的方法类似。

第330招　突出显示重复值

如果需要在工作表中以不同的单元格颜色或文本颜色突出显示重复值，也可使用突出显
示单元格规则功能。

步骤01 选择规则

打开原始文件，选中要应用规则的单元格
区域，❶在"开始"选项卡下的"样式"组中
单击"条件格式"按钮，❷在展开的列表中单
击"突出显示单元格规则 > 重复值"选项，如
下图所示。

步骤02 突出显示重复值

弹出"重复值"对话框，❶设置"重复"值
为"绿填充色深绿色文本"，❷单击"确定"按
钮，如下图所示，可看到选定区域中的重复值
被突出显示了。

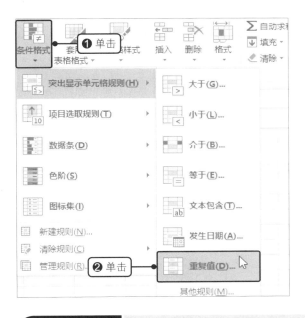

第331招　突出前几项的单元格值

若要突出显示排名前 *n* 位或后 *n* 位、排名前 *n*% 或后 *n*%、高于或低于平均值的数据所
在的单元格，可以通过在条件格式中设置项目选取规则来实现。

步骤01 选择规则

打开原始文件，选中要应用条件格式的单元格区域，❶在"开始"选项卡下的"样式"组中单击"条件格式"按钮，❷在展开的列表中单击"项目选取规则 > 前 10 项"选项，如下图所示。

步骤02 设置规则

弹出"前 10 项"对话框，❶设置将值排名前 7 位的单元格设置为浅红填充色深红色文本，❷单击"确定"按钮，如下图所示，选中区域中排名前 7 位的值所在的单元格将以设置的颜色填充。

第332招 巧用数据条比较数值的大小

在实际工作中，常常需要在工作表中直观地比较数值大小，以提高分析数据的效率，此时可以使用数据条功能来实现。一般情况下，数据条越长，表明该单元格中的数值越大，反之则数值越小。

步骤01 选择格式

打开原始文件，选中要设置的单元格区域，❶在"开始"选项卡下的"样式"组中单击"条件格式"按钮，❷在展开的列表中单击"数据条 > 实心填充 > 绿色数据条"选项，如下图所示。

步骤02 显示应用格式后的效果

可看到选中区域应用绿色数据条后的表格效果，如下图所示，通过数据条的长度即可直观比较该列的数据大小。

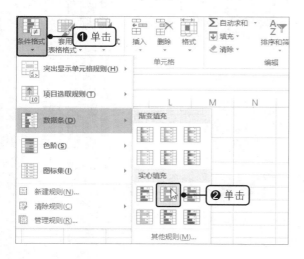

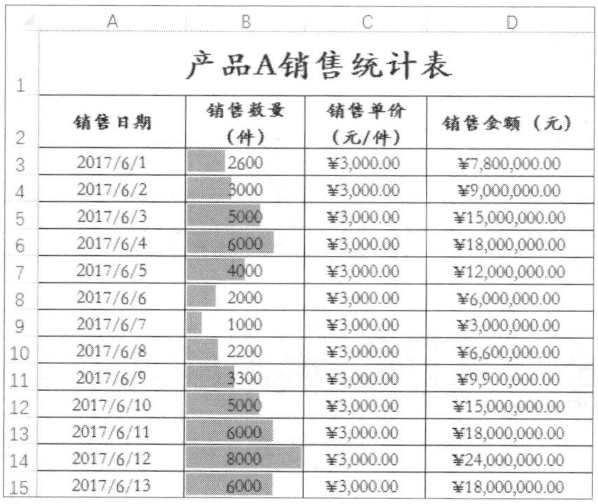

第333招　更改数据条的外观和方向

如果用户对已有的数据条样式，如数据条的颜色、方向等不满意，可对其进行更改。具体的操作方法如下。

步骤01 单击"其他规则"选项

打开原始文件，选中已经设置了数据条的单元格区域，❶在"开始"选项卡下的"样式"组中单击"条件格式"按钮，❷在展开的列表中单击"数据条 > 其他规则"选项，如下图所示。

步骤02 设置数据条外观和方向

弹出"新建格式规则"对话框，❶在"条形图外观"选项组下设置"填充"为"实心填充"、"颜色"为"浅蓝"，设置"边框"为"实心边框"、"颜色"为"黑色，文字 1"，设置"条形图方向"为"从右到左"，❷单击"确定"按钮，如下图所示。

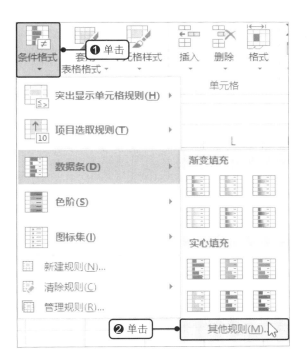

步骤03 显示应用格式效果

可看到对选中区域更改数据条外观和方向后的效果，如右图所示。

	A	B	C	D
1		产品A销售统计表		
2	销售日期	销售数量（件）	销售单价（元/件）	销售金额（元）
3	2017/6/1	2600	￥3,000.00	￥7,800,000.00
4	2017/6/2	3000	￥3,000.00	￥9,000,000.00
5	2017/6/3	5000	￥3,000.00	￥15,000,000.00
6	2017/6/4	6000	￥3,000.00	￥18,000,000.00
7	2017/6/5	4000	￥3,000.00	￥12,000,000.00
8	2017/6/6	2000	￥3,000.00	￥6,000,000.00
9	2017/6/7	1000	￥3,000.00	￥3,000,000.00
10	2017/6/8	2200	￥3,000.00	￥6,600,000.00

第334招　使用不同色调区分数据的大小

如果需要使用不同色调区分数据的最值和中间值，从而使值的区域范围一目了然，可使用色阶功能实现。

步骤01　选择色阶样式

打开原始文件，选中要设置的单元格区域，❶在"开始"选项卡下的"样式"组中单击"条件格式"按钮，❷在展开的列表中单击"色阶 > 红 - 白色阶"选项，如下图所示。

步骤02　显示应用格式效果

对选中区域应用红 - 白色阶样式后的效果如下图所示，可以看出数值越大颜色越深。

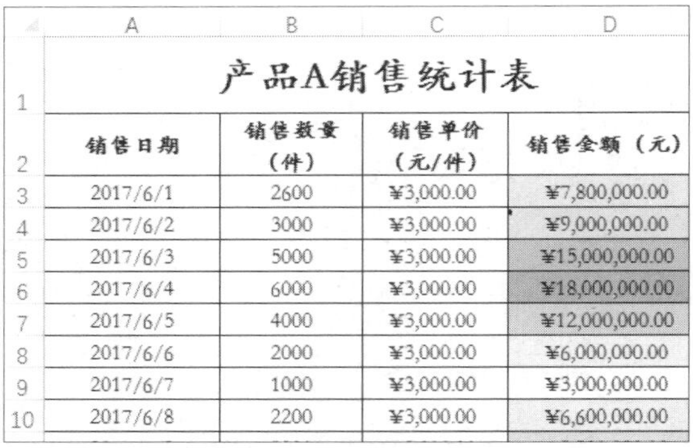

第335招　使用图标区分数据的大小

如果需要将数据分为多个类别，且每个类别都用不同的图标加以区分，以便快速地区分数据中的每个等级，可使用图标集功能实现。

步骤01　选择图标集

打开原始文件，选中要设置的单元格区域，❶在"开始"选项卡下的"样式"组中单击"条件格式"按钮，❷在展开的列表中单击"图标集 > 五象限图"选项，如下图所示。

步骤02　显示应用格式效果

可看到对选中区域应用五象限图样式后的效果，如下图所示。

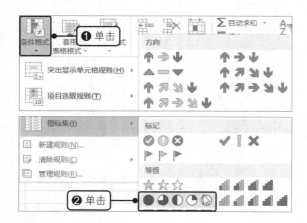

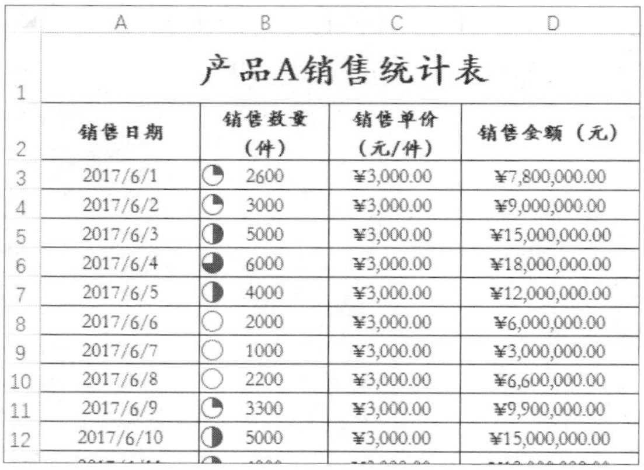

第336招 在区分数据时只显示图标集

如果只需要在单元格中以图标来分辨数据的大小，可将数据值隐藏，只显示图标集，具体的操作方法如下。

步骤01 单击"其他规则"选项

打开原始文件，选中已经设置了条件格式的单元格区域，❶在"开始"选项卡下的"样式"组中单击"条件格式"按钮，❷在展开的列表中单击"图标集＞其他规则"选项，如下图所示。

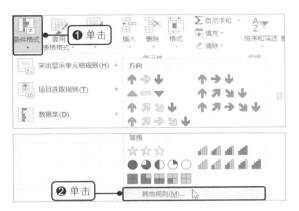

步骤02 仅显示图标

弹出"新建格式规则"对话框，❶在"图标样式"后设置好要应用的图标后，❷勾选"仅显示图标"复选框，如下图所示。单击"确定"按钮。

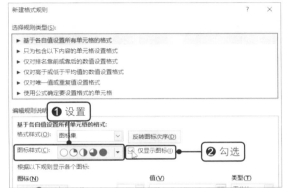

步骤03 显示设置效果

返回工作表中，即可看到 B 列中的区域只显示了图标，如右图所示。

产品A销售统计表			
销售日期	销售数量（件）	销售单价（元/件）	销售金额（元）
2017/6/1	◕	¥3,000.00	¥7,800,000.00
2017/6/2	◔	¥3,000.00	¥9,000,000.00
2017/6/3	◑	¥3,000.00	¥15,000,000.00
2017/6/4	◕	¥3,000.00	¥18,000,000.00
2017/6/5	◔	¥3,000.00	¥12,000,000.00
2017/6/6	◯	¥3,000.00	¥6,000,000.00

第337招 清除设置的条件格式

当不再需要某一单元格区域或整个工作表中的条件格式时，可通过清除规则功能将其删除。

打开原始文件，❶在"开始"选项卡下的"样式"组中单击"条件格式"按钮，❷在展开的列表中单击"清除规则＞清除整个工作表的规则"选项，如右图所示。

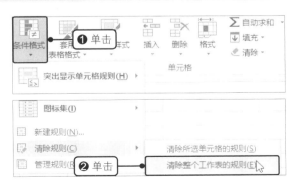

第338招 为表格套用预设的表格样式

Excel 中自带了许多种表格样式，完成工作表的制作后，若是觉得工作表太单调，可以直接套用预设的表格样式，美化工作表。

步骤01 选择表格样式

打开原始文件，❶在"开始"选项卡下的"样式"组中单击"套用表格格式"按钮，❷在展开的列表中单击"表样式中等深浅 7"样式，如下图所示。

步骤02 设置数据来源

弹出"套用表格式"对话框，❶在"表数据的来源"文本框中设置数据来源为单元格区域 A2:D33，保持"表包含标题"复选框的选中状态，❷单击"确定"按钮，如下图所示。

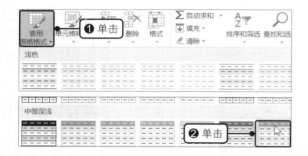

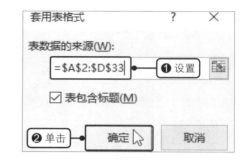

步骤03 显示套用表格样式后的效果

返回工作表中，即可看到套用表格样式后的工作表效果，如右图所示。

销售日期	销售数量（件）	销售单价（元/件）	销售金额（元）
		产品A销售统计表	
2017/6/1	2600	¥3,000.00	¥7,800,000.00
2017/6/2	3000	¥3,000.00	¥9,000,000.00
2017/6/3	5000	¥3,000.00	¥15,000,000.00
2017/6/4	6000	¥3,000.00	¥18,000,000.00
2017/6/5	4000	¥3,000.00	¥12,000,000.00
2017/6/6	2000	¥3,000.00	¥6,000,000.00
2017/6/7	1000	¥3,000.00	¥3,000,000.00
2017/6/8	2200	¥3,000.00	¥6,600,000.00
2017/6/9	3300	¥3,000.00	¥9,900,000.00
2017/6/10	5000	¥3,000.00	¥15,000,000.00

第339招 更改表格样式选项

为工作表套用表格样式后，可根据实际情况删除或添加表格样式选项。

打开原始文件，选中表格中的任意数据单元格，❶在"表格工具 - 设计"选项卡下的"表格样式选项"组中取消勾选"筛选按钮"复选框，❷勾选"汇总行"复选框，如右图所示。

第340招　将表格转换为数据区域

为 Excel 表格应用表格样式后，如果只需要表格样式而不需要表功能，可以将表转换为普通数据区域。

步骤01　将表格转换为区域

打开原始文件，❶选中表格中的任意数据单元格，❷在"表格工具 - 设计"选项卡下的"工具"组中单击"转换为区域"按钮，如下图所示。

步骤02　确认转换

弹出提示框，提示用户是否将表转换为普通区域，如果是，则单击"是"按钮，如下图所示。

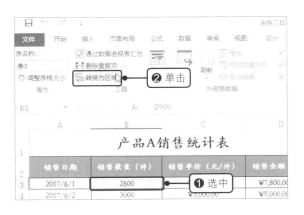

第341招　对数据进行简单的升序或降序排序

当工作表中的某一列或某一行数据较为杂乱，不利于快速查看和比较时，可对该列或该行数据进行简单的升序或降序排序。

步骤01　升序排序

打开原始文件，❶选中 B 列中任意的数据单元格，❷在"数据"选项卡下的"排序和筛选"组中单击"升序"按钮，如下图所示。

步骤02　降序排序

可看到 B 列中的销售金额升序排列了，❶继续选中 B 列中的任意单元格，❷在"数据"选项卡下的"排序和筛选"组中单击"降序"按钮，如下图所示，可让 B 列中的数据降序排列。

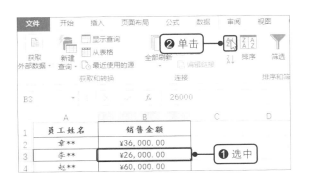

第342招 对部分数据进行排序

如果只需要对工作表中的部分数据进行排序，可通过以下方法来实现。

步骤01 选中区域

打开原始文件，拖动鼠标选中单元格区域 A2:B7，如右图所示。需注意的是，在拖动时，要首先拖动选中要排序的 B 列的单元格，不然在排序时会首先排序 A 列的选中数据。

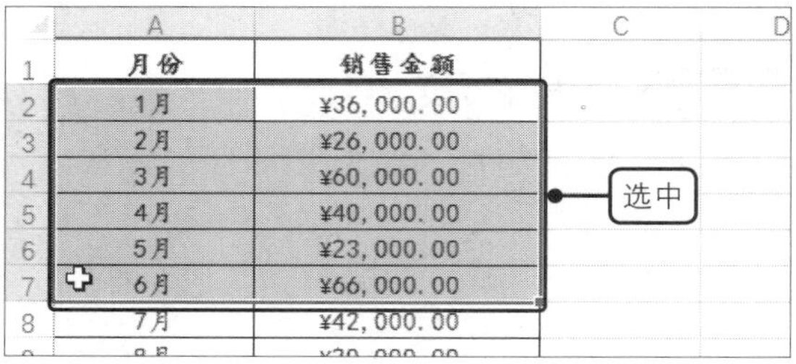

步骤02 降序排序

在"数据"选项卡下的"排序和筛选"组中单击"降序"按钮，如下图所示。

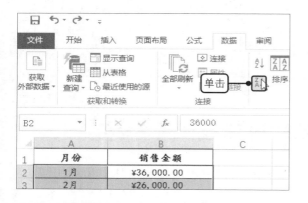

步骤03 显示部分数据的排序效果

随后可看到选中区域的销售金额降序排列的效果，如下图所示。

第343招 对多列或多行数据进行排序

当需要对工作表中的多行或多列数据进行排序时，可设置排序的主要关键字和次要关键字。

步骤01 单击"排序"按钮

打开原始文件，选中任意数据单元格，在"数据"选项卡下的"排序和筛选"组中单击"排序"按钮，如下图所示。

步骤02 添加条件

弹出"排序"对话框，❶设置"主要关键字"为"销售数量（件）"，保持默认的"排序依据"和"次序"，❷单击"添加条件"按钮，如下图所示。

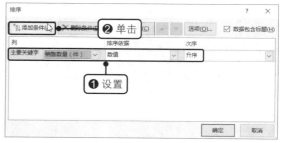

步骤03 完成次要关键字的设置

❶设置"次要关键字"为"销售金额（元）"，保持默认的"排序依据"和"次序"，❷单击"确定"按钮，如下图所示。

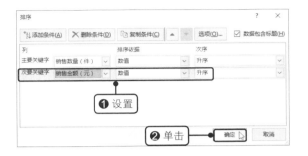

步骤04 显示排序效果

返回工作表中，即可看到表格数据会首先按销售数量进行升序排序，当销售数量相同时，就会按销售金额进行升序排序，如下图所示。

产品销售统计表			
产品名称	销售单价（元/件）	销售数量（件）	销售金额（元）
微波炉	¥560.00	1000	¥560,000.00
电风扇	¥800.00	2000	¥1,600,000.00
豆浆机	¥300.00	2200	¥660,000.00
冰箱	¥4,800.00	2600	¥12,480,000.00
洗衣机	¥6,900.00	3000	¥20,700,000.00
台灯	¥400.00	3300	¥1,320,000.00

第344招　按单元格颜色进行排序

除了可以根据数值的大小来进行降序或升序排序外，当含有数值的单元格被颜色填充时，还可以根据单元格颜色进行排序。

步骤01 设置排序依据

打开原始文件，选中任意数据单元格，在"数据"选项卡下的"排序和筛选"组中单击"排序"按钮，打开"排序"对话框，❶单击"排序依据"右侧的下拉按钮，❷在展开的列表中单击"单元格颜色"选项，如下图所示。

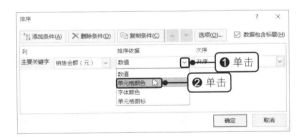

步骤02 设置次序

❶单击"次序"右侧的下三角按钮，❷在展开的列表中单击要排序的颜色块，❸随后设置好次序的位置，如"在顶端"，❹单击"确定"按钮，如下图所示。

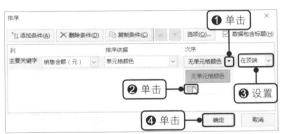

步骤03 显示排序效果

返回工作表中，即可看到所选颜色的单元格会在顶端显示，如右图所示。

产品销售统计表			
产品名称	销售单价（元/件）	销售数量（件）	销售金额（元）
加湿器	¥600.00	4000	¥2,400,000.00
微波炉	¥560.00	1000	¥560,000.00
台灯	¥400.00	3300	¥1,320,000.00
电饭煲	¥300.00	5000	¥1,500,000.00
冰箱	¥4,800.00	2600	¥12,480,000.00
洗衣机	¥6,900.00	3000	¥20,700,000.00
空调	¥4,900.00	5000	¥24,500,000.00
电视机	¥3,900.00	6000	¥23,400,000.00
电风扇	¥800.00	2000	¥1,600,000.00
豆浆机	¥300.00	2200	¥660,000.00
按摩椅	¥4,500.00	5700	¥25,650,000.00

第345招 按笔画进行排序

在 Excel 中，如果排序的字段不是数值，而是汉字，则一般是按照拼音的字母顺序来进行排序的。用户还可以选择按汉字的笔画进行排序。

步骤01 单击"选项"按钮

打开原始文件，在"数据"选项卡下的"排序和筛选"组中单击"排序"按钮，打开"排序"对话框，❶设置"主要关键字"为"员工姓名"，并设置好"排序依据"和"次序"，❷单击"选项"按钮，如右图所示。

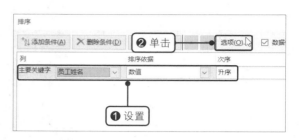

步骤02 设置笔画排序

弹出"排序选项"对话框，❶单击"方法"选项组下的"笔画排序"单选按钮，❷单击"确定"按钮，如下图所示。

步骤03 显示笔画排序效果

继续单击"确定"按钮，返回工作表中，即可看到"员工姓名"列的数据已根据员工姓氏的笔画进行升序排序，如下图所示。

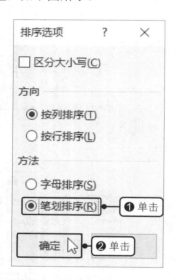

	A	B
1	员工姓名	销售金额
2	孔**	¥23,000.00
3	宁**	¥66,000.00
4	孙**	¥40,000.00
5	花**	¥30,000.00
6	李**	¥26,000.00
7	何**	¥32,450.00
8	周**	¥62,000.00
9	封**	¥11,000.00
10	赵**	¥60,000.00
11	耿**	¥42,000.00
12	黄**	¥40,000.00
13	章**	¥36,000.00

> **提示**
>
> 在 Excel 中，按笔画排序的规则是：同笔画数的姓按起笔顺序排序（横，竖，撇，捺，折）；笔画数和笔形都相同的字，按字形结构排序（先左右，再上下，最后整体结构）；如果姓同字，则按姓名的第二、三个字进行排序。

第346招 自行设置排序序列

如果已有的升序、降序序列不能满足实际工作需求，可使用自定义序列功能自行设置符合条件的序列。

步骤01 单击"自定义序列"选项

打开原始文件，在"数据"选项卡下的"排序和筛选"组中单击"排序"按钮，打开"排序"对话框，❶设置"主要关键字"为"完成情况"，保持默认的"排序依据"，❷单击"次序"右侧的下拉按钮，❸在展开的列表中单击"自定义序列"选项，如右图所示。

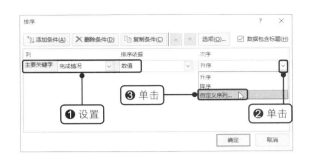

步骤02 添加序列

弹出"自定义序列"对话框，❶在"输入序列"列表框中输入"优秀 良 差"，序列各条目之间使用【Enter】键分隔。❷单击"添加"按钮，如下图所示。

步骤03 完成添加

此时在"自定义序列"下的列表框中可以看到添加的序列，单击"确定"按钮，如下图所示。

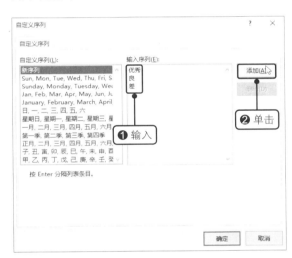

步骤04 完成序列的自定义

返回"排序"对话框中，单击"确定"按钮，返回工作表中，可看到自定义排序序列的效果，如右图所示。

⏰提示

如果要删除自定义的序列，可在"自定义序列"对话框中的"自定义序列"列表框中选中要删除的序列，单击"删除"按钮即可。

产品销售统计表		
产品名称	销售金额（元）	完成情况
壹**	¥12,480,000.00	优秀
封**	¥24,500,000.00	优秀
华**	¥23,400,000.00	优秀
贾**	¥13,200,000.00	优秀
黄**	¥25,650,000.00	优秀
赵**	¥9,800,000.00	良
李**	¥9,000,000.00	良
梁**	¥8,000,000.00	良
孔**	¥560,000.00	差

第347招 快速恢复到未排序时的状态

完成数据的排序后，有可能还需要返回排序前的状态。可以在排序前添加一列或一行序号，在排序完成后，通过对序号的排序来返回原始状态。

步骤01 插入序号列

打开原始文件，在员工姓名列前插入一列空白列，在空白列中输入如下图所示的序号。

	A	B	C	D
1	序号	员工姓名	销售金额	
2	1	封**	¥11,000.00	
3	2	梁**	¥20,000.00	
4	3	孔**	¥23,000.00	
5	4	李**	¥26,000.00	
6	5	花**	插入并输入	
7	6	何**	¥32,450.00	
8	7	童**	¥36,000.00	
9	8	黄**	¥40,000.00	
10	9	孙**	¥23,000.00	
11	10	耿**	¥42,000.00	

步骤02 排序销售金额

❶选中 C 列中的任意数据单元格，❷在"数据"选项卡下的"排序和筛选"组中单击"降序"按钮，如下图所示。

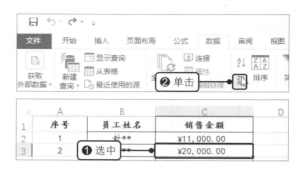

步骤03 排序序号

此时可以看到销售金额会以降序方式进行排列，❶选中 A 列中的任意数据单元格，❷在"数据"选项卡下的"排序和筛选"组中单击"降序"按钮，如右图所示，即可返回未排序时的效果。

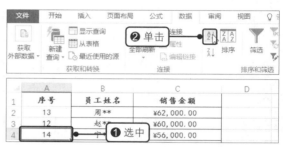

第348招　自动筛选符合条件的数据

要想在工作表中隐藏暂时不需要的数据，而只显示满足指定条件的数据，可使用简单的自动筛选功能来实现。

步骤01 单击"筛选"按钮

打开原始文件，❶选中任意数据单元格，❷在"数据"选项卡下的"排序和筛选"组中单击"筛选"按钮，如下图所示。

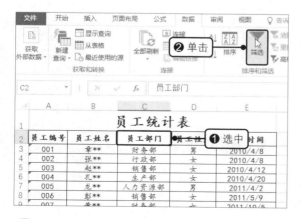

步骤02 筛选数据

❶单击"员工部门"字段右侧的下三角按钮，❷在展开的列表中取消勾选"全选"复选框，❸勾选"行政部"复选框，❹单击"确定"按钮，如下图所示。

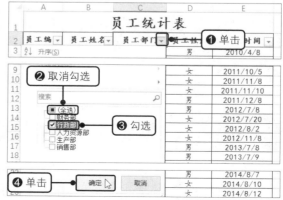

步骤03 显示筛选结果

完成设置后，可看到工作表中只显示了行政部的员工数据，如右图所示。

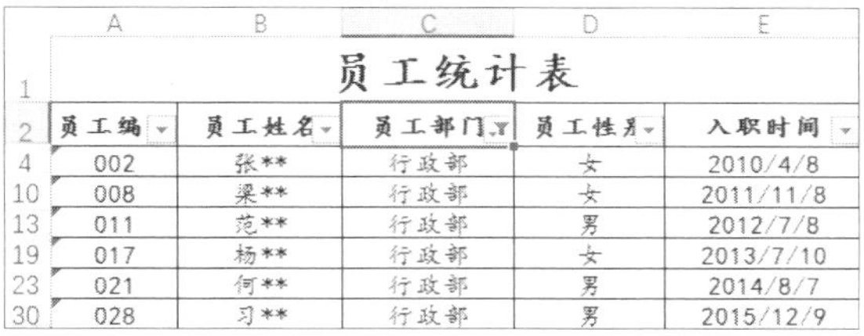

	A	B	C	D	E
1			员 工 统 计 表		
2	员工编 ▾	员工姓名 ▾	员工部门 ▾	员工性别 ▾	入职时间 ▾
4	002	张**	行政部	女	2010/4/8
10	008	梁**	行政部	女	2011/11/8
13	011	范**	行政部	男	2012/7/8
19	017	杨**	行政部	女	2013/7/10
23	021	何**	行政部	男	2014/8/7
30	028	习**	行政部	男	2015/12/9

第349招　输入关键字进行筛选

如果想要筛选出包含指定关键字的数据，可输入关键字后进行搜索式筛选。

步骤01 搜索筛选

打开原始文件，在"数据"选项卡下的"排序和筛选"组中单击"筛选"按钮，❶单击"员工部门"字段右侧的下三角按钮，❷在展开的列表搜索框中输入"生产部"，如下图所示。

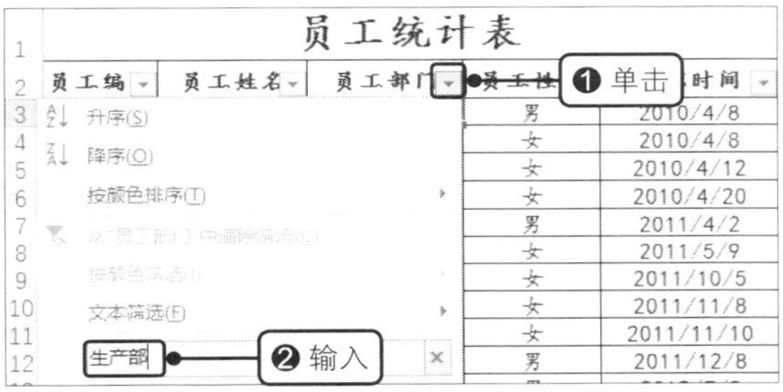

步骤02 显示筛选效果

单击"确定"按钮，即可看到筛选出的生产部员工信息，如下图所示。

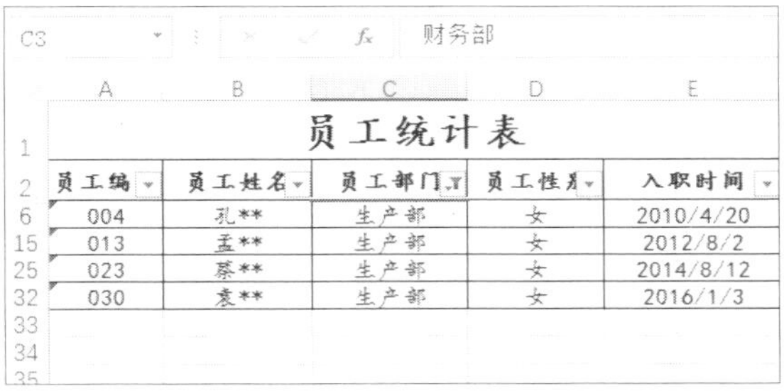

第350招　自定义筛选方式

有时系统提供的快速筛选功能不能满足需要，例如在员工信息表中筛选出某一年龄段的员工，此时可通过自定义筛选来完成操作。

步骤01 选择筛选方式

打开原始文件，在"数据"选项卡下的"排序和筛选"组中单击"筛选"按钮，❶单击"员工姓名"字段右侧的下三角按钮，❷在展开的列表中单击"文本筛选 > 包含"选项，如下图所示。

步骤02 设置自动筛选方式

弹出"自定义自动筛选方式"对话框，❶设置员工姓名"包含""孔"，❷单击"确定"按钮，如下图所示。

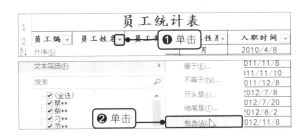

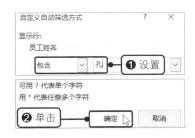

步骤03 显示筛选效果

返回工作表中，即可看到筛选出的姓名中包含"孔"的员工信息，如右图所示。

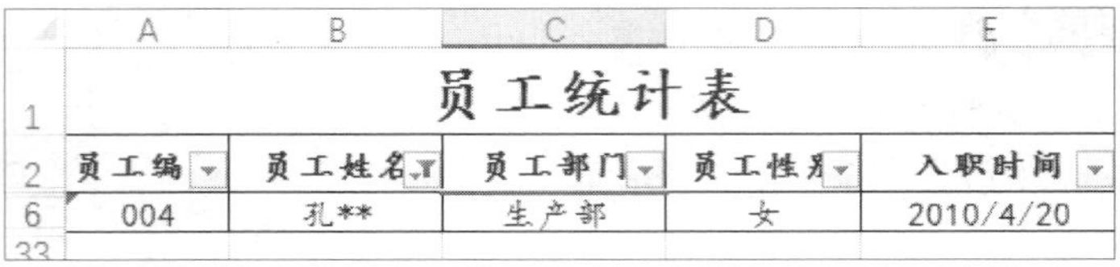

	A	B	C	D	E
1		员工统计表			
2	员工编号	员工姓名	员工部门	员工性别	入职时间
6	004	孔**	生产部	女	2010/4/20
33					

第351招 筛选出满足多个条件的数据

当需要筛选出同时满足多个条件的表格数据时，可以使用高级筛选中的"与"功能来实现。

步骤01 单击"高级"按钮

打开原始文件，❶在 G 列和 H 列中输入筛选条件，即要筛选出既是财务部又是女性的员工数据，❷在"数据"选项卡下的"排序和筛选"组中单击"高级"按钮，如下图所示。

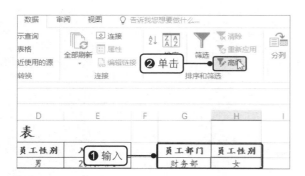

步骤02 设置筛选区域

弹出"高级筛选"对话框，❶设置"方式"为"在原有区域显示筛选结果"，❷设置"列表区域"为 A2:E32，设置"条件区域"为 G2:H3，如下图所示，单击"确定"按钮。

步骤03 显示多条件筛选效果

返回工作表中，即可看到多条件筛选后的表格效果，如右图所示。

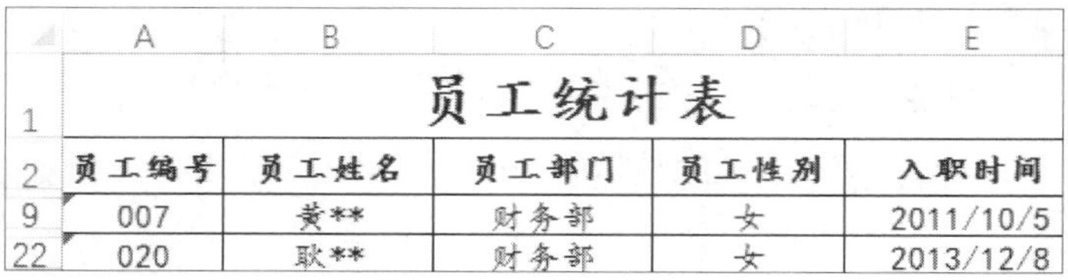

	A	B	C	D	E
1		员工统计表			
2	员工编号	员工姓名	员工部门	员工性别	入职时间
9	007	黄**	财务部	女	2011/10/5
22	020	耿**	财务部	女	2013/12/8

第352招 筛选出满足一个条件的多条件数据

如果需要筛选出满足多个条件中任意一个条件的数据，可以使用高级筛选中的"或"功能来实现。

步骤01 单击"高级"按钮

打开原始文件，❶在 G 列和 H 列中输入筛选条件，即要筛选出要么是财务部，要么是女性的员工，❷在"数据"选项卡下的"排序和筛选"组中单击"高级"按钮，如右图所示。

步骤02 设置筛选条件

弹出"高级筛选"对话框，❶设置"方式"为"在原有区域显示筛选结果"，❷设置"列表区域"为单元格区域A2:E32,设置"条件区域"为单元格区域 G2:H4，❸单击"确定"按钮，如下图所示。

步骤03 显示筛选效果

返回工作表中，即可看到筛选出的员工部门为财务部或者员工性别为女的数据，如下图所示。

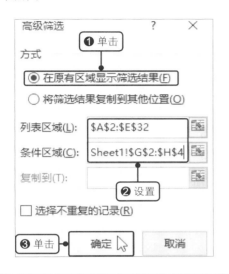

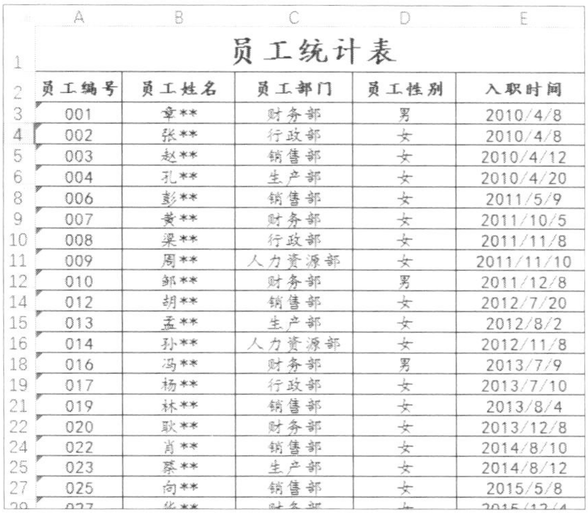

> ⏰ **提示**
>
> 如果工作表中存在重复的数据，想要筛选出不重复的记录时，可在"高级筛选"对话框中勾选"选择不重复的记录"复选框。

第353招 快速恢复筛选前的效果

完成筛选结果的查看或使用后，用户可清除筛选，返回筛选前的效果。

打开原始文件，在"数据"选项卡下的"排序和筛选"组中单击"清除"按钮，如右图所示，即可返回筛选前的数据效果。

第354招 按指定的分类字段汇总数据

当用户需要对指定的字段进行求和、计数、求平均值等汇总计算时，可以使用分类汇总功能快速完成。但在进行分类汇总前，需先对要汇总的字段项目进行排序。

步骤01 排序数据

打开原始文件，❶选中 B 列中的任意单元格，❷在"数据"选项卡下的"排序和筛选"组中单击"升序"按钮，如下图所示。

步骤02 单击"分类汇总"按钮

在"数据"选项卡下的"分级显示"组中单击"分类汇总"按钮，如下图所示。

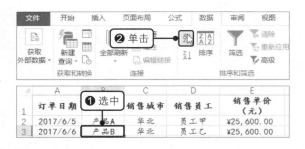

步骤03 设置分类汇总

弹出"分类汇总"对话框，❶设置"分类字段"为"产品名称"，保持默认的汇总方式，❷在"选定汇总项"下勾选"销售数量（辆）"和"销售金额（元）"复选框，❸单击"确定"按钮，如下图所示。

步骤04 显示汇总效果

返回工作表中，即可看到工作表中的数据已按照产品名称分类汇总出了销售数量和销售金额，如下图所示。

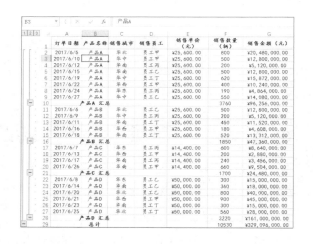

第355招 隐藏与显示分类汇总后的明细数据

在分析和查看数据时，可以将暂时不需要查看的分类汇总明细数据隐藏起来，便于集中查看汇总项。当需要显示明细数据时，可将隐藏的数据重新显示出来。

步骤01 单击分级显示符

打开原始文件，此时表格的分级显示有 3 个级别，在列标签左侧的分级显示符中单击分级符"2"，如右图所示。

步骤02 隐藏明细数据

可看到最后一级的明细数据已被隐藏，可以清楚地查看各产品的汇总数据。单击"产品C 汇总"右侧的展开按钮，如下图所示。

步骤03 显示单个产品的明细数据

可看到工作表中其他产品只显示汇总数据，而产品 C 显示了明细数据，如下图所示。

第356招 对多个字段进行嵌套汇总

当需要对多个字段进行分类汇总时，可先对多个字段进行排序，然后分别对排序后的字段进行分类汇总设置。具体的操作方法如下。

步骤01 设置两个排序关键字

打开原始文件，单击"数据"选项卡下的"排序和筛选"组中的"排序"按钮，打开"排序"对话框，❶设置好主要关键字和次要关键字及关键字的排序依据和次序，❷单击"确定"按钮，如右图所示。

步骤02 设置分类汇总

返回工作表中，单击"数据"选项卡下的"分类汇总"按钮，打开"分类汇总"对话框，❶设置"分类字段"为"产品名称"，❷勾选"销售数量（辆）"和"销售金额（元）"复选框，如下图所示，单击"确定"按钮。

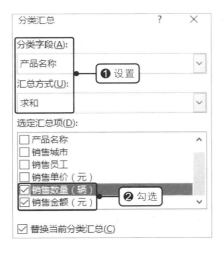

步骤03 嵌套分类汇总

返回工作表中，再次打开"分类汇总"对话框，❶设置"分类字段"为"销售城市"，❷勾选"销售数量（辆）"和"销售金额（元）"复选框，❸取消勾选"替换当前分类汇总"复选框，如下图所示，单击"确定"按钮。

221

步骤04 显示嵌套分类汇总效果

返回工作表中，在列标签左侧的分级显示符中单击分级符"3"，即可看到工作表中的数据按照产品名称进行了分类汇总，在下一级中还根据销售城市进行了分类汇总，如下图所示。

订单日期	产品名称	销售城市	销售员工	销售单价（元）	销售数量（辆）	销售金额（元）
		华北 汇总			800	¥20,480,000.00
		华东 汇总			190	¥4,864,000.00
		华南 汇总			700	¥17,920,000.00
		华西 汇总			400	¥10,240,000.00
		华中 汇总			1670	¥42,752,000.00
	产品A 汇总				3760	¥96,256,000.00
		华北 汇总			500	¥12,800,000.00
		华南 汇总			970	¥24,832,000.00
		华西 汇总			180	¥4,608,000.00
		华中 汇总			200	¥5,120,000.00

第357招　分类汇总后分页每组数据

在使用 Excel 的分类汇总功能分类汇总数据后，如果想要更直观地查看每组汇总结果，或者是分页打印每组汇总结果，可以在分类汇总后分页每组数据。

步骤01 分页每组数据

打开原始文件，在"数据"选项卡下的"分级显示"组中单击"分类汇总"按钮，打开"分类汇总"对话框，❶设置好"分类字段""汇总方式"及"选定汇总项"，❷勾选"每组数据分页"复选框，❸单击"确定"按钮，如下图所示。

步骤02 显示分页效果

返回工作表中，在"视图"选项卡下的"工作簿视图"组中单击"分页预览"按钮，即可看到汇总结果按组分页后的效果，如下图所示。

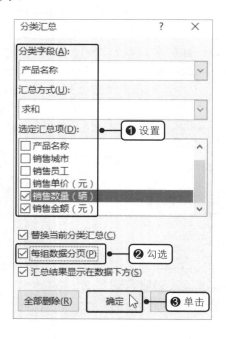

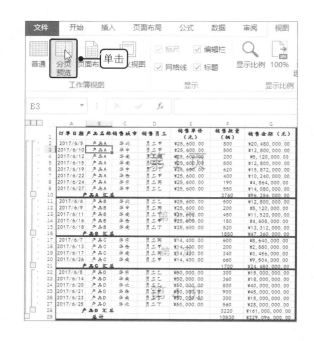

第358招　删除分类汇总

在使用分类汇总统计数据后，如果需要返回分类汇总前的效果，可取消分类汇总设置，具体的操作方法如下。

打开原始文件，在"数据"选项卡下的"分级显示"组中单击"分类汇总"按钮，打开"分类汇总"对话框，单击对话框左下角的"全部删除"按钮，如右图所示，即可取消分类汇总。

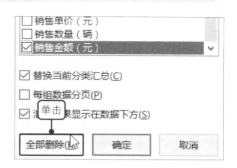

第359招　合并计算多个工作表中的数据

如果多个工作表数据区域中的每一条记录名称和字段名称都在相同的单元格位置上，可以使用合并计算功能对多个工作表中相同位置的数据进行快速统计。

步骤01　**选中单元格**

打开原始文件，❶切换至"第1季度汇总表"工作表中，❷选中单元格 B3，如下图所示。

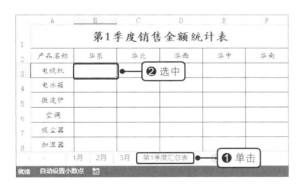

步骤02　**单击"合并计算"按钮**

在"数据"选项卡下的"数据工具"组中单击"合并计算"按钮，如下图所示。

步骤03　**添加引用位置**

弹出"合并计算"对话框，❶在"引用位置"下的文本框中设置引用位置为工作表"1月"中的单元格区域 B3:F8，❷单击"添加"按钮，如下图所示。

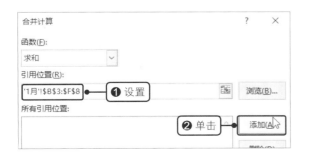

步骤04　**完成引用位置的设置**

可在"所有引用位置"下的列表框中看到添加的引用位置，应用相同的方法添加工作表"2月"和"3月"中相同的单元格区域，如下图所示，单击"确定"按钮。

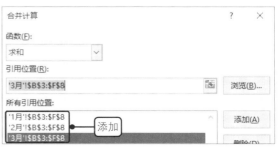

步骤05 显示合并计算结果

返回"第1季度汇总表"工作表中，即可看到该工作表对应的单元格值为添加的3个工作表中相同单元格的求和计算结果，如右图所示。

⏰ **提示**

除了可以对多个工作表中的数据进行求和计算外，还可以进行计数、求平均值、求最大值、求最小值等计算。

	A	B	C	D	E
1	第1季度销售金额统计表				
2	产品名称	华东	华北	华西	华中
3	电视机	2370000	1060000	1112000	1920000
4	电冰箱	514000	1560000	1300000	1380000
5	微波炉	587000	75000	2088800	1285000
6	空调	1147900	1368000	146250	76800
7	吸尘器	1576200	108000	135000	137460
8	加温器	186000	180000	1356000	2340000

1月　2月　3月　第1季度汇总表 ⊕

就绪　自动设置小数点

读书笔记

第12章 Excel公式与函数应用

在Excel中，数据的处理和分析还可以使用公式与函数来完成。在掌握了公式与函数后，还可以将二者与模拟分析工具相结合，完成更复杂的数据分析和预测工作。

本章主要讲解三部分内容：公式的相关操作；常见函数在公式中的应用；模拟分析工具中的方案管理器、单变量求解及模拟运算表的使用方法。

第360招 相对引用数据

在使用公式进行计算时，为了达到快速计算的目的，常常会在单元格中引用当前工作表或其他工作表中的一个或多个单元格。如果需要计算的公式所在的单元格发生改变，引用的单元格或单元格区域也会发生相应的改变，这时可通过相对引用来实现同步计算。

步骤01 输入公式

打开原始文件，在单元格 D3 中输入公式"=B3*C3"，按下【Enter】键，即可看到计算出的销售金额，如下图所示。

步骤02 查看相对引用效果

拖动单元格 D3 右下角的填充柄，向下复制公式，计算出其他日期的销售金额。选中单元格 D6，可在编辑栏中看到该单元格中的公式"=B6*C6"，引用单元格地址会随着目标单元格地址的变化而变化，如下图所示。

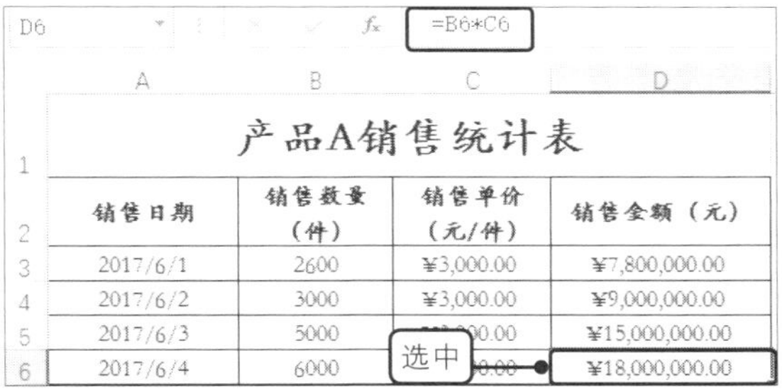

第361招 绝对引用数据

在 Excel 表格中进行计算时，如果公式中要引用的单元格或单元格区域不需要随着目标单元格的改变而发生变化，可通过绝对引用来实现。

步骤01 绝对引用单元格数据

打开原始文件，在单元格 D4 中输入公式"=B4*C4*$D$2"，按下【Enter】键，即可计算出商品 A 的销售金额，如右图所示。

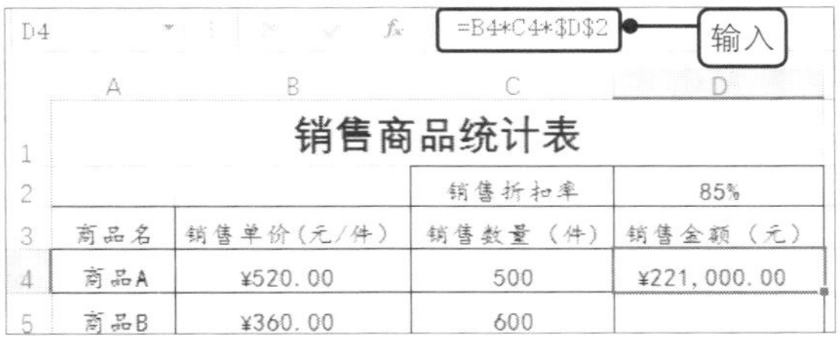

步骤02 显示绝对引用效果

将单元格 D4 中的公式复制到 D 列的其他单元格中，选中单元格 D6，可看到该单元格中的公式为"=B6*C6*$D$2"，设置了绝对引用的单元格保持不变，如右图所示。

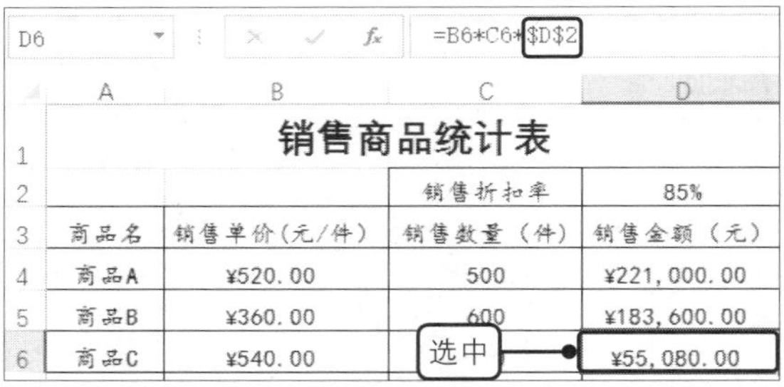

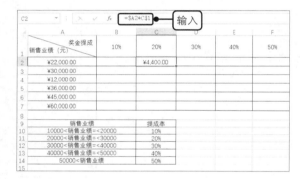

第362招　混合引用数据

如果公式中要引用的单元格或单元格区域需要随着单元格列的改变而改变，而行不发生改变，或是行发生改变，而列不发生改变，可通过混合引用来实现。

步骤01 混合引用

打开原始文件，在单元格 C2 中输入公式"=$A2*C$1"，按下【Enter】键，即可看到该单元格中的计算结果，如下图所示。

步骤02 复制粘贴公式

使用【Ctrl+C】组合键复制单元格 C2 中的公式，❶右击单元格 C3，❷在弹出的快捷菜单中单击"粘贴选项＞公式"命令，如下图所示。

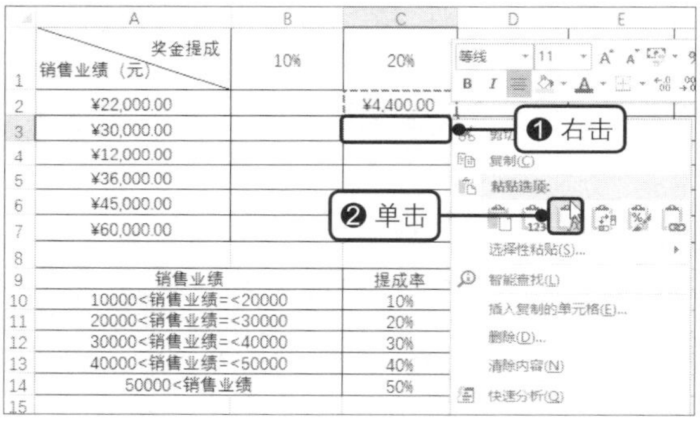

步骤03 显示混合引用效果

可在编辑栏中看到单元格 C3 中的计算公式"=$A3*C$1"，发现公式中引用的 A 列和第 1 行不会随着单元格的变化而改变，如下图所示。

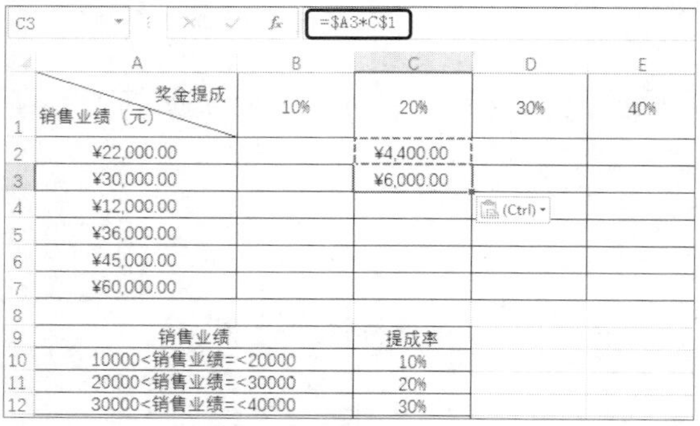

步骤04 完成混合引用的计算

应用相同的方法将单元格 C2 中的公式复制粘贴到其他相应的单元格中，即可得到如下图所示的表格效果。

第363招　跨工作表引用数据

在运用公式进行计算时，除了可以引用同一个工作表中的数据，还可以引用其他工作表中的数据，具体的操作方法如下。

步骤01　输入等号

打开原始文件，❶切换至"统计表"工作表中，❷在单元格 C3 中输入"="，如下图所示。

步骤02　引用其他工作表数据

❶切换至"1月"工作表，❷在该工作表中单击单元格 C3，如下图所示。

步骤03　继续引用其他工作表数据

❶在编辑栏中的公式后输入"+"，❷切换至"2月"工作表，❸单击单元格 C3，如下图所示。

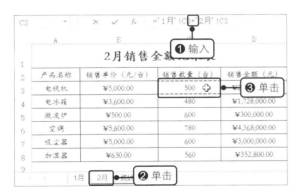

步骤04　显示计算结果

按下【Enter】键，即可看到"统计表"工作表中单元格 C3 的计算结果，向下复制公式，计算出其他单元格中的结果，如下图所示。

步骤05　计算销售金额

在单元格 D3 中输入公式"=B3*C3"，按下【Enter】键，即可得到电视机的销售金额数据，向下复制公式，可得到其他产品的销售金额，如右图所示。

227

第364招 跨工作簿引用数据

在输入公式进行计算时，除了可以引用同一个工作表或工作簿中的数据，还可以引用其他工作簿中的数据，具体的操作方法如下。

步骤01 输入等号

打开“原始文件”和“原始文件 1”，在“原始文件 1”的“统计表”工作表中的单元格 C3 中输入“=”，如下图所示。

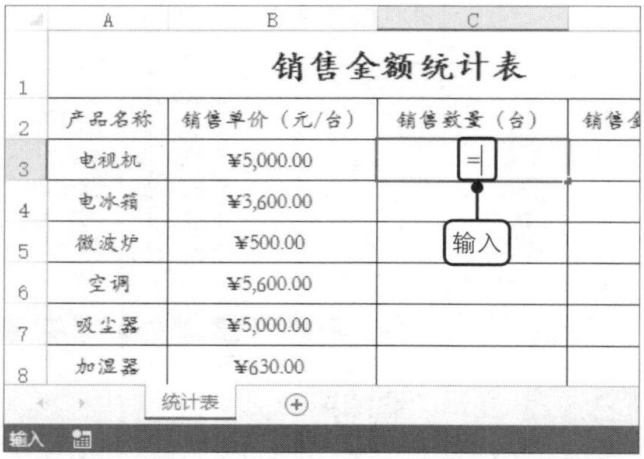

	A	B	C
1	销售金额统计表		
2	产品名称	销售单价（元/台）	销售数量（台）
3	电视机	¥5,000.00	=
4	电冰箱	¥3,600.00	
5	微波炉	¥500.00	
6	空调	¥5,600.00	
7	吸尘器	¥5,000.00	
8	加湿器	¥630.00	

步骤02 引用其他工作簿数据

❶切换至工作簿“原始文件”的工作表“1 月”中，❷单击单元格 C3，如下图所示。在编辑栏中输入“+”。

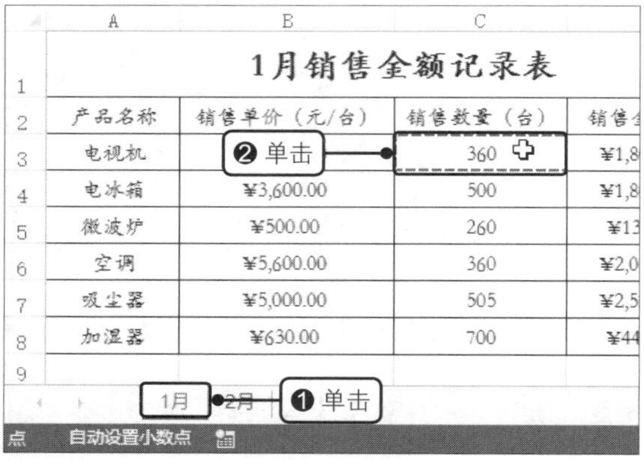

	A	B	C
1	1月销售金额记录表		
2	产品名称	销售单价（元/台）	销售数量（台）
3	电视机		360
4	电冰箱	¥3,600.00	500
5	微波炉	¥500.00	260
6	空调	¥5,600.00	360
7	吸尘器	¥5,000.00	505
8	加湿器	¥630.00	700

步骤03 继续引用工作簿数据

❶切换至“2 月”工作表中，❷单击单元格 C3，如下图所示。

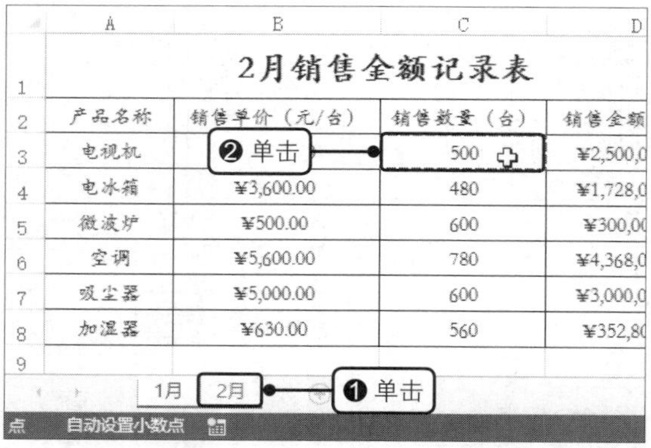

	A	B	C
1	2月销售金额记录表		
2	产品名称	销售单价（元/台）	销售数量（台）
3	电视机		500
4	电冰箱	¥3,600.00	480
5	微波炉	¥500.00	600
6	空调	¥5,600.00	780
7	吸尘器	¥5,000.00	600
8	加湿器	¥630.00	560

步骤04 显示引用计算结果

按下【Enter】键，即可看到工作簿“原始文件”中单元格 C3 引用其他工作簿数据的计算结果，以相同方法计算其他产品的销售数量，如下图所示。

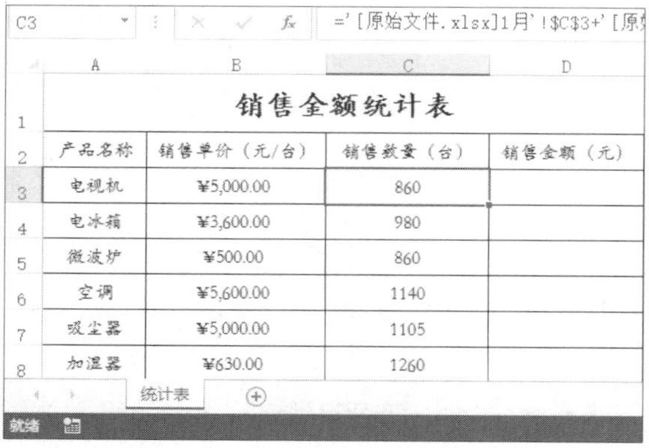

	A	B	C	D
1	销售金额统计表			
2	产品名称	销售单价（元/台）	销售数量（台）	销售金额（元）
3	电视机	¥5,000.00	860	
4	电冰箱	¥3,600.00	980	
5	微波炉	¥500.00	860	
6	空调	¥5,600.00	1140	
7	吸尘器	¥5,000.00	1105	
8	加湿器	¥630.00	1260	

第365招 使用名称框快速定义名称

在编写公式时，可以通过名称框为要引用的单元格定义一个名称，随后就可在公式中使用该名称快速引用单元格，提高工作效率。具体的操作方法如下。

步骤01 定义名称

打开原始文件，❶选中单元格区域 B3:B33，❷在名称框中输入"销售数量"，按下【Enter】键后，即可完成销售数量名称的设置，如下图所示。

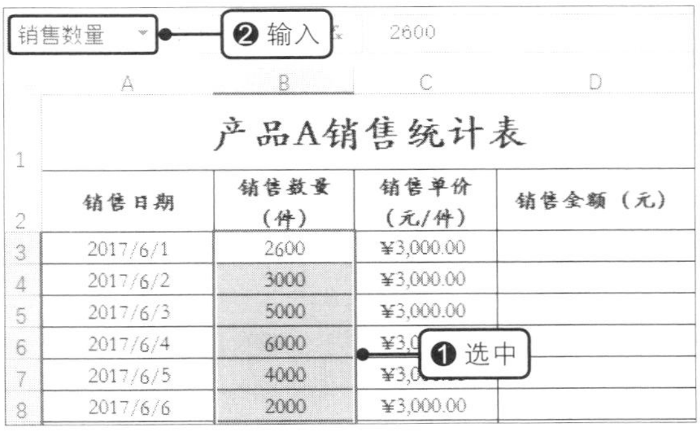

步骤02 继续定义名称

❶选中单元格区域 C3:C33，❷在名称框中输入"销售单价"，按下【Enter】键后，即可完成销售单价名称的设置，如下图所示。

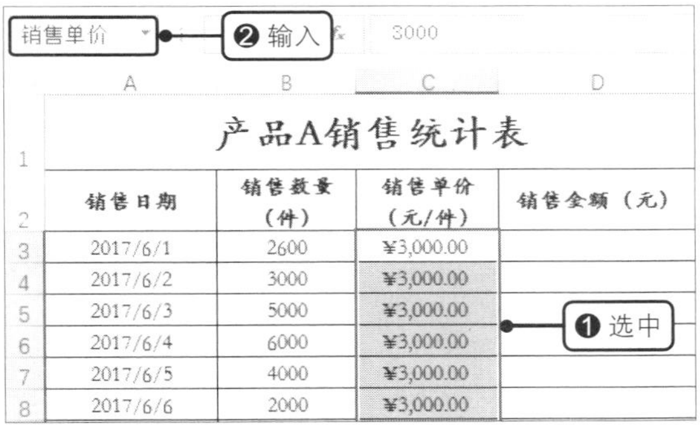

第366招　根据所选内容快速创建名称

除了可以使用名称框定义引用单元格的名称,还可以根据所选单元格区域的内容,如首行、最左列、末列、最右列的数据内容创建名称。

步骤01 根据所选内容创建名称

打开原始文件，❶选中单元格区域 B2:B33，❷在"公式"选项卡下的"定义的名称"组中单击"根据所选内容创建"按钮，如下图所示。

步骤02 设置创建名称

弹出"以选定区域创建名称"对话框，保持"首行"复选框的选中状态，单击"确定"按钮，如下图所示。

步骤03 显示定义名称效果

返回工作表中，选中单元格区域 B3:B33，即可在名称框中看到根据单元格 B2 的内容定义的名称"销售数量 _ 件"，如右图所示。

第367招 编辑工作表中创建好的名称

当工作表中定义的名称有误，或是名称对应的单元格区域不正确时，可以通过名称管理器对定义的名称进行相应修改。

步骤01 单击"名称管理器"按钮

打开原始文件，在"公式"选项卡下的"定义的名称"组中单击"名称管理器"按钮，如下图所示。

步骤02 选择要编辑的名称

弹出"名称管理器"对话框，❶选中要编辑的名称，❷单击"编辑"按钮，如下图所示。

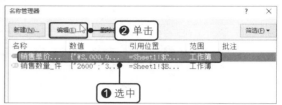

步骤03 编辑名称

弹出"编辑名称"对话框，❶在"名称"后的文本框中更改名称为"销售单价"，❷在"引用位置"文本框中更改区域为单元格区域C3:C33，❸单击"确定"按钮，如下图所示。

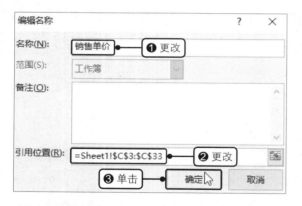

步骤04 完成名称的编辑

返回"名称管理器"对话框，❶应用相同的方法编辑第2个名称为"销售数量"，❷完成后单击"关闭"按钮，如下图所示。

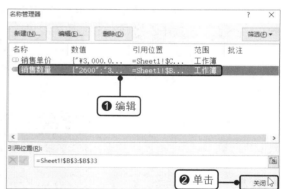

第368招 删除定义的名称

当工作表中已经定义的名称不再有用时，可将其删除，具体的操作方法如下。

步骤01 删除名称

打开原始文件，在"公式"选项卡下的"定义的名称"组中单击"名称管理器"按钮，打开"名称管理器"对话框，❶选中要删除的名称，如"销售单价"，❷单击"删除"按钮，如右图所示。

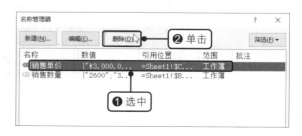

步骤02 完成名称的删除

弹出提示框，提示用户"是否确实要删除名称 销售单价？"，单击"确定"按钮，返回"名称管理器"对话框，即可看到该名称已被删除，单击"关闭"按钮，如右图所示。

第369招 在公式中快速应用名称

当对公式所需的引用地址定义了名称时，就可以将这些名称应用到公式中，使公式看起来更加简洁。

步骤01 在公式中应用名称

打开原始文件，❶选中单元格区域 D3:D33，并输入"="，❷在"公式"选项卡下的"定义的名称"组中单击"用于公式"右侧的下三角按钮，❸在展开的列表中单击"销售单价"选项，如下图所示。

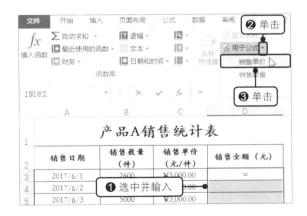

步骤02 继续应用名称

在单元格区域中可看到自动输入的名称"销售单价"，❶在名称后继续输入"*"，❷在"公式"选项卡下的"定义的名称"组中单击"用于公式"右侧的下三角按钮，❸在展开的列表中单击"销售数量"选项，如下图所示。

步骤03 完成名称的应用

完成名称的应用后，按下【Ctrl+Shift+Enter】组合键，即可看到计算结果，在编辑栏中还可看到选中区域的数组公式，如右图所示。

第370招 在单元格中显示公式

在实际工作中，为了更好地检查单元格中的公式，可通过显示公式功能将单元格中的公式显示出来。

步骤01 显示公式

打开原始文件，在"公式"选项卡下的"公式审核"组中单击"显示公式"按钮，如下图所示。

步骤02 显示公式的效果

此时可看到工作表中含有公式的单元格都显示出了具体的公式，如下图所示。

第371招 利用错误检查功能修改出错公式

当公式返回的是一个错误值时，可以利用 Excel 中的错误检查功能快速查出错误原因，从而修改公式，获得正确的计算结果。

步骤01 单击"错误检查"选项

打开原始文件，选中工作表中含有错误提示的单元格 D6，❶在"公式"选项卡下的"公式审核"组中单击"错误检查"右侧的下三角按钮，❷在展开的列表中单击"错误检查"选项，如下图所示。

步骤02 选择更改错误公式的方法

弹出"错误检查"对话框，可在对话框的左侧看到单元格中的公式及公式中出现的错误，根据实际情况可在对话框的右侧选择合适的解决方式，如单击"在编辑栏中编辑"按钮，如下图所示。

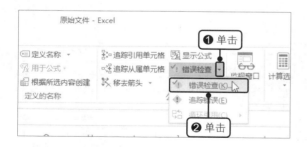

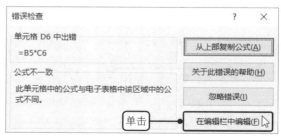

步骤03 编辑公式

此时单元格 D6 呈可编辑状态，改正单元格中的公式，如"=B6*C6"，如右图所示。

232

步骤04 单击"继续"按钮

完成了公式的编辑后，在"错误检查"对话框中单击"继续"按钮，如右图所示。完成更改后，在弹出的提示框中单击"确定"按钮，即可完成对整个工作表的错误检查操作。

第372招 对复杂的公式进行分步求值

为了便于对单元格中的复杂公式进行分析和排错，可通过公式求值功能了解计算的步骤及每一步的计算结果。

步骤01 单击"公式求值"按钮

打开原始文件，选中要分步查看的单元格，如单元格 E3，在"数据"选项卡下的"公式审核"组中单击"公式求值"按钮，如下图所示。

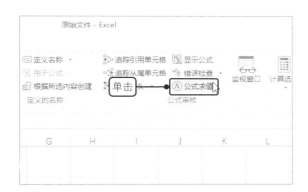

步骤02 分步求值

弹出"公式求值"对话框，可在"求值"选项组下看到单元格中的公式，并且单元格 C3 下有一条下画线，单击"求值"按钮，如下图所示。

步骤03 继续求值

可在"求值"选项组下看到单元格 C3 的求值结果，而单元格 D3 下会出现一条下画线，继续单击"求值"按钮，如下图所示。

步骤04 完成公式的分步求值

连续单击"求值"按钮，直至得到最终的计算结果，单击"关闭"按钮，如下图所示。

第373招 使用追踪箭头标识公式

当用户想要了解公式和值的关系时，可以利用 Excel 中的追踪功能查看公式所在单元格的引用单元格和从属单元格。

步骤01 追踪引用单元格

打开原始文件，❶选中要追踪显示的单元格 C3，❷在"公式"选项卡下的"公式审核"组中单击"追踪引用单元格"按钮，如下图所示。

步骤02 选中要追踪从属的单元格

可看到单元格 C3 中的公式引用的单元格为 C1 和 A3。单击单元格 D1，如下图所示。

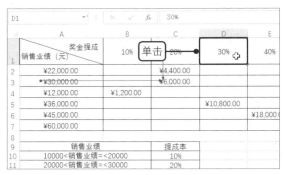

步骤03 追踪从属单元格

在"公式"选项卡下的"公式审核"组中单击"追踪从属单元格"按钮，如下图所示。

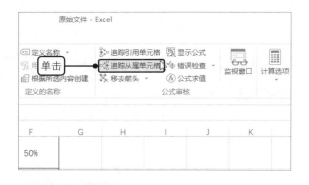

步骤04 显示追踪从属单元格的效果

可看到单元格 D1 添加追踪从属箭头后的效果，如下图所示。

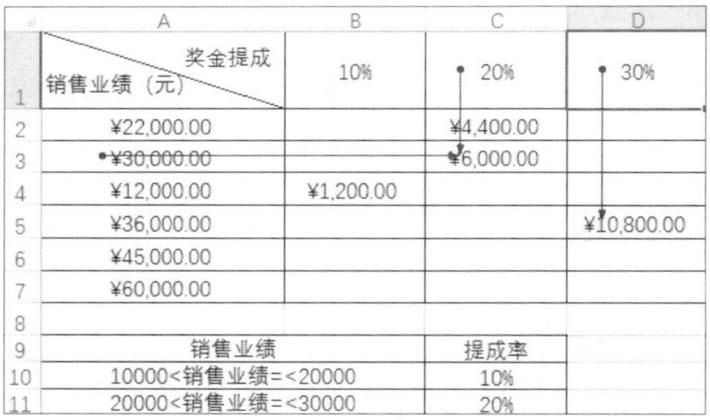

第374招 删除单元格中的追踪箭头

完成单元格公式和值的追踪后，可以利用移去箭头功能删除不需要的追踪箭头。

打开原始文件，❶在"公式"选项卡下的"公式审核"组中单击"移去箭头"右侧的下三角按钮，❷在展开的列表中单击"移去箭头"选项，如右图所示。

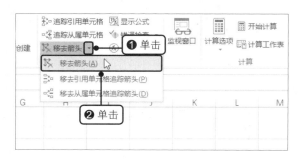

第375招 自动计算求和数据

如果需要对表格中的多个相邻数据进行求和计算，可以直接使用 Excel 中的自动求和功能快速完成计算。

步骤01 自动求和

打开原始文件，选中要放置求和结果的单元格 E12，❶在“公式”选项卡下的“函数库”组中单击“自动求和”下三角按钮，❷在展开的列表中单击“求和”选项，如下图所示。

步骤02 显示自动求和的公式

此时可看到单元格 E12 中自动使用 SUM 函数对单元格区域 E3:E11 中的值进行了求和，如下图所示。

6月销售利润统计表				
产品名称	销售数量（件）	销售单价（元/件）	成本单价（元/件）	销售利润（元）
冰箱	2600	¥3,999.00	¥2,600.00	¥3,637,400.00
空调	3000	¥4,999.00	¥2,900.00	¥6,297,000.00
电视机	5000	¥3,699.00	¥2,000.00	¥8,495,000.00
洗衣机	6000	¥4,899.00	¥2,200.00	¥16,194,000.00
微波炉	4000	¥500.00	¥200.00	¥1,200,000.00
加湿器	2000	¥600.00	¥150.00	¥900,000.00
吸尘器	1000	¥5,000.00	¥2,600.00	¥2,400,000.00
电饭煲	2200	¥300.00	¥99.00	¥442,200.00
吹风机	3300	¥200.00	¥80.00	¥396,000.00
利润合计				=SUM(E3:E11)

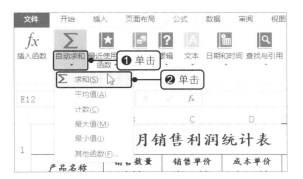

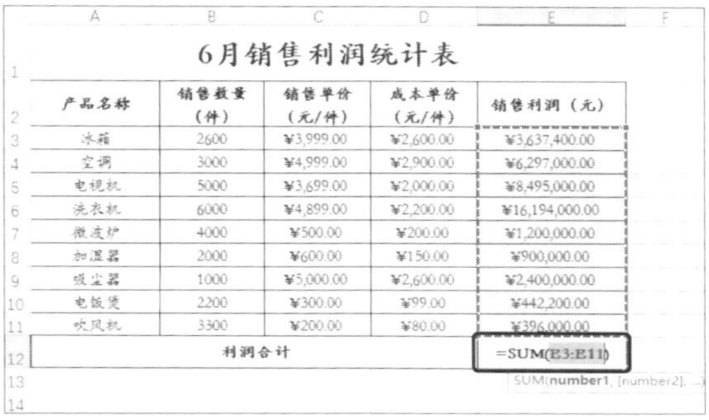

步骤03 显示自动求和结果

按下【Enter】键，即可看到自动求和的结果，如右图所示。

6月销售利润统计表				
产品名称	销售数量（件）	销售单价（元/件）	成本单价（元/件）	销售利润（元）
冰箱	2600	¥3,999.00	¥2,600.00	¥3,637,400.00
空调	3000	¥4,999.00	¥2,900.00	¥6,297,000.00
电视机	5000	¥3,699.00	¥2,000.00	¥8,495,000.00
洗衣机	6000	¥4,899.00	¥2,200.00	¥16,194,000.00
微波炉	4000	¥500.00	¥200.00	¥1,200,000.00
加湿器	2000	¥600.00	¥150.00	¥900,000.00
吸尘器	1000	¥5,000.00	¥2,600.00	¥2,400,000.00
电饭煲	2200	¥300.00	¥99.00	¥442,200.00
吹风机	3300	¥200.00	¥80.00	¥396,000.00
利润合计				¥39,961,600.00

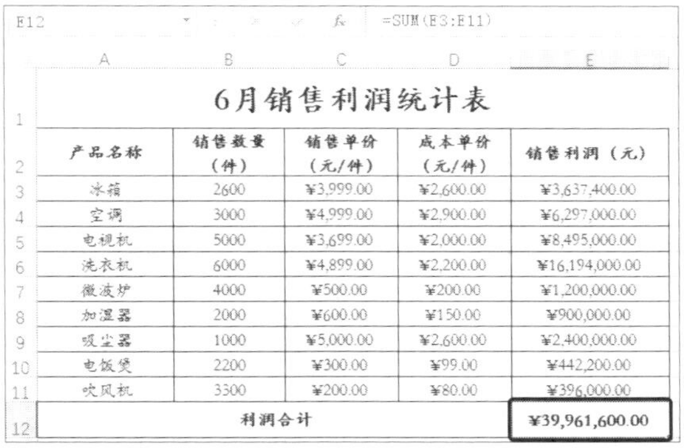

第376招 快速计算最大、最小值

如果需要快速计算出单元格区域中的最大值和最小值，可直接通过自动求和功能中的最大值和最小值功能来实现。

步骤01 计算最大值

打开原始文件，选中要放置计算结果的单元格 E12，❶在“公式”选项卡下的“函数库”组中单击“自动求和”下三角按钮，❷在展开的列表中单击“最大值”选项，如右图所示。

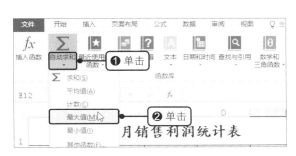

步骤02 显示最大值的计算公式

在单元格 E12 中可看到自动输入的公式 "=MAX(E3:E11)"，如下图所示。按下【Enter】键，即可得到选中区域的最大值。

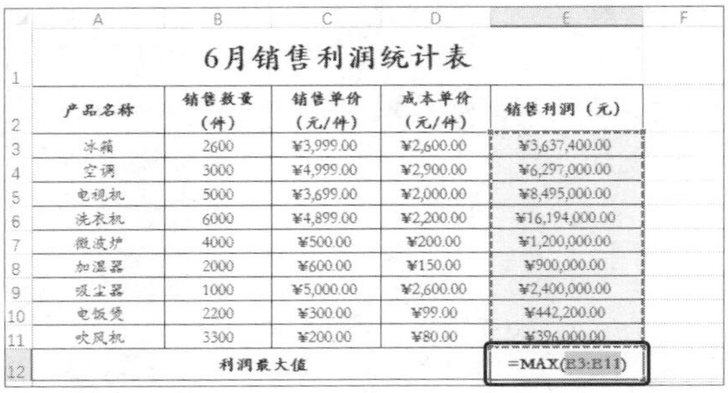

步骤03 计算最小值

选中要放置计算结果的单元格 E13，❶在 "公式"选项卡下的"函数库"组中单击"自动求和"下三角按钮，❷在展开的列表中单击"最小值"选项，如下图所示。

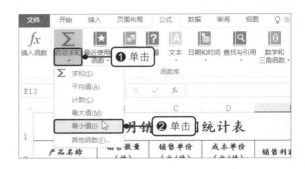

步骤04 更改最小值的计算公式

在单元格 E13 中可看到自动输入的公式 "=MIN(E3:E12)"，更改公式为"=MIN(E3:E11)"，如下图所示。

步骤05 显示计算结果

按下【Enter】键，即可计算出所选区域的最大值和最小值，如下图所示。

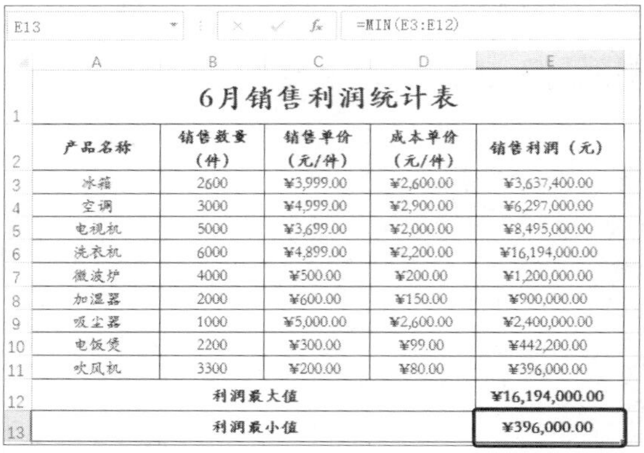

第377招 输入函数计算数据

当用户对要使用的函数较为熟悉时，可直接在单元格中输入函数名进行计算。

步骤01 输入函数

打开原始文件，在单元格 D12 中输入 "=SUM()"，将光标定位在括号中，如右图所示。

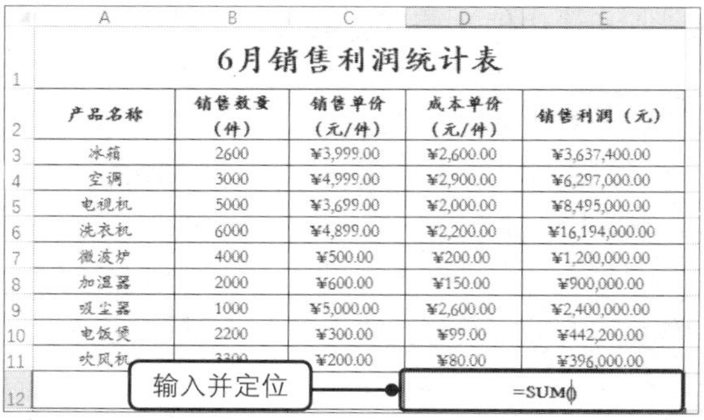

步骤02 设置函数参数

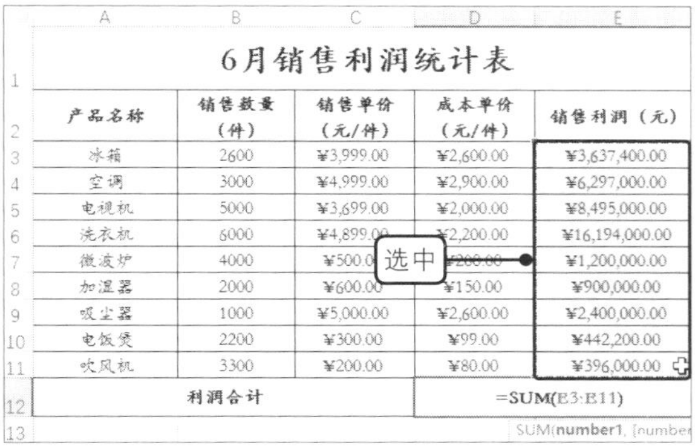

在工作表中拖动选中单元格区域 E3:E11，如下图所示。

6月销售利润统计表

产品名称	销售数量（件）	销售单价（元/件）	成本单价（元/件）	销售利润（元）
冰箱	2600	¥3,999.00	¥2,600.00	¥3,637,400.00
空调	3000	¥4,999.00	¥2,900.00	¥6,297,000.00
电视机	5000	¥3,699.00	¥2,000.00	¥8,495,000.00
洗衣机	6000	¥4,899.00	¥2,200.00	¥16,194,000.00
微波炉	4000	¥500.00	¥200.00	¥1,200,000.00
加湿器	2000	¥600.00	¥150.00	¥900,000.00
吸尘器	1000	¥5,000.00	¥2,600.00	¥2,400,000.00
电饭煲	2200	¥300.00	¥99.00	¥442,200.00
吹风机	3300	¥200.00	¥80.00	¥396,000.00
利润合计			=SUM(E3:E11)	

步骤03 显示函数计算结果

按下【Enter】键，即可看到使用函数计算的利润合计值，在编辑栏中可看到单元格 D12 中的公式为“=SUM(E3:E11)”，如下图所示。

6月销售利润统计表

产品名称	销售数量（件）	销售单价（元/件）	成本单价（元/件）	销售利润（元）
冰箱	2600	¥3,999.00	¥2,600.00	¥3,637,400.00
空调	3000	¥4,999.00	¥2,900.00	¥6,297,000.00
电视机	5000	¥3,699.00	¥2,000.00	¥8,495,000.00
洗衣机	6000	¥4,899.00	¥2,200.00	¥16,194,000.00
微波炉	4000	¥500.00	¥200.00	¥1,200,000.00
加湿器	2000	¥600.00	¥150.00	¥900,000.00
吸尘器	1000	¥5,000.00	¥2,600.00	¥2,400,000.00
电饭煲	2200	¥300.00	¥99.00	¥442,200.00
吹风机	3300	¥200.00	¥80.00	¥396,000.00
利润合计			¥39,961,600.00	

第378招 搜索不熟悉的函数

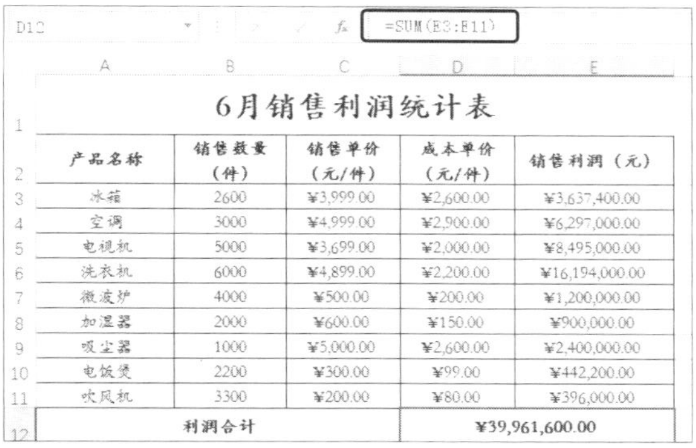

利用函数进行计算时，用户有可能只知道该函数的功能，而不太清楚函数名，此时可通过关键字搜索需要的函数。

步骤01 插入函数

打开原始文件，❶选中单元格 F3，❷单击编辑栏左侧的“插入函数”按钮，如右图所示。

6月销售利润统计表

产品名称	销售数量（件）	销售单价（元/件）	成本单价（元/件）	销售利润（元）	销售利润排序
冰箱	2600	¥3,999.00	¥2,600.00	¥3,637,400.00	
空调	3000	¥4,999.00	¥2,900.00	¥6,297,000.00	
电视机	5000	¥3,699.00	¥2,000.00	¥8,495,000.00	
洗衣机	6000	¥4,899.00	¥2,200.00	¥16,194,000.00	
微波炉	4000	¥500.00	¥200.00	¥1,200,000.00	
加湿器	2000	¥600.00	¥150.00	¥900,000.00	

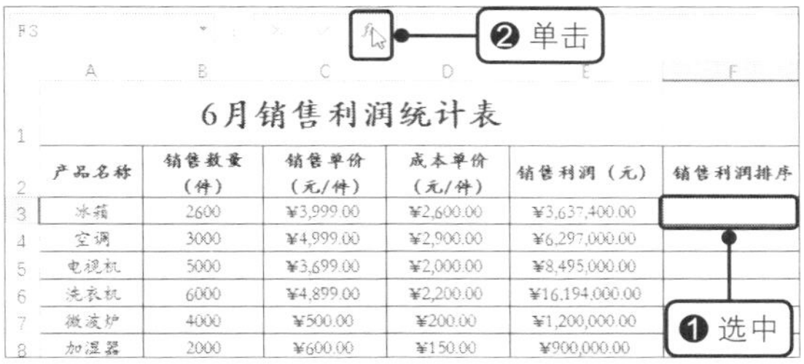

步骤02 搜索函数

弹出“插入函数”对话框，❶在“搜索函数”文本框中输入“排序”，❷单击“转到”按钮，如下图所示。

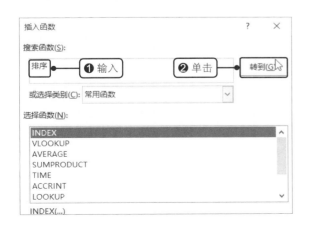

步骤03 选择函数

❶在“选择函数”下方的列表框中选择要插入的函数“RANK”，❷单击“确定”按钮，如下图所示。

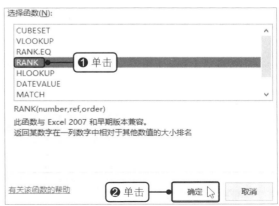

步骤04 设置函数参数

弹出“函数参数”对话框，❶设置参数“Number”为“E3”、“Ref”为“E3:E11”，❷单击“确定”按钮，如右图所示。

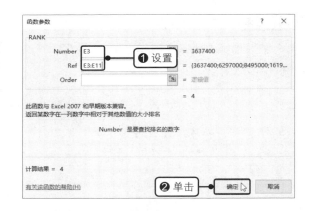

步骤05 绝对引用单元格区域

返回工作表中，即可看到单元格 F3 中的公式，选中公式中的“E3:E11”，按下【F4】键将其转换为绝对引用，如下图所示。

6月销售利润统计表					
产品名称	销售数量（件）	销售单价（元/件）	成本单价（元/件）	销售利润（元）	销售利润排序
冰箱	2600	¥3,999.00	¥2,600.00	¥3,637,400.00	3,$E$3:$E$11)
空调	3000	¥4,999.00	¥2,900.00	¥6,297,000.00	
电视机	5000	¥3,699.00	¥2,000.00	¥8,495,000.00	
洗衣机	6000	¥4,899.00	¥2,200.00	¥16,194,000.00	
微波炉	4000	¥500.00	¥200.00	¥1,200,000.00	
加湿器	2000	¥600.00	¥150.00	¥900,000.00	
吸尘器	1000	¥5,000.00	¥2,600.00	¥2,400,000.00	
电饭煲	2200	¥300.00	¥99.00	¥442,200.00	
吹风机	3300	¥200.00	¥80.00	¥396,000.00	

步骤06 完成排位计算

按下【Enter】键，即可得到冰箱的销售利润排位，向下复制公式，即可获取其他产品的排位，如下图所示。

6月销售利润统计表					
产品名称	销售数量（件）	销售单价（元/件）	成本单价（元/件）	销售利润（元）	销售利润排序
冰箱	2600	¥3,999.00	¥2,600.00	¥3,637,400.00	4
空调	3000	¥4,999.00	¥2,900.00	¥6,297,000.00	3
电视机	5000	¥3,699.00	¥2,000.00	¥8,495,000.00	2
洗衣机	6000	¥4,899.00	¥2,200.00	¥16,194,000.00	1
微波炉	4000	¥500.00	¥200.00	¥1,200,000.00	6
加湿器	2000	¥600.00	¥150.00	¥900,000.00	7
吸尘器	1000	¥5,000.00	¥2,600.00	¥2,400,000.00	5
电饭煲	2200	¥300.00	¥99.00	¥442,200.00	8
吹风机	3300	¥200.00	¥80.00	¥396,000.00	9

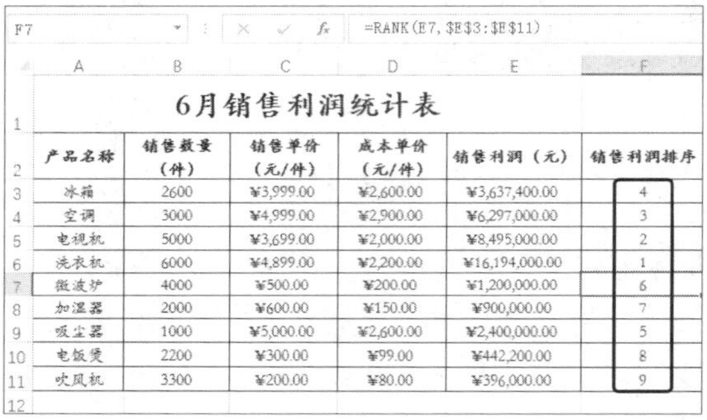

第379招 使用IF函数评定员工业绩

当需要对表格中的值和期待值进行逻辑比较，或是判断单元格内容满足某个条件就返回相应的值时，可通过 Excel 中常用函数之一的 IF 函数来实现。

步骤01 输入公式

打开原始文件，在单元格 C3 中输入公式“=IF(B3>10000000,"达标","不达标")”，如下图所示。

员工销售业绩表		
销售员工	销售利润（元）	业绩评定
章**	¥10,397,4	=IF(B3>10000000,"达标","不达标")
黄**	¥14,997,000.00	
肖**	¥18,495,000.00	
蔡**	¥29,394,000.00	
项**	¥2,000,000.00	
何**	¥1,200,000.00	
周**	¥5,000,000.00	
孙**	¥6,000,000.00	

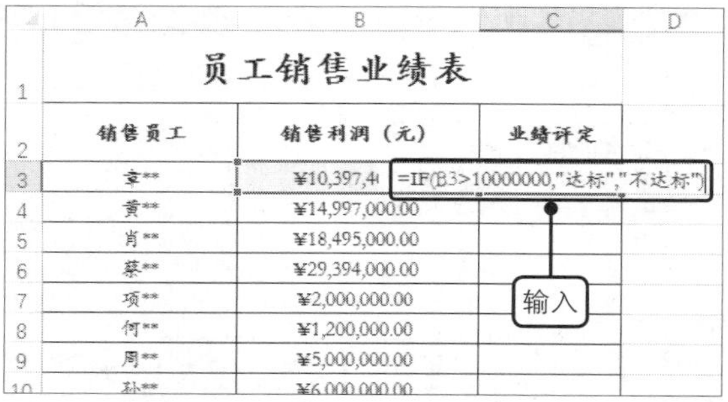

步骤02 显示评定结果

按下【Enter】键，并向下复制公式，即可看到员工的业绩评定情况，如下图所示。

员工销售业绩表		
销售员工	销售利润（元）	业绩评定
章**	¥10,397,400.00	达标
黄**	¥14,997,000.00	达标
肖**	¥18,495,000.00	达标
蔡**	¥29,394,000.00	达标
项**	¥2,000,000.00	不达标
何**	¥1,200,000.00	不达标
周**	¥5,000,000.00	不达标

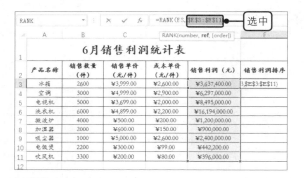

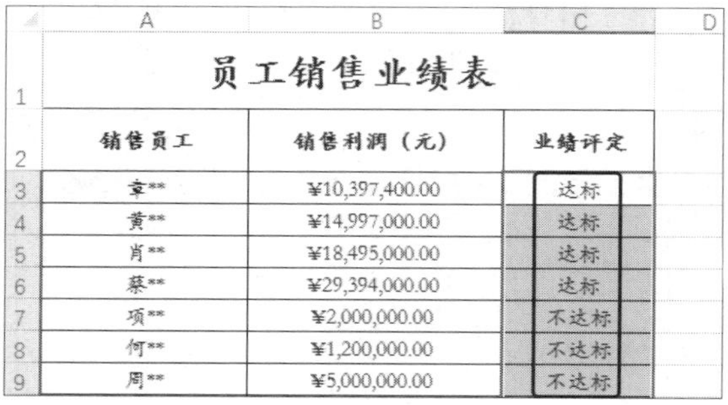

第380招 使用TODAY函数返回当前日期

当想要获得当前日期时，可使用 TODAY 函数来实现。

步骤01 输入公式

打开原始文件，在单元格 D2 中输入公式"=B2+C2-TODAY()"，按下【Enter】键，并向下复制公式，即可计算出各个产品距离到期的天数，如右图所示。计算后的数字格式不符合实际工作需要，应进行更改。

步骤02 更改数字格式

❶在"开始"选项卡下的"数字"组中单击"数字格式"右侧的下三角按钮，❷在展开的列表中单击"常规"选项，如下图所示。

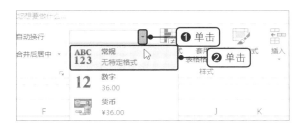

步骤03 显示到期天数

可看到 D 列显示了各个产品距离到期的天数，如下图所示。

第381招 使用SUMIF函数对符合条件的值求和

当需要对表格中符合指定的单个条件的值进行求和时，可使用SUMIF函数进行计算。

打开原始文件，在单元格 F2 中输入公式"=SUMIF($B$2:$B$33,E2,$C$2:$C$33)"，按下【Enter】键，然后向下复制公式，即可得到各个地区的销售总金额，如右图所示。

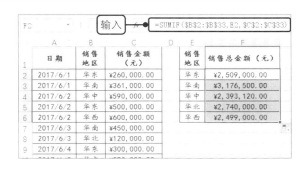

第382招 使用COUNTIF函数统计数据个数

当需要在表格中统计出满足指定条件的数据个数时，可通过COUNTIF函数来实现。

打开原始文件，在单元格 F3 中输入公式"=COUNTIF($C$3:$C$21,E3)"，按下【Enter】键，并向下复制公式，即可得到各个销售业绩评定级别的人数，如右图所示。

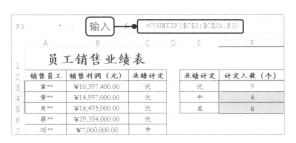

第383招 使用SUMPRODUCT函数计算销售额

当需要让已有的几组数组中对应的元素相乘，并返回乘积之和时，可使用SUMPRODUCT函数进行计算。

打开原始文件，在单元格 D3 中输入公式"=SUMPRODUCT(B3:B12,C3:C12)"，按下【Enter】键，即可计算出销售总金额，如右图所示。

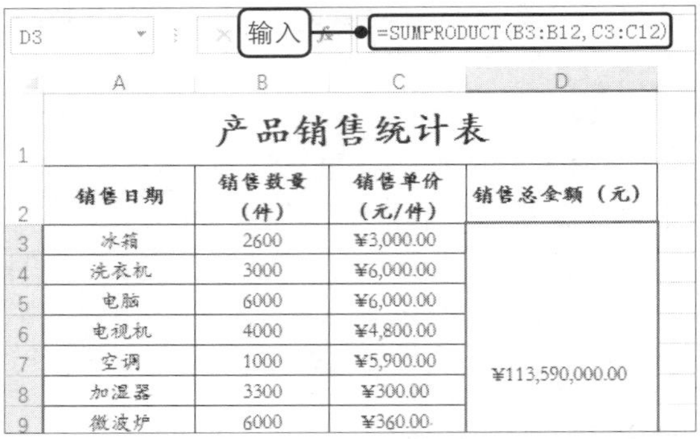

D3			输入	=SUMPRODUCT(B3:B12,C3:C12)

产品销售统计表

销售日期	销售数量（件）	销售单价（元/件）	销售总金额（元）
冰箱	2600	¥3,000.00	
洗衣机	3000	¥6,000.00	
电脑	6000	¥6,000.00	
电视机	4000	¥4,800.00	
空调	1000	¥5,900.00	¥113,590,000.00
加湿器	3300	¥300.00	
微波炉	6000	¥360.00	

第384招 使用VLOOKUP函数查找对应的数据

当给定了一个要查找的目标后，可通过 VLOOKUP 函数在指定的区域中按行查找内容。

步骤01 输入公式

打开原始文件，在单元格 F3 中输入公式"=VLOOKUP(E3,A3:C21,3,FALSE)"，按下【Enter】键，即可得到销售员工范 ** 的业绩评定级别为"中"，如下图所示。

步骤02 查看其他员工的业绩评定

在单元格 E3 中输入其他员工的姓名，如"何 **"，即可在单元格 F3 中看到该员工的业绩评定级别为"差"，如下图所示。

第385招 使用PMT函数计算贷款的每期付款额

当需要在固定利率及等额分期的付款方式下，根据现有贷款总额、贷款利率及贷款年限得出贷款的每期付款额时，可使用PMT函数进行计算。

打开原始文件，在单元格 B5 中输入公式"=PMT(B1,B2,B3)"，按下【Enter】键，即可得到该企业每年要偿还的贷款金额，如右图所示。由于是现金流出，所以计算结果显示为负数。

第386招　使用DB函数获取资产的折旧值

要计算一笔资产一定期间内的折旧情况，可使用代表固定余额递减法的 DB 函数。

步骤01 计算第1年的折旧值

打开原始文件，在单元格 B8 中输入公式"=DB(B3,B4,B5,1,B6)"，按下【Enter】键，即可计算出第 1 年的折旧值，如下图所示。

步骤02 计算第2年的折旧值

在单元格 B9 中输入公式"=DB(B3,B4,B5,2,B6)"，按下【Enter】键，即可计算出第 2 年的折旧值，如下图所示。

B8		f_x	=DB(B3,B4,B5,1,B6)
	A		B
1	固定资产折旧计算		
2	资产名称		货车
3	资产原值（元）		¥500,000.00
4	资产残值（元）		¥50,000.00
5	使用年限（年）		6
6	第1年的月份数		4
7			
8	第1年4个月内的折旧值		¥53,166.67
9	第2年的折旧值		
10	第6年的折旧值		
11	第7年8个月内的折旧值		

B9		f_x	=DB(B3,B4,B5,2,B6)
	A		B
1	固定资产折旧计算		
2	资产名称		货车
3	资产原值（元）		¥500,000.00
4	资产残值（元）		¥50,000.00
5	使用年限（年）		6
6	第1年的月份数		4
7			
8	第1年4个月内的折旧值		¥53,166.67
9	第2年的折旧值		¥142,539.83
10	第6年的折旧值		
11	第7年8个月内的折旧值		

步骤03 计算第6年的折旧值

在单元格 B10 中输入公式"=DB(B3,B4,B5,6,B6)"，按下【Enter】键，即可计算出第 6 年的折旧值，如下图所示。

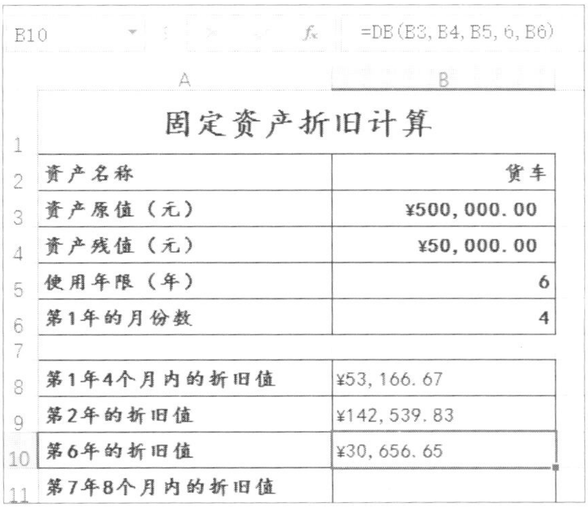

步骤04 计算第7年8个月内的折旧值

在单元格 B11 中输入公式"=DB(B3,B4,B5,7,B6)"，按下【Enter】键，即可计算出第 7 年 8 个月内的折旧值，如下图所示。

B10		f_x	=DB(B3,B4,B5,6,B6)
	A		B
1	固定资产折旧计算		
2	资产名称		货车
3	资产原值（元）		¥500,000.00
4	资产残值（元）		¥50,000.00
5	使用年限（年）		6
6	第1年的月份数		4
7			
8	第1年4个月内的折旧值		¥53,166.67
9	第2年的折旧值		¥142,539.83
10	第6年的折旧值		¥30,656.65
11	第7年8个月内的折旧值		

B11		f_x	=DB(B3,B4,B5,7,B6)
	A		B
1	固定资产折旧计算		
2	资产名称		货车
3	资产原值（元）		¥500,000.00
4	资产残值（元）		¥50,000.00
5	使用年限（年）		6
6	第1年的月份数		4
7			
8	第1年4个月内的折旧值		¥53,166.67
9	第2年的折旧值		¥142,539.83
10	第6年的折旧值		¥30,656.65
11	第7年8个月内的折旧值		¥13,918.12

> ⏰ **提示**
>
> 除了使用 DB 函数计算资产折旧情况，还可以使用 SLN、SYD 及 DDB 函数计算折旧值。

第387招 分析一个变量对目标值的影响

如果需要分析在其他因素不变的情况下，一个参数的变化对目标值的影响，可使用单变量模拟运算功能来实现。

步骤01 计算还款金额

打开原始文件，❶在单元格 B6 中输入公式 "=PMT(B3,A6,B2)"，按下【Enter】键，即可得到贷款年限为 5 年的每年还款金额，❷选中单元格区域 A6:B10，如下图所示。

步骤02 单击 "模拟运算表" 选项

❶在 "数据" 选项卡下的 "预测" 组中单击 "模拟分析" 按钮，❷在展开的列表中单击 "模拟运算表" 选项，如下图所示。

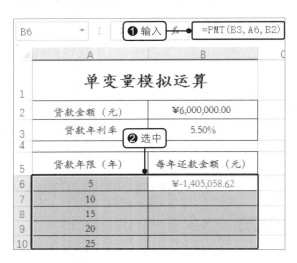

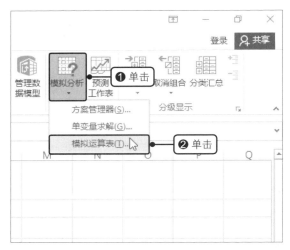

步骤03 设置输入引用列的单元格

弹出 "模拟运算表" 对话框，由于模拟运算表中的变量值位于列中，❶所以设置 "输入引用列的单元格" 为 "$A$6"，❷单击 "确定" 按钮，如下图所示。

步骤04 计算不同年限下的还款额

返回工作表中，系统会自动计算出不同贷款年限下每年的还款金额，如下图所示。

第388招 分析两个变量对目标值的影响

如果需要在其他因素不变的条件下，分析两个参数的变化对目标值的影响，可使用双变量模拟运算功能来实现。

步骤01 计算还款额

打开原始文件，❶在单元格 B7 中输入公式"=PMT(B3,B4,B2)"，按下【Enter】键，可得到每年的还款金额，❷选中单元格区域 B7:F12，如下图所示。

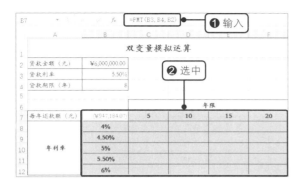

步骤02 单击"模拟运算表"选项

❶在"数据"选项卡下的"预测"组中单击"模拟分析"按钮，❷在展开的列表中单击"模拟运算表"选项，如下图所示。

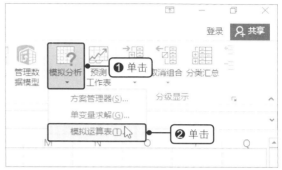

步骤03 设置输入引用行/列的单元格

弹出"模拟运算表"对话框，在模拟运算表中年限在行单元格，年利率在列单元格，❶设置"输入引用行的单元格"和"输入引用列的单元格"分别为"$B$4"和"$B$3"，❷单击"确定"按钮，如下图所示。

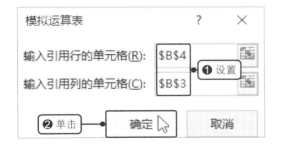

步骤04 显示计算结果

返回工作表中，系统会自动计算出不同年限和不同年利率下的每年还款金额，如下图所示。

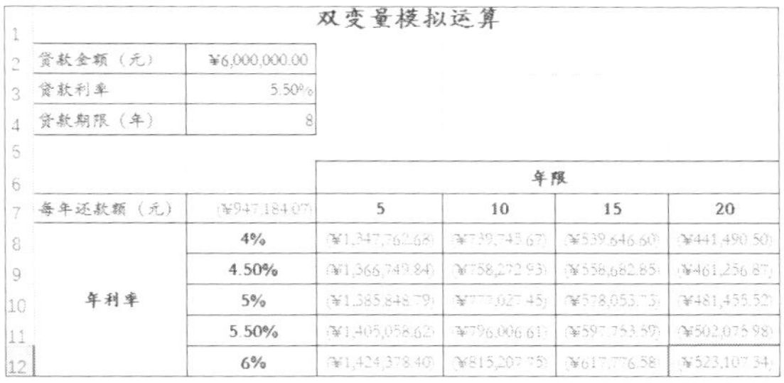

第389招　使用单变量求解进行预测分析

当需要通过调整可变单元格中的数据，按照给定的公式来获得满足目标单元格中条件的目标值时，可通过单变量求解功能来寻求公式中的特定解。

步骤01 计算销售成本

打开原始文件，在单元格 B5 中输入公式"=B7*B3"，按下【Enter】键，即可计算出销售成本，如右图所示。

步骤02 计算销售金额

在单元格 B6 中输入公式"=B7*B4"，按下【Enter】键，即可计算出销售金额，如下图所示。

步骤03 计算利润

在单元格 B8 中输入公式"=B6-B5"，按下【Enter】键，即可计算出销售利润值，如下图所示。

步骤04 单击"单变量求解"选项

❶在"数据"选项卡下的"预测"组中单击"模拟分析"按钮，❷在展开的列表中单击"单变量求解"选项，如下图所示。

步骤05 设置单元格和值

弹出"单变量求解"对话框，❶设置"目标单元格""目标值""可变单元格"分别为"$B$8""100000""$B$7"，❷单击"确定"按钮，如下图所示。

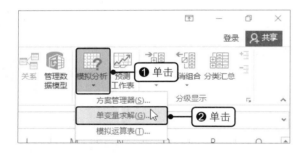

步骤06 完成单变量求解

弹出"单变量求解状态"对话框，可看到对单元格 B8 进行单变量求解后求得一个解，单击"确定"按钮，如下图所示。

步骤07 显示求解结果

返回工作表中，即可看到要想达到目标利润值，销售数量必须大于714件，如下图所示。

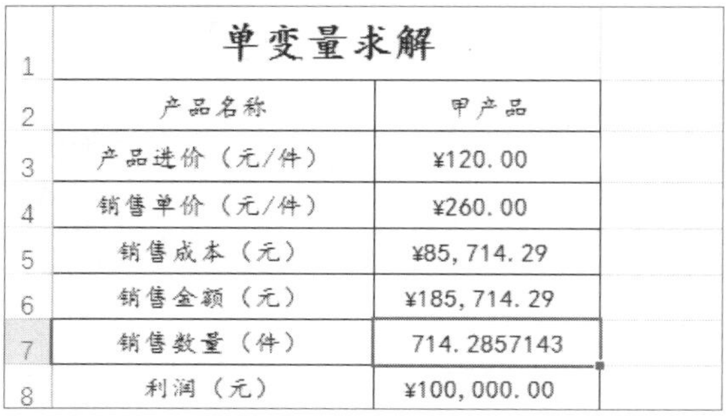

单变量求解	
产品名称	甲产品
产品进价（元/件）	¥120.00
销售单价（元/件）	¥260.00
销售成本（元）	¥85,714.29
销售金额（元）	¥185,714.29
销售数量（件）	714.2857143
利润（元）	¥100,000.00

第390招　提高工作表的运算速度

如果工作簿每次在计算时都自动重新计算模拟运算表，那么计算过程可能会持续较长时间。为了提高工作簿的计算速度，可跳过模拟运算表的自动重算操作。

启动 Excel，单击"文件"按钮，在视图菜单中单击"选项"命令，打开"Excel 选项"对话框，❶单击"公式"选项卡，❷在"计算选项"选项组下单击"除模拟运算表外，自动重算"单选按钮，❸单击"确定"按钮，如右图所示。

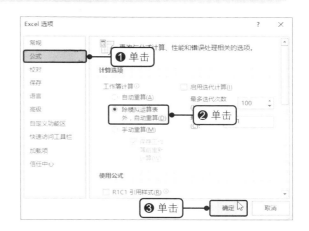

第391招　最优方案分析

在进行决策前，为了评估并计算出最优方案，可创建并显示多个方案，然后对比分析各个方案。

步骤01　计算每月还款额

打开原始文件，在单元格 B5 中输入公式"=PMT(B3/12,B4*12,B2)"，按下【Enter】键，如下图所示。

步骤02　启动方案管理器

❶在"数据"选项卡下的"预测"组中单击"模拟分析"按钮，❷在展开的列表中单击"方案管理器"选项，如下图所示。

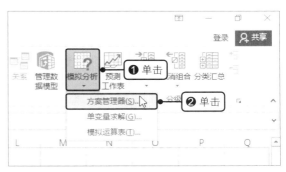

步骤03　单击"添加"按钮

弹出"方案管理器"对话框，可看到"方案"列表框中还没有添加方案，单击"添加"按钮，如右图所示。

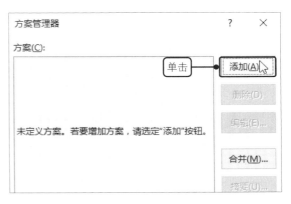

步骤04 添加方案

　　弹出"添加方案"对话框，设置"方案名"为"银行A"、"可变单元格"为"$B$2:$B$4"，如下图所示，单击"确定"按钮。需注意的是，在设置可变单元格时，如果拖动鼠标选择单元格区域，"添加方案"对话框名会变为"编辑方案"。

步骤05 设置方案变量值

　　弹出"方案变量值"对话框，❶设置每个可变单元格的值，❷单击"确定"按钮，如下图所示。

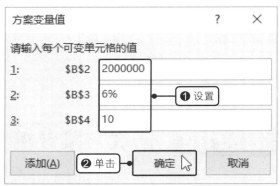

步骤06 查看添加的方案

　　返回"方案管理器"对话框，应用相同的方法添加其他方案，❶选中方案"银行B"，❷单击"显示"按钮，如下图所示。

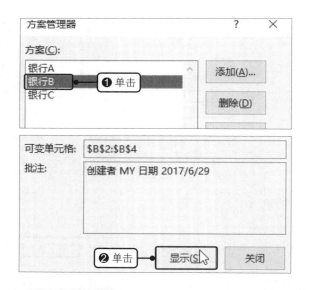

步骤07 显示方案效果

　　单击对话框中的"关闭"按钮，返回工作表中，即可看到如果使用"银行B"的贷款方案，每月可贷款的金额、利率、年限及每月还款额，如下图所示。

> ⏰ **提示**
>
> 　　如果要删除工作表中添加的方案，可在"方案管理器"对话框中选中要删除的方案，单击"删除"按钮即可。

第392招 对比分析多种方案

　　为了便于对多种方案进行对比分析，可以在工作表中显示出方案摘要，具体的操作方法如下。

步骤01 单击"摘要"按钮

打开原始文件,在"数据"选项卡下的"预测"组中单击"模拟分析"按钮,在展开的列表中单击"方案管理器"选项,打开"方案管理器"对话框,❶选中要显示方案摘要的方案,如"银行B",❷单击"摘要"按钮,如下图所示。

步骤02 设置报表类型

弹出"方案摘要"对话框,❶单击"报表类型"选项组下的"方案摘要"单选按钮,❷设置"结果单元格"为单元格 B5,❸单击"确定"按钮,如下图所示。

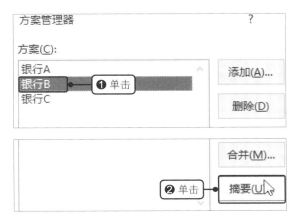

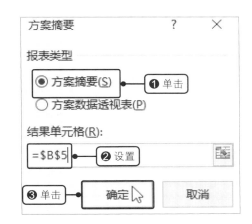

步骤03 显示方案摘要

返回工作表中,可看到插入的"方案摘要"工作表及工作表中的方案摘要内容,如右图所示。

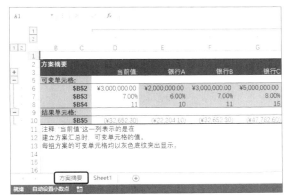

第393招　合并多个工作表中的方案

当工作簿中的多个工作表中有多个方案时,为了方便管理,可通过合并方案功能将这些方案放到一个管理器中进行管理。

步骤01 启动方案管理器

打开原始文件,切换至"Sheet1"工作表中,❶在"数据"选项卡下的"预测"组中单击"模拟分析"按钮,❷在展开的列表中单击"方案管理器"选项,如右图所示。

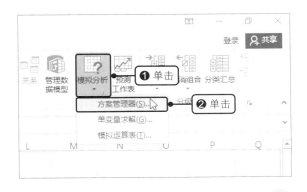

步骤02 合并方案

弹出"方案管理器"对话框，可看到工作表中的所有方案，单击"合并"按钮，如下图所示。

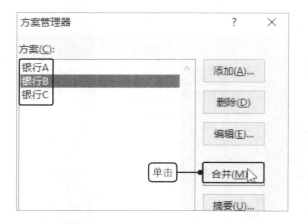

步骤03 选择工作表

弹出"合并方案"对话框，在"方案来源"选项组下保持默认的"工作簿"，❶在"工作表"列表框中单击"Sheet2"，❷单击"确定"按钮，如下图所示。

步骤04 完成方案的合并

返回"方案管理器"对话框，可看到工作表"Sheet2"中的方案添加到了工作表"Sheet1"中，如右图所示。

读书笔记

第13章 Excel图表的应用

为了在Excel表格中更直观地展示数据，使数据的比较、趋势及分析结果更加一目了然，可创建图表将数据图形化。Excel中的图表在数据的统计和分析中非常重要，常用于表现数据间的某种相对关系。例如，柱形图用于表现数据间的对比关系，折线图用于反映数据间的趋势关系，饼图则用于表现数据间的比例分配关系。除了这些图表外，用户还可以根据实际需求创建其他图表来分析表格数据。

本章将主要介绍图表的创建、编辑和美化等操作。读者掌握了这些操作方法，就可以快速地对数据进行对比和趋势分析了。

第394招　创建推荐的图表

Excel 中的图表类型有很多，如果用户不知道选择哪种图表才能表现出数据的特点，可使用推荐的图表功能来创建合适的图表。

步骤01 单击"推荐的图表"按钮

打开原始文件，❶选中工作表中的任意数据单元格，❷在"插入"选项卡下的"图表"组中单击"推荐的图表"按钮，如下图所示。

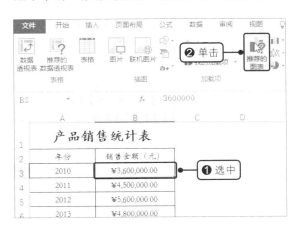

步骤02 选择图表

弹出"插入图表"对话框，❶在"推荐的图表"选项卡下选择合适的图表类型，如折线图，❷单击"确定"按钮，如下图所示。

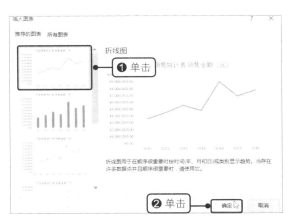

步骤03 显示插入的折线图

返回工作表中，更改图表的标题为"产品销售走势图"，完善插入的折线图效果，从图表中可看到 2010 年至 2016 年的产品销售走势大体上呈上升趋势，如右图所示。

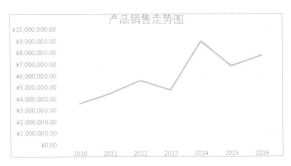

第395招 创建具有对比效果的柱形图

当需要对表格中的数据进行直观对比时，可创建柱形图，具体的操作方法如下。

步骤01 单击对话框启动器

打开原始文件，❶选中工作表中的任意数据单元格，❷在"插入"选项卡下的"图表"组中单击对话框启动器，如下图所示。

步骤02 选择图表类型

弹出"插入图表"对话框，❶在"所有图表"选项卡下选择"柱形图"，❷在右侧面板中的"簇状柱形图"选项组下选择合适的图表类型，❸单击"确定"按钮，如下图所示。

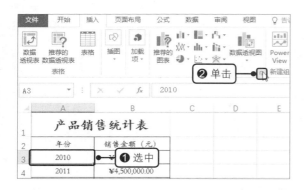

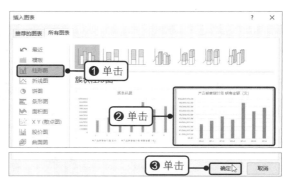

步骤03 显示插入的柱形图

返回工作表中，更改图表标题为"各年产品销售对比图"，完善插入的柱形图效果，从图表中可发现 2014 年的销售金额最高，2010 年的销售金额最低，如右图所示。

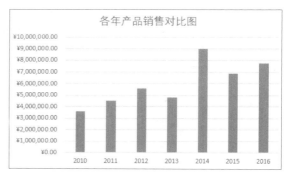

第396招 创建组合图表

在实际工作中，为了在一个图表中表现多个数据的多角度分析效果，就需要将各种单一图表进行组合，也就是创建组合图表。

步骤01 单击对话框启动器

打开原始文件，❶选中工作表中的任意数据单元格，❷在"插入"选项卡下的"图表"组中单击对话框启动器，如右图所示。

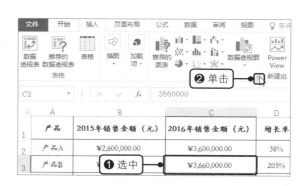

步骤02 创建组合图表

弹出"插入图表"对话框，❶在"所有图表"选项卡下选择"组合"类型，❷在"为您的数据系列选择图表类型和轴"下的列表框中设置 3 个系列的名称、图表类型及次坐标轴，❸单击"确定"按钮，如下图所示。

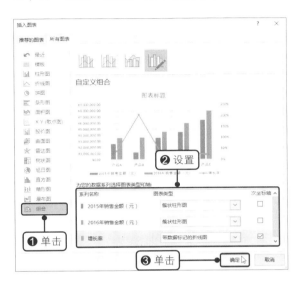

步骤03 显示创建的组合图表

返回工作表中，即可看到插入的组合图表效果，在图表中可直观查看各产品在两年间的销售额对比情况，也可以查看各产品的销售额增长率，如下图所示。

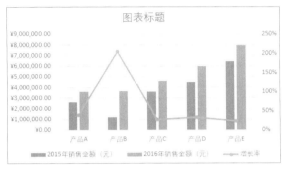

第397招　通过对话框更改图表数据源

完成图表的创建后，如果需要添加或删除数据以满足实际的分析要求，可为创建好的图表更改数据源。

步骤01 单击"选择数据"按钮

打开原始文件，选中图表，在"图表工具 - 设计"选项卡下的"数据"组中单击"选择数据"按钮，如下图所示。

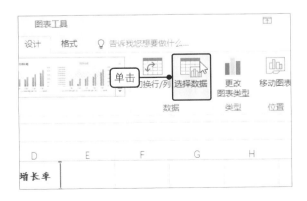

步骤02 更改数据源

弹出"选择数据源"对话框，❶在"图表数据区域"后的文本框中更改数据区域为单元格区域 A1:C6，❷单击"确定"按钮，如下图所示。

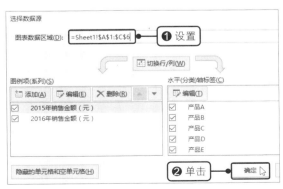

251

第398招　拖动鼠标更改图表数据源

除了可以通过对话框对数据源进行更改外，还可以直接在工作表中拖动鼠标更改数据源。

步骤01　拖动鼠标

打开原始文件，选中图表，可看到工作表中用于创建图表的数据区域被选中了，将鼠标指针放置在数据区域的右下角，当鼠标指针变为➘形状后，按住鼠标左键拖动，即可更改图表的数据源，如下图所示。

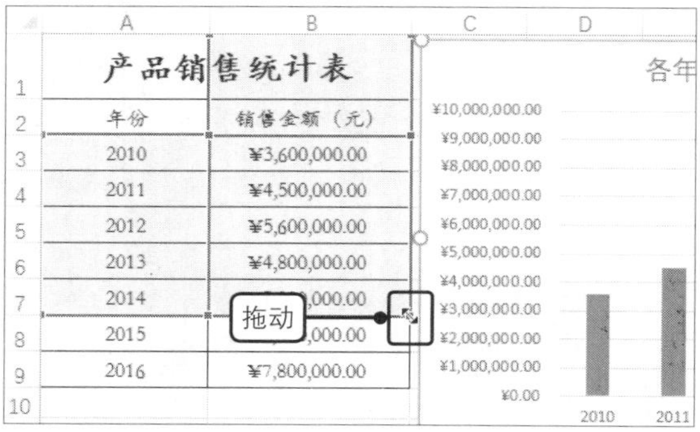

步骤02　显示更改数据源后的图表效果

完成设置后，可看到图表中不再显示 2015 年和 2016 年的销售金额对比情况，如下图所示。

第399招　更改图表类型

当工作簿中创建的图表不能清晰地表达数据时，可改用其他图表类型，具体的操作方法如下。

步骤01　单击"更改图表类型"按钮

打开原始文件，选中图表，在"图表工具 - 设计"选项卡下的"类型"组中单击"更改图表类型"按钮，如下图所示。

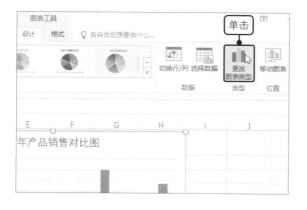

步骤02　选择要更改为的图表类型

弹出"更改图表类型"对话框，❶在"所有图表"选项卡下选择要更改为的图表类型，如"折线图"，❷在右侧的面板中单击"带数据标记的折线图"图表，如下图所示。

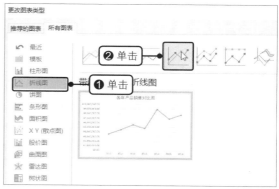

步骤03 显示更改图表类型的效果

　　单击"确定"按钮，返回工作表中，即可看到图表由柱形图更改为折线图后的效果，如右图所示。

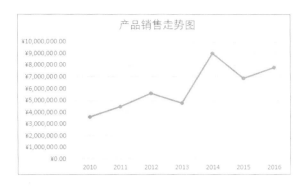

第400招 移动图表至其他工作表中

　　如果想要将创建的图表放置到工作簿中的新工作表或已有的工作表中，可通过移动图表功能来实现。

步骤01 单击"移动图表"按钮

　　打开原始文件，选中图表，在"图表工具-设计"选项卡下的"位置"组中单击"移动图表"按钮，如右图所示。

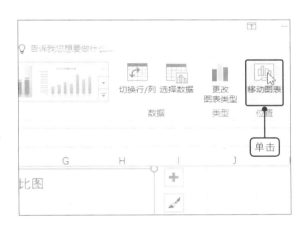

步骤02 设置移动的目标位置

　　弹出"移动图表"对话框，❶单击"新工作表"单选按钮，并设置新工作表名称为"各年产品销售对比图"，❷单击"确定"按钮，如下图所示。若单击"对象位于"单选按钮并设置相应的工作表，可将图表移至该工作表中。

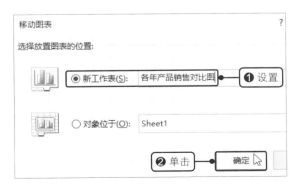

步骤03 显示移动图表效果

　　返回工作表中，即可看到工作表"Sheet1"前插入了一个名为"各年产品销售对比图"的工作表，在该工作表中可看到移动过来的图表，如下图所示。

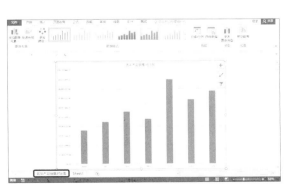

第401招 删除图表标题

当不需要图表标题的辅助就能够直观理解和分析表格数据时，可将图表标题删除。

打开原始文件，选中图表，❶在"图表工具-设计"选项卡下的"图表布局"组中单击"添加图表元素"按钮，❷在展开的列表中单击"图表标题 > 无"选项，如右图所示。

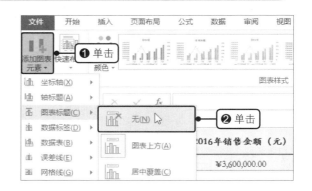

第402招 更改图例位置

图表的图例是对数据系列的说明，用户可对图例的位置进行更改，使图表的整体布局更加美观、和谐。

步骤01 更改图例的位置

打开原始文件，选中图表，❶单击图表右上角的"图表元素"按钮，❷在展开的列表中单击"图例 > 顶部"选项，如下图所示。

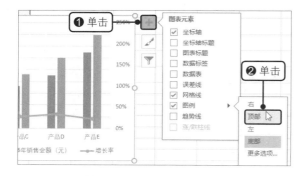

步骤02 显示更改位置后的效果

完成设置后，可看到图表中的图例由底部移动到了顶部，如下图所示。

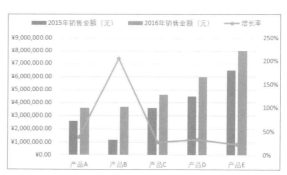

第403招 添加数据标签显示数据值

如果想要让图表中的各个数据点更加清晰明了，可为图表添加能够说明各个数据点名称或值的数据标签。具体的操作方法如下。

步骤01 添加数据标签

打开原始文件，选中图表，❶单击图表右上角的"图表元素"按钮，❷在展开的列表中单击"数据标签 > 数据标签外"选项，如右图所示。

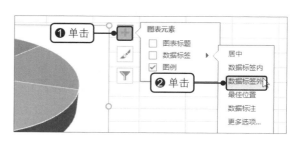

步骤02 显示添加数据标签后的效果

完成以上设置后，可看到饼图图表每个数据系列块添加数据标签后的效果，如右图所示。

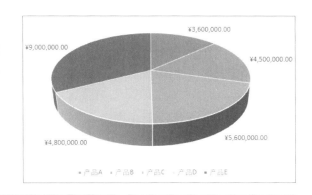

第404招 更改标签的显示项目

如果默认添加的数据标签不能直观表达出用户想要展示的数据效果，可更改数据标签的显示选项。

步骤01 单击"设置数据标签格式"命令

打开原始文件，❶右击图表中的数据标签，❷在弹出的快捷菜单中单击"设置数据标签格式"命令，如下图所示。

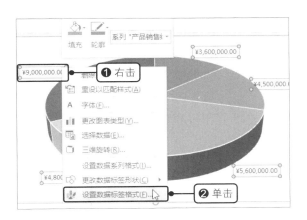

步骤02 设置数据标签选项

在工作表的右侧弹出"设置数据标签格式"窗格，在"标签选项"选项组下取消勾选"值"复选框，勾选"类别名称"和"百分比"复选框，如下图所示。

步骤03 显示更改标签选项后的效果

单击"设置数据标签格式"窗格右上角的"关闭"按钮，可看到图表中的数据标签中显示了数据系列的类别名称及百分比数据，如右图所示。

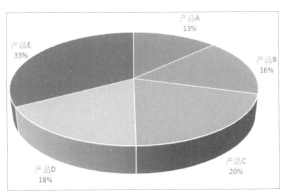

第405招 快速更改图表的元素布局

如果对图表的组成元素，即图表标题、图例、坐标轴等的显示效果不满意，可通过快速布局功能更改图表的布局。

打开原始文件，选中图表，❶在"图表工具-设计"选项卡下的"图表布局"组中单击"快速布局"按钮，❷在展开的列表中单击合适的布局样式即可，如右图所示。

第406招 更改图表的配色

创建图表后，数据系列的默认配色可能并不符合当前的图表效果，此时可以通过更改颜色功能更改图表的颜色。

打开原始文件，选中图表，❶在"图表工具-设计"选项卡下的"图表样式"组中单击"更改颜色"按钮，❷在展开的列表中单击"颜色4"选项，如右图所示。

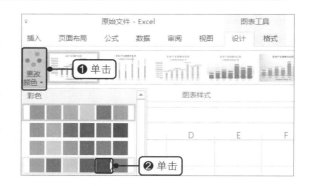

第407招 使用图案填充数据系列

为了让图表更加有趣、生动和形象，可以使用图案填充图表的数据系列。具体的操作方法如下。

步骤01 单击"设置数据系列格式"命令

打开原始文件，❶右击图表中的数据系列，❷在弹出的快捷菜单中单击"设置数据系列格式"命令，如下图所示。

步骤02 设置图案填充

在工作表的右侧弹出"设置数据系列格式"窗格，❶在"填充与线条"选项卡下设置"颜色"为"绿色"，❷单击"图案填充"单选按钮，如下图所示。

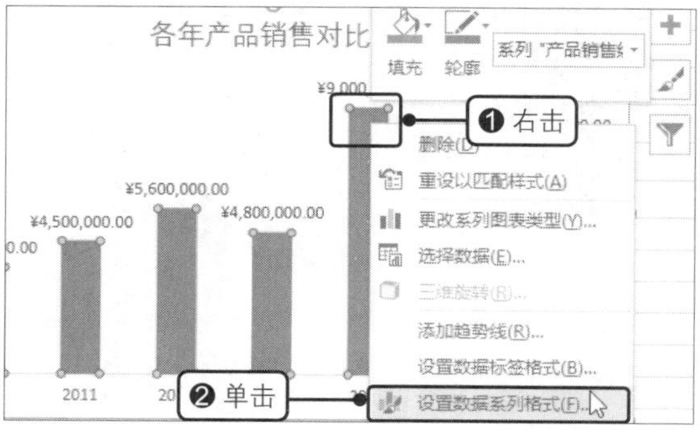

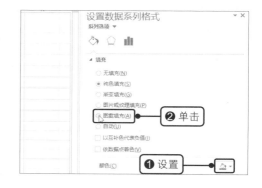

步骤03 选择图案

在"图案"选项组下单击要选择的图案效果，如"宽上对角线"，如下图所示。

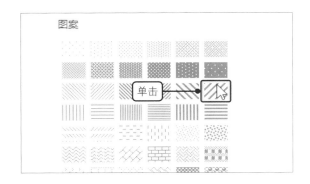

步骤04 显示图案填充效果

关闭窗格，可看到数据系列被图案填充后的图表效果，如下图所示。

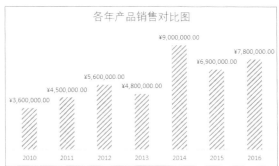

第408招　快速美化图表外观

如果需要对图表的颜色、轮廓、形状效果等进行统一更改，可从Excel内置的多种图表样式中进行选择。

打开原始文件，选中图表，单击"图表工具 - 设计"选项卡下的"图表样式"组中的快翻按钮，在展开的列表中单击合适的样式，如"样式 11"，如右图所示。

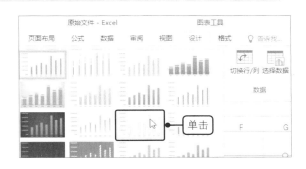

第409招　为图表添加坐标轴标题

如果想要让他人对图表中横纵坐标轴所代表的内容一目了然，可为图表添加横坐标轴标题和纵坐标轴标题。

步骤01 添加轴标题

打开原始文件，选中图表，❶在"图表工具 - 设计"选项卡下的"图表布局"组中单击"添加图表元素"按钮，❷在展开的列表中单击"轴标题 > 主要横坐标轴"选项，如下图所示。

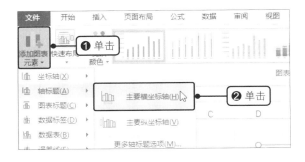

步骤02 显示添加轴标题后的效果

应用相同的方法添加主要纵坐标轴。更改坐标轴中的文本内容，效果如下图所示。此时可以清楚地看到横坐标代表的是年份，纵坐标代表的是销售金额。

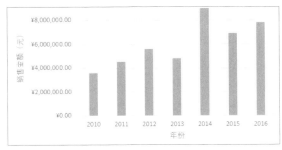

第410招 更改纵坐标轴标题的文字方向

为图表添加了纵坐标轴标题后，默认情况下，标题文字会自动旋转 270°。为了便于查看标题文字，可对标题文字的方向进行更改。

步骤01 单击"设置坐标轴标题格式"命令

打开原始文件，❶右击图表中的"垂直（值）轴标题"，❷在弹出的快捷菜单中单击"设置坐标轴标题格式"命令，如下图所示。

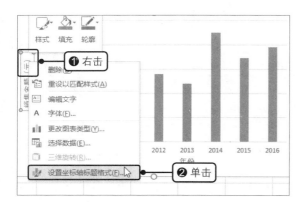

步骤02 更改轴标题方向

工作表的右侧弹出"设置坐标轴标题格式"窗格，❶在"大小与属性"选项卡下单击"文字方向"右侧的下三角按钮，❷在展开的列表中单击"竖排"选项，如下图所示。

步骤03 显示更改方向的效果

关闭窗格，可看到图表中的垂直（值）轴标题文字变为了竖排显示，如右图所示。

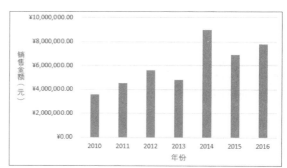

第411招 更改图表的大小

完成图表的创建后，如果需要使图表大小适应表格效果，可对图表的大小进行调整。

打开原始文件，选中图表，在"图表工具 - 格式"选项卡下的"大小"组中设置"高度"和"宽度"分别为"8 厘米"和"13 厘米"，如右图所示。

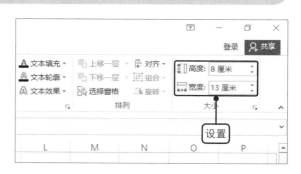

第412招 增大柱形距离，让数据一目了然

当柱形图中的数据系列较多时，各个柱形间的距离会比较窄，不便于对数据的直观查看，并降低了图表的美观性。此时可通过分类间距功能对柱形图中柱形的间距进行更改。

步骤01 单击"设置数据系列格式"命令

打开原始文件，❶右击图表中的数据系列，❷在弹出的快捷菜单中单击"设置数据系列格式"命令，如下图所示。

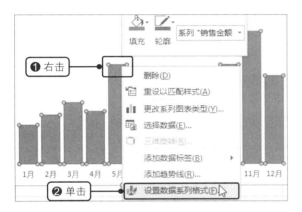

步骤02 设置分类间距

在工作表右侧弹出的"设置数据系列格式"窗格的"系列选项"选项卡下，按住鼠标左键向右拖动"分类间距"右侧的滑块至"100%"位置，如下图所示。

步骤03 显示更改分类间距的图表效果

关闭窗格，可看到柱形图中代表数据系列的柱形间距变大了，用户能够更加清晰地区分各个月份的柱形，如右图所示。

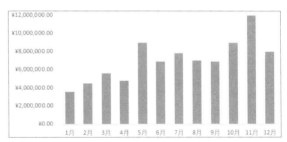

第413招 分离饼图突出显示某数据

当想要突出显示饼图中的某个数据系列时，可将代表该数据系列的饼图块分离到饼图外。具体的操作步骤如下。

步骤01 拖动饼图块

打开原始文件，选中图表中要分离的饼图块，将鼠标指针放置在该饼图块上，当鼠标指针变为形状时，按住鼠标左键向外拖动，如右图所示。

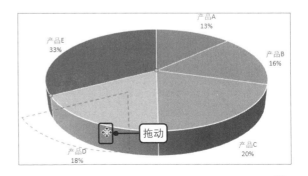

步骤02 显示分离效果

完成以上操作后，可看到选中的饼图块与其他饼图块分离开来，如右图所示。

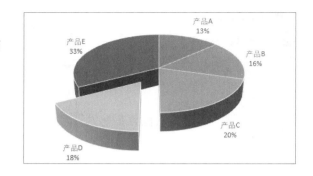

第414招　修改圆环图的内径

若想要增大或减小圆环图的内径，可通过以下方法来实现。

步骤01 单击"设置数据系列格式"命令

打开原始文件，双击饼图图表中的数据系列块，打开"设置数据系列格式"窗格，在"系列选项"选项卡下向右拖动"圆环图内径大小"右侧的滑块，设置为"60%"，如下图所示。

步骤02 显示设置效果

关闭窗格，可看到圆环图的内径变大了，如下图所示。

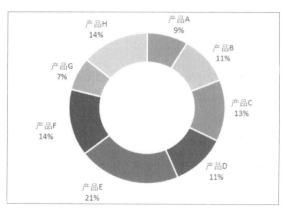

第415招　更改图表垂直轴刻度值的大小

创建图表后，如果默认的垂直轴刻度值不符合实际的工作需求，可进行更改。

步骤01 双击垂直轴

打开原始文件，双击图表中的"垂直（值）轴"，如右图所示。

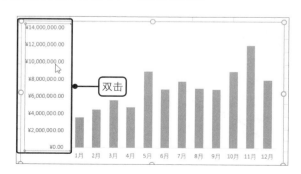

步骤02 设置坐标轴选项

打开"设置坐标轴格式"窗格，在"坐标轴选项"选项卡下设置"最小值"为"3.0E6"、"最大值"为"1.3E7"，如下图所示。

步骤03 显示设置效果

完成设置后，关闭窗格，即可看到更改坐标轴选项后的图表效果，如下图所示。

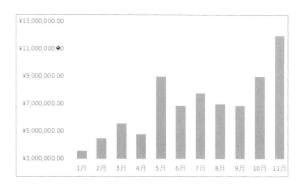

第416招　让柱形图倒立

若要让图表中的垂直轴数据以颠倒的次序显示，可对横坐标轴的交叉设置进行更改。

步骤01 更改横坐标轴交叉设置

打开原始文件，选中图表，双击图表中的"垂直（值）轴"，打开"设置坐标轴格式"窗格，在"坐标轴选项"选项卡下的"横坐标轴交叉"选项组下单击"最大坐标轴值"单选按钮，如下图所示。

步骤02 显示更改效果

完成设置后，关闭窗格，可在图表中看到柱形图呈倒立显示，如下图所示。

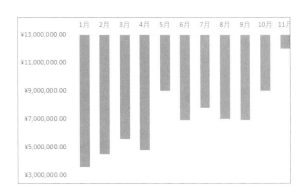

第417招　为图表垂直轴添加显示单位

当图表中的数值较大时，在坐标轴上显示更短的数值可使其更具可读性、更加整洁美观。此时可以通过为坐标轴添加显示单位达到目的。

步骤01 设置显示单位

打开原始文件，双击图表中的"垂直（值）轴"，打开"设置坐标轴格式"窗格，❶在"坐标轴选项"选项卡下的"坐标轴选项"选项组下单击"显示单位"右侧的下三角按钮，❷在展开的列表中单击"百万"选项，如下图所示。

步骤02 查看添加单位后的效果

完成单位的添加后，可在图表中看到添加单位后的垂直（值）轴效果，选中添加的单位标签，如下图所示。

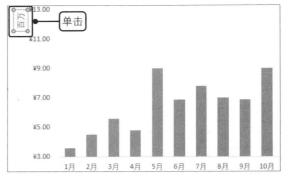

步骤03 设置文字方向

❶在"设置显示刻度单位标签格式"窗格中的"大小与属性"选项卡下单击"文字方向"右侧的下三角按钮，❷在展开的列表中单击"竖排"选项，如下图所示。

步骤04 显示设置效果

完成设置后，可看到为图表中垂直轴添加单位并设置方向后的效果，如下图所示。

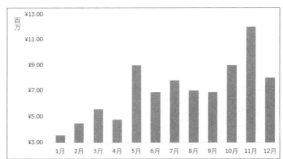

第418招 为坐标轴数值设置数字格式

为了让图表中的数值更加直观清晰，并便于快速区分该数值的类别，可为坐标轴中的数值设置数字格式。

步骤01 选择数字类别

打开原始文件，双击图表中的"垂直（值）轴"，打开"设置坐标轴格式"窗格，❶在"坐标轴选项"选项卡下的"数字"选项组中单击"类别"右侧的下三角按钮，❷在展开的列表中单击"货币"选项，如右图所示。

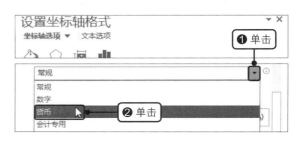

步骤02 设置小数位数和符号

设置"小数位数"为"0",保持默认的"符号",如下图所示。

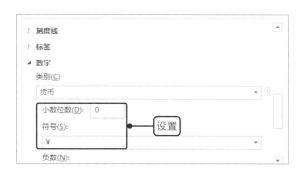

步骤03 显示设置数字格式后的效果

完成设置后,图表中的垂直(值)轴数据变为了设置的数字格式,如下图所示。

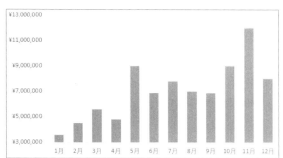

第419招　为坐标轴线条添加方向箭头

为坐标轴添加方向箭头,可以在图表中表现出横、纵坐标轴数据的大小变化方向。具体的操作步骤如下。

步骤01 设置线条

打开原始文件,双击图表中的"垂直(值)轴",打开"设置坐标轴格式"窗格,❶在"填充与线条"选项卡下的"线条"选项组中单击"实线"单选按钮,❷设置"颜色"为"黑色,文字1"、"宽度"为"1.5磅",如下图所示。

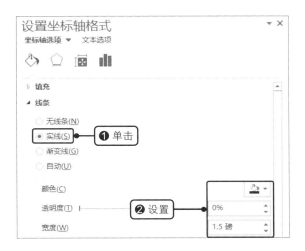

步骤02 选择箭头类型

❶单击"箭头末端类型"按钮,❷在展开的列表中单击"燕尾箭头",如下图所示。

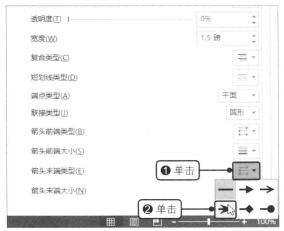

步骤03 选择箭头大小

❶单击"箭头末端大小"按钮,❷在展开的列表中单击"右箭头9",如右图所示。

步骤04 显示设置坐标轴后的图表效果

完成垂直（值）轴的设置后，选中"水平（类别）轴"，为其设置相同的线条颜色、宽度、箭头类型和大小，设置后的图表效果如右图所示。

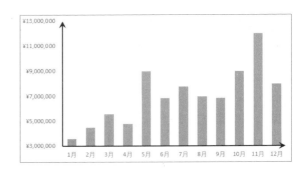

第420招 突出显示某条折线

当需要在创建的多个折线图中突出某个系列的走势时，可对该系列数据进行加粗和填充颜色的突出显示设置。

步骤01 双击数据系列

打开原始文件，双击图表中要设置的折线图，如代表章**的销售金额折线图，如右图所示。

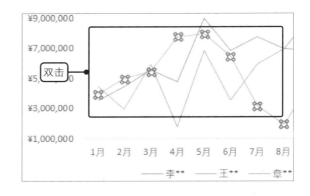

步骤02 设置折线图线条

打开"设置数据系列格式"窗格，❶在"填充与线条 > 线条"选项卡下设置"颜色"为"红色"，❷单击"宽度"右侧的数字调节按钮，设置其为"2 磅"，如下图所示。

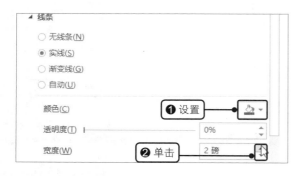

步骤03 显示加粗效果

完成设置后，即可看到图表中代表章**的销售金额走向的折线图线条加粗并变为了红色，如下图所示。

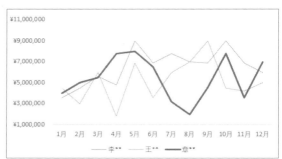

第421招 为折线图添加数据标记

如果想要突出折线图中的多个系列数据，可为各系列的数据标记设置形状，具体的操作步骤如下。

步骤01 设置数据标记

打开原始文件，双击图表中的数据系列，打开"设置数据系列格式"窗格，❶在"填充与线条 > 标记"选项卡下的"数据标记选项"选项组中单击"内置"单选按钮，❷设置"类型"为三角形，单击"大小"右侧的数字调节按钮，设置其为"8"，如下图所示。

步骤02 设置标记的填充效果

❶在"填充"选项组下单击"纯色填充"单选按钮，❷设置"颜色"为"红色"，如下图所示。

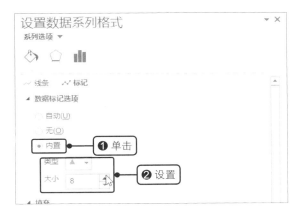

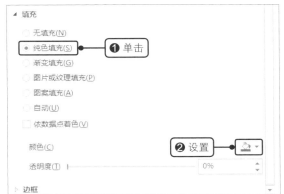

步骤03 显示添加并设置标记后的效果

完成标记的添加和设置后，即可看到图表中各个系列值的突出显示效果，如右图所示。

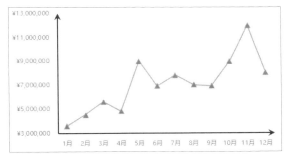

第422招　突出显示指定的数据点

如果需要突出显示图表中的某个数据，可为该数据对应的数据系列设置不同的填充效果或轮廓效果。具体的操作方法如下。

步骤01 选中要突出的数据系列

打开原始文件，连续单击三次要突出显示的数据系列，如"5月"对应的数据系列，如右图所示。

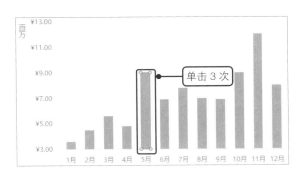

步骤02 设置数据点格式

在工作表的右侧弹出"设置数据点格式"窗格，❶在"填充与线条"选项卡下单击"填充"选项组下的"纯色填充"单选按钮，❷设置"颜色"为"绿色"，如下图所示。

步骤03 设置边框格式

❶在"边框"选项组下单击"实线"单选按钮，❷设置"颜色"为"黑色，文字1"、宽度为"1.25磅"，如下图所示。

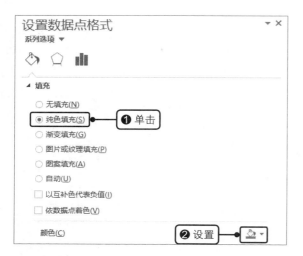

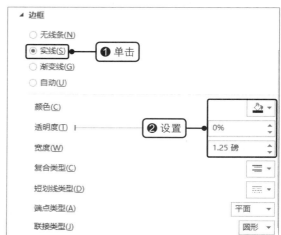

步骤04 显示突出显示效果

关闭窗格，可在图表中看到 5 月份的数据系列柱形图因为其颜色和边框与其他数据系列不同而被突出显示了，如右图所示。

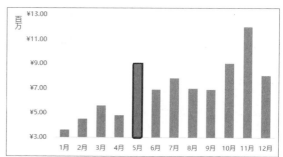

第423招 为数据系列添加垂直线

如果需要让 Excel 图表中系列图对应的数值更加明了，可为图表中的数据系列添加垂直线。

步骤01 显示垂直线

打开原始文件，选中图表，❶在"图表工具 - 设计"选项卡下的"图表布局"组中单击"添加图表元素"按钮，❷在展开的列表中单击"线条 > 垂直线"选项，如右图所示。

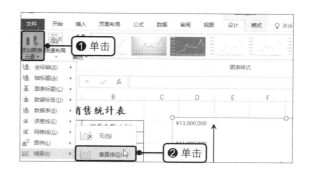

步骤02 显示添加垂直线后的图表效果

完成垂直线的添加后，可直观查看每个系列所对应的数值，如右图所示。

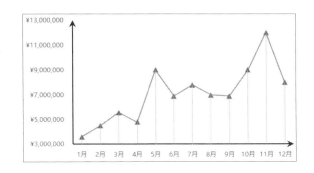

第424招 添加趋势线分析数据走向

当不能通过创建的折线图直观看出表格数据的走势时，可通过添加趋势线的方法对表格数据进行分析和梳理。

步骤01 单击"更多选项"选项

打开原始文件，选中图表，❶单击图表右上角的"图表元素"按钮，❷在展开的列表中单击"趋势线 > 更多选项"选项，如下图所示。

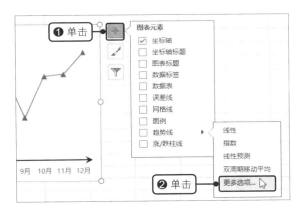

步骤02 选择趋势线

在工作表的右侧弹出"设置趋势线格式"窗格，由于图表中的数据波动较大，因此在"趋势线选项"选项卡下单击"多项式"单选按钮，如下图所示。

步骤03 显示R平方值

在窗格的下方勾选"显示 R 平方值"复选框，如下图所示。

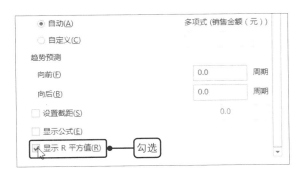

步骤04 查看趋势线效果

完成设置后，即可在图表中看到添加的多项式趋势线及 R 平方值，如下图所示。

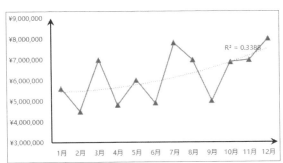

> ⏰ **提示**
>
> R平方值用于衡量趋势线的拟合程度，取值范围为 0～1，越接近 1，表示趋势线的误差越小，越接近 0，表示趋势线的误差越大。

第425招 固定图表的大小和位置

完成图表的创建后，如果不需要让图表的位置和大小随着行高或列宽的改变而改变，可将图表的大小和位置固定。

步骤01 设置所选内容格式

打开原始文件，选中图表，在"图表工具 - 格式"选项卡下的"当前所选内容"组中单击"设置所选内容格式"按钮，如下图所示。

步骤02 固定图表的大小和位置

弹出"设置图表区格式"窗格，在"大小与属性"选项卡下的"属性"选项组下单击"大小和位置均固定"单选按钮，如下图所示。

第426招 还原图表至最初样式

当对图表中自行设置的样式不满意时，可清除所选图表的格式。

打开原始文件，选中图表，在"图表工具 - 格式"选项卡下的"当前所选内容"组中单击"重设以匹配样式"按钮，如右图所示。

第427招 制作动态的图表标题

如果想让图表的标题能够随着单元格内容的改变而发生变化，可为图表制作动态的图表标题。

打开原始文件，❶选中图表中的图表标题，❷在编辑栏中输入"=Sheet1!$A$1"，按下【Enter】键，即可看到图表标题变为了单元格 A1 中的内容，如右图所示。

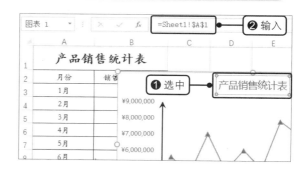

第428招　将创建的图表保存为模板

如果需要经常使用某个自定义的图表效果，为避免重复的设计和编辑工作，可将设计好的图表保存为模板。

步骤01　单击"另存为模板"命令

打开原始文件，❶右击要保存为模板的图表，❷在弹出的快捷菜单中单击"另存为模板"命令，如下图所示。

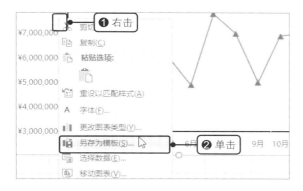

步骤02　保存模板

弹出"保存图表模板"对话框，保持默认的保存位置，设置"文件名"为"模板1"，如下图所示。

步骤03　查看保存的模板

单击"保存"按钮，返回工作表中，在"插入"选项卡下的"图表"组中单击快翻按钮，打开"插入图表"对话框，在"所有图表"选项卡下单击"模板"标签，即可看到保存的模板效果，如右图所示。

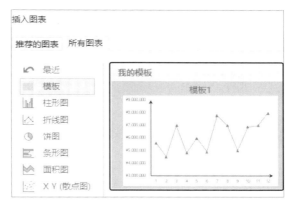

第429招　将图表转换为图片

若不想让创建的图表随着数据源的变化而发生改变，可将图表转换为图片。具体的操作方法如下。

步骤01　复制图表

打开原始文件，❶右击图表，❷在弹出的快捷菜单中单击"复制"命令，如右图所示。

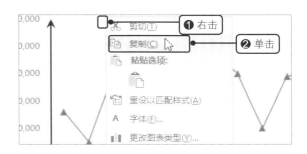

步骤02 粘贴图表

❶在单元格 A17 中右击，❷在弹出的快捷菜单中单击"粘贴选项 > 图片"命令，如右图所示。

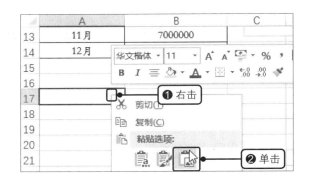

第430招 暂时隐藏创建的图表

完成图表的制作后，如果暂时不需要在工作簿中显示创建的图表，可将其隐藏。具体操作如下。

打开原始文件，选中图表，❶在"图表工具 - 格式"选项卡下的"排列"组中单击"选择窗格"按钮，打开"选择"窗格，❷单击"图表 1"右侧的 👁 按钮，如右图所示，即可隐藏选中的图表。

⏰ **提示**

如果要隐藏工作表中的全部图表，则可在"选择"窗格中单击"全部隐藏"按钮。

第431招 快速创建迷你型的图表

如果想要让图表既能够直接、简单地展示数据，又能够在一个单元格中显示，则可创建迷你图。

步骤01 插入迷你图

打开原始文件，在"插入"选项卡下的"迷你图"组中单击"柱形图"按钮，如下图所示。

步骤02 设置数据范围和位置

弹出"创建迷你图"对话框，❶设置"数据范围"为"B3:E3"、"位置范围"为"$F$3"，❷单击"确定"按钮，如下图所示。

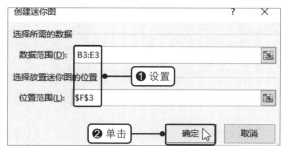

步骤03 显示创建的迷你图

　　拖动单元格 F3 右下角的填充柄，创建 1 月至 6 月的柱形迷你图，如右图所示，即可直观查看各个月份的产品销售额对比效果。

产品销售金额统计表					
产品	冰箱	洗衣机	空调	电视机	
1月	¥260,000	¥560,000	¥360,000	¥690,000	
2月	¥360,000	¥600,000	¥450,000	¥360,000	
3月	¥850,000	¥890,000	¥600,000	¥560,000	
4月	¥690,000	¥780,000	¥369,000	¥500,000	
5月	¥400,000	¥560,000	¥780,000	¥690,000	
6月	¥540,000	¥900,000	¥650,000	¥780,000	

第432招　更改迷你图类型

　　如果创建的迷你图不能直观展示数据，可更改迷你图类型。

　　打开原始文件，选中迷你图，在"迷你图工具 - 设计"选项卡下的"类型"组中单击"折线图"按钮，如右图所示。

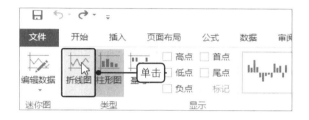

第433招　更改迷你图数据源

　　如果创建的迷你图的数据源有增加或删减，可对迷你图的数据源进行更改。

步骤01 单击"编辑组位置和数据"选项

　　打开原始文件，选中迷你图组，❶在"迷你图工具 - 设计"选项卡下的"迷你图"组中单击"编辑数据"下三角按钮，❷在展开的列表中单击"编辑组位置和数据"选项，如右图所示。

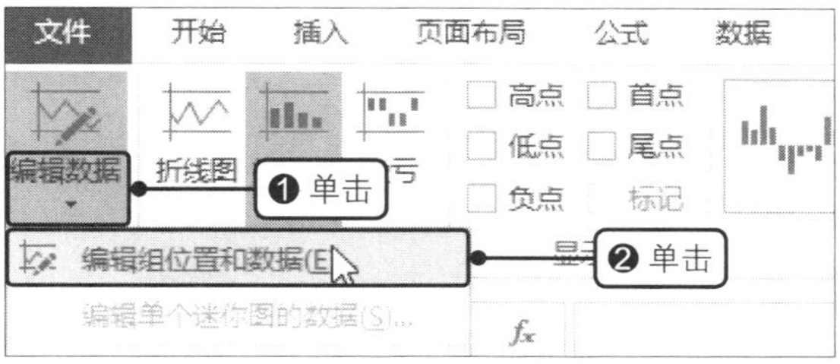

步骤02 编辑迷你图

　　弹出"编辑迷你图"对话框，❶更改"数据范围"为"B3:E5"，❷单击"确定"按钮，如下图所示。

步骤03 显示编辑效果

　　返回工作表中，可看到只展示了 1 月、2 月和 3 月的柱形迷你图效果，如下图所示。

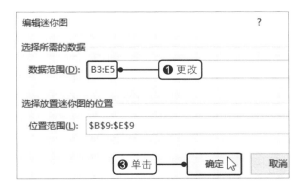

	A	B	C	D	E
1	产品销售金额统计表				
2	月份　产品	冰箱	洗衣机	空调	电视机
3	1月	¥260,000	¥560,000	¥360,000	¥690,000
4	2月	¥360,000	¥600,000	¥450,000	¥360,000
5	3月	¥850,000	¥890,000	¥600,000	¥560,000
6	4月	¥690,000	¥780,000	¥369,000	¥500,000
7	5月	¥400,000	¥560,000	¥780,000	¥690,000
8	6月	¥540,000	¥900,000	¥650,000	¥780,000
9					

> **提示**
>
> 如果要编辑迷你图组中的单个迷你图，则在编辑前选中该迷你图，然后在"迷你图工具-设计"选项卡下的"迷你图"组中单击"编辑数据"下三角按钮，在展开的列表中单击"编辑单个迷你图的数据"选项，即可在弹出的对话框中进行相关设置。

第434招 突出显示迷你图的最大、最小值

如果想要在迷你图中突出显示数据的最大值和最小值，可通过显示高点和低点来实现。

步骤01 添加高点和低点

打开原始文件，选中迷你图，在"迷你图工具-设计"选项卡下的"显示"组中勾选"高点"和"低点"复选框，如下图所示。

步骤02 显示添加效果

完成添加后，可看到工作表中的迷你图组添加了代表高点和低点的标记，如下图所示。

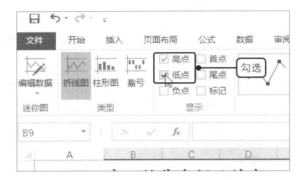

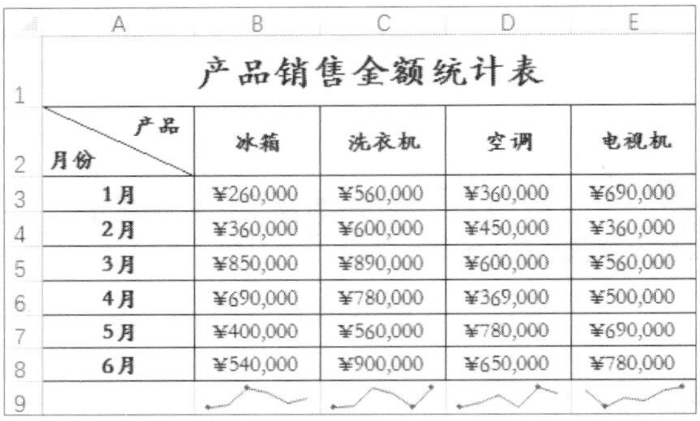

第435招 更改迷你图颜色

如果对默认的迷你图颜色不满意，可进行更改。

打开原始文件，选中迷你图，❶在"迷你图工具-设计"选项卡下的"样式"组中单击"迷你图颜色"右侧的下三角按钮，❷在展开的列表中单击"绿色"，如右图所示。

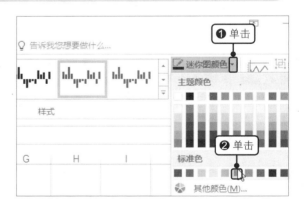

第436招 更改迷你图的标记颜色

如果想要突出迷你图中的特定数据，可为数据添加不同的标记颜色。具体的操作方法如下。

步骤01 设置高点颜色

打开原始文件，选中迷你图，❶在"迷你图工具 - 设计"选项卡下的"样式"组中单击"标记颜色"按钮，❷在展开的列表中单击"高点 > 红色"选项，如下图所示。

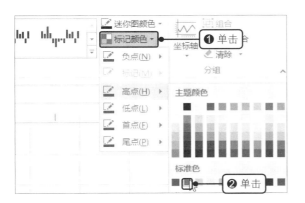

步骤02 显示设置效果

完成设置后，可看到工作表中迷你图的高点柱形图都变为了红色，如下图所示，由此可快速看出各个产品销售金额最高的月份。

	产品	冰箱	洗衣机	空调	电视机
	份				
1月		¥260,000	¥560,000	¥360,000	¥690,000
2月		¥360,000	¥600,000	¥450,000	¥360,000
3月		¥850,000	¥890,000	¥600,000	¥560,000
4月		¥690,000	¥780,000	¥369,000	¥500,000
5月		¥400,000	¥560,000	¥780,000	¥690,000
6月		¥540,000	¥900,000	¥650,000	¥780,000

产品销售金额统计表

第437招　更改迷你图外观样式

Excel提供了多种迷你图样式，用户可根据实际需求选择，从而快速美化迷你图。

打开原始文件，选中迷你图，在"迷你图工具 - 设计"选项卡下的"样式"组中单击快翻按钮，在展开的列表中单击需要的样式，如"迷你图样式彩色 #4"样式，如右图所示。

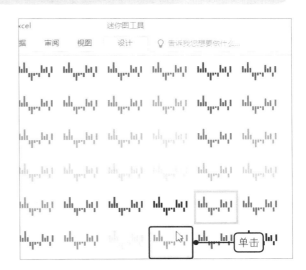

第438招　将多个迷你图取消组合

如果想要对工作表中的某个迷你图进行编辑或设置，则需要先将迷你图组取消组合。具体的操作方法如下。

打开原始文件，选中迷你图，在"迷你图工具 - 设计"选项卡下的"分组"组中单击"取消组合"按钮，如右图所示。

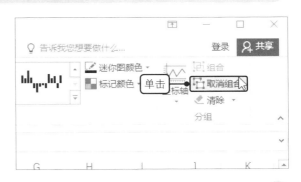

第439招　快速删除创建的迷你图

当不再需要使用迷你图展示表格数据时，可将其删除。具体的操作方法如下。

步骤01 选中要清除的迷你图

打开原始文件，按住【Ctrl】键依次选中要清除的迷你图，如单元格 B9、C9 和 E9，如右图所示。

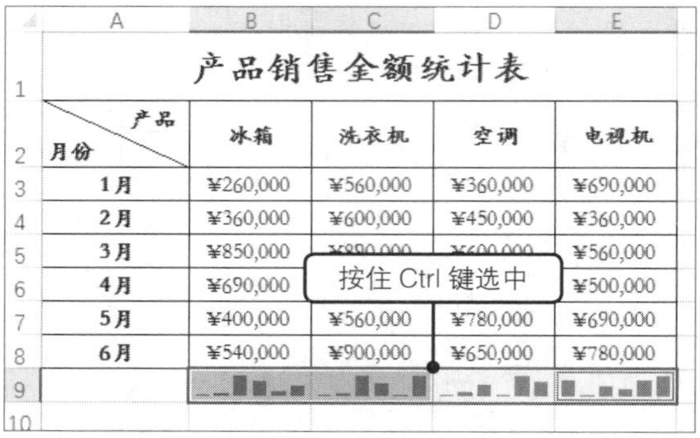

	产品			
		冰箱	洗衣机	空调	电视机

产品销售金额统计表

月份	冰箱	洗衣机	空调	电视机
1月	¥260,000	¥560,000	¥360,000	¥690,000
2月	¥360,000	¥600,000	¥450,000	¥360,000
3月	¥850,000	¥890,000	¥600,000	¥560,000
4月	¥690,000	按住 Ctrl 键选中		¥500,000
5月	¥400,000	¥560,000	¥780,000	¥690,000
6月	¥540,000	¥900,000	¥650,000	¥780,000

步骤02 清除选择的迷你图

❶在"迷你图工具 - 设计"选项卡下的"分组"组中单击"清除"右侧的下三角按钮，❷在展开的列表中单击"清除所选的迷你图"选项，如下图所示。

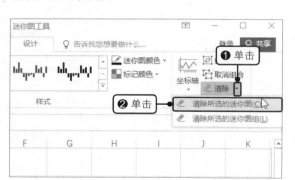

步骤03 显示清除后的效果

完成清除操作后，可看到工作表中只显示了单元格 D9 中的迷你图，如下图所示。

产品销售金额统计表

月份	冰箱	洗衣机	空调	电视机
1月	¥260,000	¥560,000	¥360,000	¥690,000
2月	¥360,000	¥600,000	¥450,000	¥360,000
3月	¥850,000	¥890,000	¥600,000	¥560,000
4月	¥690,000	¥780,000	¥369,000	¥500,000
5月	¥400,000	¥560,000	¥780,000	¥690,000
6月	¥540,000	¥900,000	¥650,000	¥780,000

提示

如果要删除整个迷你图组，则先选中该迷你图组中的任意迷你图，在"迷你图工具 - 设计"选项卡下的"分组"组中单击"清除"右侧的下三角按钮，在展开的列表中单击"清除所选的迷你图组"选项即可。

读书笔记

第14章 Excel数据的透视分析

为了能够在数秒内处理好上百万行的数据，并灵活地从不同角度对复杂的数据进行排序、筛选和汇总等操作，可创建数据透视表和数据透视图来分析数据。数据透视表除了可以将处理好的数据以报表或图表的形式简洁、直观地展现出来，还可以帮助用户建立数据处理和分析模型，从而解决工作中的棘手问题。

本章将主要介绍数据透视表的一些主要功能和操作，如创建数据透视表的方法、如何让数据透视表更加美观、如何让数据工具更加得心应手、如何在数据透视表中排序和筛选数据等。此外，还将以图表的形式分析数据透视表中的数据。

第440招 创建推荐的数据透视表

Excel 中的推荐的数据透视表功能可以自动汇总数据，并提供各种数据透视表的预览效果，在多个预览效果中，用户可选择一种最能体现实际观点的数据透视表，对数据进行简单的分析和处理。

步骤01 插入推荐的数据透视表

打开原始文件，❶选中工作表中的任意数据单元格，❷在"插入"选项卡下的"表格"组中单击"推荐的数据透视表"按钮，如下图所示。

步骤02 选择合适的数据透视表

弹出"推荐的数据透视表"对话框，❶在左侧选择合适的数据透视表，❷单击"确定"按钮，如下图所示。

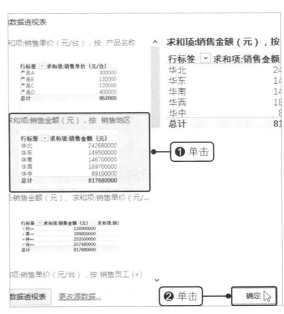

步骤03 显示创建的数据透视表

返回工作表中,可在新工作表"Sheet2"中看到创建的数据透视表效果,如右图所示。利用该数据透视表,用户可直观查看各个销售地区在 6 月的销售金额数据。

第441招 根据数据源创建空白数据透视表

如果推荐的数据透视表都不符合实际工作需要,可根据数据源创建空白数据透视表。

步骤01 插入数据透视表

打开原始文件,❶选中工作表中的任意数据单元格,❷在"插入"选项卡下的"表格"组中单击"数据透视表"按钮,如下图所示。

步骤02 设置数据源和位置

弹出"创建数据透视表"对话框,可在"表/区域"后的文本框中看到自动添加的表区域,❶在"选择放置数据透视表的位置"选项组下单击"新工作表"单选按钮,❷单击"确定"按钮,如下图所示。

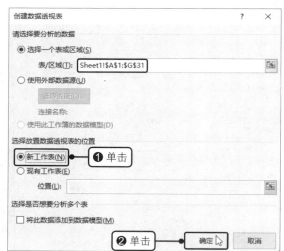

步骤03 显示创建的空白数据透视表

返回工作表中,可看到插入的新工作表"Sheet2",在该工作表中可看到插入的空白数据透视表及展开的"数据透视表字段"窗格,如右图所示。

第442招　添加报表字段

完成数据透视表的创建后，呈现在工作表中的只是一个空白的报表，要查看具体的数据内容，还需为数据透视表添加相应的字段。

步骤01　添加字段

打开原始文件，在"数据透视表字段"窗格中勾选"销售员工""销售数量（台）""销售金额（元）"字段，如下图所示。

步骤02　显示添加字段的位置

此时可在"数据透视表字段"窗格的下方看到勾选的字段已自动显示在各个标签中，如下图所示。

步骤03　显示添加字段效果

完成字段的添加后，在数据透视表中可直观查看各个销售员工在 6 月的销售数量和销售金额数据，如右图所示。

行标签	求和项:销售数量（台）	求和项:销售金额（元）
何**	3830	116900000
黄**	5800	189800000
林**	6720	253500000
张**	10410	257480000
总计	26760	817680000

提示

一般情况下，在添加字段时，非数值字段会添加到"行"标签中，数值型字段会添加到"值"标签中。

第443招　移动数据透视表中的字段

完成字段的添加后，Excel 会自动根据字段的数据类型将其添加到相应的区域节中。为了创建更符合工作需求的数据透视表，可对添加的字段进行移动操作。

步骤01 查看未移动字段的效果

打开原始文件，可看到未移动字段的数据透视表效果，如下图所示。

	A	B
1		
2		
3	行标签 ▼	求和项:销售金额（元）
4	⊟何**	116900000
5	产品A	19500000
6	产品B	15400000
7	产品C	28000000
8	产品D	54000000
9	⊟黄**	189800000
10	产品A	83100000
11	产品B	35200000
12	产品D	71500000
13	⊟林**	253500000
14	产品A	36000000
15	产品B	29700000

步骤02 移动字段

❶在"数据透视表字段"窗格中单击"行"标签中的"销售员工"字段，❷在展开的列表中单击"移动到列标签"选项，如下图所示。

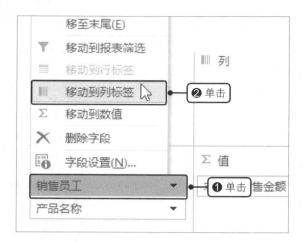

步骤03 显示数据透视表效果

此时可看到销售员工字段移动到列标签后的数据透视表效果，如下图所示。

	A	B	C	D	E	F
1						
2						
3	求和项:销售金额（元）	列标签 ▼				
4	行标签 ▼	何**	黄**	林**	张**	总计
5	产品A	19500000	83100000	36000000	143700000	282300000
6	产品B	15400000	35200000	29700000	15180	95480000
7	产品C	28000000		13800000	98600000	140400000
8	产品D	54000000	71500000	174000000		299500000
9	总计	116900000	189800000	253500000	257480000	817680000

第444招 删除不需要的字段

如果添加的字段中有多余的字段不需要表现在数据透视表中时，可以将其删除。

打开原始文件，❶在"数据透视表字段"窗格的"行"标签中单击"销售员工"字段，❷在展开的列表中单击"删除字段"选项，如右图所示。

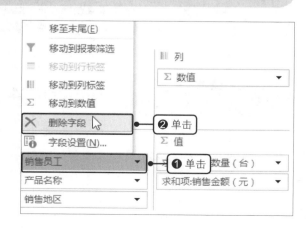

第445招　移动数据透视表的位置

完成数据透视表的创建后，为了满足实际工作需要，可以将数据透视表在同一个工作簿中的不同工作表之间任意移动，或在同一个工作表的不同单元格中移动。

步骤01　移动数据透视表

打开原始文件，选中数据透视表中的任意数据单元格，在"数据透视表工具 - 分析"选项卡下的"操作"组中单击"移动数据透视表"按钮，如下图所示。

步骤02　设置移动位置

弹出"移动数据透视表"对话框，❶单击"新工作表"单选按钮，❷单击"确定"按钮，如下图所示。

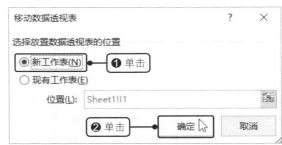

步骤03　显示移动效果

返回工作表中，可看到工作表"Sheet1"前插入了一个新的工作表"Sheet2"，在该工作表中可看到移动后的数据透视表，如右图所示。

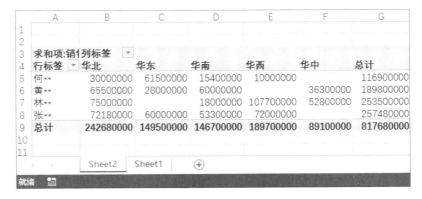

第446招　展开与折叠报表字段

如果数据透视表中的字段较多，想要在不删除字段的情况下只查看某个字段的数据，可以通过展开与折叠功能来实现。

步骤01　折叠字段

打开原始文件，❶在数据透视表中右击"行标签"列中的任意单元格，❷在弹出的快捷菜单中单击"展开 / 折叠 > 折叠整个字段"命令，如右图所示。

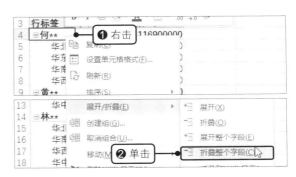

步骤02 展开字段

此时数据透视表中只显示各个员工的销售金额数据，各个销售地区的销售金额数据被折叠隐藏了。❶右击"行标签"列中包含某个员工姓名的单元格，❷在弹出的快捷菜单中单击"展开/折叠>展开到'销售地区'"命令，如下图所示。

步骤03 显示展开与折叠字段后的效果

完成设置后，可看到表中只有张 ** 既会显示在各个销售地区的销售金额数据，也会显示总销售金额数据，而其他销售员工只显示了总销售金额数据，如下图所示。

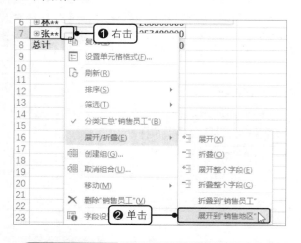

第447招 并排显示字段节和区域节

默认情况下，"数据透视表字段"窗格中的字段节和区域节是按照上下的方式排列显示的，如果想要让字段节和区域节并排显示在窗格中，可通过以下方法实现。

步骤01 更改字段节和区域节的显示方式

打开原始文件，❶在"数据透视表字段"窗格中单击"工具"按钮，❷在展开的列表中单击"字段节和区域节并排"选项，如下图所示。

步骤02 显示并排效果

完成设置后，可在"数据透视表字段"窗格中看到字段节和区域节并排显示，如下图所示。除了可以让字段节和区域节并排显示，还可以在窗格中只显示字段节或区域节。

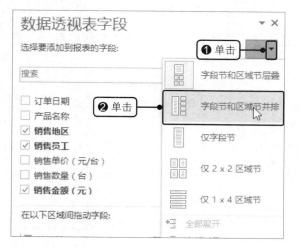

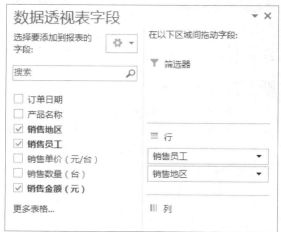

第448招　让汇总数据显示在底部

默认情况下，数据透视表的汇总数据会出现在组的顶部，并且没有使用显眼的文字说明该数据是汇总数据，此时可以通过更改分类汇总方式将汇总数据显示在字段的底部。

步骤01　在底部显示分类汇总

打开原始文件，选中数据透视表中的任意数据单元格，❶在"数据透视表工具 - 设计"选项卡下的"布局"组中单击"分类汇总"按钮，❷在展开的列表中单击"在组的底部显示所有分类汇总"选项，如下图所示。

步骤02　显示设置效果

完成设置后，可看到各个字段的汇总数据显示在了数据透视表的底部，如下图所示。

> ⏰ **提示**
>
> 如果不需要在数据透视表中显示分类汇总数据，可在"数据透视表工具 - 设计"选项卡下的"布局"组中单击"分类汇总"按钮，在展开的列表中单击"不显示分类汇总"选项。

第449招　插入空行，让汇总数据一目了然

默认情况下，数据透视表中各个字段组间的数据会比较紧凑，可能不便于直观查看各个字段汇总数据，此时可以在汇总行后插入空行。

步骤01　插入空行

打开原始文件，选中数据透视表中的任意数据单元格，❶在"数据透视表工具 - 设计"选项卡下的"布局"组中单击"空行"按钮，❷在展开的列表中单击"在每个项目后插入空行"选项，如右图所示。

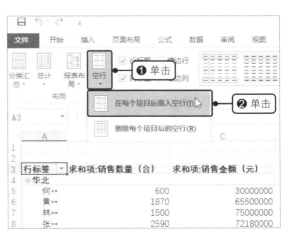

步骤02 显示插入空行后的效果

完成设置后，可在数据透视表中看到每个字段的汇总数据后插入了一行空白行，如右图所示。用户可以更加清楚地查看各个汇总字段的数据。

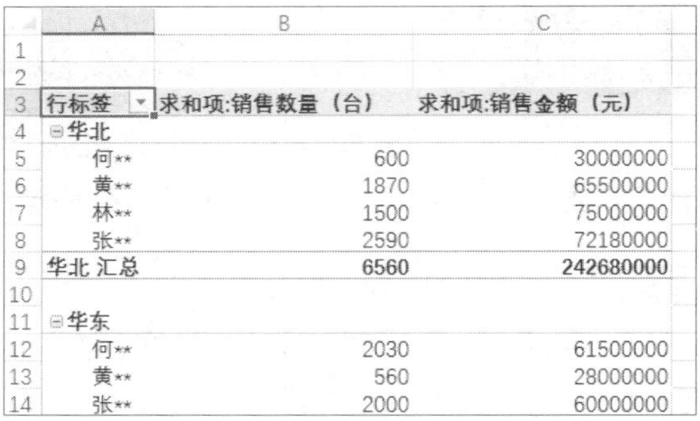

	A	B	C
1			
2			
3	行标签 ▼	求和项:销售数量（台）	求和项:销售金额（元）
4	⊟华北		
5	何**	600	30000000
6	黄**	1870	65500000
7	林**	1500	75000000
8	张**	2590	72180000
9	华北 汇总	6560	242680000
10			
11	⊟华东		
12	何**	2030	61500000
13	黄**	560	28000000
14	张**	2000	60000000

⏰ **提示**

如果要删除数据透视表中插入的空行，则在"数据透视表工具 - 设计"选项卡下的"布局"组中单击"空行"按钮，在展开的列表中单击"删除每个项目后的空行"选项。

第450招 隐藏数据透视表中的总计值

若只需查看数据透视表中各个字段的数据，为了避免总计值干扰视线，可将总计值隐藏。

步骤01 隐藏行列的总计值

打开原始文件，选中数据透视表中的任意数据单元格，❶在"数据透视表工具 - 设计"选项卡下的"布局"组中单击"总计"按钮，❷在展开的列表中单击"对行和列禁用"选项，如下图所示。

步骤02 显示隐藏效果

完成设置后，即可看到数据透视表中列和行的总计值被隐藏了，如下图所示。

⏰ **提示**

如果只需要在行或列中显示总计值，则在"数据透视表工具 - 设计"选项卡下的"布局"组中单击"总计"按钮，在展开的列表中单击"仅对行启用"选项或"仅对列启用"选项。

第451招 以表格形式布局报表

完成数据透视表的创建后，数据透视表默认以压缩形式显示在工作表中，在该布局效果下，当"行"标签字段较多时，将不会在数据透视表中显示各个字段名。此时可以将布局形式更改为表格形式，以便清楚地查看各个行字段名及其内容。

步骤01 以表格形式显示

打开原始文件，选中数据透视表中的任意数据单元格，❶在"数据透视表工具 - 设计"选项卡下的"布局"组中单击"报表布局"按钮，❷在展开的列表中单击"以表格形式显示"选项，如下图所示。

步骤02 显示表格布局效果

完成设置后，即可看到工作表中的数据透视表以表格的形式显示，汇总数据会自动显示在各个字段的底部，如下图所示。

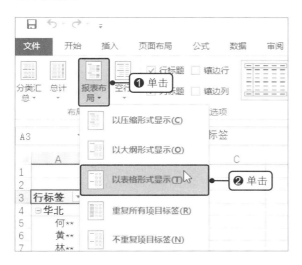

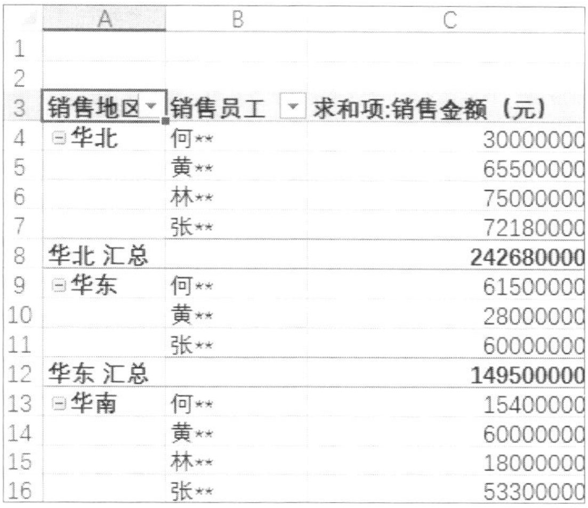

> ⏰ **提示**
>
> 　　除了以表格形式显示数据透视表外，还可以在"数据透视表工具 - 设计"选项卡下的"布局"组中单击"报表布局"按钮，在展开的列表中单击"以大纲形式显示"选项，此时数据透视表将以大纲形式显示。

第452招 重复显示项目标签

当数据透视表的行标签中包含多个字段时，第一个行字段的项目标签仅会显示在第一行中，而其他行将省略该标签的显示。如果想要让该字段下的项目标签在每行都显示，则可通过重复显示项目标签来实现。

步骤01 重复所有标签项目

打开原始文件，选中数据透视表中的任意数据单元格，❶在"数据透视表工具 - 设计"选项卡下的"布局"组中单击"报表布局"按钮，❷在展开的列表中单击"重复所有项目标签"选项，如右图所示。

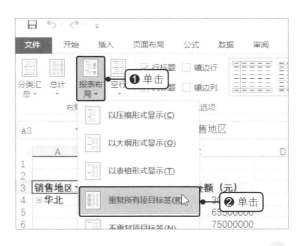

步骤02 显示重复标签项目效果

完成设置后，即可看到数据透视表中的第一个行字段重复显示在所有行中，如右图所示。

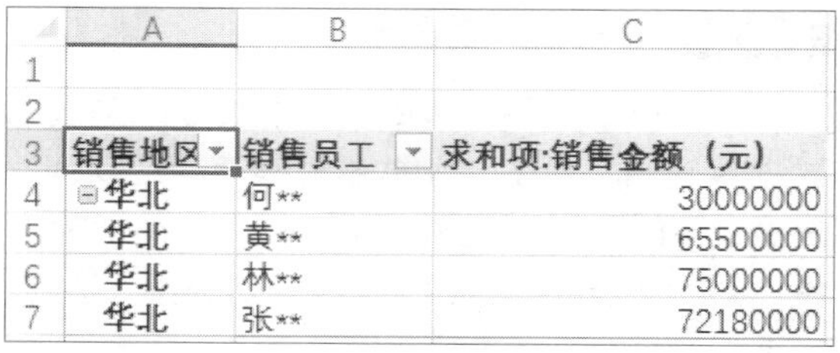

	A	B	C
1			
2			
3	销售地区 ▾	销售员工 ▾	求和项:销售金额（元）
4	⊟华北	何**	30000000
5	华北	黄**	65500000
6	华北	林**	75000000
7	华北	张**	72180000

⏰ **提示**

需注意的是，当数据透视表以压缩形式显示时，是无法为其重复添加项目标签的。因为在该形式下，数据透视表中的多个行字段堆叠在一列中，系统无法分辨这些项目标签属于哪个字段，所以无法显示重复的项目标签。

第453招 ▸ 获取数据透视表的所有数据

当用户误删了创建数据透视表的数据源内容时，可以通过以下方法快速获取数据透视表中保存的数据源内容，无需重新录入。

步骤01 单击"数据透视表选项"命令

打开原始文件，❶右击数据透视表中的任意单元格，❷在弹出的快捷菜单中单击"数据透视表选项"命令，如下图所示。

步骤02 启动显示明细数据

弹出"数据透视表选项"对话框，❶切换至"数据"选项卡，❷勾选"启用显示明细数据"复选框，如下图所示。

步骤03 双击单元格

单击"确定"按钮，返回数据透视表中，双击数据透视表的最后一个单元格，如右图所示。

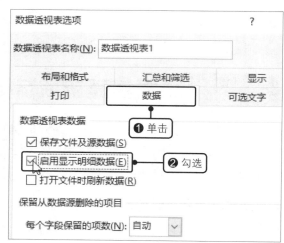

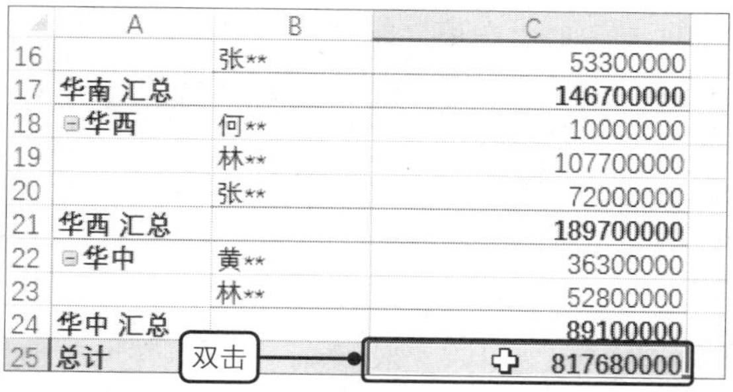

步骤04 显示明细数据

完成设置后，可在新工作表中看到获取的所有数据源，如右图所示。

订单日期	产品名称	销售地区	销售员工	销售单价（元/台）	销售数量（台）	销售金额（元）
2017/6/29	产品D	华北	何**	50000	600	30000000
2017/6/3	产品D	华东	何**	50000	480	24000000
2017/6/7	产品C	华东	何**	20000	900	18000000
2017/6/24	产品A	华东	何**	30000	650	19500000
2017/6/9	产品B	华南	何**	22000	700	15400000
2017/6/17	产品C	华西	何**	20000	500	10000000
2017/6/6	产品B	华北	黄**	22000	1000	22000000
2017/6/20	产品D	华北	黄**	50000	870	43500000
2017/6/8	产品D	华东	黄**	50000	560	28000000
2017/6/27	产品A	华南	黄**	30000	2000	60000000
2017/6/2	产品B	华中	黄**	22000	600	13200000
2017/6/15	产品A	华中	黄**	30000	770	23100000
2017/6/25	产品D	华北	林**	50000	1500	75000000
2017/6/19	产品A	华南	林**	30000	600	18000000
2017/6/4	产品C	华西	林**	20000	690	13800000
2017/6/14	产品D	华西	林**	50000	680	34000000
2017/6/18	产品B	华西	林**	22000	450	9900000
2017/6/21	产品D	华西	林**	50000	1000	50000000
2017/6/11	产品B	华中	林**	22000	900	19800000

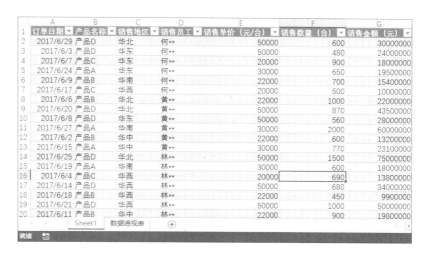

第454招 获取数据透视表某个字段数据

若只想要获取数据透视表中某个字段所包含的明细数据，可通过以下方法实现。

步骤01 双击单元格

打开原始文件，如果想要获取“华北”的销售数据明细，则在数据透视表中双击“华北”后的汇总单元格，如下图所示。

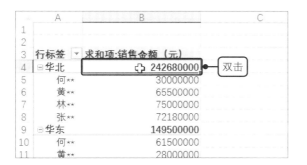

步骤02 显示明细数据

即可在新工作表“Sheet1”中看到“华北”的销售明细数据，如下图所示。

行标签	求和项:销售金额（元）
华北	242680000
何**	30000000
黄**	65500000
林**	75000000
张**	72180000
华东	149500000
何**	61500000
黄**	28000000

订单日期	产品名称	销售地区	销售员工	销售单价（元/台）
2017/6/29	产品D	华北	何**	50000
2017/6/20	产品D	华北	黄**	50000
2017/6/6	产品B	华北	黄**	22000
2017/6/25	产品D	华北	林**	50000
2017/6/1	产品A	华北	张**	30000
2017/6/5	产品A	华北	张**	30000
2017/6/16	产品B	华北	张**	22000

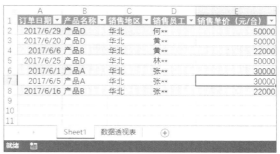

第455招 禁止显示数据透视表的数据源

如果不想让他人通过数据透视表来获取数据源信息，可禁用显示明细数据功能。

步骤01 单击“选项”按钮

打开原始文件，❶选中数据透视表中的任意单元格，❷在“数据透视表工具-分析”选项卡下的“数据透视表”组中单击“选项”按钮，如右图所示。

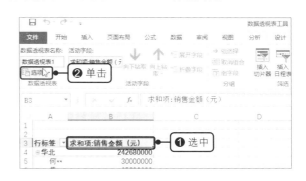

步骤02 禁止显示明细数据

弹出"数据透视表选项"对话框，❶切换至"数据"选项卡下，❷在"数据透视表数据"选项组下取消勾选"启用显示明细数据"复选框，如下图所示。

步骤03 测试禁止显示的效果

单击"确定"按钮，返回数据透视表中，❶双击要查看明细数据的汇总单元格，如单元格 B4，会弹出提示框，提示用户"无法更改数据透视表的这一部分"，❷单击"确定"按钮，如下图所示。

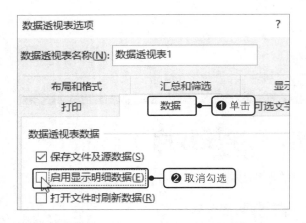

第456招　清空数据透视表数据

如果要重置数据透视表，可通过清除功能使数据透视表还原到最开始创建的状态，具体的操作方法如下。

步骤01 清除数据透视表数据

打开原始文件，选中数据透视表中的任意单元格，❶在"数据透视表工具 - 分析"选项卡下的"操作"组中单击"清除"按钮，❷在展开的列表中单击"全部清除"选项，如下图所示。

步骤02 显示空白的数据透视表

此时可看到工作表中原本含有数据的数据透视表变为了空白的数据透视表模板，如下图所示。

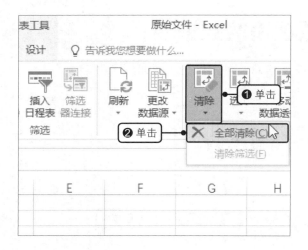

第457招　选中整个数据透视表

当需要对数据透视表中的全部内容进行操作时，可首先通过选择功能将整个数据透视表选中。

打开原始文件，选中数据透视表中的任意单元格，❶在"数据透视表工具 - 分析"选项卡下的"操作"组中单击"选择"按钮，❷在展开的列表中单击"整个数据透视表"选项，如右图所示。

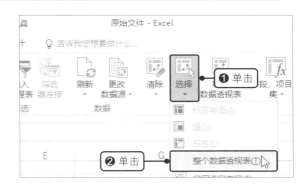

第458招　删除整个数据透视表

如果需要在不删除工作表的基础上删除整个数据透视表模板，可通过以下方法来实现。

步骤01　选中整个数据透视表

打开原始文件，选中整个数据透视表，如下图所示。

步骤02　删除数据透视表

按下【Delete】键，即可删除数据透视表，如下图所示。

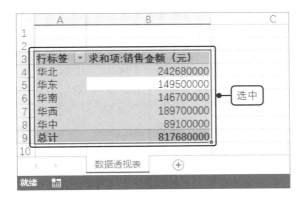

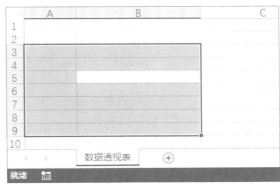

第459招　更改数据源中的错误字段项目名

如果数据源数据中有录入错误，根据该数据源创建的数据透视表也会出现相应错误，会直接影响数据的分析与处理，此时可以通过替换功能修改数据源，并结合刷新功能获取新数据源。

步骤01　查看错误的数据

打开原始文件，切换至工作表"Sheet2"中，可看到数据透视表中的销售地区"华中"显示为错误的"华终"，如右图所示。

步骤02 单击"替换"选项

切换至工作表"Sheet1"中，❶在"插入"选项卡下的"编辑"组中单击"查找和选择"按钮，❷在展开的列表中单击"替换"选项，如右图所示。

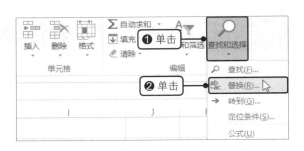

步骤03 设置查找和替换内容

弹出"查找和替换"对话框，❶在"替换"选项卡下设置"查找内容"为"华终"、"替换为"为"华中"，❷单击"全部替换"按钮，如下图所示。

步骤04 完成替换

弹出提示框，提示用户完成了全部替换，一共 5 处，单击"确定"按钮，如下图所示。随后在"查找和替换"对话框中单击"关闭"按钮。

步骤05 刷新数据

切换至工作表"Sheet2"中，❶在"数据透视表工具 - 分析"选项卡下的"数据"组中单击"刷新"下三角按钮，❷在展开的列表中单击"刷新"选项，如下图所示。

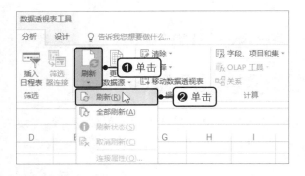

步骤06 显示刷新效果

随后即可在工作表"Sheet2"中看到销售地区的"华终"改为了正确的"华中"，如下图所示。

第460招 一次性显示多个字段更新结果

默认情况下，用户只要添加一个字段，该字段会马上自动添加到数据透视表中。而当添加的字段较多时，系统就会自动多次在数据透视表中显示这些字段。如果想要让多个字段在添加后一次性显示在数据透视表中，可通过推迟布局更新功能来实现。

步骤01 推迟布局更新

打开原始文件，在"数据透视表字段"窗格中勾选"推迟布局更新"复选框，如下图所示。

步骤02 勾选字段

由于数据透视表为空白的，可在窗格中勾选需要显示的字段复选框，如下图所示。

步骤03 更新字段数据

完成字段的勾选后，可在区域节中看到各个字段的位置，单击"更新"按钮，如下图所示。

步骤04 显示更新后的数据

完成设置后，可看到数据透视表中一次性显示了选中字段的数据，如下图所示。

行标签	求和项:销售数量（台）	求和项:销售金额（元）
产品A	9410	282300000
何**	650	19500000
黄**	2770	83100000
林**	1200	36000000
张**	4790	143700000
产品B	4340	95480000
何**	700	15400000
黄**	1600	35200000
林**	1350	29700000
张**	690	15180000
产品C	7020	140040000
何**	1400	28000000
林**	690	13800000
张**	4930	98600000

第461招 在空单元格中显示零值

默认情况下，数据透视表中的值字段中的零值会显示为空白的单元格。当需要在空白的单元格中显示出零值时，可通过以下方法实现。

步骤01 单击"数据透视表选项"命令

打开原始文件，❶右击数据透视表中的任意数据单元格，❷在弹出的快捷菜单中单击"数据透视表选项"命令，如下左图所示。

步骤02 设置空值

弹出"数据透视表选项"对话框，❶切换至"布局和格式"选项卡，❷在"格式"选项组下勾选"对于空单元格，显示"复选框，❸在后面的文本框中输入"0"，如下右图所示。

步骤03 显示空值效果

单击"确定"按钮，
返回数据透视表中，可看
到含有零值的单元格显示
为"0"，如右图所示。

第462招 让错误值一目了然

若要在数据透视表中直观展现出现错误的单元格，可通过错误值的显示功能来实现。

步骤01 显示错误数据

打开原始文件，可看到数据透视表中出现
错误的单元格显示了相应的错误值，如下图所示。

步骤02 单击"数据透视表选项"命令

根据数据源创建数据透视表，❶右击数据
透视表中任意数据单元格，❷在弹出的快捷菜
单中单击"数据透视表选项"命令，如下图所示。

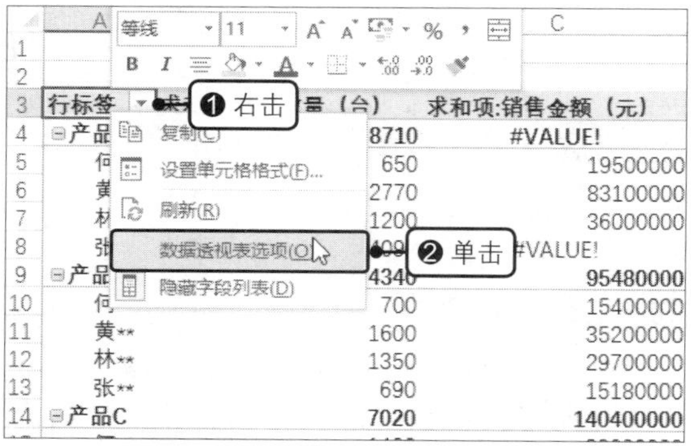

	销售员工	销售单价（元/台）	销售数量（台）	销售金额（元）
2	张**	¥30,000.00	1200	¥36,000,000.00
3	黄**	¥22,000.00	600	¥13,200,000.00
4	何**	¥50,000.00	120	¥6,000,000.00
5	林**	¥20,000.00	690	¥13,800,000.00
6	张**	¥30,000.00	12*	#VALUE!
7	黄**	¥22,000.00	1000	¥22,000,000.00
8	何**	¥20,000.00	900	¥18,000,000.00
9	黄**	¥50,000.00	560	¥28,000,000.00
10	何**	¥22,000.00	700	¥15,400,000.00
11	张**	¥30,000.00	890	¥26,700,000.00
12	林**	¥22,000.00	900	¥19,800,000.00
13	张**	¥30,000.00	600	¥18,000,000.00

步骤03 设置错误显示方式

弹出"数据透视表选项"对话框，❶切换至"布局和格式"选项卡下，❷在"格式"选项组下勾选"对于错误值，显示"复选框，❸在后面的文本框中输入"出现错误！"，如下图所示。

步骤04 显示错误值的效果

单击"确定"按钮，返回工作表中，可看到数据透视表中的错误值显示为设定的"出现错误！"，如下图所示。

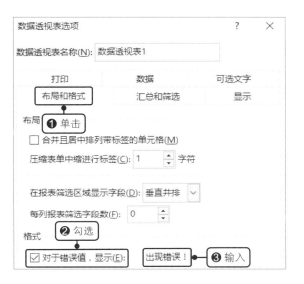

第463招　为报表中的金额数据添加货币符号

为了快速辨别数据透视表中金额的货币类型，可将金额数据设置为带货币符号的数字格式。具体的操作方法如下。

步骤01 选中整个数据透视表

打开原始文件，将鼠标指针放置在数据透视表左上角的第一个单元格中，如单元格 A3，当鼠标指针变为 ↓ 形状时单击，如下图所示，此时可看到整个数据透视表被选中了。

步骤02 选择值

❶在"数据透视表工具 - 分析"选项卡下的"操作"组中单击"选择"按钮，❷在展开的列表中单击"值"选项，如下图所示。

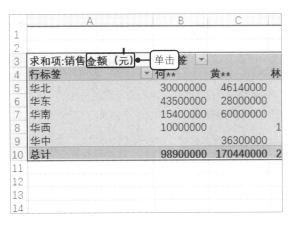

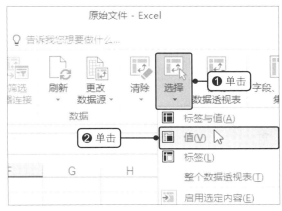

步骤03 单击"设置单元格格式"命令

此时自动选中了数据透视表中的值区域，❶在选中的单元格区域中右击，❷在弹出的快捷菜单中单击"设置单元格格式"命令，如下图所示。

步骤04 设置数字格式

弹出"设置单元格格式"对话框，❶在"数字"选项卡下的"分类"列表框中单击"货币"类型，❷设置"小数位数"为"0"、"货币符号（国家/地区）"为"¥"，如下图所示。

步骤05 显示设置格式后的效果

单击"确定"按钮，返回工作表中，即可看到设置后的数据透视表效果，如下图所示。

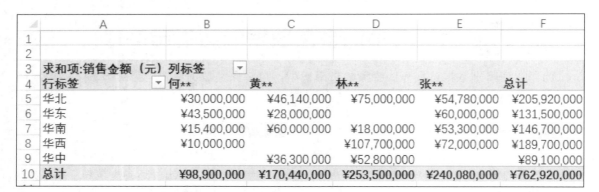

求和项:销售金额（元）列标签					
行标签	何**	黄**	林**	张**	总计
华北	¥30,000,000	¥46,140,000	¥75,000,000	¥54,780,000	¥205,920,000
华东	¥43,500,000	¥28,000,000		¥60,000,000	¥131,500,000
华南	¥15,400,000	¥60,000,000	¥18,000,000	¥53,300,000	¥146,700,000
华西	¥10,000,000		¥107,700,000	¥72,000,000	¥189,700,000
华中		¥36,300,000	¥52,800,000		¥89,100,000
总计	¥98,900,000	¥170,440,000	¥253,500,000	¥240,080,000	¥762,920,000

第464招 美化数据透视表

若对创建的数据透视表的默认样式不满意，可直接套用预设的数据透视表样式来美化报表。

步骤01 选择样式

打开原始文件，选中数据透视表中的任意数据单元格，在"数据透视表工具 - 设计"选项卡下单击"数据透视表样式"组中的快翻按钮，在展开的列表中单击合适的样式，如下左图所示。

步骤02 显示应用样式后的效果

随后即可在工作表中看到更改样式后的数据透视表效果，如下右图所示。

行标签	求和项:销售金额（元）	求和项:销售数量（台）
华北	¥205,920,000	5100
何**	¥30,000,000	600
黄**	¥46,140,000	990
林**	¥75,000,000	1500
张**	¥54,780,000	2010
华东	¥131,500,000	4230
何**	¥43,500,000	1670
黄**	¥28,000,000	560
张**	¥60,000,000	2000
华南	¥146,700,000	5520
何**	¥15,400,000	700
黄**	¥60,000,000	2000
林**	¥18,000,000	600
张**	¥53,300,000	2220
华西	¥189,700,000	6920

第465招 更新时保持列宽和格式

对数据透视表中的列宽和单元格格式进行更改后，如果对其进行刷新操作，会发现列宽和格式会恢复到设置前的状态。此时可以通过以下方法在刷新后保持列宽和格式的更改。

步骤01 单击"数据透视表选项"命令

打开原始文件，❶右击数据透视表中的任意数据单元格，❷在弹出的快捷菜单中单击"数据透视表选项"命令，如下图所示。

步骤02 设置数据透视表选项

弹出"数据透视表选项"对话框，❶在"布局和格式"选项卡下的"格式"选项组下取消勾选"更新时自动调整列宽"复选框，❷勾选"更新时保留单元格格式"复选框，如下图所示。

步骤03 调整列宽和格式

单击"确定"按钮，返回工作表中，调整A 列的列宽，并对数据透视表中单元格的行高和对齐方式进行适当调整，得到如下图所示的效果。

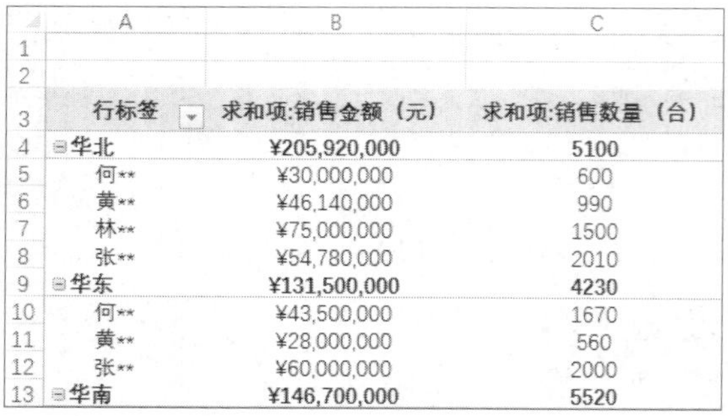

	A	B	C
1			
2			
3	行标签 ▼	求和项:销售金额（元）	求和项:销售数量（台）
4	⊟华北	¥205,920,000	5100
5	何**	¥30,000,000	600
6	黄**	¥46,140,000	990
7	林**	¥75,000,000	1500
8	张**	¥54,780,000	2010
9	⊟华东	¥131,500,000	4230
10	何**	¥43,500,000	1670
11	黄**	¥28,000,000	560
12	张**	¥60,000,000	2000
13	⊟华南	¥146,700,000	5520

步骤04 刷新数据透视表

在"数据透视表工具-分析"选项卡下的"数据"组中单击"刷新"按钮，如下图所示。完成刷新后，可发现数据透视表中更改的列宽和设置的单元格格式不会变化。

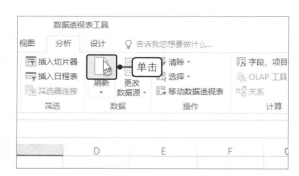

第466招 定义名称法创建动态报表

使用数据透视表分析和处理数据时，可能会需要不断在数据源中添加数据以完善报表，此时可以通过定义名称功能，使数据透视表动态反映明细数据的变动。

步骤01 单击"名称管理器"按钮

打开原始文件，在"公式"选项卡下的"定义的名称"组中单击"名称管理器"按钮，如下图所示。

步骤02 新建名称

弹出"名称管理器"对话框，单击"新建"按钮，如下图所示。

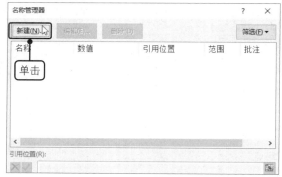

步骤03 设置名称和引用位置

弹出"新建名称"对话框，❶在"名称"文本框中输入"销售数据"，❷设置"引用位置"为"=OFFSET(Sheet1!$A$1,0,0,COUNTA(Sheet1!$A:$A),COUNTA(Sheet1!$1:$1))"，❸单击"确定"按钮，如下左图所示。

步骤04 关闭对话框

返回"名称管理器"对话框，可看到新建的"销售数据"名称，单击"关闭"按钮，如下右图所示。

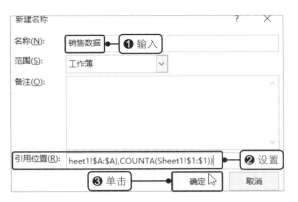

步骤05 创建数据透视表

返回工作表中，选中工作表中的任意数据单元格，在"插入"选项卡下的"表格"组中单击"数据透视表"按钮，打开"创建数据透视表"对话框，❶设置"表/区域"为"销售数据"，❷单击"新工作表"单选按钮，❸单击"确定"按钮，如下图所示。

步骤06 显示创建的数据透视表

返回工作簿中，在新工作表的"数据透视表字段"窗格中勾选字段，即可看到创建的数据透视表效果，如下图所示。

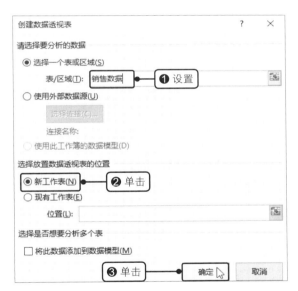

行标签	求和项:销售数量（台）	求和项:销售金额（元）
产品A	5930	177900000
何**	650	19500000
黄**	770	23100000
林**	1200	36000000
张**	3310	99300000
产品B	3460	76120000
何**	700	15400000
黄**	720	15840000
林**	1350	29700000
张**	690	15180000
产品C	6240	124800000
何**	1400	28000000
林**	690	13800000
张**	4150	83000000
产品D	5030	251500000
何**	120	6000000
黄**	1430	71500000
林**	3480	174000000
总计	20660	630320000

步骤07 添加数据源

在工作表"Sheet1"的数据末尾处添加四行产品 E 的销售数据，如右图所示。

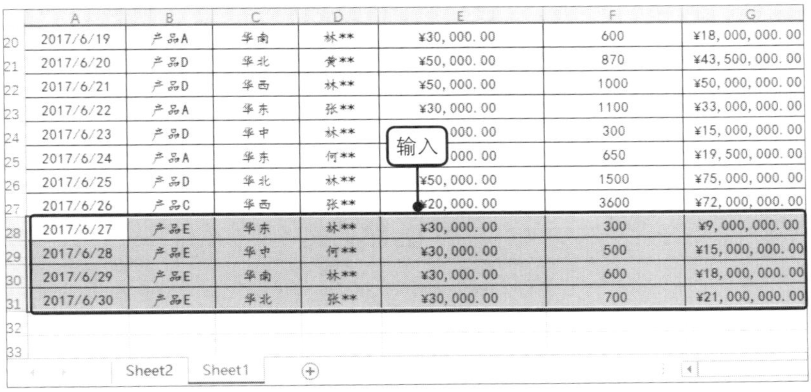

	A	B	C	D	E	F	G
20	2017/6/19	产品A	华南	林**	¥30,000.00	600	¥18,000,000.00
21	2017/6/20	产品D	华北	黄**	¥50,000.00	870	¥43,500,000.00
22	2017/6/21	产品A	华西	林**	¥50,000.00	1000	¥50,000,000.00
23	2017/6/22	产品A	华东	张**	¥30,000.00	1100	¥33,000,000.00
24	2017/6/23	产品D	华中	林**	,000.00	300	¥15,000,000.00
25	2017/6/24	产品A	华东	何**	,000.00	650	¥19,500,000.00
26	2017/6/25	产品D	华北	林**	¥50,000.00	1500	¥75,000,000.00
27	2017/6/26	产品C	华西	张**	¥20,000.00	3600	¥72,000,000.00
28	2017/6/27	产品E	华东	林**	¥30,000.00	300	¥9,000,000.00
29	2017/6/28	产品E	华中	何**	¥30,000.00	500	¥15,000,000.00
30	2017/6/29	产品E	华南	林**	¥30,000.00	600	¥18,000,000.00
31	2017/6/30	产品E	华北	张**	¥30,000.00	700	¥21,000,000.00

Sheet2 Sheet1

步骤08 刷新数据透视表

切换至含有数据透视表的工作表中，❶在“数据透视表工具 - 分析”选项卡下的“数据”组中单击“刷新”下三角按钮，❷在展开的列表中单击“刷新”选项，如下图所示。

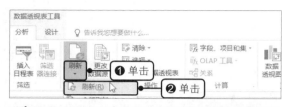

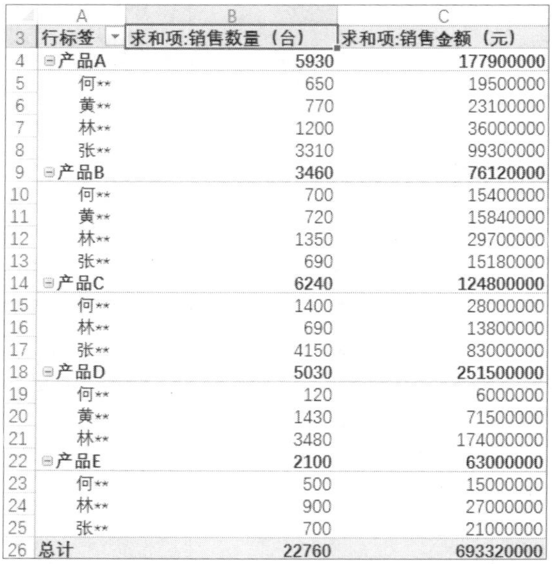

提示

OFFSET 是一个引用函数，该函数有 5 个参数，第 2 和第 3 个参数表示行、列偏移量，当为 0 时，表示不发生偏移；第 4 和第 5 个参数表示引用的高度和宽度。在步骤 03 的公式中，使用 COUNTA 函数分别统计出 A 列和第 1 行的非空单元格的数量作为数据源的高度和宽度；当数据源中增加了数据记录时，其高度和宽度会自动发生变化，从而实现对数据源区域的动态引用。

步骤09 显示刷新效果

完成刷新操作后，可看到添加产品 E 的数据后的数据透视表效果，如下图所示。

	A	B	C
3	行标签	求和项:销售数量（台）	求和项:销售金额（元）
4	⊟产品A	5930	177900000
5	何**	650	19500000
6	黄**	770	23100000
7	林**	1200	36000000
8	张**	3310	99300000
9	⊟产品B	3460	76120000
10	何**	700	15400000
11	黄**	720	15840000
12	林**	1350	29700000
13	张**	690	15180000
14	⊟产品C	6240	124800000
15	何**	1400	28000000
16	林**	690	13800000
17	张**	4150	83000000
18	⊟产品D	5030	251500000
19	何**	120	6000000
20	黄**	1430	71500000
21	林**	3480	174000000
22	⊟产品E	2100	63000000
23	何**	500	15000000
24	林**	900	27000000
25	张**	700	21000000
26	总计	22760	693320000

第467招 列表法创建动态报表

除了使用定义名称法创建动态的数据透视表外，还可以使用表格功能创建动态报表。具体的操作方法如下。

步骤01 单击“表格”按钮

打开原始文件，❶选中任意数据单元格，❷在“插入”选项卡下的“表格”组中单击“表格”按钮，如下图所示。

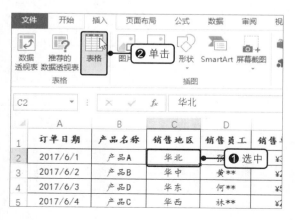

步骤02 创建表

弹出“创建表”对话框，保持默认的“表数据的来源”，单击“确定”按钮，如下图所示。

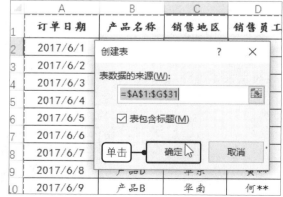

步骤03 创建数据透视表

返回工作表中，可看到创建的表格效果。❶选中表格中的任意单元格，❷在"插入"选项卡下的"表格"组中单击"数据透视表"按钮，如下图所示。

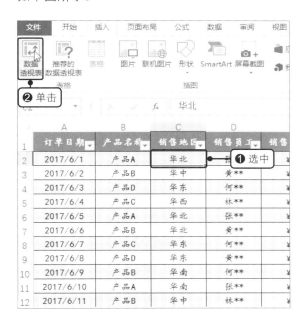

步骤05 显示创建的报表

返回工作表中，在新的工作表"Sheet2"中勾选字段，即可看到创建的数据透视表效果，如下图所示。

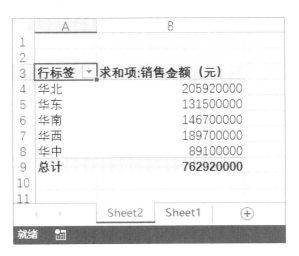

步骤04 设置表/区域和位置

弹出"创建数据透视表"对话框，在"表/区域"后的文本框中可看到默认的设置为"表1"，❶单击"新工作表"单选按钮，❷单击"确定"按钮，如下图所示。

步骤06 添加表格数据

在工作表"Sheet1"的 H 列中添加新的字段"销售成本（元）"，如下图所示。

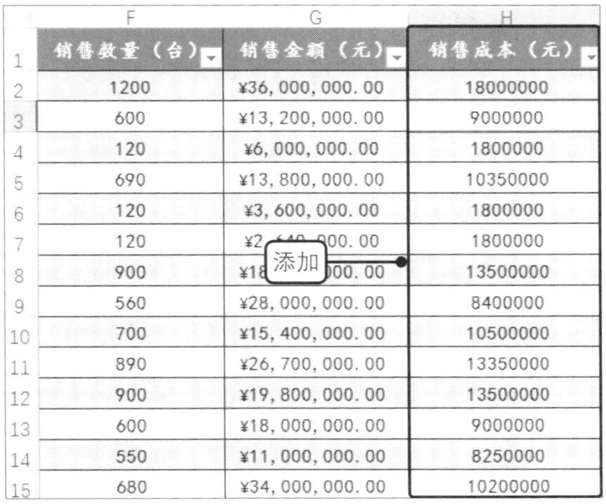

销售数量（台）	销售金额（元）	销售成本（元）
1200	¥36,000,000.00	18000000
600	¥13,200,000.00	9000000
120	¥6,000,000.00	1800000
690	¥13,800,000.00	10350000
120	¥3,600,000.00	1800000
120	¥2,640,000.00	1800000
900	¥18,000,000.00	13500000
560	¥28,000,000.00	8400000
700	¥15,400,000.00	10500000
890	¥26,700,000.00	13350000
900	¥19,800,000.00	13500000
600	¥18,000,000.00	9000000
550	¥11,000,000.00	8250000
680	¥34,000,000.00	10200000

步骤07 刷新数据透视表

切换至工作表"Sheet2"中，❶在"数据透视表工具 - 分析"选项卡下的"数据"组中单击"刷新"下三角按钮，❷在展开的列表中单击"刷新"选项，如下图所示。

步骤08 勾选新添加的字段

在"数据透视表字段"窗格中可看到新出现的字段"销售成本（元）"，勾选该字段复选框，如下图所示。

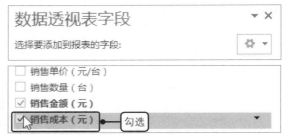

步骤09 显示刷新后的报表

完成字段的添加和刷新操作后，可在新的数据透视表中看到添加的"销售成本（元）"字段效果，如右图所示。

行标签	求和项:销售金额（元）	求和项:销售成本（元）
华北	205920000	76500000
华东	131500000	63450000
华南	146700000	82800000
华西	189700000	103800000
华中	89100000	47550000
总计	762920000	374100000

第468招 移动字段排序数据

默认情况下，创建的数据透视表中各个字段下的项目会按照升序排序，如果对该排序方式不满意，可对字段下的项目进行移动操作。

步骤01 移动字段项目

打开原始文件，❶右击要移动的字段项目，如"华西"，❷在弹出的快捷菜单中单击"移动 > 将'华西'移至开头"命令，如下图所示。

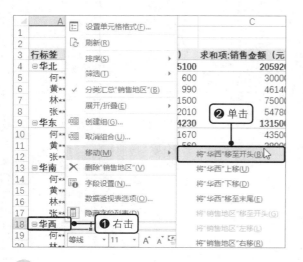

步骤02 显示移动后的效果

完成字段项目的移动后，可看到该字段项目移动到了该行字段的开头，如下图所示。

行标签	求和项:销售数量（台）	求和项:销售金额（元）
华西	6920	189700000
何**	500	10000000
林**	2820	107700000
张**	3600	72000000
华北	5100	205920000
何**	600	30000000
黄**	990	46140000
林**	1500	75000000
张**	2010	54780000
华东	4230	131500000
何**	1670	43500000
黄**	560	28000000
张**	2000	60000000
华南	5520	146700000
何**	700	15400000
黄**	2000	60000000
林**	600	18000000

第469招　勾选字段筛选报表数据

如果只需查看数据透视表中的部分数据，可通过筛选功能将这部分数据从数据透视表中筛选出来。

步骤01　勾选字段

打开原始文件，❶单击要筛选字段"销售员工"右侧的下三角按钮，❷在展开的列表中取消勾选"全选"复选框，❸勾选"黄 **"和"林 **"复选框，如下图所示。

步骤02　显示筛选结果

单击"确定"按钮，即可看到数据透视表中筛选出了"黄 **"和"林 **"的报表数据，如下图所示。

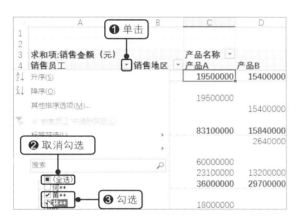

第470招　筛选日期数据

若想要查看某两个日期之间的数据透视表数据，可通过日期筛选功能来实现。具体的操作方法如下。

步骤01　筛选日期数据

打开原始文件，❶单击日期数据，如"订单日期"字段右侧的下三角按钮，❷在展开的列表中单击"日期筛选 > 介于"选项，如下图所示。

步骤02　设置筛选的日期

弹出"日期筛选（订单日期）"对话框，❶设置筛选条件为介于 2017/6/10 与 2017/6/20 之间，❷单击"确定"按钮，如下图所示。

步骤03 显示筛选结果

完成日期的筛选设置后，可看到筛选出的介于 2017/6/10 与 2017/6/20 之间的销售数据，如下图所示。

3	求和项:销售金额（元）	产品名称 ▽				
4	订单日期 ▼	产品A	产品B	产品C	产品D	总计
5	2017/6/10	¥26,700,000				¥26,700,000
6	2017/6/11		¥19,800,000			¥19,800,000
7	2017/6/12	¥18,000,000				¥18,000,000
8	2017/6/13			¥11,000,000		¥11,000,000
9	2017/6/14				¥34,000,000	¥34,000,000
10	2017/6/15	¥23,100,000				¥23,100,000
11	2017/6/16		¥15,180,000			¥15,180,000
12	2017/6/17			¥10,000,000		¥10,000,000
13	2017/6/18		¥9,900,000			¥9,900,000
14	2017/6/19	¥18,000,000				¥18,000,000
15	2017/6/20				¥43,500,000	¥43,500,000
16	总计	¥85,800,000	¥44,880,000	¥21,000,000	¥77,500,000	¥229,180,000

第471招 筛选最大的几项数据

如果需要筛选出数据透视表中最大的几项表格数据，可使用值筛选功能中的"前 10 项"功能来完成。具体的操作方法如下。

步骤01 使用值筛选功能

打开原始文件，❶单击任意字段，如"订单日期"右侧的下三角按钮，❷在展开的列表中单击"值筛选＞前 10 项"选项，如下图所示。

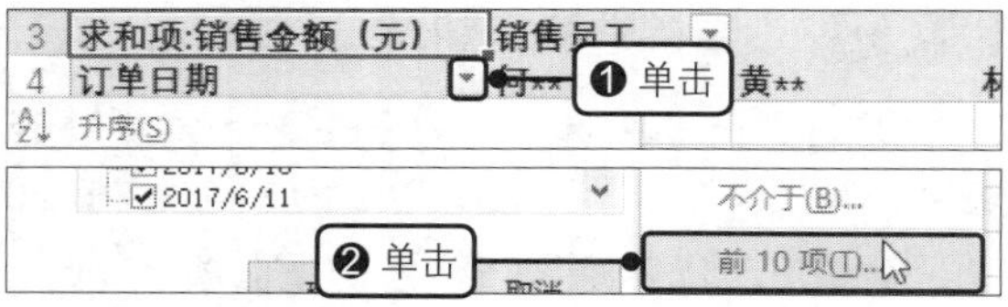

步骤02 设置筛选条件

弹出"前 10 个筛选（订单日期）"对话框，❶设置"显示"为最大 5 项，"依据"为"求和项：销售金额（元）"，❷单击"确定"按钮，如下图所示。

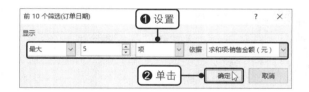

步骤03 显示筛选结果

返回工作表中，可看到筛选出的最大 5 项销售金额数据，如下图所示。

3	求和项:销售金额（元）	销售员工 ▽				
4	订单日期 ▼	何**	黄**	林**	张**	总计
5	2017/6/20		¥43,500,000			¥43,500,000
6	2017/6/21			¥50,000,000		¥50,000,000
7	2017/6/25			¥75,000,000		¥75,000,000
8	2017/6/26				¥72,000,000	¥72,000,000
9	2017/6/27		¥60,000,000			¥60,000,000
10	总计		¥103,500,000	¥125,000,000	¥72,000,000	¥300,500,000

第472招　插入起筛选作用的切片器

当需要对数据透视表中的多个字段进行筛选操作时，如果逐个筛选字段，不仅麻烦还费时，此时可以在数据透视表中插入多个字段的切片器来筛选需要的数据。

步骤01 插入切片器

打开原始文件，选中数据透视表中的任意数据单元格，在"数据透视表工具 - 分析"选项卡下的"筛选"组中单击"插入切片器"按钮，如右图所示。

步骤02 勾选字段复选框

弹出"插入切片器"对话框，❶勾选要插入的切片器字段复选框，❷单击"确定"按钮，如下图所示。

步骤03 显示插入的切片器

返回工作表中，可在工作表看到插入的多个切片器效果，如下图所示。

第473招　美化切片器

如果用户对切片器的默认样式不满意，可为切片器套用样式。

打开原始文件，选中要更改样式的切片器，在"切片器工具 - 选项"选项卡下的"切片器样式"组中单击快翻按钮，在展开的列表中单击"切片器样式深色 6"样式，如右图所示。

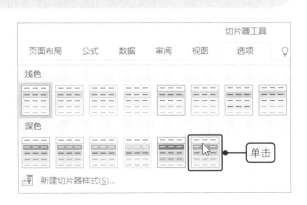

第474招 修改切片器的标题

完成切片器的插入后，如果原有的切片器标题不便于对该字段内容的分辨，可更改切片器的标题。

打开原始文件，选中切片器，在"切片器工具 - 选项"选项卡下"切片器"组中的"切片器题注"文本框中输入新的标题，如"各类产品名称"，如右图所示。按下【Enter】键，即可完成标题的更改。

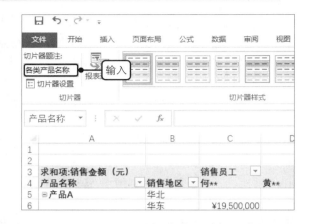

⏰ **提示**

如果要删除切片器的标题，删除"切片器题注"文本框中的文本内容即可。

第475招 移动切片器

当插入的切片器遮挡了需要查看的数据透视表内容时，可将切片器移至其他位置。

打开原始文件，将鼠标指针放置在切片器上，当鼠标指针变为形状时，按住鼠标左键不放随意拖动，如右图所示，拖动至合适的位置后释放鼠标即可。

第476招 更改切片器的大小

默认情况下，如果切片器中的字段项目较多或字段项目名较长时，用户只能通过切片器中的滚动条来显示被隐藏的字段项目。其实，用户可以更改切片器的高度和宽度来查看全部字段项目内容。

步骤01 更改切片器的高度

打开原始文件，将鼠标指针放置在切片器下方的外侧控点上，当鼠标指针变为形状时，按住鼠标左键向下拖动，如下左图所示。拖动至合适的位置后释放鼠标，即可改变切片器的高度。

步骤02 更改切片器的宽度

将鼠标指针放置在切片器右侧的外侧控点上，当鼠标指针变为形状时，按住鼠标左键向右拖动，如下右图所示。拖动至合适的位置后释放鼠标，即可改变切片器的宽度。

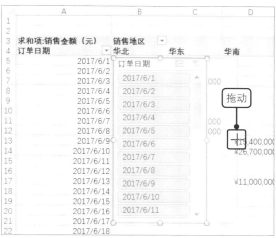

第477招　多列显示切片器中的字段项

如果切片器中的字段项目较多,除了可以通过更改切片器大小来查看隐藏的字段项目外,还可以更改切片器的显示列数。具体的操作方法如下。

步骤01 更改切片器的框架

打开原始文件,选中切片器,在"切片器工具 - 选项"选项卡下的"按钮"组中设置"列"为"3",设置"高度"和"宽度"分别为"0.6厘米"和"2.5厘米",如下图所示。

步骤02 显示更改效果

完成设置后,即可看到以 3 列显示字段项目的切片器效果,如下图所示。

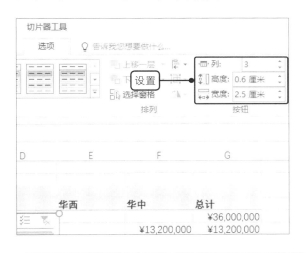

第478招　固定切片器的大小和位置

完成切片器的插入和设置操作后,可发现切片器的大小和位置会随着行高和列宽的变化而变化。如果不想让切片器随之改变,可将其大小和位置固定。

步骤01 单击"大小和属性"命令

打开原始文件，❶右击切片器，❷在弹出的快捷菜单中单击"大小和属性"命令，如下图所示。

步骤02 固定大小和位置

在打开的"格式切片器"窗格中的"属性"选项组下单击"大小和位置均固定"单选按钮，如下图所示。

第479招 将切片器置于顶层

当数据透视表中插入了多个切片器后，可发现切片器会堆叠在一起，并相互遮盖。如果需要对显示在下方的切片器进行操作，将会很不方便。此时可以更改切片器的显示顺序，便于对切片器进行操作。

步骤01 更改切片器的显示顺序

打开原始文件，❶右击要更改显示顺序的"产品名称"切片器，❷在弹出的快捷菜单中单击"置于顶层 > 置于顶层"命令，如下图所示。

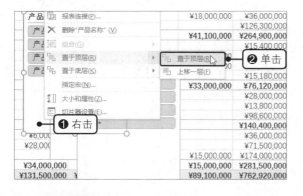

步骤02 显示更改效果

完成设置后，可看到"产品名称"切片器位于全部切片器的最上方，如下图所示。

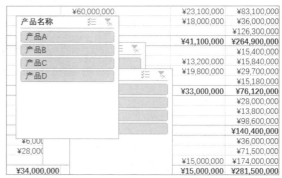

第480招 对齐多个切片器

手动调整切片器的对齐方式，很容易造成切片器参差不齐，导致切片器效果不够美观，此时可以使用对齐功能对切片器进行对齐排列。

步骤01 顶端对齐切片器

打开原始文件,配合【Ctrl】键选中多个切片器,❶在"切片器工具-选项"选项卡下的"排列"组中单击"对齐"按钮,❷在展开的列表中单击"顶端对齐"选项,如下图所示。

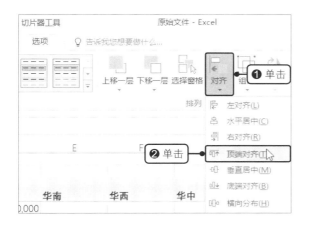

步骤02 显示对齐效果

完成对齐设置后,可看到数据透视表中的多个切片器会自动顶端对齐,如下图所示。

第481招 组合多个切片器

如果需要同时对多个切片器进行操作,可先将多个切片器组合在一起。

打开原始文件,选中多个切片器,❶在"切片器工具-选项"选项卡下的"排列"组中单击"组合"按钮,❷在展开的列表中单击"组合"选项,如右图所示。

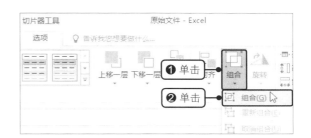

> ⏰ **提示**
>
> 如果要取消切片器的组合,则在"切片器工具-选项"选项卡下的"排列"组中单击"组合"按钮,在展开的列表中单击"取消组合"选项。

第482招 使用切片器筛选单个数据

若要筛选切片器中的某个字段项目,可通过以下方法实现。

打开原始文件,在切片器中单击要筛选的字段,如"产品 B",如右图所示,即可在数据透视表中看到筛选出的产品 B 的数据。

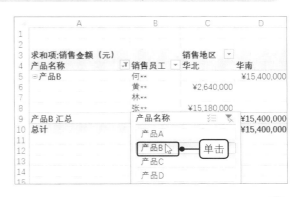

第483招 使用切片器筛选多个数据

若要筛选切片器中的多个字段项目，则需要在切片器中启用多选功能。具体的操作方法如下。

步骤01 单击"多选"按钮

打开原始文件，在切片器中单击"多选"按钮，如下图所示。

步骤02 单击字段项目

在切片器中单击不需要查看的字段项目，如"产品 B"和"产品 C"，如下图所示。完成后即可看到数据透视表中筛选出的产品 A 和产品 D 的数据。

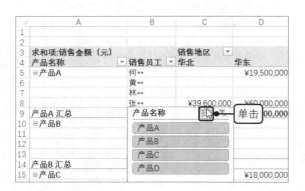

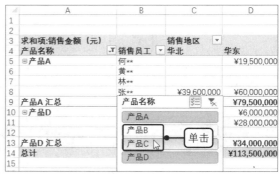

第484招 返回未筛选的报表效果

完成数据透视表的切片器筛选后，如果要返回筛选前的数据透视表效果，可通过清除筛选器功能来实现。

打开原始文件，在已经筛选过的切片器中单击右上角的"清除筛选器"按钮，如右图所示，即可返回未筛选的效果。

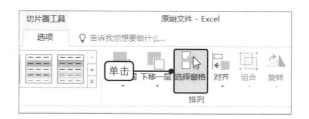

第485招 隐藏切片器

当数据透视表中的切片器较多，不便于对某个切片器进行操作时，可将暂时不需要的切片器隐藏。具体的操作方法如下。

步骤01 单击"选择窗格"按钮

打开原始文件，选中切片器，在"切片器工具 - 选项"选项卡下的"排列"组中单击"选择窗格"按钮，如右图所示。

步骤02 隐藏切片器

在打开的"选择"窗格中单击要隐藏的切片器右侧的 👁 按钮，如下图所示。

步骤03 显示隐藏效果

完成操作后，关闭窗格，即可看到"产品名称"切片器被隐藏了，如下图所示。

> ⏰ **提示**
>
> 如果要隐藏或显示全部的切片器，则在"选择"窗格中单击"全部隐藏"或"全部显示"按钮。

第486招　删除切片器

若不再需要使用切片器筛选数据透视表中的数据，可将该切片器删除。

打开原始文件，❶右击要删除的切片器，如"销售员工"切片器，❷在弹出的快捷菜单中单击"删除'销售员工'"命令，如右图所示。

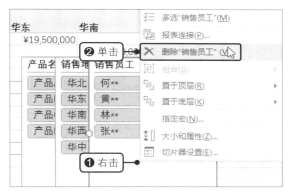

> ⏰ **提示**
>
> 还可以选中切片器，按下【Delete】键删除。

第487招　插入筛选日期数据的日程表

当需要对日期数据以月、季度或年的方式筛选时，使用切片器会有一定的局限性，此时可以在数据透视表中插入日程表快速筛选日期数据。

步骤01 单击"插入日程表"按钮

打开原始文件，在"数据透视表工具 - 分析"选项卡下的"筛选"组中单击"插入日程表"按钮，如下图所示。

步骤02 插入日程表

弹出"插入日程表"对话框，❶勾选"订单日期"复选框，❷单击"确定"按钮，如下图所示。

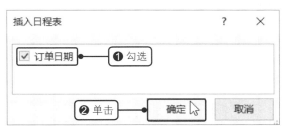

步骤03 显示插入的日程表

返回工作表中，即可看到插入的"订单日期"日程表效果，如右图所示。

第488招 使用日程表筛选日期数据

完成日程表的插入操作后，就可以通过日程表筛选需要的日期数据了，具体的操作方法如下。

步骤01 更改时间级别

打开原始文件，默认情况下，日程表是以月为单位显示的。❶单击"时间级别"按钮，❷在展开的列表中单击"日"选项，如下图所示。

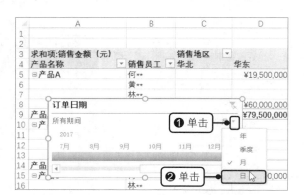

步骤03 筛选时间段内的数据

将鼠标指针放置在时间按钮的右侧，当鼠标指针变为 ⇔ 形状时，按住鼠标左键向右侧拖动，即可查看一段时间内的数据，如右图所示。

步骤02 筛选单个日期的数据

拖动滚动条，直至要筛选的时间段内，单击要查看的时间按钮，数据透视表中将只显示该日期的数据，如下图所示。

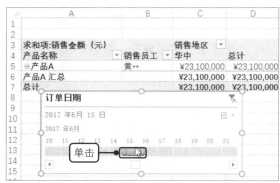

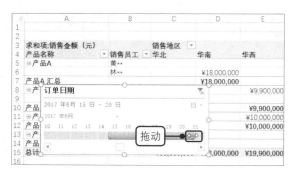

第489招 显示字段的最大/最小值

默认情况下，数据透视表中的字段值会以求和的方式显示，若要显示字段对应值的最大值或最小值，可更改值的分类汇总方式。下面以显示字段的最大值为例介绍具体方法。

步骤01 单击“字段设置”命令

打开原始文件，❶右击要更改汇总方式字段列的任意单元格，如单元格 A3，❷在弹出的快捷菜单中单击“字段设置”命令，如下图所示。

步骤02 更改分类汇总方式

弹出“字段设置”对话框，❶在“分类汇总和筛选”选项卡下单击“自定义”单选按钮，❷在“选择一个或多个函数”列表框中单击“最大值”，如下图所示。

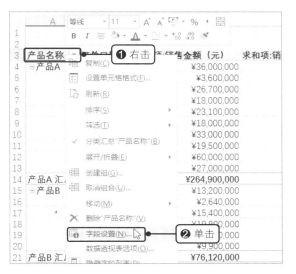

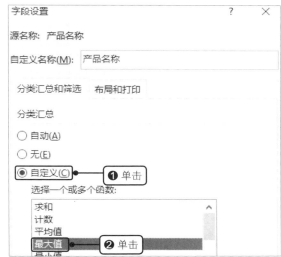

步骤03 更改汇总方式的效果

单击“确定”按钮，返回工作表中，即可看到字段的汇总方式变为了最大值的显示效果，如右图所示。

产品名称	订单日期	求和项:销售金额（元）	求和项:销售数量（台）
⊟产品A	2017/6/1	¥36,000,000	¥1,200
	2017/6/5	¥3,600,000	¥120
	2017/6/10	¥26,700,000	¥890
	2017/6/12	¥18,000,000	¥600
	2017/6/15	¥23,100,000	¥770
	2017/6/19	¥18,000,000	¥600
	2017/6/22	¥33,000,000	¥1,100
	2017/6/24	¥19,500,000	¥650
	2017/6/27	¥60,000,000	¥2,000
	2017/6/30	¥27,000,000	¥900
产品A 最大值		¥60,000,000	¥2,000
⊟产品B	2017/6/2	¥13,200,000	¥600
	2017/6/6	¥2,640,000	¥120

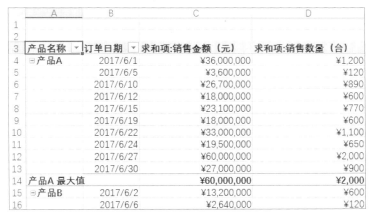

第490招 查看值字段的占比情况

若要查看各个字段项目的占比情况，可更改字段对应值的显示方式，具体的操作方法如下。

步骤01 更改值显示方式

打开原始文件，❶右击值字段，❷在弹出的快捷菜单中单击“值显示方式 > 总计的百分比”命令，如下左图所示。

步骤02 显示更改效果

完成更改后，可直观看到各个产品及各个销售地区的销售金额百分比，如下右图所示。

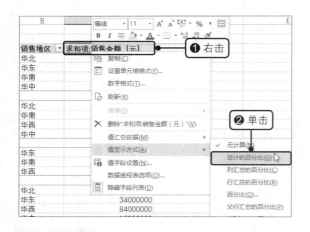

第491招　根据数据透视表创建数据透视图

若要将数据透视表中的数据以更直观的方式展现出来，可创建数据透视图，具体的操作方法如下。

步骤01　创建数据透视图

打开原始文件，选中数据透视表中的任意数据单元格，❶在"插入"选项卡下的"图表"组中单击"数据透视图"下三角按钮，❷在展开的列表中单击"数据透视图"选项，如下图所示。

步骤02　选择图表类型

弹出"插入图表"对话框，❶在"所有图表"下单击"柱形图"类型，❷在右侧的面板中单击"簇状柱形图"，如下图所示。

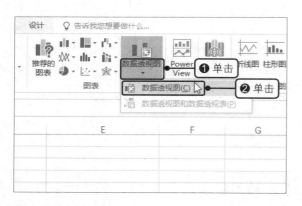

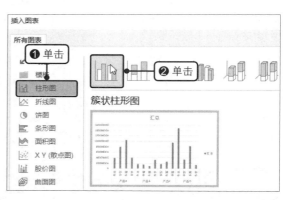

步骤03　显示数据透视图效果

单击"确定"按钮，返回工作表中，即可看到插入的数据透视图效果，如右图所示。

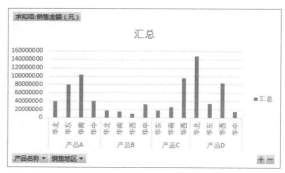

第492招　快捷键一步创建数据透视图

若要更加快速地根据数据透视表创建数据透视图，并将该数据透视图放置在其他工作表中，可直接使用以下方法来实现。

打开原始文件，在数据透视表中选中任意单元格，按下【F11】键，即可在新工作表 "Chart1" 中看到创建的数据透视图，如右图所示。

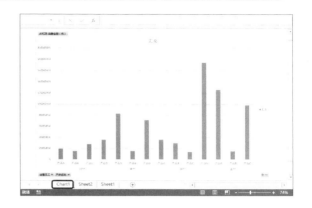

第493招　同时创建数据透视表和图

若要一步到位地创建好数据透视表和数据透视图，可通过数据透视图和数据透视表功能实现。

步骤01 插入数据透视表和图

打开原始文件，选中任意数据单元格，❶在"插入"选项卡下的"图表"组中单击"数据透视图"下三角按钮，❷在展开的列表中单击"数据透视图和数据透视表"选项，如下图所示。

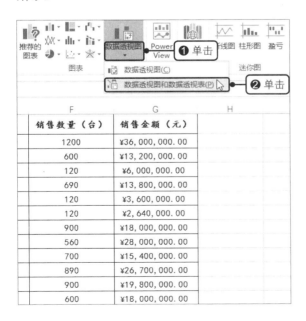

步骤02 设置区域和位置

弹出"创建数据透视表"对话框，保持默认的表/区域和位置设置，直接单击"确定"按钮，如下图所示。

步骤03 显示创建的表和图

返回工作簿中，可在新的工作表中看到数据透视表和图的空白模板，在右侧的“数据透视表字段”窗格中勾选字段，即可看到创建的数据透视表和数据透视图效果，如右图所示。

求和项:销售金额（元）	列标签				
行标签	何**	黄**	林**	张**	总计
产品A	19500000	83100000	36000000	126300000	264900000
产品B	15400000	15840000	29700000	15180000	76120000
产品C	28000000		13800000	98600000	140400000
产品D	36000000	71500000	174000000		281500000
总计	98900000	170440000	253500000	240080000	762920000

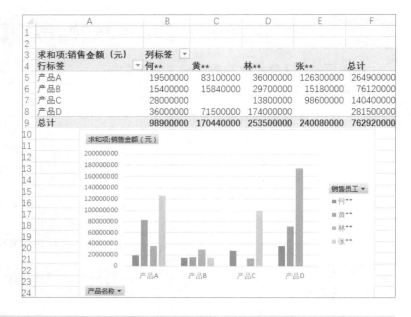

第494招 在数据透视图中折叠字段数据

完成数据透视图的创建后，如果只需要查看最高级别行字段的图表效果，可通过折叠功能隐藏其他级别的行字段数据。

步骤01 折叠字段

打开原始文件，在数据透视图中单击右下角的“折叠整个字段”按钮，如下图所示。

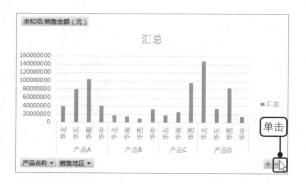

步骤02 显示折叠效果

完成设置后，可看到数据透视图中只显示了各个产品总销售金额的对比情况，各个产品在各个销售地区的销售数据被折叠隐藏了，如下图所示。

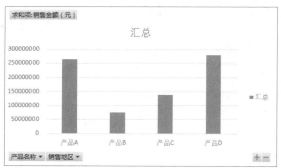

第495招 筛选数据透视图中的数据

当数据透视图中展现的内容较多，而又只想要查看某部分图表数据时，可直接在数据透视图中筛选出要查看的字段数据。

步骤01 筛选产品名称

打开原始文件，❶单击数据透视图左下角的"产品名称"字段按钮，❷在展开的列表中取消勾选"产品 B"和"产品 C"复选框，❸单击"确定"按钮，如下图所示。

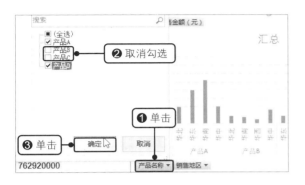

步骤02 显示筛选效果

应用相同的方法筛选出销售地区中的"华北""华东"和"华中"，完成后可看到数据透视图中只显示了产品 A 和产品 D 在华北、华东和华中的数据图形，如下图所示。

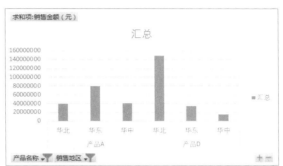

读书笔记

第15章　PPT的基本操作

PowerPoint是用于演示文稿创作与放映的组件，用它制作出的演示文稿集文字、图形、音频、视频等多种媒体元素于一体，能够将信息以图文并茂、有声有色的方式呈现出来，是演讲、教学、产品演示等工作的得力助手。

本章主要讲解PowerPoint的基本操作，包括幻灯片的新建、选择、复制，图片和图形的插入和美化等。读者通过本章的学习，可快速掌握创建和编辑幻灯片的基本方法，为深入学习PowerPoint组件的应用打下坚实的基础。

第496招　选择幻灯片

若要对演示文稿中的幻灯片进行操作，首先需要将其选中。不同数量幻灯片的选中方法有所不同，具体的操作方法如下。

步骤01 选中一张幻灯片

打开原始文件，在缩略图窗格中单击要选择的幻灯片，如第 1 张幻灯片，如下图所示。

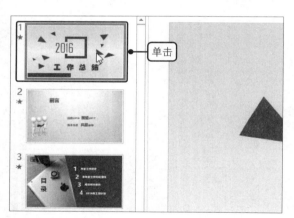

步骤02 选择不连续的幻灯片

按住【Ctrl】键不放，依次单击要选择的幻灯片，如第 4 张和第 6 张幻灯片，如下图所示。

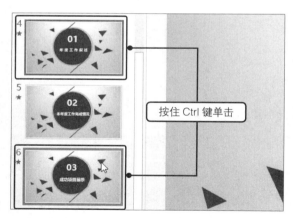

步骤03 选择连续的幻灯片

按住【Shift】键不放，依次单击第 4 张和第 6 张幻灯片，即可选中两张幻灯片之间的所有幻灯片，如右图所示。

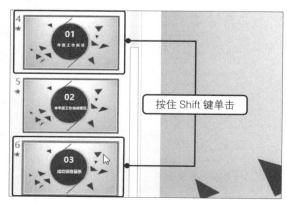

> ⏰ **提示**
>
> 如果要选择全部幻灯片，则在幻灯片缩略图中选中任意一张幻灯片，再按下【Ctrl+A】组合键即可。

314

第497招　新建有版式的幻灯片

如果想要在演示文稿中新建一张带有固定版式的幻灯片，可通过版式功能插入需要的版式幻灯片。具体的操作方法如下。

步骤01 选择新建幻灯片的版式

打开原始文件，选中第 4 张幻灯片，❶在"开始"选项卡下的"幻灯片"组中单击"新建幻灯片"下三角按钮，❷在展开的列表中单击"两栏内容"幻灯片版式，如下图所示。

步骤02 显示新建效果

完成新建操作后，可看到第 4 张幻灯片的下方自动插入了一张两栏内容版式的幻灯片，如下图所示。

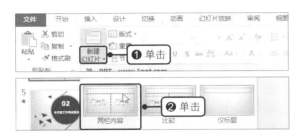

第498招　快速插入任意版式的幻灯片

如果想要在某张幻灯片后快速插入没有具体版式要求的幻灯片，可使用以下方法来实现。

打开原始文件，❶右击第 4 张幻灯片，❷在弹出的快捷菜单中单击"新建幻灯片"命令，如右图所示。

> **提示**
>
> 还可以在选中第4张幻灯片后，按【Enter】键新建幻灯片。

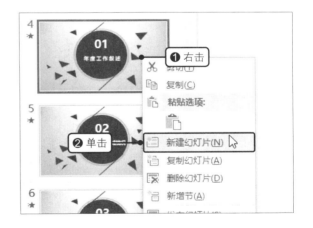

第499招　更改幻灯片的版式

如果对当前的幻灯片版式不满意，可通过版式功能进行更改。

打开原始文件，选中要更改版式的幻灯片，如第 5 张幻灯片，❶在"开始"选项卡下的"幻灯片"组中单击"版式"按钮，❷在展开的列表中单击要更改为的版式效果，如"内容与标题"版式，如右图所示。

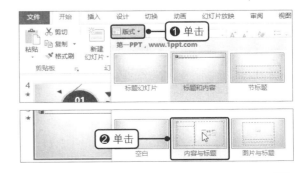

第500招 移动幻灯片的位置

如果演示文稿中的幻灯片放置顺序有误，可直接使用鼠标将幻灯片移至正确的位置。

打开原始文件，将鼠标指针放置在幻灯片缩略图窗格中要移动的幻灯片上，按住鼠标左键不放，拖动幻灯片，如右图所示。拖动至合适的位置后，释放鼠标即可。

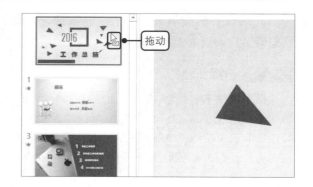

第501招 删除多余的幻灯片

如果演示文稿中存在多余的幻灯片，可直接将其删除。

打开原始文件，❶右击要删除的幻灯片，❷在弹出的快捷菜单中单击"删除幻灯片"命令，如右图所示。

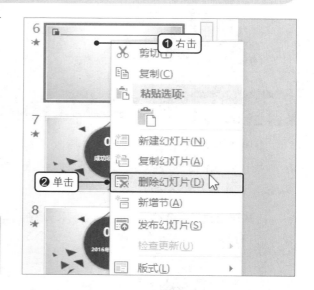

> **提示**
>
> 还可以在选中幻灯片后按【Backspace】或【Delete】键删除幻灯片。

第502招 使用节管理幻灯片

当演示文稿中的幻灯片数量较多时，为了便于梳理整体思路及每张幻灯片之间的逻辑关系，可使用节功能将整个演示文稿划分成若干个小节。

步骤01 新增节

打开原始文件，选中要添加节的第1张幻灯片，❶在"开始"选项卡下的"幻灯片"组中单击"节"按钮，❷在展开的列表中单击"新增节"选项，如右图所示。

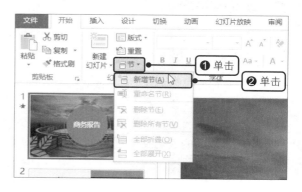

步骤02 显示添加节后的效果

可看到第 1 张幻灯片的上方添加了一个名为"无标题节"的节，应用相同的方法在其他位置添加节，得到如右图所示的效果。

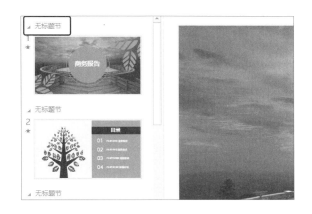

第503招　重命名节高效管理幻灯片

完成节的添加后，每个节标题均为"无标题节"，不便于区分和管理，此时可对每个节进行重命名操作。

步骤01 重命名节

打开原始文件，❶右击"无标题节"，❷在弹出的快捷菜单中单击"重命名节"命令，如下图所示。

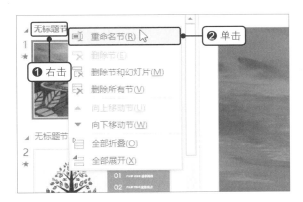

步骤02 设置节名称

弹出"重命名节"对话框，❶在"节名称"下的文本框中输入"商务报告"，❷单击"重命名"按钮，如下图所示。

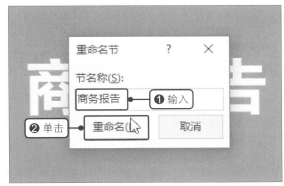

步骤03 显示重命名节后的效果

完成重命名操作后，可看到"无标题节"变为了"商务报告"，应用相同的方法为其他节重命名，即可得到如右图所示的效果。

第504招 折叠与展开节

如果只需要查看节名称，以便于了解各节的大致内容，可将节折叠。如果要查看节下所包含幻灯片的具体内容，则可将节展开。

步骤01 折叠全部节

打开原始文件，❶右击任意一个节标题，如"商务报告"，❷在弹出的快捷菜单中单击"全部折叠"命令，如下图所示。

步骤02 展开部分节

完成设置后，可看到幻灯片缩略图窗格中只显示了节名称，节下的幻灯片被折叠隐藏了。单击要展开节左侧的三角形按钮，如下图所示，即可查看该节下的幻灯片缩略图。

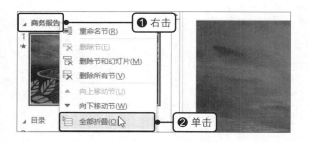

> **提示**
>
> 如果要展开折叠的全部节，则右击任意节标题，在弹出的快捷菜单中单击"全部展开"命令即可。

第505招 调整节在幻灯片组的位置

如果发现某个节与前后的内容衔接不当，可对该节的位置进行调整。具体的操作方法如下。

打开原始文件，❶右击要移动位置的节标题，如"4.阶段计划"，❷在弹出的快捷菜单中单击"向下移动节"命令，如右图所示，即可将该节移至"3.经验教训"节的下方。

第506招 一键删除所有节

如果不再需要使用节对演示文稿进行管理，可将节删除。

打开原始文件，❶右击任意一个节标题，如"目录（1）"，❷在弹出的快捷菜单中单击"删除所有节"命令，如右图所示。

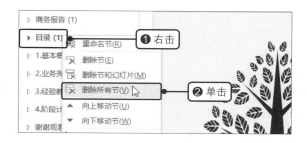

⏰ **提示**

　　如果要删除单个节或在删除节的同时也删除节中的幻灯片，可右击节标题，在弹出的快捷菜单中单击"删除节"或"删除节和幻灯片"命令。

第507招　快速更改幻灯片大小

　　当幻灯片不适应当前的显示设备时，可对幻灯片的大小进行更改。具体的操作方法如下。

步骤01 更改幻灯片大小

　　打开原始文件，❶在"设计"选项卡下的"自定义"组中单击"幻灯片大小"按钮，❷在展开的列表中单击"标准（4:3）"选项，如下图所示。

步骤02 确保大小合适

　　弹出提示框，提示用户正在缩放幻灯片的大小，是要最大化内容还是按比例缩小以确保适应新幻灯片，单击"确保适合"按钮，如下图所示。

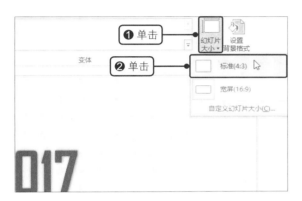

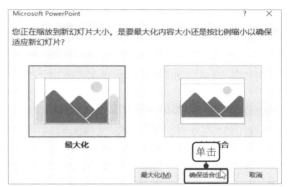

第508招　自行设置幻灯片的大小

　　如果预设的幻灯片大小不符合实际需求，可自定义合适的高度和宽度。具体操作方法如下。

步骤01 自定义幻灯片大小

　　打开原始文件，❶在"设计"选项卡下的"自定义"组中单击"幻灯片大小"按钮，❷在展开的列表中单击"自定义幻灯片大小"选项，如右图所示。

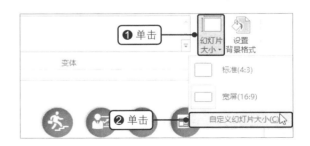

步骤02 设置宽度和高度

　　打开"幻灯片大小"对话框，❶设置"宽度"为"23 厘米"、"高度"为"13 厘米"，❷单击"确定"按钮，如下左图所示。

步骤03 确保大小合适

　　弹出提示框，提示"您正在缩放到新幻灯片大小。是要最大化内容大小还是按比例缩小以确保适应新幻灯片？"，单击"确保适合"按钮，如下右图所示。

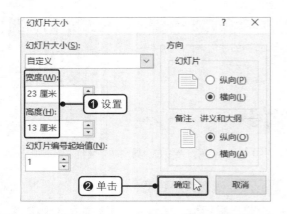

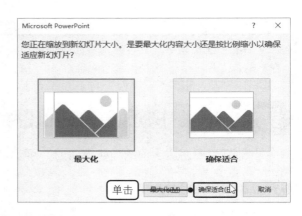

⏰ **提示**

在"幻灯片大小"对话框中，还可以在"方向"选项组下更改幻灯片的方向。

第509招 将文本转换为SmartArt图形

当幻灯片中的文本内容较多，不利于吸引观者的注意时，可将文字信息转换为 SmartArt 图形，从而有效增强演示文稿的吸引力。

步骤01 转换为SmartArt图形

打开原始文件，选中要转换为图形的文本，❶在"开始"选项卡下的"段落"组中单击"转换为SmartArt"按钮，❷在展开的列表中单击"基本日程表"选项，如下图所示。

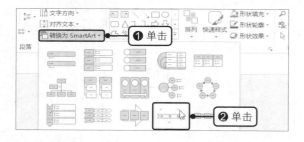

步骤02 显示转换效果

即可看到文本转换为图形后的效果，如下图所示。如果列表中已有的图形不匹配文本的内容，可单击"其他 SmartArt 图形"选项，在打开的"选择 SmartArt 图形"对话框中选择合适的图形即可。

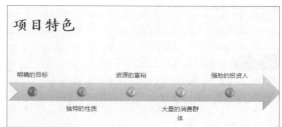

第510招 将SmartArt图形转换为文本

如果已有的SmartArt图形不能很好地表现幻灯片的内容，可将其转换为文本。

打开原始文件，选中幻灯片中的 SmartArt 图形，❶在"SmartArt 工具 - 设计"选项卡下的"重置"组中单击"转换"按钮，❷在展开的列表中单击"转换为文本"选项，如右图所示。

⏰ **提示**

　　如果要将图形转换为形状，则在"SmartArt工具 - 设计"选项卡下的"重置"组中单击"转换"按钮，在展开的列表中单击"转换为形状"选项即可。

第511招　将SmartArt图形转换为图片

　　如果不想让他人更改 SmartArt 图形中的文本内容或图形的版式和样式，可将 SmartArt 图形以图片的形式显示在幻灯片中。

步骤01 剪切图形

　　打开原始文件，❶右击幻灯片中的SmartArt图形，❷在弹出的快捷菜单中单击"剪切"命令，如下图所示。

步骤02 粘贴为图片

　　❶在要粘贴的位置右击鼠标，❷在弹出的快捷菜单中单击"粘贴选项 > 图片"命令，如下图所示。

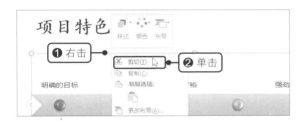

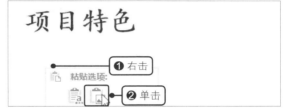

第512招　将SmartArt图形另存为图片

　　如果想要将幻灯片中的SmartArt图形应用于其他文件中，可将SmartArt图形另存为图片。

步骤01 另存为图片

　　打开原始文件，❶右击幻灯片中的SmartArt图形，❷在弹出的快捷菜单中单击"另存为图片"命令，如下图所示。

步骤02 保存图片

　　弹出"另存为图片"对话框，设置好图片的保存位置及文件名，如下图所示。单击"保存"按钮，即可将幻灯片中的图形保存为图片。

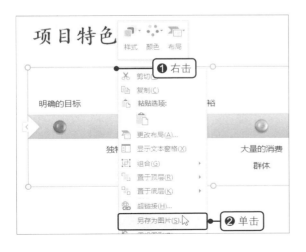

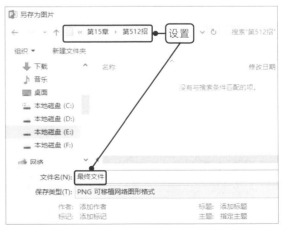

第513招、插入文本框灵活排版文本

在编辑演示文稿的过程中，常常会需要在幻灯片中的某个位置添加文本内容。此时可根据实际需求，在特定的位置插入合适大小的文本框，用于文本内容的插入和编辑。

步骤01 插入横排文本框

打开原始文件，切换至要插入横排文本框的幻灯片中，如第3张幻灯片中，❶在"插入"选项卡下的"文本"组中单击"文本框"下三角按钮，❷在展开的列表中单击"横排文本框"选项，如下图所示。

步骤02 绘制文本框

此时鼠标指针变为↓形状，在要绘制文本框的位置按住鼠标左键不放拖动鼠标进行绘制，如下图所示。

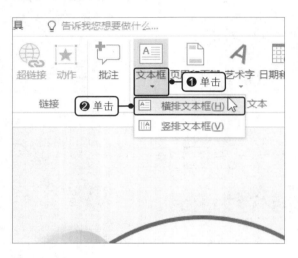

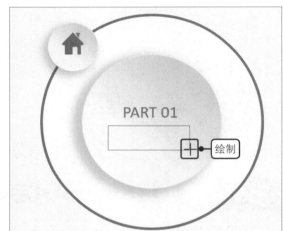

步骤03 显示效果

完成绘制后，释放鼠标，在文本框中输入"项目背景研究"，并为文本设置合适的字体格式，即可得到如右图所示的效果。

> ⏰ **提示**
>
> 如果需要插入竖排文本框，则在"插入"选项卡下的"文本"组中单击"文本框"下三角按钮，在展开的列表中单击"竖排文本框"选项，然后拖动鼠标左键即可绘制竖排文本框。

第514招、为幻灯片添加背景图片

为了让演示文稿更加美观，可为演示文稿中的幻灯片设置符合主题的背景图片。具体的操作方法如下。

步骤01 单击"设置背景格式"命令

打开原始文件，❶右击要设置背景的第 1 张幻灯片，❷在弹出的快捷菜单中单击"设置背景格式"命令，如下图所示。

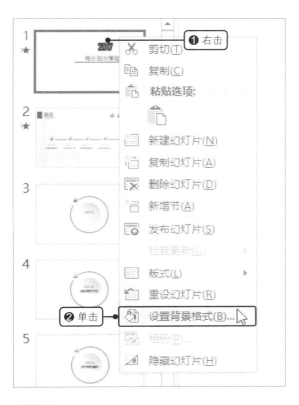

步骤02 设置背景格式

❶在打开的"设置背景格式"窗格中的"填充"选项卡下单击"图片或纹理填充"单选按钮，❷单击"文件"按钮，如下图所示。

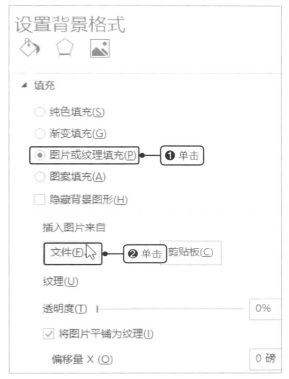

步骤03 选择图片

弹出"插入图片"对话框，❶找到图片的保存位置，❷双击要插入的图片，如下图所示。

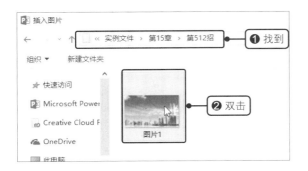

步骤04 显示设置效果

完成设置后返回幻灯片中，即可看到添加背景后的幻灯片效果，如下图所示。

⏰ **提示**

除了为背景填充图片，还可以填充图案、渐变等效果。

第515招 为全部幻灯片应用相同的背景

如果想要为演示文稿中的所有幻灯片应用相同的背景效果，可通过全部应用功能来实现。

打开原始文件，右击任意一张幻灯片，在弹出的快捷菜单中单击"设置背景格式"命令。打开"设置背景格式"窗格，在"填充"选项卡下设置好填充效果后，单击"全部应用"按钮，如右图所示，即可为演示文稿中的全部幻灯片应用相同的背景。

第516招 创建图片演示文稿

如果想要在演示文稿中一次性插入多张图片，以进行这些图片的展示，可通过相册功能制作图片展示型的演示文稿。

步骤01 新建相册

启动 PowerPoint，新建一个空白的演示文稿，❶在"插入"选项卡下的"图像"组中单击"相册"下三角按钮，❷在展开的列表中单击"新建相册"选项，如右图所示。

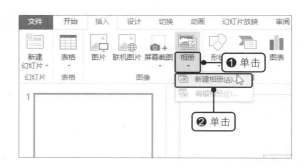

步骤02 单击"文件/磁盘"按钮

弹出"相册"对话框，在"相册内容"选项组下单击"文件/磁盘"按钮，如下图所示。

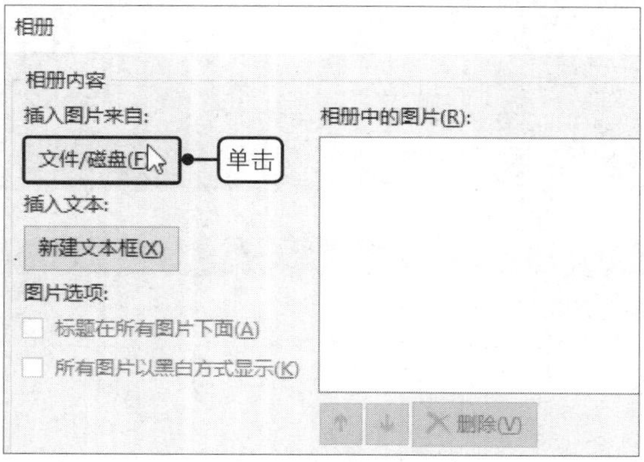

步骤03 选择要插入的图片

弹出"插入新图片"对话框，❶找到图片的保存位置，❷按住【Ctrl】键不放，选中多张要插入的图片，❸单击"插入"按钮，如下图所示。

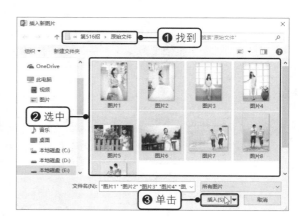

步骤04 创建相册

　　返回"相册"对话框，可在"相册中的图片"列表框中看到插入的多张图片，单击"创建"按钮，如下图所示。

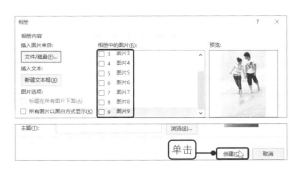

步骤05 完成相册的创建

　　完成设置后，系统将自动创建一个新的演示文稿，在该演示文稿中可看到创建的相册效果，如下图所示。

第517招　移动相册图片

　　完成相册的创建后，如果发现某些图片的位置有误，可通过移动功能将其移至合适的位置。具体的操作方法如下。

步骤01 编辑相册

　　打开原始文件，❶在"插入"选项卡下的"图像"组中单击"相册"下三角按钮，❷在展开的列表中单击"编辑相册"选项，如下图所示。

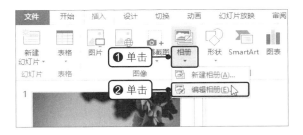

步骤02 移动图片位置

　　弹出"编辑相册"对话框，❶在"相册中的图片"列表框中勾选要上移的图片复选框，如"6 图片 6"，❷单击代表上移的 ↑ 按钮，如下图所示。完成移动后，单击"更新"按钮即可。

第518招　删除相册图片

　　如果相册中插入了多余的图片，可通过以下方法将其删除。

　　打开原始文件，在"插入"选项卡下的"图像"组中单击"相册"下三角按钮，在展开的列表中打开"编辑相册"对话框，❶在"相册中的图片"列表框中勾选要删除的图片复选框，如"5 图片 6"，❷单击"删除"按钮，如右图所示。完成删除操作后，单击"更新"按钮即可。

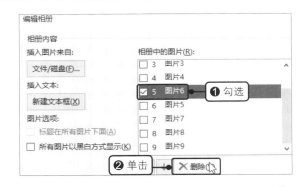

第519招 让相册图片呈黑白效果

如果想要让相册中的图片以黑白效果显示，可通过以下方法实现。

步骤01 编辑相册

打开原始文件，❶在"插入"选项卡下的"图像"组中单击"相册"下三角按钮，❷在展开的列表中单击"编辑相册"选项，如下图所示。

步骤02 启用黑白显示方式

打开"编辑相册"对话框，在"图片选项"选项组下勾选"所有图片以黑白方式显示"复选框，如下图所示。完成后单击"更新"按钮。

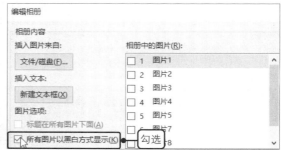

第520招 旋转相册图片

如果相册图片的角度不对，可通过旋转功能将其调整至合适的角度。

打开原始文件，在"插入"选项卡下的"图像"组中单击"相册"下三角按钮，在展开的列表中单击"编辑相册"选项，打开"编辑相册"对话框，❶在"相册中的图片"列表框中勾选要旋转的图片复选框，如"2 图片2"，❷单击代表逆时针旋转的 按钮，如右图所示。完成旋转后，单击"更新"按钮即可。

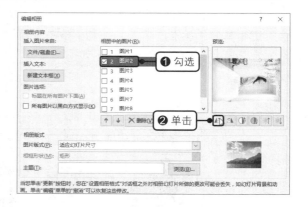

第521招 调整相册图片的亮度和对比度

当相册图片的亮度和对比度不符合实际的工作需要时，可对其进行调整。

打开原始文件，在"插入"选项卡下单击"相册"下三角按钮，在展开的列表中单击"编辑相册"选项，打开"编辑相册"对话框，❶在"相册中的图片"列表框中勾选要调节亮度和对比度的图片复选框，如"5 图片5"，❷连续单击代表对比度的 按钮和代表亮度的 按钮，如右图所示。最后单击"更新"按钮即可。

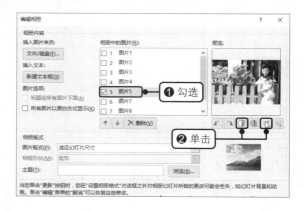

第522招　在相册中插入解释说明的文本框

　　完成相册的创建后，可能需要对相册中某些图片进行解释说明，此时可以通过新建文本框功能在相册中添加文本框幻灯片，用于文本的输入。

步骤01　编辑相册

　　打开原始文件，❶在"插入"选项卡下的"图像"组中单击"相册"下三角按钮，❷在展开的列表中单击"编辑相册"选项，如下图所示。

步骤02　新建文本框

　　打开"编辑相册"对话框，❶在"相册中的图片"列表框中选中"2 图片2"，❷单击"新建文本框"按钮，如下图所示。

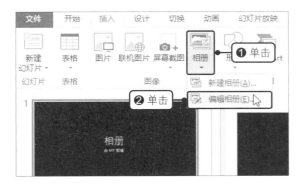

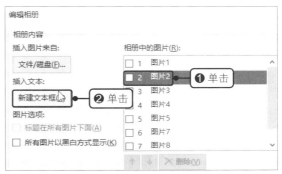

步骤03　输入文本

　　单击"更新"按钮，返回幻灯片中，即可看到相册中的图片 2 下方插入了一张空白的幻灯片，在幻灯片中的空白文本框中输入文本内容，并对文本设置合适的字体和段落格式，即可得到如右图所示的效果。

第523招　设置每张幻灯片中放置的图片数量

　　一般情况下，相册中的每张幻灯片只包含一张图片，如果想要将有一定关联的多张图片放置在一张幻灯片中，并为图片添加注释文字，可使用图片版式功能来实现。

步骤01　设置图片版式

　　打开原始文件，在"插入"选项卡下的"图像"组中单击"相册"下三角按钮，在展开的列表中单击"编辑相册"选项，打开"编辑相册"对话框，❶在"相册版式"选项组下单击"图片版式"右侧的下拉按钮，❷在展开的列表中单击"2 张图片（带标题）"选项，如右图所示。

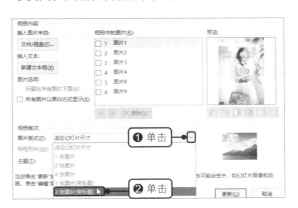

步骤02 输入标题

单击"更新"按钮，返回幻灯片中，可看到一张幻灯片中包含两张图片，并在图片上方插入了标题文本框，在文本框中输入合适的文本内容，并设置合适的文本格式，即可得到如右图所示的效果。

第524招 为相册图片添加相框

默认情况下，相册中的图片是没有相框的，如果想要展示更加美观的相册效果，可为图片添加相框。

步骤01 编辑相册

打开原始文件，❶在"插入"选项卡下的"图像"组中单击"相册"下三角按钮，❷在展开的列表中单击"编辑相册"选项，如下图所示。

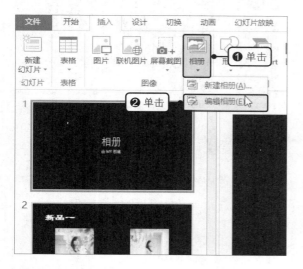

步骤02 添加相框

打开"编辑相册"对话框，❶在"相册版式"选项组下单击"相框形状"右侧的下拉按钮，❷在展开的列表中单击"简单框架，白色"选项，如下图所示。

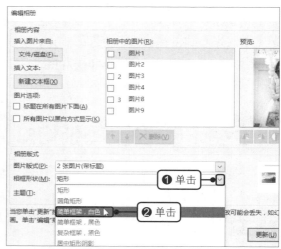

步骤03 显示添加相框后的效果

单击"更新"按钮，返回幻灯片中，即可看到相册中的图片添加了选择的相框，如右图所示。

第525招　为相册设置漂亮的主题

为了美化相册，可为相册应用各种主题样式，具体的操作方法如下。

步骤01　单击"浏览"按钮

打开原始文件，在"插入"选项卡下的"图像"组中单击"相册"下三角按钮，在展开的列表中单击"编辑相册"选项，打开"编辑相册"对话框，单击"主题"后的"浏览"按钮，如下图所示。

步骤02　选择主题样式

打开"选择主题"对话框，❶在默认的位置选择需要的主题样式，❷单击"选择"按钮，如下图所示。

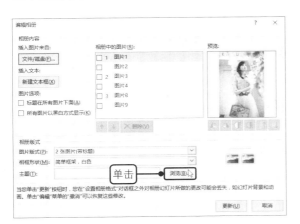

步骤03　显示应用主题后的效果

返回"编辑相册"对话框，单击"更新"按钮，返回幻灯片中，即可看到应用主题样式后的相册效果，如右图所示。

读书笔记

第16章 PPT多媒体互动设计

为了在演示或演讲时更好地吸引观者的注意，可在制作演示文稿时根据实际需要插入音频和视频，丰富演示文稿的表现形式，使其更加生动和活泼。

本章将详细讲解音频与视频文件的插入、编辑和美化操作，还将对超链接的插入和编辑进行介绍。灵活应用这些知识，可使演示文稿更加具有吸引力。

第526招 插入视频增强演示效果

在制作演示文稿时，为了更加清晰地向观者说明某项观点，并增强演示文稿的视觉冲击力，可在演示文稿中插入视频。

步骤01 插入视频

打开原始文件，切换至要插入视频的幻灯片，❶在"插入"选项卡下的"媒体"组中单击"视频"按钮，❷在展开的列表中单击"PC 上的视频"选项，如下图所示。

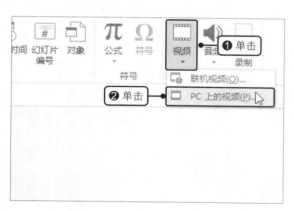

步骤02 选择视频文件

弹出"插入视频文件"对话框，❶找到视频文件的保存位置，❷双击要插入的视频文件，如下图所示。

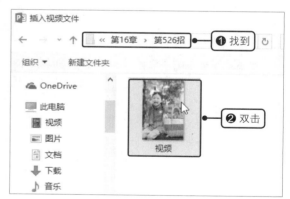

步骤03 显示插入的视频效果

返回演示文稿中，可看到幻灯片中插入的视频效果，如右图所示。

> ⏰ **提示**
>
> PowerPoint 2016 不仅支持插入 MP4、WMV、AVI、MPEG 等常见格式的视频，还可插入网络视频：单击"插入"选项卡下的"视频"按钮，在展开的列表中单击"联机视频"选项，在弹出的"插入视频"面板中继续设置即可。

第527招　将演示文稿链接到视频文件

如果想要让演示文稿中插入的视频随着原有视频素材文件的更新而改变，可将视频以链接的方式插入到演示文稿中。具体的操作方法如下。

步骤01　插入视频

打开原始文件，切换至要插入视频的幻灯片，①在"插入"选项卡下的"媒体"组中单击"视频"按钮，②在展开的列表中单击"PC上的视频"选项，如下图所示。

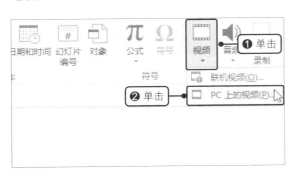

步骤02　链接到文件

弹出"插入视频文件"对话框，①找到视频文件的保存位置，②选中要插入的视频文件，③单击"插入"右侧的下三角按钮，④在展开的列表中单击"链接到文件"选项，如下图所示。

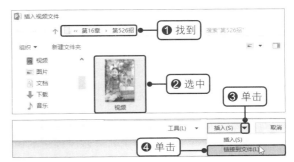

第528招　更改视频封面大小

完成视频的插入后，如果视频的封面过大，占据了幻灯片中太多的空间，可更改视频的封面大小。

打开原始文件，选中幻灯片中的视频，将鼠标指针放置在视频的外侧控点上，当鼠标指针变为形状时，按住鼠标左键向内拖动，如右图所示。拖动至合适的位置后释放鼠标，即可减小视频的封面大小。

第529招　调整视频的位置

当幻灯片中插入的视频遮挡了幻灯片中的部分内容时，可对视频的位置进行调整。

打开原始文件，将鼠标指针放置在幻灯片中的视频上，当鼠标指针变为形状时，按住鼠标左键拖动，如右图所示。拖动至合适的位置后释放鼠标，完成视频位置的更改。

第530招 播放视频

完成视频的插入和简单设置后，如果想要查看视频内容，可直接播放。

打开原始文件，选中幻灯片中的视频，在视频下方弹出的浮动工具栏中单击"播放／暂停"按钮，如右图所示，即可开始播放视频。

第531招 快进查看视频内容

在预览插入到演示文稿中的视频时，如果想要快速切换到所需查看的内容，可对视频进行快进。

步骤01 快进视频内容

打开原始文件，选中第 7 张幻灯片中的视频，在视频下方浮动工具栏的播放进度条中单击要快进到的位置，如下图所示。

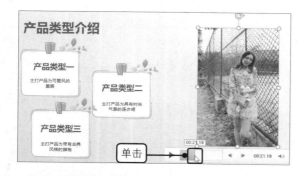

步骤02 向前移动视频内容

除了通过步骤 01 中的方法快进，还可以直接单击浮动工具栏中的"向前移动 0.25 秒"按钮，如下图所示。

第532招 调整视频的音量

为了让视频中的音乐在播放时更符合当前的环境，可对视频的音量进行适当调整。

打开原始文件，选中第 7 张幻灯片中的视频，❶将鼠标指针放置在视频下方浮动工具栏中的"静音／取消静音"按钮上，弹出音量控制块，❷将鼠标指针放置在音量控制块上的"音量"按钮上，当鼠标指针变为 ⑪ 形状时，按住鼠标左键拖动，即可调节音量，如右图所示。

第533招 调整视频的亮度和对比度

在演示文稿中插入了视频后，为进一步完善视频效果，可对视频的亮度和对比度进行调节。

打开原始文件，选中幻灯片中的视频，❶在"视频工具 - 格式"选项卡下单击"调整"组中的"更正"按钮，❷在展开的列表中单击合适的选项，如右图所示。

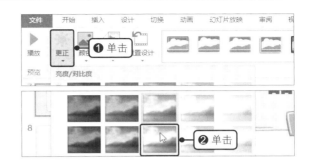

第534招 为视频添加自定义封面

演示文稿中插入的视频在开始播放前，一般显示的封面为视频的第一帧，如果想要使视频在播放前显示自定义的图片，可通过标牌框架功能为视频添加封面。

步骤01 添加图像

打开原始文件，选中幻灯片中的视频，❶在"视频工具 - 格式"选项卡下的"调整"组中单击"标牌框架"按钮，❷在展开的列表中单击"文件中的图像"选项，如下图所示。

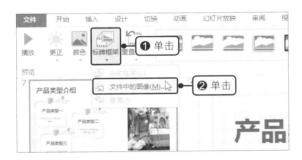

步骤02 单击"浏览"按钮

弹出"插入图片"对话框，在"来自文件"后单击"浏览"按钮，如下图所示。

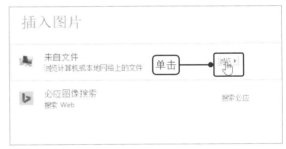

步骤03 选择图片

弹出"插入图片"对话框，❶找到图片的保存位置，❷双击要插入的图像，如下图所示。

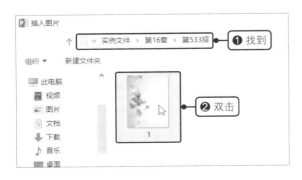

步骤04 显示插入效果

完成设置后，返回演示文稿中，即可看到视频已添加了自定义封面，如下图所示。

⏰ **提示**

　　如果对设置的标牌框架不满意,可在"视频工具-格式"选项卡下的"调整"组中单击"标牌框架"按钮,在展开的列表中单击"重置"选项,删除已有的标牌框架。

第535招　美化视频的样式

　　完成视频的插入和设置后,为了让视频更加美观,可为视频套用预设的样式。

步骤01　设置视频样式

　　打开原始文件,选中幻灯片中的视频,在"视频工具-格式"选项卡下的"视频样式"组中单击快翻按钮,在展开的列表中单击"旋转,白色"样式,如下图所示。

步骤02　显示设置效果

　　完成后可看到视频的样式设置效果,如下图所示。

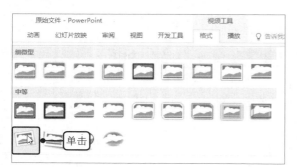

第536招　更改视频的形状

　　为了让插入的视频与幻灯片的背景相协调,可更改视频的形状效果,具体的操作方法如下。

步骤01　更改形状

　　打开原始文件,选中幻灯片中的视频,❶在"视频工具-格式"选项卡下的"视频样式"组中单击"视频形状"按钮,❷在展开的列表中单击"对角圆角矩形"形状,如下图所示。

步骤02　显示更改效果

　　完成设置后,可看到幻灯片中的视频形状变为了选择的形状效果,如下图所示。

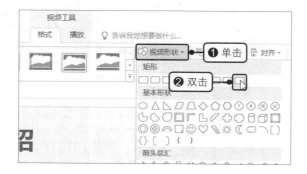

第537招　旋转视频

如果想让幻灯片中的视频在播放时便于观者的正常浏览，可对视频进行旋转。

打开原始文件，选中幻灯片中的视频，❶在"视频工具 - 格式"选项卡下的"排列"组中单击"旋转"按钮，❷在展开的列表中单击"水平翻转"选项，如右图所示。

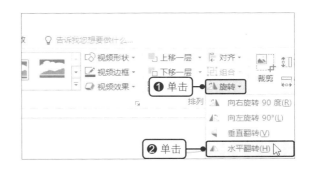

第538招　裁剪视频的封面

如果视频的封面中存在多余的区域，可通过裁剪功能将多余的部分裁剪掉。具体的操作方法如下。

步骤01　单击"裁剪"按钮

打开原始文件，选中幻灯片中的视频，在"视频工具 - 格式"选项卡下的"大小"组中单击"裁剪"按钮，如下图所示。

步骤02　裁剪文件

将鼠标指针放置在视频的外侧裁剪控点上，当鼠标指针变为┻形状时，按住鼠标左键向内拖动，如下图所示，即可裁剪掉不需要的部分。

第539招　重新设计视频

如果对设计后的视频效果不满意，可通过重置设计功能恢复设计前的视频效果。

打开原始文件，选中幻灯片中的视频，❶在"视频工具 - 格式"选项卡下的"调整"组中单击"重置设计"下三角按钮，❷在展开的列表中单击"重置设计"选项，如右图所示。

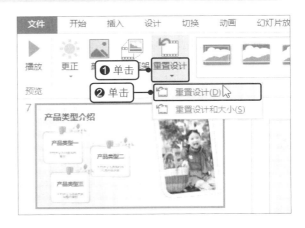

> **⏰ 提示**
>
> 如果既要重新设计视频，又要重新更改视频的大小，可在"视频工具 - 格式"选项卡下的"调整"组中单击"重置设计"下三角按钮，在展开的列表中单击"重置设计和大小"选项。

第540招 剪裁视频的内容

如果幻灯片中插入的视频过长或是有多余的部分，可通过剪裁功能对视频内容进行剪裁。具体的操作方法如下。

步骤01 单击"剪裁视频"按钮

打开原始文件，选中幻灯片中的视频，在"视频工具 - 播放"选项卡下的"编辑"组中单击"剪裁视频"按钮，如下图所示。

步骤02 剪裁视频

弹出"剪裁视频"对话框，将鼠标指针放置在播放条的开始裁剪片上，当鼠标指针形状变为 ⊪ 时，按住鼠标左键向右拖动，如下图所示。

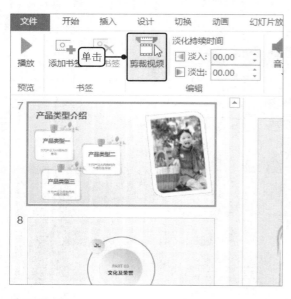

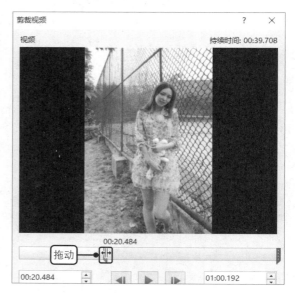

步骤03 显示剪裁效果

完成剪裁后，单击"确定"按钮，返回演示文稿中，即可看到未设置标牌框架的视频的封面变为了剪裁后的封面效果，如右图所示。

第541招 设置视频的淡入和淡出时间

为视频设置淡入和淡出时间，可以使视频在开始播放和结束播放时呈现渐隐的过渡效果。

打开原始文件，选中幻灯片中的视频，在"视频工具 - 播放"选项卡下的"编辑"组中设置"淡入"的持续时间为"05.00"秒、"淡出"的持续时间为"05.00"秒，如右图所示。

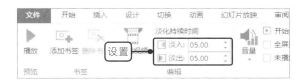

第542招　自动放映视频

如果需要视频在放映至其所在幻灯片时自动播放，并在播完后返回视频的开头，可通过如下方法来实现。

打开原始文件，选中幻灯片中的视频，❶在"视频工具 - 播放"选项卡下的"视频选项"组中设置"开始"为"自动"，❷勾选"播完返回开头"复选框，如右图所示。

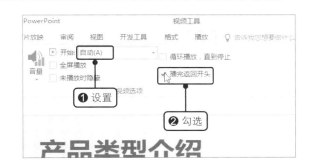

第543招　压缩媒体文件

默认情况下，媒体文件所占的空间较大，在幻灯片中插入了视频后，整个演示文稿占用的存储空间也会增大。为了方便对演示文稿进行发送等操作，可对演示文稿中的媒体文件进行压缩。

步骤01　压缩媒体文件

打开原始文件，单击"文件"按钮，❶在视图菜单中的"信息"面板下单击"压缩媒体"按钮，❷在展开的列表中根据应用需求选择压缩质量，如单击"低质量"选项，如右图所示。

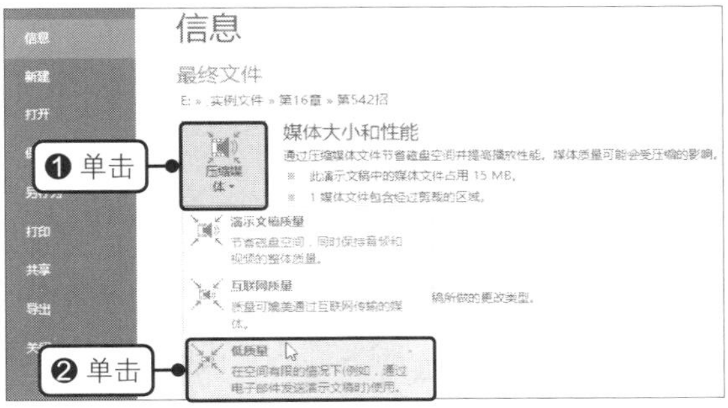

步骤02　显示压缩的进度

弹出"压缩媒体"对话框，在对话框中可看到媒体文件的初始大小，在对话框的下方可看到压缩的进度，如下图所示。

步骤03　完成压缩

完成压缩后，在对话框中的"状态"栏下可看到视频已被压缩至 5.2 MB，单击"关闭"按钮，如下图所示，即完成了媒体文件的压缩。

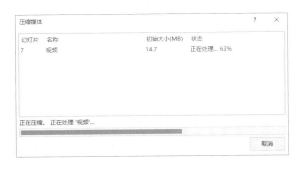

第544招 为幻灯片插入背景音乐

为了让演示文稿在播放时吸引观者的注意力，并带动演讲气氛，可在幻灯片中插入背景音乐。具体的操作方法如下。

步骤01 插入音频

打开原始文件，切换至要插入音频的幻灯片中，❶在"插入"选项卡下的"媒体"组中单击"音频"按钮，❷在展开的列表中单击"PC上的音频"选项，如下图所示。

步骤02 选择音频文件

弹出"插入音频"对话框，❶找到音频的保存位置，❷双击要插入的音频文件，如下图所示。

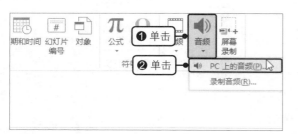

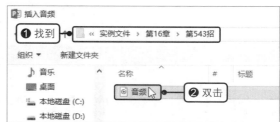

步骤03 播放音频

完成插入操作后，幻灯片中会显示音频图标和播放控件，单击控件中的"播放/暂停"按钮，如右图所示，即可开始播放音频。

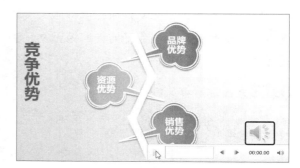

> ⏰ **提示**
>
> 除了插入 PC 上的音频文件，还可以即时录制音频作为演示文稿的背景音乐。

第545招 输入具体的时间数值剪裁音频

如果幻灯片中插入的音频过长，可通过剪裁功能去除多余部分。

步骤01 单击"剪裁音频"按钮

打开原始文件，选中幻灯片中的音频，在"音频工具-播放"选项卡下的"编辑"组中单击"剪裁音频"按钮，如右图所示。

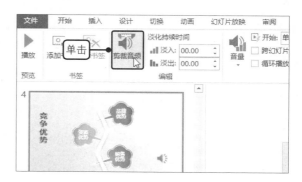

步骤02 剪裁音频

弹出"剪裁音频"对话框，❶设置"开始时间"为"00:01"、"结束时间"为"00:02"，❷单击"确定"按钮，如右图所示，完成剪裁。

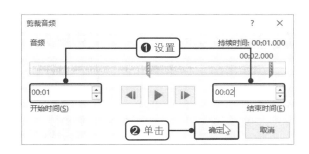

> 💡 **提示**
>
> 还可以在"剪裁音频"对话框中拖动播放进度条两侧的裁剪片设置开始点和结束点，剪裁音频。

第546招　恢复剪裁的音频

如果剪裁音频时出现了错误，想要恢复到剪裁前的效果，可通过以下方法来实现。

步骤01 恢复开始点

打开原始文件，选中幻灯片中的音频，在"音频工具 - 播放"选项卡下的"编辑"组中单击"剪裁音频"按钮，打开"剪裁音频"对话框，将鼠标指针放置在开始点的绿色标记上，当鼠标指针变为⇔形状时，按住鼠标左键向左拖动至"00:00.000"位置，如下图所示。

步骤02 完成音频的恢复

❶将鼠标指针放置在结束点的红色标记上，当鼠标指针变为⇔形状时，按住鼠标左键向右拖动至最右侧的结束点，❷完成后单击"确定"按钮，如下图所示，即可将音频恢复到裁剪前的效果。

第547招　循环播放幻灯片中的音乐

如果需要让某张幻灯片中插入的背景音乐在整个演示文稿的放映过程中一直播放，可设置背景音乐循环播放。

打开原始文件，选中幻灯片中的音频，在"音频工具 - 播放"选项卡下的"音频选项"组中勾选"循环播放，直到停止"复选框，如右图所示。

第548招 放映时隐藏音频图标

如果音频图标在演示文稿放映时影响了幻灯片的美观性，可将该图标隐藏起来。

打开原始文件，选中幻灯片中的音频，在"音频工具-播放"选项卡下的"音频选项"组中勾选"放映时隐藏"复选框，如右图所示。

第549招 美化音频图标

插入音频后，为让音频图标与演示文稿更契合，可对音频图标进行美化，如更改图标的颜色。

打开原始文件，选中幻灯片中的音频，❶在"音频工具-格式"选项卡下的"调整"组中单击"颜色"按钮，❷在展开的列表中单击"青绿，个性色2深色"选项，如右图所示。

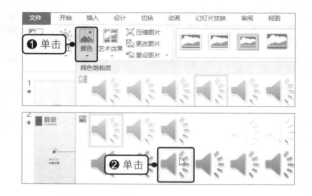

第550招 使用图片让音频图标更美观

除了通过隐藏图标和更改图标颜色来避免音频图标对幻灯片美观性的影响外，也可以对音频图标进行以下的美化操作。

步骤01 更改图片

打开原始文件，选中幻灯片中的音频，在"音频工具-格式"选项卡下的"调整"组中单击"更改图片"按钮，如右图所示。

步骤02 单击"浏览"按钮

弹出"插入图片"对话框，单击"来自文件"右侧的"浏览"按钮，如下图所示。

步骤03 选择音频图标

弹出"插入图片"对话框，❶找到图片的保存位置，❷双击要插入的图标图片，如下图所示。

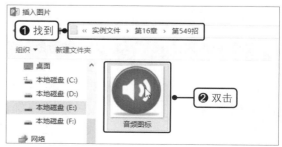

步骤04 删除背景

返回演示文稿中，在"音频工具 - 格式"选项卡下的"调整"组中单击"删除背景"按钮，如下图所示。

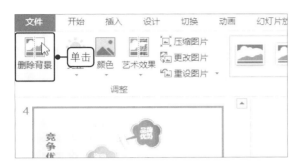

步骤05 显示图标更改效果

完成图标的更改和设置后，可看到幻灯片中的音频图标效果，如下图所示。

第551招　将外部文件链接到演示文稿中

当想要从幻灯片跳转到指定文件时，可在幻灯片中插入链接到外部文件的超链接。具体的操作方法如下。

步骤01 插入超链接

打开原始文件，❶选中要插入超链接的对象，如"产品类型介绍"文本，❷在"插入"选项卡下的"链接"组中单击"超链接"按钮，如右图所示。

步骤02 插入现有文件

弹出"插入超链接"对话框，❶在"链接到"选项组下单击"现有文件或网页"按钮，❷在"查找范围"选项组下单击"当前文件夹"按钮，❸在右侧的列表中单击要链接的文件，如"视频"，如下图所示。

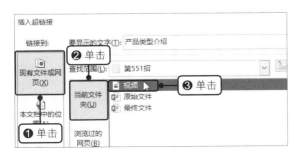

步骤03 单击链接文本

单击"确定"按钮，返回演示文稿中，按下【Shift+F5】组合键，放映该幻灯片，将鼠标指针放置在插入了超链接的文本上，可在指针的下方看到一个提示框，该提示框中的信息为链接文件的位置，当鼠标指针变为👆形状时，单击鼠标，如下图所示，即可打开链接的外部文件。

第552招　添加超链接在幻灯片之间跳转

如果想要从一张幻灯片跳转到同一演示文稿中的其他幻灯片，也可以通过插入超链接来实现。

打开原始文件，选中要插入超链接的对象，在"插入"选项卡下的"链接"组中单击"超链接"按钮，打开"插入超链接"对话框，❶在"链接到"选项组下单击"本文档中的位置"按钮，❷在"请选择文档中的位置"列表框中单击要链接的幻灯片，如"3.幻灯片3"，如右图所示。单击"确定"按钮，返回演示文稿并放映幻灯片，在设置了超链接的对象上单击，即可跳转至指定的幻灯片。

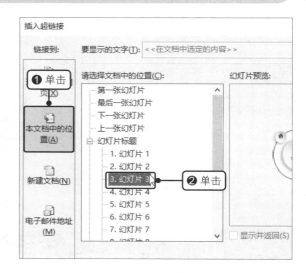

第553招　为超链接设置屏幕提示信息

当幻灯片中设置了较多的超链接时，为了分辨各个超链接所对应的链接对象，可为超链接设置提示信息。具体的操作方法如下。

步骤01　插入超链接

打开原始文件，选中要插入超链接的对象，在"插入"选项卡下的"链接"组中单击"超链接"按钮，如下图所示。

步骤02　插入屏幕提示

打开"插入超链接"对话框，❶在"链接到"选项组下单击"本文档中的位置"按钮，❷在"请选择文档中的位置"列表框中单击要链接的幻灯片，如"3.幻灯片3"，❸单击"屏幕提示"按钮，如下图所示。

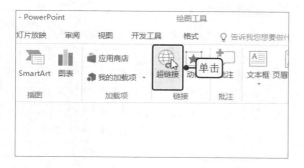

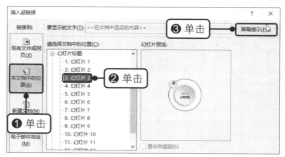

步骤03　输入提示文字

弹出"设置超链接屏幕提示"对话框，❶在"屏幕提示文字"下的文本框中输入"公司介绍"，❷单击"确定"按钮，如右图所示。

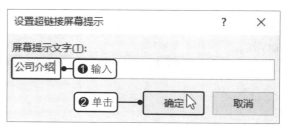

步骤04 显示设置效果

　　继续单击"确定"按钮，返回演示文稿中，将鼠标指针放置在插入了超链接的对象上，可看到鼠标指针下方的屏幕提示文字效果，如右图所示。

第554招　更改超链接的颜色

　　默认情况下，为文本对象添加了超链接后，文本的颜色会变为不同于原来的设置效果，从而影响幻灯片的美观性。此时可以对超链接的颜色和已经访问的超链接颜色进行更改，让其与幻灯片更加契合。

步骤01 自定义颜色

　　打开原始文件，在"设计"选项卡下的"变体"组中单击快翻按钮，在展开的列表中单击"颜色 > 自定义颜色"选项，如下图所示。

步骤02 更改超链接颜色

　　弹出"新建主题颜色"对话框，设置"超链接"颜色为"黑色，文字 1"，设置"已访问的超链接"颜色为"红色"，如下图所示。单击"保存"按钮，即可完成设置。

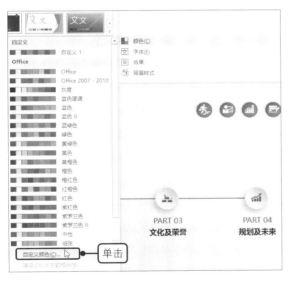

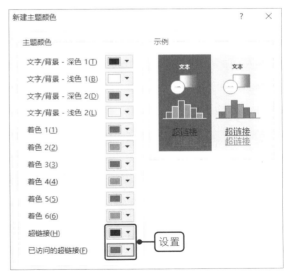

第555招　链接其他演示文稿中的幻灯片

　　如果想要从当前幻灯片跳转到其他演示文稿中的幻灯片，也可以通过插入超链接来实现。具体的操作方法如下。

步骤01 插入超链接

　　打开原始文件，选中要插入超链接的文本，在"插入"选项卡下的"链接"组中单击"超链接"按钮，如右图所示。

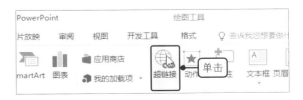

步骤02 单击"书签"按钮

　　弹出"插入超链接"对话框，❶在"链接到"选项组下单击"现有文件或网页"按钮，❷在"查找范围"选项组下单击"当前文件夹"按钮，❸在右侧的列表中单击要链接的演示文稿，如"商务报告"，❹单击"书签"按钮，如下图所示。

步骤03 选择幻灯片

　　弹出"在文档中选择位置"对话框，在对话框中选择要链接的幻灯片，如"1.PowerPoint 演示文稿"，如下图所示。

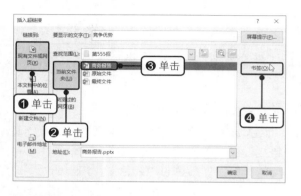

步骤04 显示链接效果

　　连续单击"确定"按钮，返回演示文稿中，放映插入了超链接的幻灯片，单击设置了超链接的对象，即可看到链接其他演示文稿中的幻灯片效果，如右图所示。

第556招　放映前确认超链接的正确性

　　为了保证插入的链接的正确性，可在放映幻灯片前通过打开超链接功能进行确认。

　　打开原始文件，❶右击幻灯片中设置了超链接的对象，❷在弹出的快捷菜单中单击"打开超链接"命令，如右图所示。完成打开操作后，幻灯片会自动跳转至链接的对象。

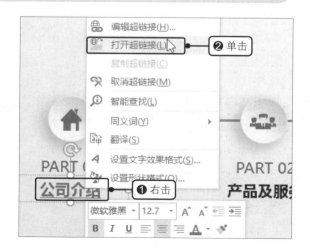

第557招　删除超链接

如果对演示文稿中插入的超链接不满意，或不再需要超链接，则可将插入的超链接删除。

打开原始文件，❶右击幻灯片中设置了超链接的对象，❷在弹出的快捷菜单中单击"取消超链接"命令，如右图所示，即可删除该超链接。

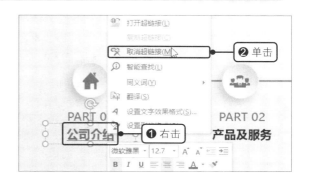

第558招　为幻灯片对象设置动作

除了为幻灯片中的对象插入超链接链接到其他文件或幻灯片外，还可以将幻灯片中的对象设置为动作按钮，从而链接文件或幻灯片。

步骤01　单击"动作"按钮

打开原始文件，选中要设置动作的对象，在"插入"选项卡下的"链接"组中单击"动作"按钮，如下图所示。

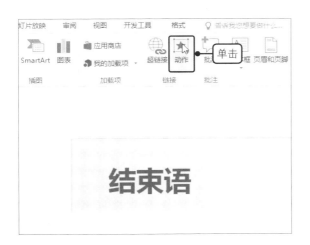

步骤02　设置超链接

弹出"操作设置"对话框，❶在"单击鼠标"选项卡下单击"超链接到"单选按钮，❷单击右侧的下拉按钮，❸在展开的列表中单击"结束放映"选项，如下图所示。

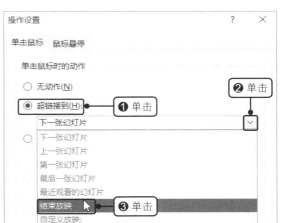

第559招　添加动作按钮实现跳转功能

除了将幻灯片中已有的对象设置为动作按钮外，还可以在幻灯片中重新绘制一个动作按钮，并为该动作按钮编辑相应的动作效果。

步骤01 选择动作按钮

打开原始文件，切换至要插入动作按钮的幻灯片，如第 7 张幻灯片，❶在"插入"选项卡下的"插图"组中单击"形状"按钮，❷在展开的列表中单击"动作按钮：影片"形状，如下图所示。

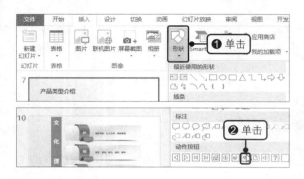

步骤02 绘制形状

此时鼠标指针变为了＋形状，在要添加动作按钮的位置按住鼠标左键不放拖动，即可绘制出需要的动作按钮，如下图所示。

步骤03 添加超链接

弹出"操作设置"对话框，❶单击"超链接到"单选按钮，❷单击右侧的下拉按钮，❸在展开的列表中单击"其他文件"选项，如下图所示。

步骤04 选择文件

弹出"超链接到其他文件"对话框，❶找到文件的保存位置，❷双击要链接的文件，如"影片"，如下图所示。

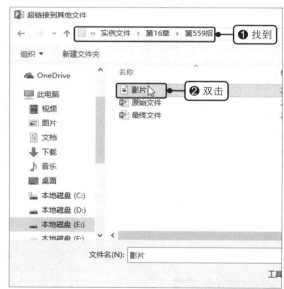

步骤05 单击动作按钮

单击"确定"按钮，返回演示文稿中，按【Shift+F5】组合键放映当前幻灯片，在幻灯片中单击插入的动作按钮，如下左图所示。

步骤06 查看链接文件

系统将自动打开链接的"影片"文件，如下右图所示。

第560招　为动作按钮添加声音

如果想要在动作按钮实现跳转操作时具有更强的吸引力，可为该动作按钮添加声音。具体的操作方法如下。

步骤01　单击"动作"按钮

打开原始文件，选中幻灯片中的动作按钮，在"插入"选项卡下的"链接"组中单击"动作"按钮，如下图所示。

步骤02　设置声音

弹出"操作设置"对话框，❶在"单击鼠标"选项卡下勾选"播放声音"复选框，❷单击右侧的下拉按钮，❸在展开的列表中单击"爆炸"选项，如下图所示。单击"确定"按钮，即可为动作按钮添加声音。

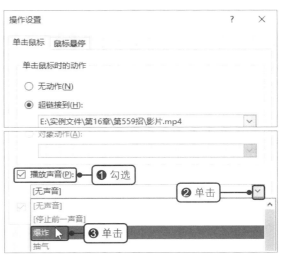

第561招 更改动作按钮的外观

完成动作按钮的插入和设置后，还可以对该动作按钮的填充、线条及大小等样式进行编辑和设置，进一步美化演示文稿。

步骤01 设置形状格式

打开原始文件，❶右击幻灯片中的动作按钮，❷在弹出的快捷菜单中单击"设置形状格式"命令，如下图所示。

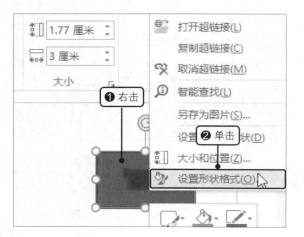

步骤02 设置填充效果

打开"设置形状格式"窗格，在"填充与线条"选项卡下单击"填充"选项组下的"无填充"单选按钮，如下图所示。

步骤03 设置线条

❶在"线条"选项组下单击"实线"单选按钮，❷设置"颜色"为"黑色，文字 1"、"宽度"为"1 磅"，如下图所示。

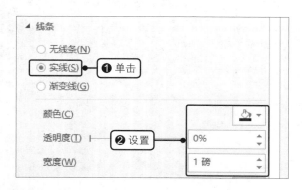

步骤04 设置形状大小

❶切换至"大小与属性"选项卡，❷设置"高度"和"宽度"分别为"1.5 厘米"和"2.5 厘米"，如下图所示。

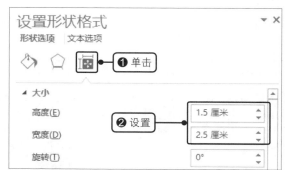

步骤05 显示设置效果

关闭"设置形状格式"窗格，可在幻灯片中看到设置的动作按钮效果，如右图所示。

第562招　转换演示文稿的兼容模式

如果在 PowerPoint 2016 中打开使用较早版本的 PowerPoint 制作的演示文稿，某些功能可能会被禁用，此时需要对文稿的模式进行转换，以升级到当前文件格式，启用被禁止的功能。

步骤01 单击"转换"按钮

打开原始文件，单击"文件"按钮，在视图菜单中的"信息"面板下单击"转换"按钮，如下图所示。

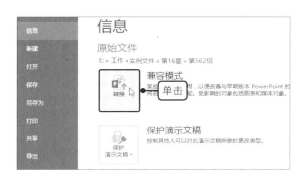

步骤02 另存文稿

弹出"另存为"对话框，❶设置好文件的保存位置后，❷在"文件名"文本框中输入文件名，如"最终文件"，如下图所示。完成后单击"保存"按钮。

第17章　PPT外观的快速统一

一个成功的演示文稿，除了内容要充实、有趣外，外观也起着至关重要的作用。应用PowerPoint提供的主题功能和母版功能，可以轻松控制演示文稿的整体外观，如颜色、字体、背景等，无需烦琐的操作就能创建具有专业外观的演示文稿，还能根据自己的审美喜好和设计需求进行微调，让演示文稿适当展示个性。

本章将详细介绍PowerPoint的主题功能和母版功能。读者通过学习本章，可掌握快速统一幻灯片外观的技巧。

第563招　统一更改演示文稿的主题风格

为快速美化幻灯片，可直接为演示文稿套用系统预设的主题样式。

打开原始文件，在"设计"选项卡下的"主题"组中单击快翻按钮，在展开的列表中单击"肥皂"主题样式，如右图所示。完成设置后，即可看到演示文稿中的所有幻灯片都应用了该主题样式。

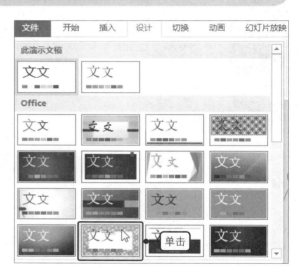

第564招　将主题样式应用于选定幻灯片

如果只想要快速美化演示文稿中的某张幻灯片，则可将系统提供的主题样式只应用于选定的幻灯片。

打开原始文件，切换至要应用样式的幻灯片，在"设计"选项卡下的"主题"组中单击快翻按钮，❶在展开的列表中右击"大都市"主题样式，❷在弹出的快捷菜单中单击"应用于选定幻灯片"命令，如右图所示。

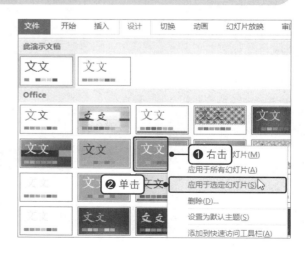

第565招　将喜欢的主题设置为默认样式

如果想要在创建新的演示文稿时自动套用某个主题样式，可将该主题样式设置为默认的主题。

打开原始文件，在"设计"选项卡下的"主题"组中单击快翻按钮，❶在展开的列表中右击"电路"主题样式，❷在弹出的快捷菜单中单击"设置为默认主题"命令，如右图所示。

⏰ 提示

　　如果要删除主题样式，则在该主题样式上右击，在弹出的快捷菜单中单击"删除"命令。

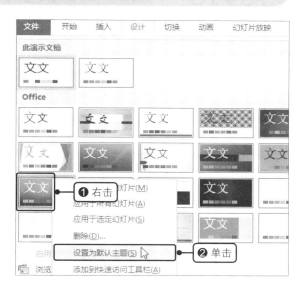

第566招　快速更改全部幻灯片的配色

如果要创建具有自己特色的主题样式，可对主题的配色进行修改。

打开原始文件，在"设计"选项卡下的"变体"组中单击快翻按钮，在展开的列表中单击"颜色＞绿色"选项，如右图所示。

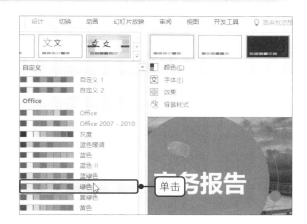

第567招　统一设定幻灯片的文字格式

除了可以对幻灯片的配色进行更改外，还可以对幻灯片的字体样式进行统一的设定，创建更具特色的演示文稿。具体操作如下。

打开原始文件，在"设计"选项卡下的"变体"组中单击快翻按钮，在展开的列表中单击"字体"选项，在级联列表中单击要应用的字体样式，如右图所示。

第568招 更改幻灯片的效果

　　如果对演示文稿中对象的效果不满意，可使用以下方法进行更改。

　　打开原始文件，在"设计"选项卡下的"变体"组中单击快翻按钮，在展开的列表中单击"效果 > 乳白玻璃"选项，如右图所示。

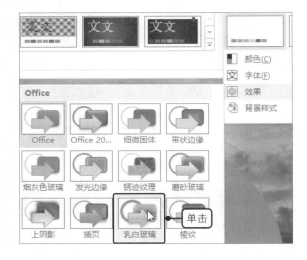

第569招 保存当前主题样式

　　对幻灯片颜色、字体格式等内容进行了设置后，如果需要将该主题样式应用到其他演示文稿中，可将该样式进行保存。

步骤01 保存当前主题

　　打开一个空白的演示文稿，对演示文稿中幻灯片的字体、背景等内容进行设置后，在"设计"选项卡下的"主题"组中单击快翻按钮，在展开的列表中单击"保存当前主题"选项，如下图所示。

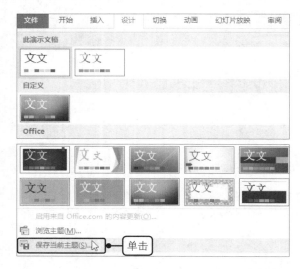

步骤02 设置保存位置和文件名

　　弹出"保存当前主题"对话框，❶设置好主题的保存位置，❷输入"文件名"为"自定义主题样式1"，如下图所示。单击"保存"按钮即可完成主题的保存。

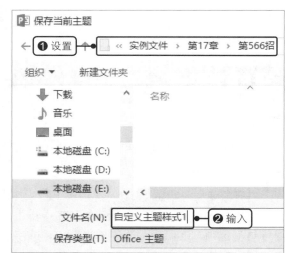

步骤03 浏览主题

　　打开一个空白的演示文稿，在"设计"选项卡下的"主题"组中单击快翻按钮，在展开的列表中单击"浏览主题"选项，如下图所示。

步骤04 选择保存的主题样式

　　弹出"选择主题或主题文档"对话框，❶找到主题的保存位置，❷双击要应用的主题样式，如下图所示，即可为空白的演示文稿应用该样式。

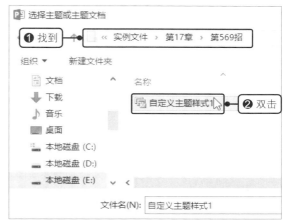

第570招　为幻灯片插入固定的日期和时间

　　在制作幻灯片时，为了显示制作时间，可以在幻灯片上添加日期和时间。具体的操作方法如下。

步骤01 插入日期和时间

　　打开原始文件，在"插入"选项卡下的"文本"组中单击"日期和时间"按钮，如下图所示。

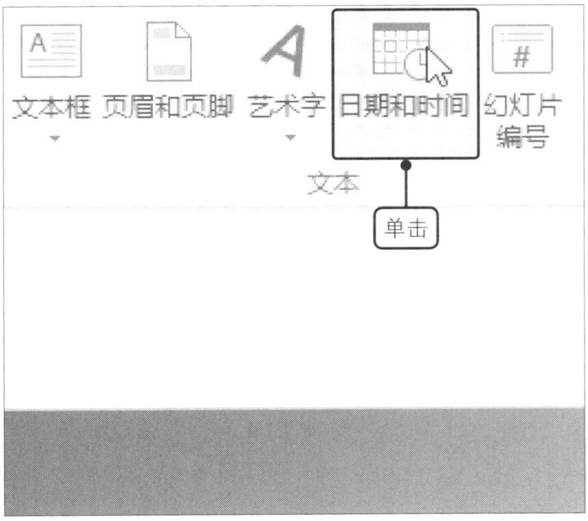

步骤02 插入固定的日期和时间

　　弹出"页眉和页脚"对话框，❶在"幻灯片"选项卡下勾选"日期和时间"复选框，❷单击"固定"单选按钮，❸输入固定的日期，如下图所示。完成后单击"全部应用"按钮，即可为全部幻灯片插入固定的日期和时间。

⏰ **提示**

如果要插入自动更新的日期和时间，则在打开的"页眉和页脚"对话框中勾选"日期和时间"复选框，单击"自动更新"单选按钮，设置好要显示的日期和时间样式，单击"全部应用"按钮即可。

第571招 插入便于查找的幻灯片编号

为了便于幻灯片的编辑和辨认，可为演示文稿中的幻灯片加上编号。

打开原始文件，在"插入"选项卡下的"文本"组中单击"幻灯片编号"按钮，打开"页眉和页脚"对话框，在"幻灯片"选项卡下勾选"幻灯片编号"复选框，如右图所示。单击"全部应用"按钮，即可为演示文稿中的全部幻灯片添加编号。

第572招 隐藏标题幻灯片中的编号

如果不需要在标题幻灯片中显示编号，可隐藏标题幻灯片中的编号。

打开原始文件，在"插入"选项卡下的"文本"组中单击"幻灯片编号"按钮，打开"页眉和页脚"对话框，在"幻灯片"选项卡下勾选"标题幻灯片中不显示"复选框，如右图所示。单击"应用"或"全部应用"按钮，即可隐藏标题幻灯片中的编号。

第573招 统一设定幻灯片的页脚内容

如果想要在演示文稿中的每张幻灯片的底部展示自定义的信息，如演示文稿名或公司名称，可为演示文稿插入页脚内容。

步骤01 单击"页眉和页脚"按钮

打开原始文件，在"插入"选项卡下的"文本"组中单击"页眉和页脚"按钮，如右图所示。

步骤02 插入页脚

弹出"页眉和页脚"对话框，❶在"幻灯片"选项卡下勾选"页脚"复选框，❷在文本框中输入"＊＊企业有限公司"，如下图所示。

步骤03 显示插入的页脚效果

完成后单击"全部应用"按钮，返回演示文稿中，可在幻灯片的底部看到插入的页脚效果，如下图所示。

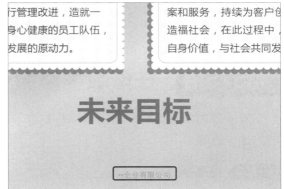

第574招　以黑白效果展示幻灯片内容

为了保证演示文稿有良好的黑白打印效果，可提前在黑白模式下查看整个演示文稿的配色，具体的操作方法如下。

步骤01 单击"黑白模式"按钮

打开原始文件，在"视图"选项卡下的"颜色／灰度"组中单击"黑白模式"按钮，如下图所示。

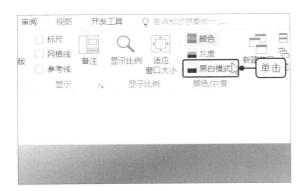

步骤02 显示转换效果

完成黑白模式的转换后，可看到演示文稿中的幻灯片都变为了黑白模式，如下图所示。

步骤03 黑中带灰查看幻灯片

在"黑白模式"选项卡下的"更改所选对象"组中单击"黑中带灰"按钮，如右图所示。

步骤04 返回颜色视图

在完成了黑白模式的查看后，如果要返回颜色视图，则在"黑白模式"选项卡下的"关闭"组中单击"返回颜色视图"按钮，如右图所示。

第575招 在母版中添加固定信息

如果想为演示文稿中的每张幻灯片都添加同样的信息，可在幻灯片母版视图下实现，具体的操作方法如下。

步骤01 更改视图方式

打开原始文件，在"视图"选项卡下的"母版视图"组中单击"幻灯片母版"按钮，如下图所示。

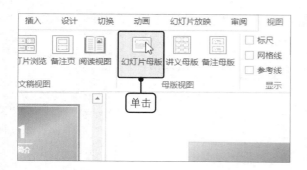

步骤02 插入图片

在左侧选中"Office 主题 幻灯片母版"，在"插入"选项卡下的"图像"组中单击"图片"按钮，如下图所示。

步骤03 选择图片

弹出"插入图片"对话框，❶找到图片的保存位置，❷双击要插入的图片，如下图所示。

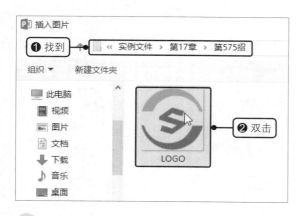

步骤04 关闭母版视图

返回演示文稿中，在母版幻灯片中将图片移至合适的位置并调整为合适的大小，在"幻灯片母版"选项卡下的"关闭"组中单击"关闭母版视图"按钮，如下图所示。

步骤05 显示插入效果

返回普通视图下，可在演示文稿的每张幻灯片中看到插入的图片，如右图所示。

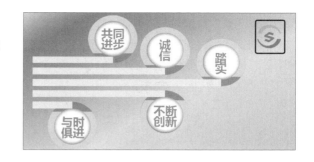

第576招 添加新的母版

默认情况下，一个演示文稿中只包含一个幻灯片母版，如果希望母版效果更加丰富，可为演示文稿添加新的母版。

步骤01 插入母版

打开原始文件，在"视图"选项卡下的"母版视图"组中单击"幻灯片母版"按钮，在"幻灯片母版"选项卡下的"编辑母版"组中单击"插入幻灯片母版"按钮，如下图所示。

步骤02 显示插入效果

完成插入后，可在幻灯片缩略图窗格中看到新插入的空白幻灯片母版，该母版自动编号为"2"，如下图所示。

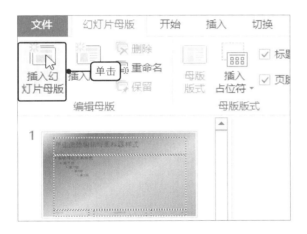

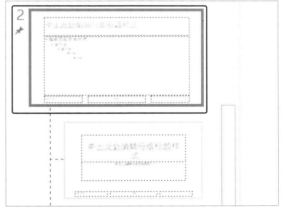

第577招 为母版重命名

为了区分不同的母版，可对幻灯片母版进行重命名。具体的操作方法如下。

步骤01 重命名母版

打开原始文件，在"视图"选项卡下的"母版视图"组中单击"幻灯片母版"按钮，❶在左侧选中要重命名的幻灯片母版，❷在"幻灯片母版"选项卡下的"编辑母版"组中单击"重命名"按钮，如右图所示。

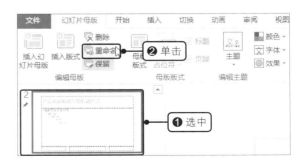

步骤02 输入名称

弹出"重命名版式"对话框，❶在"版式名称"下的文本框中输入"商业计划书"，❷单击"重命名"按钮，如下图所示。

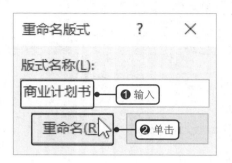

步骤03 显示重命名后的效果

完成重命名后，返回幻灯片母版视图下，将鼠标指针放置在重命名的母版幻灯片上，可看到该幻灯片重命名后的名称，如下图所示。

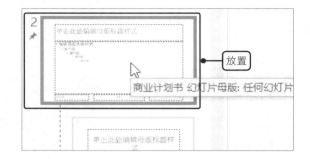

第578招 在母版中插入新版式

如果幻灯片母版中的版式不能满足实际需求，可插入新的版式。

打开原始文件，在"视图"选项卡下的"母版视图"组中单击"幻灯片母版"按钮，❶选中某个版式的幻灯片，如"标题幻灯片"版式，❷在"幻灯片母版"选项卡下的"编辑母版"组中单击"插入版式"按钮，如右图所示，即可在选中的版式幻灯片下方插入一张自定义版式的幻灯片。

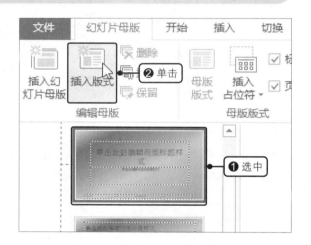

第579招 删除母版

如果演示文稿中存在多余的母版，可将其删除。

打开原始文件，在"视图"选项卡下的"母版视图"组中单击"幻灯片母版"按钮，❶选中要删除的母版，❷在"幻灯片母版"选项卡下的"编辑母版"组中单击"删除"按钮，如右图所示。

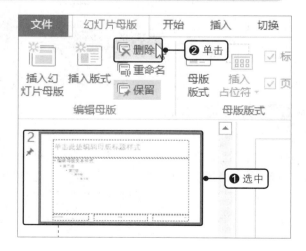

第580招　编辑母版的主题效果

如果想要一次性更改所有版式幻灯片的主题效果，以统一演示文稿的风格，增强其专业性和规范性，可对母版的主题效果进行编辑。

步骤01　选择主题

打开原始文件，在"视图"选项卡下的"母版视图"组中单击"幻灯片母版"按钮，❶在"幻灯片母版"选项卡下的"编辑主题"组中单击"主题"按钮，❷在展开的列表中单击"切片"主题样式，如下图所示。

步骤02　显示应用效果

完成主题样式的应用后，在"幻灯片母版"选项卡下的"关闭"组中单击"关闭母版视图"按钮，返回普通视图下，可看到编辑主题样式后的效果，如下图所示。

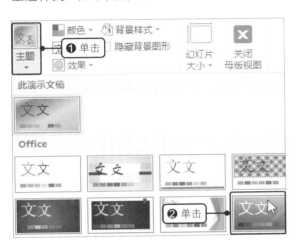

第581招　利用母版自定义幻灯片版式

如果演示文稿中的幻灯片版式不能满足实际需求，可通过在母版幻灯片中添加占位符来自定义幻灯片版式。

步骤01　插入图片占位符

打开原始文件，在"视图"选项卡下的"母版视图"组中单击"幻灯片母版"按钮，❶选中要插入占位符的版式幻灯片，❷在"幻灯片母版"选项卡下的"母版版式"组中单击"插入占位符"下三角按钮，❸在展开的列表中单击"图片"占位符，如右图所示。

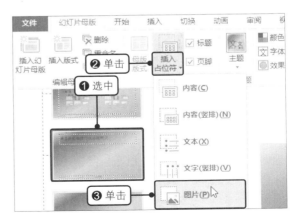

步骤02 绘制占位符

此时鼠标指针变为＋形状，在版式幻灯片中要插入占位符的位置单击，即可看到插入的图片占位符效果，如右图所示。

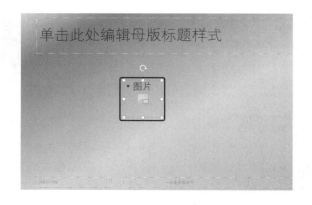

第582招 设置讲义母版的显示方向

讲义母版用于控制讲义的打印格式，当讲义母版的默认展示方向不匹配幻灯片的内容时，可对其进行调整。

步骤01 打开讲义母版

打开原始文件，在"视图"选项卡下的"母版视图"组中单击"讲义母版"按钮，如下图所示。

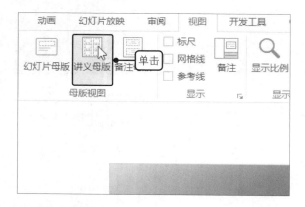

步骤02 横向显示讲义母版

❶在"讲义母版"选项卡下的"页面设置"组中单击"讲义方向"按钮，❷在展开的列表中单击"横向"选项，如下图所示。

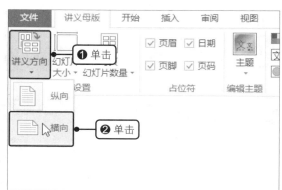

第583招 设置讲义母版中每页幻灯片的显示数量

为了便于幻灯片的打印，可在讲义母版中将多张幻灯片打印在同一页中。

打开原始文件，在"视图"选项卡下的"母版视图"组中单击"讲义母版"按钮，❶在"讲义母版"选项卡下的"页面设置"组中单击"每页幻灯片数量"按钮，❷在展开的列表中单击"9张幻灯片"选项，如右图所示。

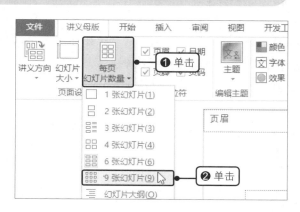

第584招　设置讲义母版的显示内容

如果讲义母版中的显示内容不符合实际需求，可对占位符的显示选项进行更改。

打开原始文件，在"视图"选项卡下的"母版视图"组中单击"讲义母版"按钮，在"讲义母版"选项卡下的"占位符"组中取消勾选"页眉"和"页脚"复选框，如右图所示。

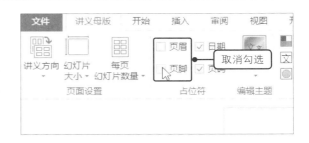

第585招　在幻灯片中添加备注信息

为了保证演讲者不会漏掉重要信息，并帮助演讲者出色地完成演讲或汇报工作，可在幻灯片中添加备注框并输入备注信息。

步骤01 单击"备注"按钮

打开原始文件，在"视图"选项卡下的"显示"组中单击"备注"按钮，如下图所示。

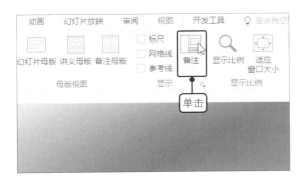

步骤02 输入备注信息

可在幻灯片的下方看到添加的备注框，在备注框中输入备注信息，如下图所示。

第586招　批量删除幻灯片中的备注信息

完成演讲或汇报后，如果需要将演示文稿中大量的备注信息全部删除，可通过以下方法实现。

步骤01 启动检查

打开原始文件，单击"文件"按钮，❶在视图菜单中的"信息"面板下单击"检查问题"按钮，❷在展开的列表中单击"检查文档"选项，如右图所示。

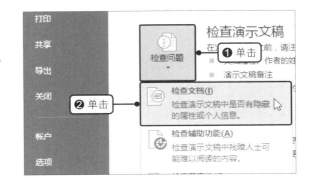

步骤02 开始检查

弹出"文档检查器"对话框，保持默认选择的内容，单击"检查"按钮，如下图所示。

步骤03 删除备注信息

检查完成后，滑动至"审阅检查结果"列表框的底部，找到演示文稿的备注，单击"全部删除"按钮，如下图所示。完成后单击"关闭"按钮。

第587招 在幻灯片中显示网格线和参考线

为了提高演示文稿的制作效率，并优化排版细节，可在制作演示文稿时显示出起辅助对齐作用的网格线和参考线。

打开原始文件，在"视图"选项卡下的"显示"组中勾选"网格线"和"参考线"复选框，如右图所示。随后可在每张幻灯片中看到显示的网格线和参考线。

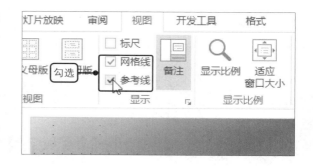

第588招 以阅读方式浏览演示文稿内容

如果想要在 PowerPoint 窗口中查看幻灯片的动画和切换效果，可通过阅读视图在无需切换至全屏幻灯片的放映模式下查看。

步骤01 切换至阅读视图

打开原始文件，在状态栏中单击"阅读视图"按钮，如右图所示。

步骤02 查看幻灯片内容

　　此时，演示文稿进入阅读视图模式，在状态栏中单击"下一张"按钮，如右图所示，即可查看下一张幻灯片内容。

第589招　在浏览视图下查看全部幻灯片

　　若要查看演示文稿中所有幻灯片的缩略图，以便于更加轻松地对幻灯片进行重新排列操作，可切换至浏览视图下。

　　打开原始文件，在"视图"选项卡下的"演示文稿视图"组中单击"幻灯片浏览"按钮，如右图所示，即可看到演示文稿中所有幻灯片缩略图的效果。

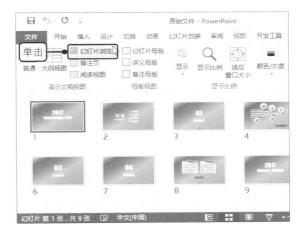

读书笔记

第18章 PPT切换与动画效果

为了让演示文稿中的幻灯片在切换时更加生动和活泼，并且突出显示幻灯片中的某些对象，可通过PowerPoint中的切换和动画功能创建动态的演示文稿效果。

本章将对幻灯片中的切换效果和设置进行详细的介绍，还将对幻灯片中对象的动画设置和调整操作进行讲解。读者通过本章的学习，可为演示文稿赋予动态的演示效果。

第590招　为单张幻灯片添加切换效果

若要在放映演示文稿时从一张幻灯片切换到另一张幻灯片的过程具有动态效果，可为幻灯片添加切换效果。

步骤01 单击快翻按钮

打开原始文件，选中第1张幻灯片，在"切换"选项卡下的"切换到此幻灯片"组中单击快翻按钮，如下图所示。

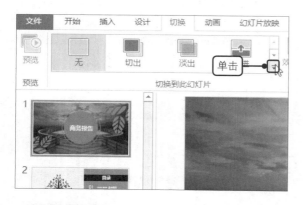

步骤02 选择切换效果

在展开的列表中单击合适的效果选项，如下图所示。完成后，在放映第1张幻灯片时，会以所选的效果进行切换。

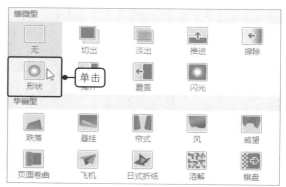

第591招　为全部幻灯片应用同样的切换效果

如果需要让演示文稿中的全部幻灯片在切换时应用相同的效果，可通过以下方法实现。

打开原始文件，❶选中已经设置了切换效果的第1张幻灯片，❷在"切换"选项卡下的"计时"组中单击"全部应用"按钮，如右图所示，即可为其他幻灯片应用与第1张幻灯片相同的切换效果。

第592招　设置幻灯片的切换效果

一般情况下，不同的切换方式都会提供切换效果的选项，如多种切换方向或切换形状等，用户可根据实际情况进行更改。

打开原始文件，选中第 1 张幻灯片，已为此幻灯片添加了"形状"切换方式，❶在"切换"选项卡下的"切换到此幻灯片"组中单击"效果选项"按钮，❷在展开的列表中单击"加号"选项，如右图所示。

第593招　预览幻灯片的切换效果

完成幻灯片切换效果的设置后，如果想要在不放映幻灯片的情况下查看该切换效果，可通过预览功能来实现。

打开原始文件，在"切换"选项卡下的"预览"组中单击"预览"按钮，如右图所示，即可预览该幻灯片切换到下一张幻灯片的放映效果。

第594招　设置幻灯片切换的声音

在幻灯片的切换过程中，为了吸引观者对下一张幻灯片内容的注意，可为切换效果添加与之相匹配的声音。

打开原始文件，❶在"切换"选项卡下的"计时"组中单击"声音"右侧的下三角按钮，❷在展开的列表中单击"风铃"选项，如右图所示。

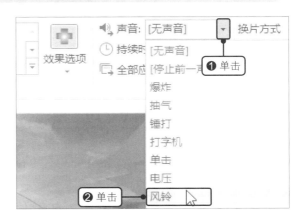

第595招　为幻灯片的切换添加自选的声音

如果对系统中预设的切换声音效果不满意，可添加外部的其他音频文件。具体的操作方法如下。

步骤01 选择其他声音

打开原始文件，❶在"切换"选项卡下的"计时"组中单击"声音"右侧的下三角按钮，❷在展开的列表中单击"其他声音"选项，如下图所示。

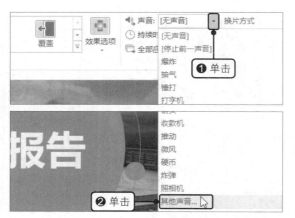

步骤02 添加音频

弹出"添加音频"对话框，❶找到音频的保存位置，❷双击要添加的音频文件，如"音乐"文件，如下图所示。

第596招 循环播放换片声音

如果插入的切换声音过短，不足以支撑到下一张幻灯片的展示或下一段声音的播放，可设置一直循环播放换片声音。

打开原始文件，选中第1张幻灯片，❶在"切换"选项卡下的"计时"组中单击"声音"右侧的下三角按钮，❷在展开的列表中单击"播放下一段声音之前一直循环"选项，如右图所示。

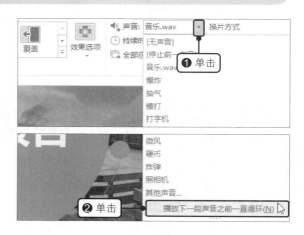

第597招 设置幻灯片的切换速度

如果觉得幻灯片的换片速度过快或过慢，可调节切换的持续时间。

打开原始文件，选中第1张幻灯片，❶在"切换"选项卡下的"计时"组中设置"持续时间"为"10.00"秒，❷单击"全部应用"按钮，如右图所示。随后演示文稿中每张幻灯片设置的切换效果在放映时会持续10秒。

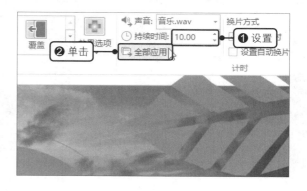

第598招 自动切换幻灯片

放映演示文稿时默认需单击鼠标才能换片，若要自动换片，可设置换片方式。

打开原始文件，选中第 1 张幻灯片，❶在"切换"选项卡下的"计时"组中取消勾选"单击鼠标时"复选框，勾选"设置自动换片时间"复选框，在数值框中输入"00:05.00"，❷单击"全部应用"按钮，如右图所示。放映演示文稿时，每张幻灯片会完整显示 5 秒，再自动切换至下一张幻灯片。

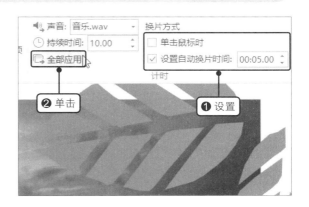

第599招 为幻灯片中的对象添加进入动画效果

如果想要让对象在进入屏幕时吸引观者的注意，可为对象添加进入的动画效果。具体的操作方法如下。

步骤01 单击快翻按钮

打开原始文件，选中第 3 张幻灯片中要设置动画效果的对象，在"动画"选项卡下的"动画"组中单击快翻按钮，如下图所示。

步骤02 选择进入的动画效果

在展开的列表中单击"进入"选项组下的"浮入"选项，如下图所示。

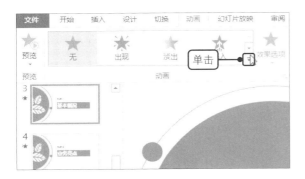

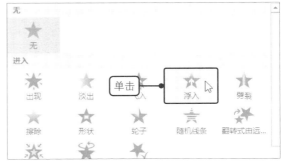

步骤03 显示动画标记

完成对象动画的设置后，可在该对象的左上角看到添加的动画标记，如右图所示。

第600招 为重点内容添加强调动画效果

在放映过程中，为了突出显示幻灯片中的某个对象，吸引观者的注意，可为对象添加强调的动画效果。

打开原始文件，选中第 1 张幻灯片中要设置动画效果的对象，在"动画"选项卡下的"动画"组中单击快翻按钮，在展开的列表中单击"强调"选项组下的"陀螺旋"选项，如右图所示。

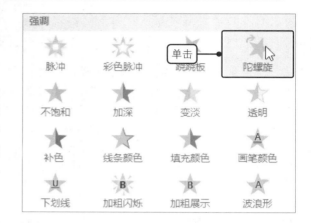

第601招 为幻灯片中的对象添加退出动画效果

如果想要让对象从屏幕上消失时也使用某种动态的方式，可为其设置退出的动画效果。具体的操作方法如下。

步骤01 单击快翻按钮

打开原始文件，选中第 1 张幻灯片中要设置动画效果的对象，在"动画"选项卡下的"动画"组中单击快翻按钮，如下图所示。

步骤02 选择退出效果

在展开的列表中单击"退出"选项组下的"随机线条"选项，如下图所示。

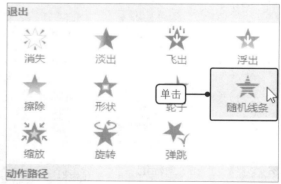

第602招 让文本对象的动画逐字播放

如果想要让观者观看文本内容的节奏和演讲者演讲的节奏一致，可对文本对象设置逐字播放的动画效果。

步骤01 单击"更多进入效果"选项

打开原始文件，选中第 3 张幻灯片中要设置的文本对象，在"动画"选项卡下的"动画"组中单击快翻按钮，在展开的列表中单击"更多进入效果"选项，如下图所示。

步骤02 选择进入效果

弹出"更改进入效果"对话框，❶在"华丽型"选项组下单击"下拉"选项，❷单击"确定"按钮，如下图所示，即可让选中的文本对象在放映时逐字播放。

第603招　为幻灯片添加电影字幕效果

如果想要让幻灯片中的对象在播放时能够像电影结尾字幕一样，从屏幕的底部慢慢上升，然后消失在屏幕的顶部，可为该对象设置字幕式的动画效果。

打开原始文件，选中第 3 张幻灯片中要设置的对象，在"动画"选项卡下的"动画"组中单击快翻按钮，在展开的列表中单击"更多进入效果"选项，打开"更改进入效果"对话框，❶在"华丽型"选项组下单击"字幕式"选项，❷单击"确定"按钮，如右图所示。完成设置后，即可让选中的对象在放映时由屏幕的底部慢慢上升，最后消失在屏幕的顶部。

第604招 为动画对象添加有规律的运行轨迹

如果想要让对象在播放时按照某种形状的轨迹来运动，可为对象添加特定的动作路径。具体的操作方法如下。

步骤01 选择运动路径

打开原始文件，选中第3张幻灯片中要设置的对象，在"动画"选项卡下的"动画"组中单击快翻按钮，在展开的列表中单击"动作路径"选项组下的"形状"选项，如下图所示。

步骤02 显示运动轨迹

完成设置后，可看到选中对象的下方会显示对象在播放时的运动轨迹，如下图所示。

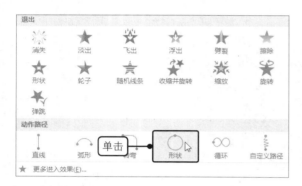

第605招 自行设置动画对象的运行轨迹

除了可以为动画对象添加有规律的动作路径外，还可以自定义动画对象的运动路径。具体的操作方法如下。

步骤01 自定义路径

打开原始文件，选中第4张幻灯片中要应用动作路径的对象，在"动画"选项卡下的"动画"组中单击快翻按钮，在展开的列表中单击"动作路径"选项组下的"自定义路径"选项，如下图所示。

步骤02 绘制动作路径

此时鼠标指针变为了+形状，按住鼠标左键不放，在幻灯片中拖动鼠标，绘制对象运动的路径，如下图所示。

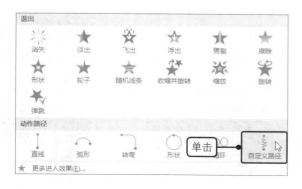

步骤03 显示自定义的路径效果

完成绘制后，释放鼠标，并按下键盘上的【Esc】键，即可完成路径的自定义操作，如右图所示。

第606招　自动预览动画效果

如果想要在为对象设置了动画效果后能够马上查看该动画效果，可为动画效果设置自动预览。

打开原始文件，❶在"动画"选项卡下的"预览"组中单击"预览"下三角按钮，❷在展开的列表中单击"自动预览"选项，如右图所示。

第607招　更改动画的效果方向

如果为对象设置的动画在运行方向或图形上不符合用户的喜好，可通过设置效果选项来更改。

打开原始文件，选中第 1 张幻灯片中已经设置了动画效果的对象，❶在"动画"选项卡下的"动画"组中单击"效果选项"按钮，❷在展开的列表中单击"自右侧"选项，如右图所示。

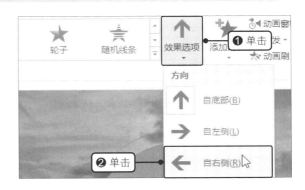

第608招　使用动画刷快速复制动画效果

为一个对象设置了动画效果后，如果需要为其他对象也设置相同的动画效果，可使用动画刷快速完成动画效果的复制操作。

步骤01 单击"动画刷"按钮

打开原始文件，❶选中第 2 张幻灯片中已经设置了动画的对象，❷在"动画"选项卡下的"高级动画"组中单击"动画刷"按钮，如右图所示。

步骤02 应用动画刷

此时鼠标指针变为了 ↖ᴬ 形状，在要应用相同动画的对象上单击鼠标，如下图所示。

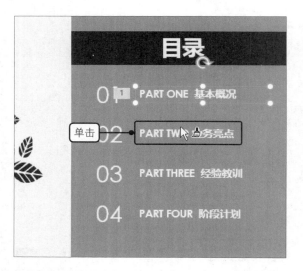

步骤03 显示应用效果

用相同的方法为其他对象应用动画，应用动画的对象左侧会出现动画标记，如下图所示。

第609招 为一个对象添加多个动画效果

为对象添加一个动画效果，在播放时难免会显得单调。为了让幻灯片中对象的动画效果更加丰富和自然，可继续添加一些其他动画效果。

步骤01 添加动画

打开原始文件，选中第 3 张幻灯片中已经添加了动画的对象，❶在"动画"选项卡下的"高级动画"组中单击"添加动画"按钮，❷在展开的列表中单击"退出"选项组下的"飞出"选项，如下图所示。

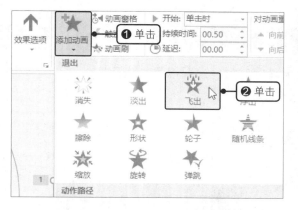

步骤02 显示添加多个动画的效果

完成添加后，可看到该对象左侧会出现新的动画标记，该标记会按动画的添加顺序从小到大进行编号，如下图所示。

第610招 使用功能按钮调整动画的播放顺序

如果多个对象的动画播放顺序或一个对象的多个动画播放顺序不符合要求，可对动画播放顺序进行调整。具体的操作方法如下。

步骤01 选中动画对象

打开原始文件，选中第 2 张幻灯片中动画编号为 "4" 的动画对象，如下图所示。

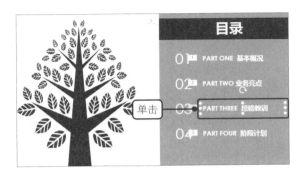

步骤02 排序动画

在 "动画" 选项卡下的 "计时" 组中单击 "向前移动" 按钮，如下图所示。

步骤03 显示移动效果

完成动画顺序的移动后，可看到该对象的动画编号变为了 "3"，如右图所示。

第611招 在动画窗格中调整动画的播放顺序

除了可以通过选项卡下的功能按钮来调整动画播放顺序外，还可以在能够查看当前幻灯片中所有动画的窗格中调整播放顺序。

步骤01 打开动画窗格

打开原始文件，切换至第 2 张幻灯片中，在 "动画" 选项卡下的 "高级动画" 组中单击 "动画窗格" 按钮，如下图所示。

步骤02 移动动画

打开 "动画窗格"，❶在窗格中选中要移动的动画，如编号为 "3" 的动画，❷单击 "向后移动" 按钮，如下图所示，即可完成调整。

第612招 拖动调整动画的播放顺序

若要更加灵活而快速地调整对象的动画播放顺序，可通过鼠标拖动的方式完成。具体的操作方法如下。

步骤01 拖动动画

打开原始文件，切换至第 2 张幻灯片，在"动画"选项卡下的"高级动画"组中单击"动画窗格"按钮，❶在"动画窗格"中选中要移动的动画，如编号为"5"的动画，❷按住鼠标左键不放拖动该动画至首位，如下图所示。

步骤02 显示移动后的顺序

完成动画的移动后，释放鼠标，可看到编号为"5"的动画变为了编号"1"，其他动画编号依次排列，如下图所示。

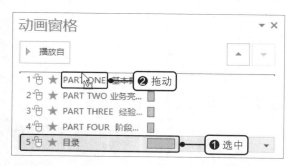

第613招 实现多个对象同时播放动画

如果需要让幻灯片中多个对象的动画同时播放，可对动画的开始播放时间进行设置。具体的操作方法如下。

步骤01 设置动画的播放方式

打开原始文件，切换至第 2 张幻灯片中，在"动画"选项卡下的"高级动画"组中单击"动画窗格"按钮，在"动画窗格"中选中编号为"2"的动画，❶单击该动画右侧的下三角按钮，❷在展开的列表中单击"从上一项开始"选项，如下图所示。

步骤02 显示更改播放方式后的效果

应用相同的方法，将其他动画的播放方式都更改为"从上一项开始"。设置完成后，可在"动画窗格"中看到各个动画的持续时间条将从同一点开始播放，如下图所示。

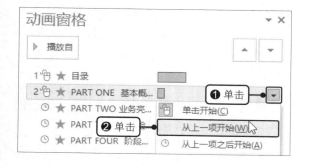

第614招　精确调整动画对象的播放持续时间

如果动画的播放速度与幻灯片内容的展示效果不能完美地契合，可对动画对象的播放持续时间进行精确调整。

打开原始文件，选中第 2 张幻灯片中设置了动画的对象，在"动画"选项卡下的"计时"组中设置"持续时间"为"05.00"秒、"延迟"为"02.00"秒，如右图所示。

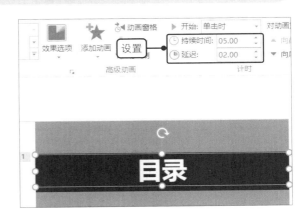

第615招　拖动调整动画对象的播放持续时间

除了可以通过选项卡下的功能组选项调整动画的播放持续时间外，还可以在"动画窗格"中通过拖动时间条灵活调整动画播放持续时间。

步骤01　拖动时间条

打开原始文件，切换至第 2 张幻灯片中，在"动画"选项卡下的"高级动画"组中单击"动画窗格"按钮，在"动画窗格"中将鼠标指针放置在动画编号为"2"的持续时间条右侧，当鼠标指针变为↔形状时，按住鼠标左键向右拖动，直至结束时间变为 3 秒，如下图所示。

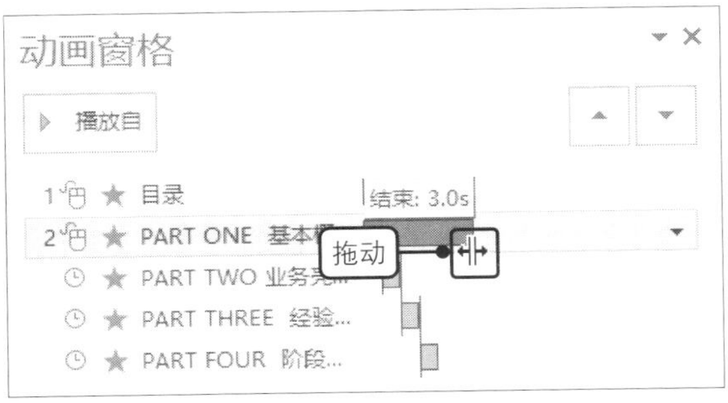

步骤02　显示调整效果

完成后，可明显发现该动画的持续时间条变长了，应用相同的方法调整编号"2"下方的其他 3 个动画，使其持续时间都变为 3 秒，如下图所示。

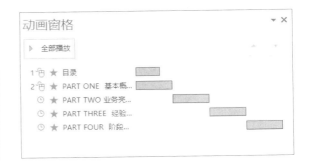

第616招　预览某张幻灯片中的全部动画效果

完成一张幻灯片中对象的动画效果设置后，如果想要快速查看该幻灯片中动画的播放效果是否符合要求，可对其进行预览。

步骤01 全部播放动画

打开原始文件，切换至第 2 张幻灯片中，在"动画"选项卡下的"高级动画"组中单击"动画窗格"按钮，在"动画窗格"中单击"全部播放"按钮，如下图所示。

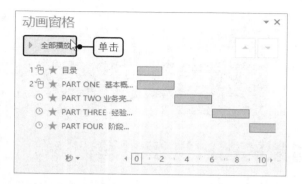

步骤02 查看播放进度

此时在"动画窗格"中会出现一条竖线，竖线左侧为播放过的动画效果，而右侧则为将要播放的动画效果。在播放时，可在窗格下方的高级日程表中看到播放某个动画对象对应的时间点，如下图所示。

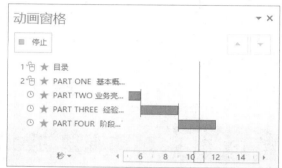

步骤03 显示动画的预览效果

在幻灯片中可预览到动画的播放效果，如右图所示。如果预览后发现有些动画效果不符合要求，可以在窗格中对相应的动画进行编辑。

第617招 为动画对象添加音乐

如果想要让演示文稿中的动画在播放时更加吸引观者的注意，可为动画对象添加相匹配的声音效果。具体操作方法如下。

步骤01 单击"效果选项"选项

打开原始文件，切换至第 2 张幻灯片中，在"动画"选项卡下的"高级动画"组中单击"动画窗格"按钮，在"动画窗格"中选中编号为"1"的动画，❶单击该动画右侧的下三角按钮，❷在展开的列表中单击"效果选项"选项，如右图所示。

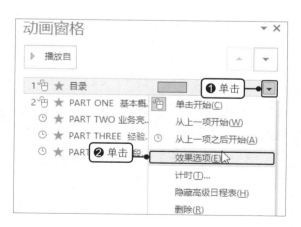

步骤02 选择声音

　　打开"轮子"对话框，❶在"效果"选项卡下的"增强"选项组下单击"声音"右侧的下拉按钮，❷在展开的列表中单击"微风"选项，如右图所示。完成设置后单击"确定"按钮。

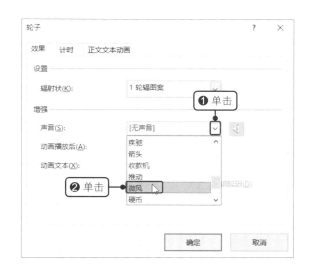

第618招　调节动画声音的音量

　　如果为动画添加的声音由于音量过小或过大，而不能起到吸引观者注意的作用，可对声音的音量进行调节。

　　打开原始文件，切换至第 2 张幻灯片，在"动画"选项卡下的"高级动画"组中单击"动画窗格"按钮，在"动画窗格"中选中编号为"1"的动画，单击该动画右侧的下三角按钮，在展开的列表中单击"效果选项"选项，打开"轮子"对话框，❶在"效果"选项卡下的"增强"选项组下单击代表音量的 🔊 按钮，❷在展开的面板中拖动调节音量的滑块，如右图所示。完成后单击"确定"按钮。

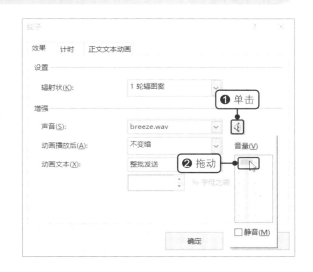

第619招　播放动画后使对象变暗

　　如果想要在放映幻灯片时一个对象的动画效果播放完后，将观者的注意力转移到其他对象上，可为这个对象设置播放完后自动变暗的效果。

步骤01 单击"效果选项"选项

　　打开原始文件，切换至第 2 张幻灯片中，在"动画"选项卡下的"高级动画"组中单击"动画窗格"按钮，在"动画窗格"中选中编号为"1"的动画，❶单击该动画右侧的下三角按钮，❷在展开的列表中单击"效果选项"选项，如右图所示。

步骤02 设置变暗的颜色

打开"轮子"对话框，❶在"效果"选项卡下的"增强"选项组下单击"动画播放后"右侧的下拉按钮，❷在展开的列表中单击合适的颜色，如右图所示。完成设置后单击"确定"按钮。

第620招 播放动画后隐藏对象

除了可以为播放完的动画对象设置变暗效果，还可以在播放动画后直接隐藏对象。

打开原始文件，切换至第 2 张幻灯片中，在"动画"选项卡下的"高级动画"组中单击"动画窗格"按钮，在"动画窗格"中选中编号为"1"的动画，单击该动画右侧的下三角按钮，在展开的列表中单击"效果选项"选项，打开"轮子"对话框，❶在"效果"选项卡下的"增强"选项组下单击"动画播放后"右侧的下拉按钮，❷在展开的列表中单击"播放动画后隐藏"选项，如右图所示。完成设置后单击"确定"按钮。

第621招 设置动画文本的发送方式

默认情况下，为一段文本添加了动画效果后，这段文本会作为一个整体进行播放。如果想要让文本以词组或字母为单位进行播放，可更改动画文本的发送方式。

打开原始文件，切换至第3张幻灯片中，在"动画"选项卡下的"高级动画"组中单击"动画窗格"按钮，在"动画窗格"中选中编号为"1"的动画，单击该动画右侧的下三角按钮，在展开的列表中单击"效果选项"选项，打开"飞入"对话框，❶在"效果"选项卡下的"增强"选项组下单击"动画文本"右侧的下拉按钮，❷在展开的列表中单击"按字母"选项，如下图所示。完成设置后单击"确定"按钮。预览动画的播放效果，可发现设置对象中的文本会一个字一个字地出现。

第622招　设置动画对象的重复播放次数

为了强调幻灯片中的某个对象，除了可以为该对象添加强调的动画效果，还可以为该对象的动画设置重复播放的效果。具体的操作方法如下。

步骤01　单击"计时"选项

打开原始文件，切换至第 1 张幻灯片，在"动画"选项卡下的"高级动画"组中单击"动画窗格"按钮，在"动画窗格"中选中编号为"1"的动画，❶单击该动画右侧的下三角按钮，❷在展开的列表中单击"计时"选项，如下图所示。

步骤02　设置重复次数

弹出"擦除"对话框，❶在"计时"选项卡下单击"重复"右侧的下拉按钮，❷在展开的列表中单击"4"选项，即重复次数为 4 次，如下图所示。完成后单击"确定"按钮。

第623招　播放完后快速返回原始状态

若要让对象在播放完动画后快速返回原始状态，可为动画设置播完后快退。

打开原始文件，切换至第 1 张幻灯片中，在"动画"选项卡下的"高级动画"组中单击"动画窗格"按钮，在"动画窗格"中选中编号为"1"的动画，单击该动画右侧的下三角按钮，在展开的列表中单击"计时"选项，打开"擦除"对话框，在"计时"选项卡下勾选"播完后快退"复选框，如右图所示。完成后单击"确定"按钮。

第624招 使用触发器控制动画的播放

如果想要在单击某个对象时触发另外一个对象动画的播放，可在对象上添加触发器来控制动画的播放。

步骤01 选择触发对象

打开原始文件，按住【Ctrl】键选中第 3 张幻灯片中的多个动画对象，❶在"动画"选项卡下的"高级动画"组中单击"触发"按钮，❷在展开的列表中单击"单击 > 文本占位符 1"选项，如下图所示。

步骤02 查看设置效果

完成动画对象的触发设置后，可在多个选中对象的左侧看到触发器图标，如下图所示。在放映幻灯片时，单击该幻灯片中的文本占位符 1，即可启动对象动画的播放。

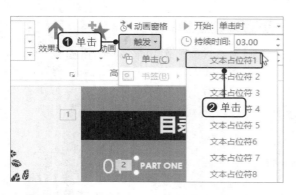

第625招 制作不停闪烁的文字

如果想要让幻灯片中的文本不停闪烁，可在为文本对象添加了闪烁的强调动画后，设置多次重复的操作效果。

步骤01 单击"更多强调效果"选项

打开原始文件，选中第 1 张幻灯片中要设置的文本对象，❶在"动画"选项卡下的"动画"组中单击快翻按钮，如下左图所示，❷在展开的列表中单击"更多强调效果"选项，如下右图所示。

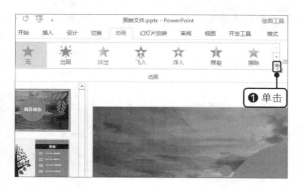

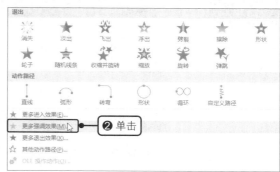

步骤02 选择强调效果

弹出"更改强调效果"对话框，❶在"华丽型"选项组下单击"闪烁"选项，❷单击"确定"按钮，如下图所示。

 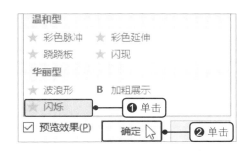

步骤03 单击"计时"选项

在"动画"选项卡下的"高级动画"组中单击"动画窗格"按钮，在"动画窗格"中选中编号为"1"的动画，❶单击该动画右侧的下三角按钮，❷在展开的列表中单击"计时"选项，如下图所示。

步骤04 设置重复次数

弹出"闪烁"对话框，在"计时"选项卡下设置"重复"次数为"5"，如下图所示。完成后单击"确定"按钮，返回幻灯片中，随后预览动画效果，可看到选中文本会不停地闪烁。

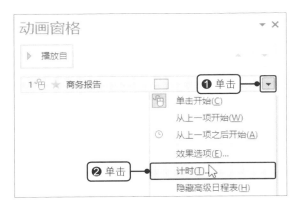 

第626招　隐藏高级日程表

为了方便修改动画延迟、持续时间及对比各个动画的开始时间等信息，可打开高级日程表进行设置，完成后可将其隐藏。

打开原始文件，切换至第 2 张幻灯片中，在"动画"选项卡下的"高级动画"组中单击"动画窗格"按钮，在"动画窗格"中选中编号为"1"的动画，❶单击该动画右侧的下三角按钮，❷在展开的列表中单击"隐藏高级日程表"选项，如右图所示。

第627招 删除多余的动画效果

如果在为对象设置动画时，设置了多余的动画效果，可将该效果删除。

打开原始文件，切换至第 2 张幻灯片中，在"动画"选项卡下的"高级动画"组中单击"动画窗格"按钮，在"动画窗格"中选中多余的动画，❶单击该动画右侧的下三角按钮，❷在展开的列表中单击"删除"选项，如右图所示。

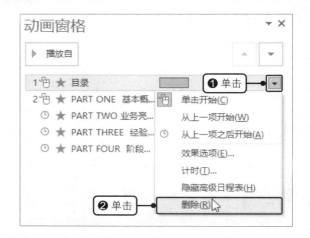

第19章 PPT放映与输出设置

　　完成演示文稿的制作、配色和动态设置后，就可以向观者进行展示了。为了控制幻灯片的放映过程，并根据不同的场合选择合适的放映方式，用户可对演示文稿的放映方式和输出方式进行相关的设置。

　　本章将主要对演示文稿的放映方式设置和输出操作进行详细介绍。读者通过本章的学习，可以灵活自如地对演示文稿进行演示和共享。

第628招　从头开始播放幻灯片

　　完成演示文稿的制作后，为了查看完整的幻灯片内容，可从头开始放映幻灯片。

　　打开原始文件，在"幻灯片放映"选项卡下的"开始放映幻灯片"组中单击"从头开始"按钮，如右图所示。

> ⏰ **提示**
>
> 　　还可以按下【F5】键实现从头开始播放幻灯片。

第629招　从当前幻灯片开始播放

　　如果想要直接从某张幻灯片开始播放演示文稿内容，可通过从当前幻灯片开始功能来实现。

　　打开原始文件，选中要开始放映的第2张幻灯片，在"幻灯片放映"选项卡下的"开始放映幻灯片"组中单击"从当前幻灯片开始"按钮，如右图所示。

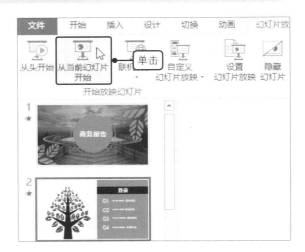

> ⏰ **提示**
>
> 　　还可以按下【Shift+F5】组合键实现从当前幻灯片开始播放。

第630招 创建自定义放映幻灯片

如果并不需要放映演示文稿中的所有幻灯片，而只需要放映其中的某些幻灯片，可创建自定义放映，具体的操作方法如下。

步骤01 单击"自定义放映"选项

打开原始文件，❶在"幻灯片放映"选项卡下的"开始放映幻灯片"组中单击"自定义幻灯片放映"按钮，❷在展开的列表中单击"自定义放映"选项，如下图所示。

步骤02 单击"新建"按钮

弹出"自定义放映"对话框，单击"新建"按钮，如下图所示。

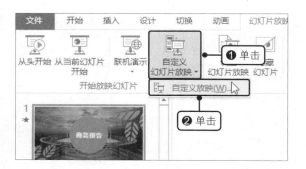

步骤03 添加幻灯片

弹出"定义自定义放映"对话框，❶在"幻灯片放映名称"后的文本框中输入"放映1"，❷在列表框中勾选要放映的幻灯片，❸单击"添加"按钮，如下图所示。

步骤04 放映自定义的幻灯片

添加完毕后，单击"确定"按钮，返回"自定义放映"对话框，单击"放映"按钮，如下图所示，即可开始放映添加的幻灯片。

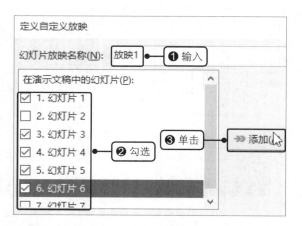

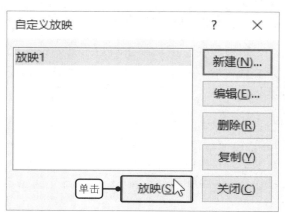

第631招 移动自定义放映的幻灯片位置

完成幻灯片放映的自定义后，如果发现幻灯片的放映顺序不符合要求，可对幻灯片进行移动操作。

步骤01 单击"自定义放映"选项

打开原始文件，❶在"幻灯片放映"选项卡下的"开始放映幻灯片"组中单击"自定义幻灯片放映"按钮，❷在展开的列表中单击"自定义放映"选项，如下图所示。

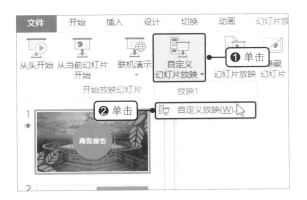

步骤02 编辑幻灯片

弹出"自定义放映"对话框，❶选中要编辑的"放映 1"，❷单击"编辑"按钮，如下图所示。

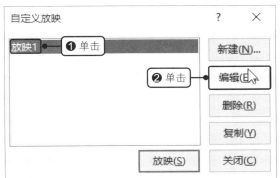

步骤03 移动幻灯片

弹出"定义自定义放映"对话框，❶在"在自定义放映中的幻灯片"列表框中单击要移动的幻灯片"2. 幻灯片 4"，❷单击"向下"按钮，如右图所示。完成后单击"确定"按钮。

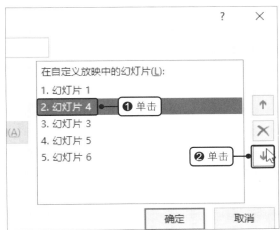

第632招　删除自定义放映的幻灯片

如果自定义的放映中添加了不需要放映的幻灯片，可将其删除。

打开原始文件，在"幻灯片放映"选项卡下的"开始放映幻灯片"组中单击"自定义幻灯片放映"按钮，在展开的列表中单击"自定义放映"选项，打开"自定义放映"对话框，选中要编辑的"放映 1"，单击"编辑"按钮，打开"定义自定义放映"对话框，❶在"在自定义放映中的幻灯片"列表框中单击要删除的幻灯片"1. 幻灯片 1"，❷单击"删除"按钮，如右图所示。完成后单击"确定"按钮。

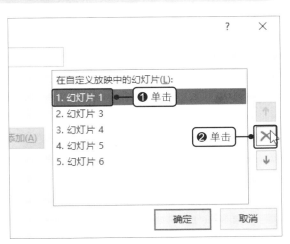

第633招　删除自定义放映

完成幻灯片的自定义放映操作后，如果不再需要该放映组合，可将其删除。具体的操作方法如下。

步骤01 单击"自定义放映"选项

打开原始文件，❶在"幻灯片放映"选项卡下的"开始放映幻灯片"组中单击"自定义幻灯片放映"按钮，❷在展开的列表中单击"自定义放映"选项，如下图所示。

步骤02 删除自定义放映

弹出"自定义放映"对话框，❶选中"放映1"，❷单击"删除"按钮，如下图所示。完成删除后，单击"关闭"按钮。

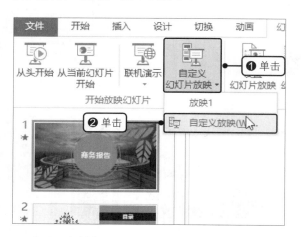

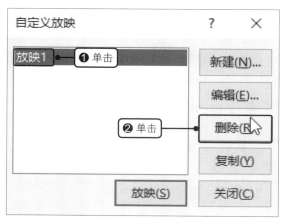

第634招　让观众自行浏览演示文稿

如果想要让幻灯片在放映时达到最佳的放映效果，可根据实际情况选择适当的放映类型，如观众自行浏览的放映类型。

步骤01 单击"设置幻灯片放映"按钮

打开原始文件，在"幻灯片放映"选项卡下的"设置"组中单击"设置幻灯片放映"按钮，如下图所示。

步骤02 设置放映类型

弹出"设置放映方式"对话框，在"放映类型"选项组下单击"观众自行浏览（窗口）"单选按钮，如下图所示。单击"确定"按钮。

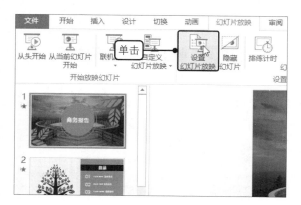

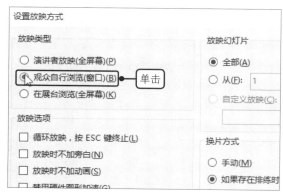

第635招　让幻灯片自动循环播放

如果想要让幻灯片在放映时自动循环放映，可通过以下方法来实现。

打开原始文件，在"幻灯片放映"选项卡下的"设置"组中单击"设置幻灯片放映"按钮，打开"设置放映方式"对话框，在"放映选项"选项组下勾选"循环放映，按 ESC 键终止"复选框，如右图所示。完成设置后单击"确定"按钮即可。

第636招　自动播放连续的几张幻灯片

如果想要播放演示文稿中相邻的几张幻灯片，可通过以下方法来实现。

打开原始文件，在"幻灯片放映"选项卡下的"设置"组中单击"设置幻灯片放映"按钮，打开"设置放映方式"对话框，❶在"放映幻灯片"选项组下设置"从 3 到 6"，表示放映第 3 张到第 6 张幻灯片，❷单击"确定"按钮，如右图所示。

第637招　手动放映幻灯片

如果想要手动控制幻灯片的放映，可设置手动的换片方式。具体的操作方法如下。

步骤01 单击"设置幻灯片放映"按钮

打开原始文件，在"幻灯片放映"选项卡下的"设置"组中单击"设置幻灯片放映"按钮，如右图所示。

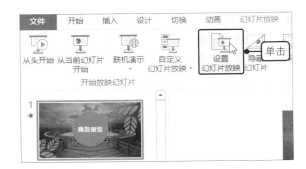

步骤02 设置换片方式

弹出"设置放映方式"对话框，❶在"换片方式"选项组下单击"手动"单选按钮，❷单击"确定"按钮，如右图所示。

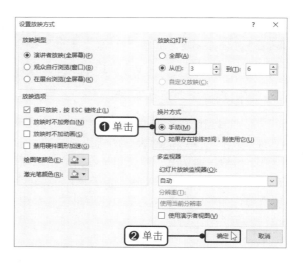

第638招 隐藏不放映的幻灯片

如果暂时不需要放映某些幻灯片，可将这些幻灯片隐藏。

打开原始文件，❶选中要隐藏的第 2 张幻灯片，❷在"幻灯片放映"选项卡下的"设置"组中单击"隐藏幻灯片"按钮，如右图所示。

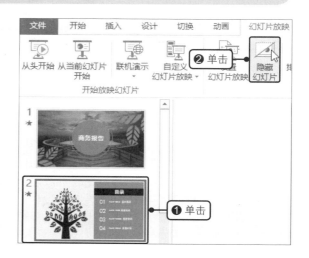

提示

如果要取消幻灯片的隐藏，可选中已经隐藏的幻灯片，然后单击"隐藏幻灯片"按钮。

第639招 使用排练计时录制每张幻灯片的放映时间

为了取得更好的演示文稿放映效果，在放映幻灯片前最好预先进行排练，在排练时，可以为每张幻灯片安排合理的放映时间，并将这些时间记录下来。

步骤01 单击"排练计时"按钮

打开原始文件，在"幻灯片放映"选项卡下的"设置"组中单击"排练计时"按钮，如右图所示。

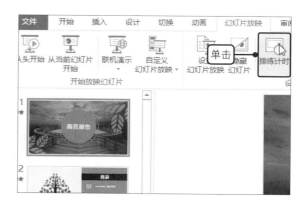

步骤02 单击"下一项"按钮

此时进入幻灯片放映状态，弹出"录制"工具栏，即可对当前幻灯片的放映时间进行录制，单击"下一项"按钮，如下图所示。

步骤03 暂停录制

切换至第 2 张幻灯片后，可继续对该幻灯片进行录制，在录制过程中，如果需要暂停录制，可单击"暂停录制"按钮，如下图所示。

步骤04 继续录制

弹出提示框，提示用户录制已暂停，如果要继续录制，则单击"继续录制"按钮，如下图所示。

步骤05 完成录制

在"录制"工具栏中单击"下一项"按钮，对剩下的幻灯片进行录制。完成所有幻灯片的录制后，单击"关闭"按钮，如下图所示。

步骤06 保存录制时间

弹出提示框，提示用户该幻灯片放映需要的总时间，并询问是否对幻灯片的计时进行保留，单击"是"按钮，如右图所示。

步骤07 切换视图

返回演示文稿中，在"视图"选项卡下的"演示文稿视图"组中单击"幻灯片浏览"按钮，如下图所示。

步骤08 显示排练计时

切换到幻灯片浏览视图后，可在每张幻灯片的下方看到记录的该幻灯片放映排练时间，如下图所示。

第640招 在录制演示文稿的同时添加注释

如果想要在记录幻灯片放映时间的同时，使用鼠标、激光笔等为幻灯片添加注释信息，可通过以下方法来实现。

步骤01 从头开始录制

打开原始文件，❶在"幻灯片放映"选项卡下的"设置"组中单击"录制幻灯片演示"下三角按钮，❷在展开的列表中单击"从头开始录制"选项，如下图所示。

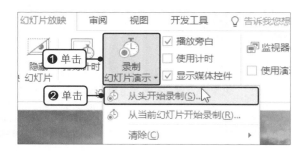

步骤02 开始录制

弹出"录制幻灯片演示"对话框，在对话框中勾选要录制的内容，❶如勾选"幻灯片和动画计时"和"旁白、墨迹和激光笔"复选框，❷单击"开始录制"按钮，如下图所示。

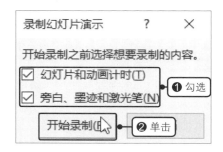

步骤03 单击"下一项"按钮

进入幻灯片放映状态，弹出"录制"工具栏，对当前幻灯片的放映时间进行录制，在此过程中，还可以通过麦克风录制旁白内容，完成后单击"下一项"按钮，如下图所示。

步骤04 完成录制

应用相同的方法继续在其他幻灯片中对放映时间和旁白进行录制，完成后单击"关闭"按钮，如下图所示。

步骤05 显示录制效果

返回演示文稿中，在"视图"选项卡下的"演示文稿视图"组中单击"幻灯片浏览"按钮，可在每张幻灯片的下方看到该幻灯片的演示时间，在每张幻灯片右下角还可以看到音频图标，表示录制了旁白，如下左图所示。

步骤06 预览旁白

在"视图"选项卡下的"演示文稿视图"组中单击"普通"按钮，返回普通视图下，切换至任意幻灯片中，可看到幻灯片右下角添加的旁白音频图标和控制条，单击控制条上的"播放/暂停"按钮，如下右图所示，即可预览录制的旁白声音效果。

> **提示**
>
> 　　如果要从某张幻灯片开始录制演示文稿,则首先切换到要开始录制的幻灯片,在"幻灯片放映"选项卡下的"设置"组中单击"录制幻灯片演示"下三角按钮,在展开的列表中单击"从当前幻灯片开始录制"选项,随后在"录制幻灯片演示"对话框中勾选要录制的内容,并完成录制即可。

第641招　清除幻灯片的放映时间

　　如果在录制幻灯片的放映时间时出现了错误,可清除幻灯片的计时,以便重新进行排练计时。

　　打开原始文件,❶在"幻灯片放映"选项卡下的"设置"组中单击"录制幻灯片演示"下三角按钮,❷在展开的列表中单击"清除 > 清除所有幻灯片中的计时"选项,如右图所示。

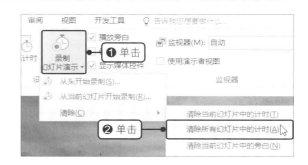

> **提示**
>
> 　　如果要清除所有幻灯片中的旁白,则在"幻灯片放映"选项卡下的"设置"组中单击"录制幻灯片演示"下三角按钮,在展开的列表中单击"清除 > 清除所有幻灯片中的旁白"选项。

第642招　播放幻灯片时不播放旁白

　　如果不需要在放映幻灯片时播放录制的旁白,可设置放映幻灯片时不播放旁白。

　　打开原始文件,在"幻灯片放映"选项卡下的"设置"组中取消勾选"播放旁白"复选框,如右图所示。

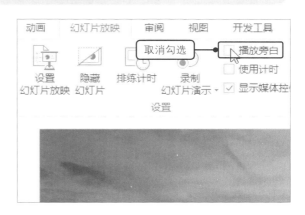

第643招 控制幻灯片的跳转

在放映幻灯片的过程中，如果想要快速切换至上一张或下一张幻灯片，可通过以下方法实现。

步骤01 切换至下一张幻灯片

打开原始文件，按下【F5】键从头开始放映幻灯片，❶在幻灯片的任意位置右击，❷在弹出的快捷菜单中单击"下一张"命令，如下图所示。

步骤02 切换至上一张幻灯片

此时系统将自动切换至下一张幻灯片，❶在该幻灯片中右击，❷在弹出的快捷菜单中单击"上一张"命令，如下图所示。

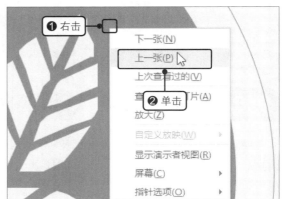

⏰ **提示**

在放映状态下，除了可以通过单击"下一张"命令切换至下一张幻灯片，还可以直接按【Enter】键切换至下一张。

⏰ **提示**

如果在放映过程中需要快速跳转到某张幻灯片，可在键盘上按下该幻灯片的编号对应的数字键，然后按【Enter】键，即可跳转到该幻灯片。

第644招 快速定位到某张幻灯片

在放映演示文稿的过程中，如果想要快速定位至其他幻灯片，可通过查看所有幻灯片功能来实现。

步骤01 查看所有幻灯片

打开原始文件，按下【F5】键从头开始放映幻灯片，❶在幻灯片上右击，❷在弹出的快捷菜单中单击"查看所有幻灯片"命令，如下左图所示。

步骤02 单击要定位的幻灯片

随后可看到演示文稿中所有的幻灯片，在要查看的幻灯片上单击，如下右图所示，即可直接定位至该幻灯片。

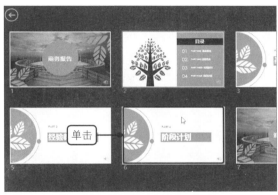

第645招　放大幻灯片的放映内容

在放映幻灯片的过程中，如果幻灯片中的内容太多或字号太小，不便于观众查看，可使用放大功能放大内容。

步骤01　启用放大镜

打开原始文件，按下【F5】键从头开始放映幻灯片，放映至要操作的幻灯片后，❶在该幻灯片上右击，❷在弹出的快捷菜单中单击"放大"命令，如下图所示。

步骤02　使用放大镜

此时鼠标指针变为放大镜形状，在鼠标指针的周围会出现一个长方形框，框内的内容会清晰显示，而框外的内容则会覆盖一层灰色的阴影，将鼠标指针移至要放大显示的内容上并单击，如下图所示，即可放大显示框内的内容。按【Esc】键可退出放大状态。

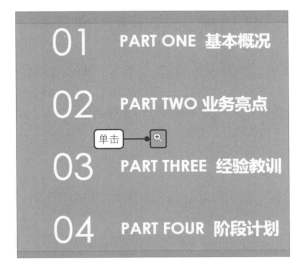

第646招　在放映过程中屏蔽幻灯片内容

在放映演示文稿的过程中，如果需要暂停播放演示文稿，可让幻灯片以黑屏或白屏的方式显示，从而暂时屏蔽幻灯片内容。

步骤01 黑屏显示幻灯片

打开原始文件，按下【F5】键从头开始放映幻灯片，放映至要操作的幻灯片后，❶在该幻灯片上右击，❷在弹出的快捷菜单中单击"屏幕 > 黑屏"选项，如下图所示。

步骤02 还原屏幕

此时屏幕将全部显示为黑色，如果要返回幻灯片的屏幕，❶则在任意位置右击，❷在弹出的快捷菜单中单击"屏幕 > 屏幕还原"命令，如下图所示。

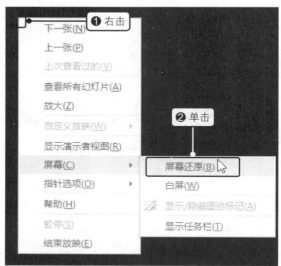

第647招 放映幻灯片时显示任务栏

如果想要在放映幻灯片的同时打开任务栏上的其他程序，可设置在放映过程中显示任务栏。

打开原始文件，按下【F5】键从头开始放映幻灯片，放映至要操作的幻灯片后，❶在该幻灯片上右击，❷在弹出的快捷菜单中单击"屏幕 > 显示任务栏"命令，如右图所示。

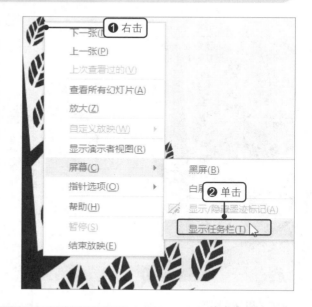

第648招 使用笔标记重点信息

在讲解幻灯片时，如果想要突出显示重点内容，可使用笔工具来实现。具体的操作方法如下。

步骤01 开始墨迹书写

打开原始文件，在"审阅"选项卡下的"墨迹"组中单击"开始墨迹书写"按钮，如下图所示。

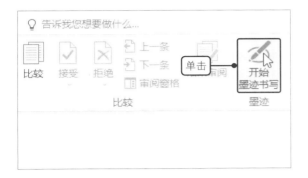

步骤02 标记重点内容

此时鼠标指针变为了点状，按住鼠标左键不放，在要标记的内容外拖动鼠标进行标记，如下图所示。完成标记后，释放鼠标即可。

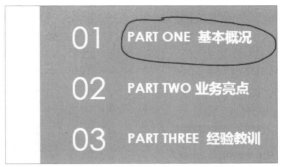

步骤03 停止墨迹的书写

应用相同的方法为其他文本添加墨迹，完成后，在"墨迹书写工具-笔"选项卡下的"关闭"组中单击"停止墨迹书写"按钮，如下图所示。

步骤04 显示墨迹效果

完成设置后，可看到标记了重点内容的幻灯片效果，如下图所示。

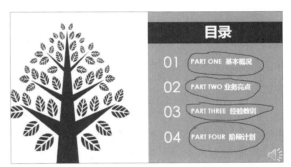

第649招　更改标记颜色

使用笔工具对幻灯片中的内容进行了标记后，如果对标记的颜色不满意，可进行更改。

步骤01 选择对象

打开原始文件，选中幻灯片中的墨迹标记，在"墨迹书写工具-笔"选项卡下的"写入"组中单击"选择对象"按钮，如右图所示。

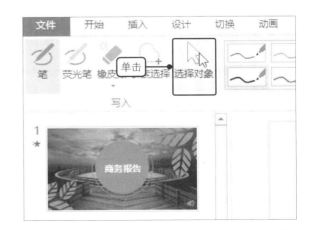

步骤02 更改颜色

选中要更改颜色的墨迹标记，❶在"笔"组中单击"颜色"按钮，❷在展开的列表中单击"黄色"选项，如右图所示。

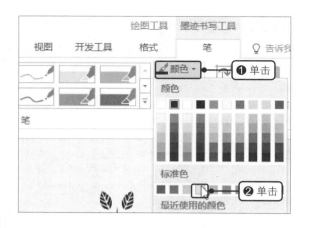

第650招　设置标记粗细

完成标记后，如果标记的粗细不能有效突出重点内容，可加粗标记，具体操作如下。

步骤01 单击"选择对象"按钮

打开原始文件，选中幻灯片中的墨迹标记，在"墨迹书写工具 - 笔"选项卡下的"写入"组中单击"选择对象"按钮，如下图所示。

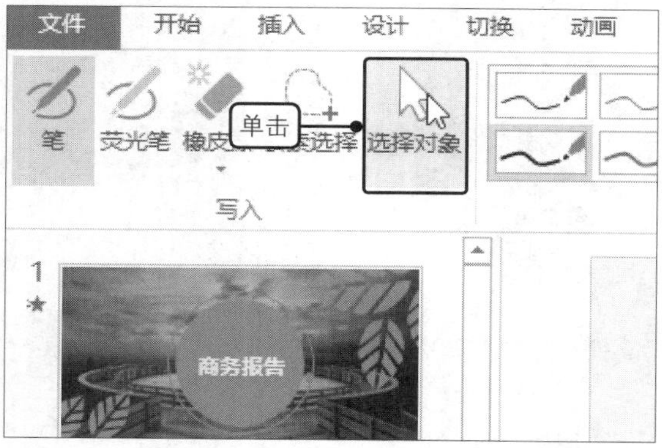

步骤02 设置线条粗细

再次选中要更改粗细的墨迹标记，❶在"墨迹书写工具 - 笔"选项卡下的"笔"组中单击"粗细"按钮，❷在展开的列表中单击"3磅"选项，如下图所示。

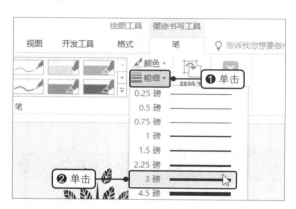

第651招　使用橡皮擦擦除标记

完成幻灯片内容的标记后，如果对某些标记的效果不满意或标记了多余的内容，可通过橡皮擦功能将其清除。

步骤01 使用笔画橡皮擦

打开原始文件，选中幻灯片中的墨迹标记，❶在"墨迹书写工具 - 笔"选项卡下的"写入"组中单击"橡皮擦"下三角按钮，❷在展开的列表中单击"笔画橡皮擦"选项，如右图所示。

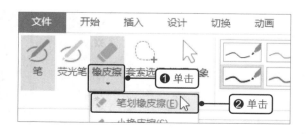

步骤02 擦除墨迹标记

此时鼠标指针变为 形状，在要擦除的墨迹标记上单击，即可擦除标记，如右图所示。应用相同的方法可擦除其他标记。

第652招 将标记转换为形状

在默认情况下，在幻灯片中绘制的标记是不规则的图形，如果需要让绘制的标记自动转换为规整的形状，可通过转换为形状功能实现。

步骤01 开始墨迹书写

打开原始文件，切换至第2张幻灯片，在"审阅"选项卡下的"墨迹"组中单击"开始墨迹书写"按钮，如下图所示。

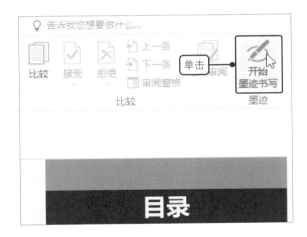

步骤02 转换为形状

此时鼠标指针变为了点状，在"墨迹书写工具 - 笔"选项卡下的"墨迹艺术"组中单击"转换为形状"按钮，如下图所示。

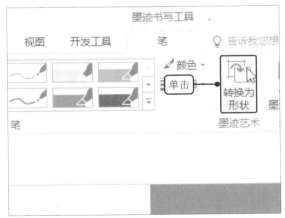

步骤03 绘制标记

按住鼠标左键不放，在要标记的内容外拖动鼠标绘制标记，系统将自动根据拖动绘制的大概效果生成相应的标准形状，如右图所示。

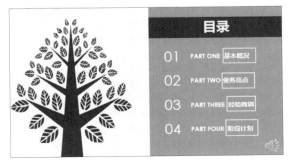

第653招 播放幻灯片时隐藏鼠标指针

如果不想在放映幻灯片时被鼠标指针遮挡部分幻灯片内容,可将鼠标指针隐藏。

打开原始文件,按下【F5】键放映幻灯片,❶在幻灯片上右击,❷在弹出的快捷菜单中单击"指针选项 > 箭头选项 > 永远隐藏"命令,如右图所示。

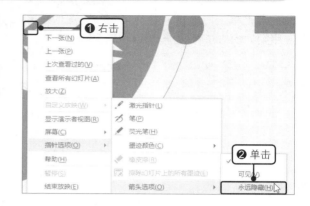

第654招 打印部分幻灯片

完成演示文稿的制作后,如果要打印部分幻灯片,可自定义幻灯片的打印范围。

打开原始文件,单击"文件"按钮,❶在视图菜单中单击"打印"命令,❷在右侧的"打印"面板中"设置"选项组下的"幻灯片"文本框中输入要打印的幻灯片编号,如"1,3,5",如右图所示。完成设置后单击"打印"按钮即可。

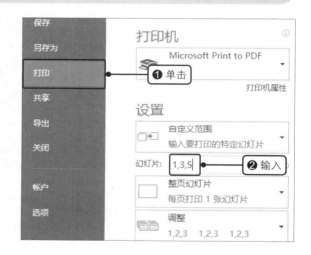

第655招 打印隐藏的幻灯片

如果要打印演示文稿中被隐藏的幻灯片,可通过打印隐藏幻灯片功能来实现。

打开原始文件,单击"文件"按钮,❶在视图菜单中单击"打印"命令,❷在右侧"打印"面板下的"设置"选项组下单击"打印全部幻灯片"按钮,❸在展开的列表中单击"打印隐藏幻灯片"选项,如右图所示。完成设置后单击"打印"按钮即可。

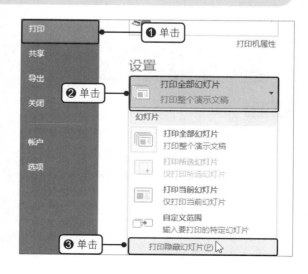

第656招　设置幻灯片的打印颜色

通常情况下，演示文稿是以彩色的方式进行打印的，如果要以纯黑白或灰度的方式打印演示文稿，可在打印前设置好打印的颜色。

打开原始文件，单击"文件"按钮，❶在视图菜单中单击"打印"命令，❷在右侧"打印"面板中的"设置"选项组下单击"颜色"按钮，❸在展开的列表中单击"灰度"选项，如右图所示。完成设置后，单击"打印"按钮，即可以灰度效果打印幻灯片。

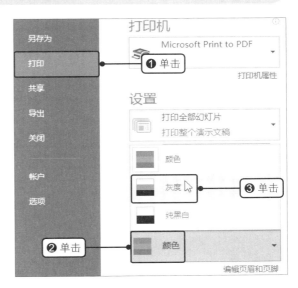

第657招　设置每页的打印数量

默认情况下，在打印幻灯片时，会以每页放置一张幻灯片的方式进行打印。用户也可以根据具体工作需求，在一页上打印多张幻灯片。

步骤01　设置每页打印的张数

打开原始文件，单击"文件"按钮，❶在视图菜单中单击"打印"命令，❷在右侧"打印"面板中的"设置"选项组下单击"整页幻灯片"按钮，❸在展开的列表中单击"6 张垂直放置的幻灯片"选项，如下图所示。

步骤02　预览打印效果

完成设置后，可在窗口的右侧预览设置后的打印效果，如下图所示。可看到每页中含有 6 张幻灯片。

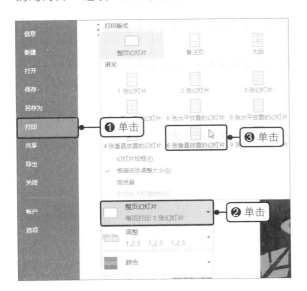

第658招 共享发布幻灯片

为了方便他人重复利用制作好的演示文稿，可将演示文稿发布到幻灯片库或新建的文件夹中进行共享。

步骤01 单击"发布幻灯片"按钮

打开原始文件，单击"文件"按钮，❶在视图菜单中单击"共享"命令，❷在"共享"面板中单击"发布幻灯片"按钮，❸在右侧的"发布幻灯片"选项组下单击"发布幻灯片"按钮，如下图所示。

步骤02 单击"浏览"按钮

弹出"发布幻灯片"对话框，❶单击"全选"按钮，选择该文件中的全部幻灯片，❷单击"浏览"按钮，如下图所示。

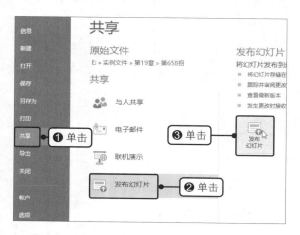

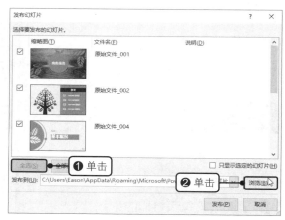

步骤03 选择幻灯片库

弹出"选择幻灯片库"对话框，❶找到文件夹位置，❷单击要保存幻灯片的文件夹，❸单击"选择"按钮，如下图所示。

步骤04 发布幻灯片

返回"发布幻灯片"对话框，可在"发布到"后的文本框中看到选择的发布位置，单击"发布"按钮，如下图所示。

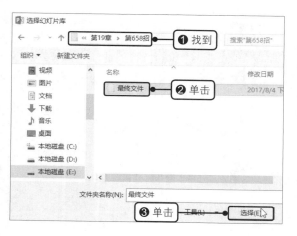

步骤05 查看发布效果

　　关闭演示文稿，打开保存发布后幻灯片的文件夹，可在该文件夹中看到发布后的每张幻灯片，如右图所示。

第659招 重用演示文稿中的幻灯片

　　如果需要在当前演示文稿中使用其他演示文稿的内容，可通过重用幻灯片功能来实现。具体的操作方法如下。

步骤01 重用幻灯片

　　打开原始文件，❶在"开始"选项卡下的"幻灯片"组中单击"新建幻灯片"下三角按钮，❷在展开的列表中单击"重用幻灯片"选项，如右图所示。

步骤02 打开演示文稿文件

　　在演示文稿的右侧弹出了"重用幻灯片"窗格，单击"打开 PowerPoint 文件"按钮，如下图所示。

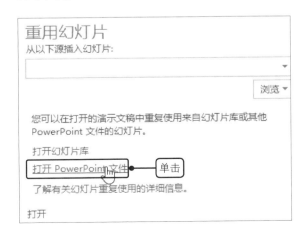

步骤03 选择文件

　　弹出"浏览"对话框，❶找到要重用的演示文稿文件的保存位置，❷双击要重用的演示文稿，如下图所示。

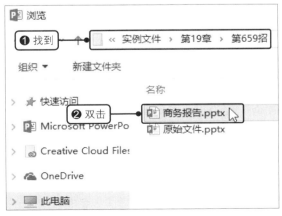

步骤04 重用全部幻灯片

所选演示文稿中的全部幻灯片将显示在"重用幻灯片"窗格中，右击第1张幻灯片，在弹出的快捷菜单中单击"插入所有幻灯片"命令，如下图所示。

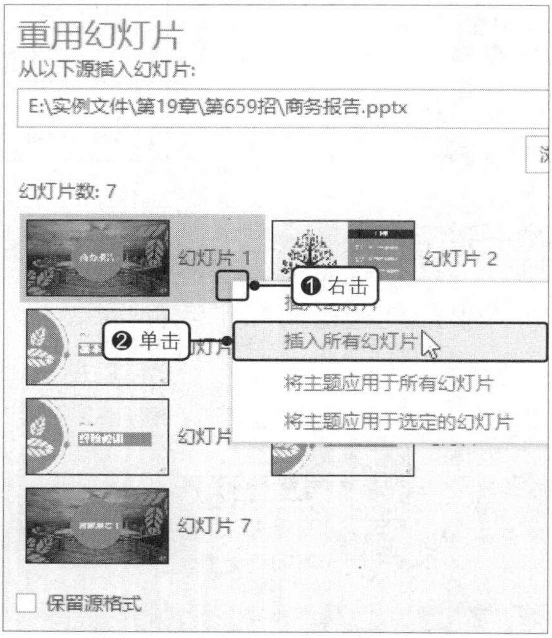

步骤05 显示重用效果

单击窗格右上角的"关闭"按钮，关闭窗格，在幻灯片缩略图中可看到重用的全部幻灯片被添加到了当前演示文稿中，如下图所示。

提示

如果要将重用幻灯片的主题应用到演示文稿的全部幻灯片或选定的幻灯片中，可在步骤04的"重用幻灯片"窗格中右击要重用的幻灯片，在弹出的快捷菜单中单击"将主题应用于所有幻灯片"或"将主题应用于选定的幻灯片"命令。

第660招 将演示文稿发布为PDF文档

为了便于他人对幻灯片的查看，并阻止其对幻灯片进行更改，可将制作好的演示文稿发布为即使没有 PowerPoint 组件也可以查看的 PDF 文档。

步骤01 选择导出格式

打开原始文件，❶在视图菜单中单击"导出"命令，❷在"导出"面板下单击"创建 PDF/XPS 文档"按钮，❸单击"创建 PDF/XPS"按钮，如右图所示。

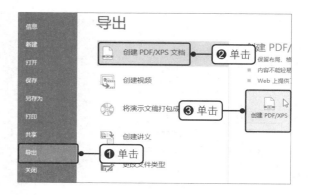

步骤02　设置导出位置和文件名

弹出"发布为 PDF 或 XPS"对话框，❶设置文件的保存位置，❷输入"文件名"为"最终文件"，❸设置"保存类型"为"PDF"，如右图所示。完成设置后，单击"发布"按钮。

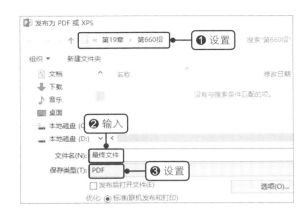

步骤03　打开PDF文档

完成发布后，关闭文件，❶找到 PDF 文档的保存位置，❷双击 PDF 文档，如下图所示。

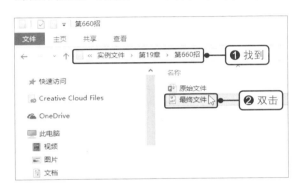

步骤04　显示发布效果

此时 PDF 文档将以默认的阅读器打开，效果如下图所示。

第661招　将演示文稿导出为视频文件

如果想要让演示文稿在没有安装 PowerPoint 组件但安装了视频播放软件的计算机上播放，可将演示文稿导出为视频文件。

步骤01　创建视频

打开原始文件，❶在视图菜单中单击"导出"命令，❷在"导出"面板中单击"创建视频"按钮，如下图所示。

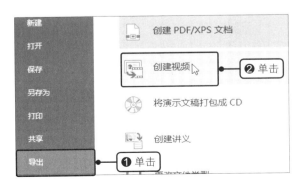

步骤02　设置秒数

❶在"创建视频"选项组下"放映每张幻灯片的秒数"数值框中输入"10.00"，❷单击"创建视频"按钮，如下图所示。

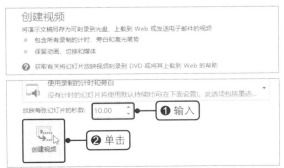

步骤03 保存视频文件

弹出"另存为"对话框，❶设置好文件的保存位置，❷输入"文件名"为"最终文件"，❸设置"保存类型"为"MPEG-4 视频"，如右图所示。单击"保存"按钮。

步骤04 显示视频制作进度

返回演示文稿中，可在演示文稿窗口的下方看到正在制作视频文件的进度条效果，如下图所示。

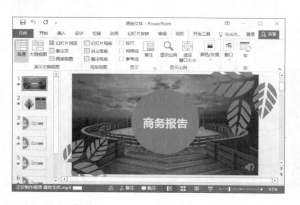

步骤05 播放视频

导出完成后，关闭文件，找到视频的保存位置，双击打开视频文件，即可看到播放的视频效果，如下图所示。

第662招 将演示文稿发送到Word文档中

为了帮助演讲者使用 Word 整理演讲内容，可使用创建讲义功能将演示文稿内容发送到 Word 文档中。

步骤01 创建讲义

打开原始文件，❶在视图菜单中单击"导出"命令，❷在"导出"面板中单击"创建讲义"按钮，❸继续单击"创建讲义"按钮，如右图所示。

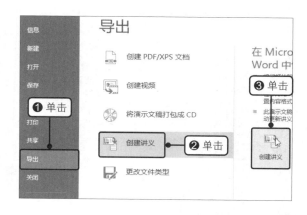

步骤02 选择讲义的版式

弹出"发送到 Microsoft Word"对话框，❶单击"空行在幻灯片旁"单选按钮，❷单击"粘贴"单选按钮，❸单击"确定"按钮，如下图所示。

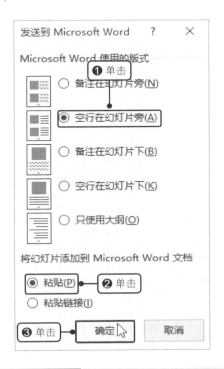

步骤03 显示讲义效果

此时将会自动新建并打开一个 Word 文档，在该文档的左侧会显示演示文稿中的幻灯片，右侧则显示空行，如下图所示。完成讲义的创建后保存 Word 文档即可。

第663招　更新幻灯片内容时自动更新讲义

默认情况下，将演示文稿导出为讲义后，讲义内容不会随着原演示文稿内容的变化而更新。如果需要让讲义内容随演示文稿内容的变化而自动更新，可通过以下方法来实现。

打开原始文件，在视图菜单中单击"导出"命令，在"导出"面板下单击"创建讲义"按钮，继续单击"创建讲义"按钮，打开"发送到 Microsoft Word"对话框，❶单击"空行在幻灯片旁"单选按钮，❷单击"粘贴链接"单选按钮，❸单击"确定"按钮，如右图所示。

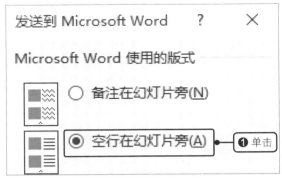

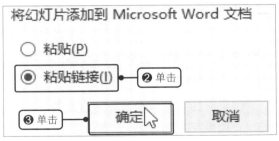

第664招 打开演示文稿并自动播放

为了便于他人观看演示文稿内容，可以将演示文稿导出为打开后会自动放映的 ppsx 格式。具体的操作方法如下。

步骤01 更改文件类型

打开原始文件，❶在视图菜单中单击"导出"命令，❷单击"更改文件类型"按钮，如下图所示。

步骤02 选择文件类型

在右侧的"更改文件类型"选项组下双击"PowerPoint 放映"按钮，如下图所示。

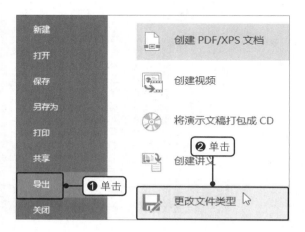

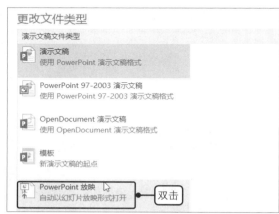

步骤03 保存文件

弹出"另存为"对话框，❶设置好文件的保存位置，❷在"文件名"文本框中输入"最终文件"，如下图所示。单击"保存"按钮。

步骤04 查看并打开文件

返回文件并关闭，❶找到保存文件的位置，可看到保存的文件名后缀为".ppsx"，❷双击该文件，如下图所示，即可发现文件以幻灯片放映形式打开。

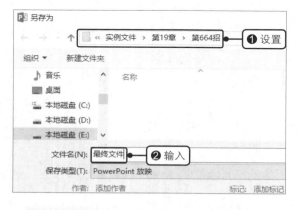

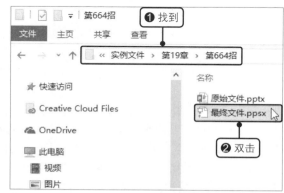

第665招 将演示文稿保存为图片

如果需要和他人分享演示文稿中的内容，并同时保证其不能在幻灯片上做出修改，可将演示文稿保存为图片。

步骤01 选择文件类型

打开原始文件，在视图菜单中单击"导出"命令，单击"更改文件类型"按钮，在"更改文件类型"选项组下双击"JPEG 文件交换格式（*.jpg）"按钮，如下图所示。

步骤02 保存图片文件

弹出"另存为"对话框，❶设置好文件的保存位置，❷在"文件名"文本框中输入"最终文件"，如下图所示。单击"保存"按钮。

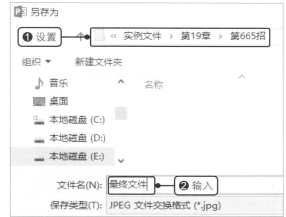

步骤03 导出所有幻灯片

弹出提示框，提示用户希望导出哪些幻灯片，单击"所有幻灯片"按钮，如下图所示。再次弹出提示框，提示用户文稿中的每张幻灯片将以独立的方式保存到设置的位置，单击"确定"按钮。

步骤04 显示图片文件

关闭演示文稿，找到图片文件的保存位置，即可看到导出的图片效果，如下图所示。

第666招 压缩演示文稿的占用空间

在实际工作中，如果演示文稿文件的占用空间太大，以电子邮件或其他方式发送给他人时，有可能发不出去，或者要花费很长的时间。此时可以对演示文稿进行压缩，以减小文件的占用空间。

步骤01 单击"浏览"按钮

打开原始文件，单击"文件"按钮，❶在视图菜单中单击"另存为"命令，❷单击"浏览"按钮，如右图所示。

步骤02 单击"压缩图片"选项

　　弹出"另存为"对话框，❶设置好文件的保存位置，❷在"文件名"文本框中输入文件名，如"最终文件"，❸单击"工具"按钮，❹在展开的列表中单击"压缩图片"选项，如右图所示。

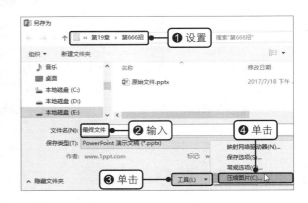

步骤03 压缩图片

　　弹出"压缩图片"对话框，保持默认的"压缩选项"和"目标输出"设置，单击"确定"按钮，如下图所示。

步骤04 显示压缩效果

　　完成压缩后单击"另存为"对话框中的"保存"按钮，关闭文件，找到文件的保存位置，可看到文件未压缩前的大小为"1749 KB"，压缩后的大小为"628 KB"，如下图所示。

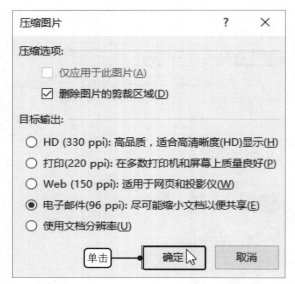

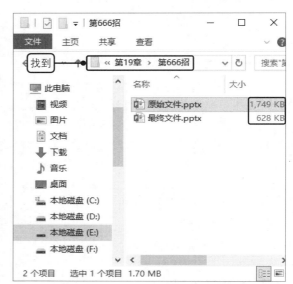

读书笔记